Digitaler Darwinismus

Ralf T. Kreutzer · Karl-Heinz Land

Digitaler Darwinismus

Der stille Angriff auf Ihr Geschäftsmodell
und Ihre Marke. Das Think!Book

 Springer Gabler

Prof. Dr. Ralf T. Kreutzer
Hochschule für Wirtschaft und Recht
Berlin, Deutschland

Karl-Heinz Land
Bergisch Gladbach, Deutschland

ISBN 978-3-658-01259-5
DOI 10.1007/978-3-658-01260-1

ISBN 978-3-658-01260-1 (eBook)

Die Deutsche Nationalbibliothek verzeichnet diese Publikation in der Deutschen Nationalbibliografie; detaillierte bibliografische Daten sind im Internet über http://dnb.d-nb.de abrufbar.

Springer Gabler
© Springer Fachmedien Wiesbaden 2013

Lektorat: Barbara Roscher, Angela Pfeiffer
Einbandentwurf: Felix Land

Gedruckt auf säurefreiem und chlorfrei gebleichtem Papier.

Springer Gabler ist eine Marke von Springer DE. Springer DE ist Teil der Fachverlagsgruppe Springer Science+Business Media
www.springer-gabler.de

Vorwort

Liebe Leserinnen und liebe Leser,

„**digitaler Darwinismus**" – sicherlich ein kerniger Begriff, um die sich abzeichnenden Veränderungen zu beschreiben. Aber um nichts anderes geht es momentan in der Wirtschaft. Vergleichbar mit der **ersten industriellen Revolution** durch die Erfindung der Dampfmaschine in der Mitte des 18. Jahrhunderts und der **zweiten industriellen Revolution** durch die Erfindung des Stroms und der damit verbundenen Elektrifizierung gegen Ende des 19. Jahrhunderts sind wir jetzt mitten in der **dritten industriellen Revolution**, getrieben durch die allgegenwärtige Digitalisierung. Auch dieses Mal geht es – wie in den Revolutionen davor – um eine tief greifende und dauerhafte Umgestaltung der wirtschaftlichen und sozialen Verhältnisse. Unsere gesamten Lebensumstände und die Arbeitsbedingungen verändern sich massiv.

Deshalb geht es auch jetzt wieder um einen **Überlebenskampf**, den über lange Jahrzehnte erfolgreiche Unternehmen wie *Quelle* und *Neckermann* schon verloren haben und dessen Ausgang bei – früher – erfolgsverwöhnten Unternehmen wie *Sony*, *Nokia* und dem *Blackberry*-Hersteller *Research in Motion* oder auch *Karstadt* nach wie vor offen ist. Dabei zeigt sich: Es geht nicht mehr um Größe, es geht nicht unbedingt um Schnelligkeit, es geht nicht alleine um das Ausmaß des Angepasstseins bzw. der Stärke. Heute gilt vielmehr:

▸   Survival of the Smartest!

Wie können sich Unternehmen an die sich schnell und **radikal ändernden Marktbedingungen** anpassen? Wie kommen die Unternehmen und ihre Mitarbeiter mit den sich **rasant verändernden Geschäftsmodellen** klar? Denn es geht bei Digitalisierung und Social Media nicht primär um eine sich verändernde Unternehmenskommunikation – wie vielfach auf der Management-Ebene vermutet! Social Media, Big Data, eine zunehmende Digitalisierung und vieles mehr lösen einen regelrechten **Tsunami** aus, der weite Teile der heutigen Wirtschaft vernichten wird! Dieser Tsunami stellt einen Angriff auf Geschäftsmodelle, Vertriebskonzepte, Marketing, Kommunikation, Service, Marktforschung sowie generell auf die Art und Weise dar, wie wir mit Kunden und auf Märkten interagieren! Nach diesem Sturm wird nichts mehr so sein wie zuvor! Wir müssen uns von vielem – mühsam erworbenen – **Erfahrungswissen verabschieden**!

Dieses Buch ist geschrieben worden, um zum Nachdenken darüber anzuregen, welche **Auswirkungen die Digitalisierung und die sozialen Medien** auf **etablierte Geschäftsmodelle** und **erfolgreich eingeführte Marken** haben. Es geht uns darum, wachzurütteln und gleichzeitig kreative Impulse zu setzen, damit neue Wege beschritten werden können. Denn die Herausforderungen sind gigantisch, die auf uns, unsere Unternehmen und damit auch ganz unmittelbar auf unsere Mitarbeiter in den nächsten Jahren zukommen werden.

Bisher wurden noch wenige Manager dafür sanktioniert, in den sozialen Medien untätig gewesen zu sein – im Vergleich zu solchen, die für ihre dort begangenen Fehler abgestraft wurden. Doch das wird sich schneller ändern, als viele denken. Dann wird **Untätigkeit in den sozialen Medien** bestraft werden.

Erik Qualman sagt: „We don't have a choice whether we do social media, the question is how well we do it." Teilweise wird die Frage nach dem **ROI von Social Media** auch wie folgt beantwortet: „The ROI of social media is that your business will still exist in 5 years!" Deshalb wird der Begriff ROI im Kontext der sozialen Medien mit einem zusätzlichen Inhalt gefüllt: ROI zu verstehen als **Risk of Ignorance**. Oder wie sagte *Brian Solis* so treffend: **„The End of Business as Usual"** und **„Engage or die!"**

In jedem Falle ist es jetzt höchste Zeit, erst zu denken und dann zu handeln. Die Kernfragen lauten dabei: Welche Auswirkungen wird der digitale Darwinismus auf unsere Unternehmen haben? Und wie sieht **unsere Strategie zum Management** der vor uns liegenden Herausforderungen aus?

- Ignorieren?
- Bekämpfen?
- Überwältigt sein?
- Oder?

Unser Anspruch ist es, nicht nur spannende **Fragen aufzuwerfen**, sondern auch ganz **konkrete Ideenanstöße zu vermitteln**, um **Ihre Kreativität zu fördern** und **Lösungsprozesse in Ihren Unternehmen anzustoßen.**

Dabei gilt einmal mehr: **Technology changes. Economic laws don't!**

Also machen wir uns doch die neuen technologischen Möglichkeiten zunutze, um innerhalb der bestehenden ökonomischen Gesetzmäßigkeiten eine **zukunftsorientierte Erfolgsstrategie** aufzubauen! Dass immer mehr Inhalte – eigene und von Kunden generierte – vollständig digital vorliegen, lässt dabei viele technologische Restriktionen obsolet werden und schafft ganz neue Gestaltungsfelder. Diese gilt es frühzeitig zu erkennen.

Eines sei schon an dieser Stelle klar formuliert: Entwicklungen „rund um die sozialen Medien" nur anzugehen, weil es jeder macht, greift viel zu kurz. Es geht auch in diesem Umfeld schlicht und einfach um die für alle Unternehmen zentrale Frage: Können wir für das eigene Unternehmen eine **höhere Wertschöpfung** erreichen, wenn wir uns diesem Thema stellen? Marketing soll hierzu einen entscheidenden, wertstiftenden Beitrag leisten – wie dies jedem Marketing-Konzept eigen sein sollte. Das olympische Prinzip – „Dabei sein ist alles!" – gilt hier folglich nicht!

Dabei haben wir in unserem Werk die folgenden fünf Gestaltungsideen verwirklicht:

- **Fun**: Spaß beim Lesen – schließlich werden viele von Ihnen dieses Buch in Ihrer Freizeit lesen (müssen)!
- **Food for Thought**: Aspekte zum Nachdenken, um immer wieder eigene Überlegungen anzustoßen!
- **Think-Boxen**: Konkrete Fragen, um den Prozess von der Erkenntnis zum Tun anzuregen!
- **Merk-Boxen**: Hervorhebungen, die es sich zu erinnern lohnt!
- **Quick Wins**: Raum für Ihre Ideen, die direkt umgesetzt werden können! Hier können spontane Ideen und Lösungsansätze unmittelbar notiert werden, damit sie nicht verloren gehen.

Mit diesem Buch möchten wir aber auch selbst **Handlungs- und Lösungsvorschläge** vermitteln und über **Best Practices** informieren. Und wir wollen in Summe Mut machen, um mit **eigenen Fingerübungen** zu starten, solange der Markt noch nicht nach fertigen Konzepten verlangt – und auch Fehler von Unternehmen eher verzeiht! Denn noch gilt, wie *Mark Zuckerberg*, Gründer und CEO von *Facebook*, formuliert hat:

▸   „Done is better than perfect!"

Sie werden sich am Ende dieses Buches hoffentlich sagen können: Ja, wir fühlen uns fit, um im **Zeitalter des digitalen Darwinismus** überleben zu können bzw. wir kennen jetzt Wege, um dies sicherzustellen!
Wir wünschen Ihnen dabei viel Erfolg!

Ralf T. Kreutzer, Königwinter – Berlin
Karl-Heinz Land, Bergisch Gladbach – New York

It is not the strongest of the species that survives, nor the most intelligent that survives. It is the one that is most adaptable to change.
Charles Darwin

70 % of the Fortune 1,000 Companies will be replaced in a few years. Not because they didn't get enough fans on facebook, but because they didn't adopt to the new networked society!
Brian Solis

Inhaltsverzeichnis

Die Autoren

Prof. Dr. Ralf T. Kreutzer ist seit 2005 Professor für Marketing an der Berlin School of Economics and Law sowie Marketing und Management Consultant. Er war 15 Jahre in verschiedenen Führungspositionen bei Bertelsmann, Volkswagen und der Deutschen Post tätig, bevor er 2005 zum Professor für Marketing berufen wurde.

Prof. Kreutzer hat durch regelmäßige Publikationen und Vorträge maßgebliche Impulse zu verschiedenen Themen rund um Marketing, Dialog-Marketing, CRM/Kundenbindungssysteme, Database-Marketing, Online-Marketing, strategisches sowie internationales Marketing gesetzt und eine Vielzahl von Unternehmen im In- und Ausland in diesen Themenfeldern beraten. Seine jüngsten Buchveröffentlichungen sind „Kundenclubs & More" (2004), „Marketing Excellence" (2007), „Die neue Macht des Marketing" (2008), „Praxisorientiertes Dialog-Marketing" (2009), „Praxisorientiertes Online-Marketing" (2012) und „Praxisorientiertes Marketing" (4. Auflage, 2013).

Kontakt:

Prof. Dr. Ralf T. Kreutzer

Professor für Marketing an der Berlin School of Economics and Law sowie Marketing und Management Consultant

Alter Heeresweg 36

53639 Königswinter

kreutzer.r@t-online.de

Karl-Heinz Land ist Gründer & CEO, Digital Darwinist & Evangelist bei neuland. Er gilt als Visionär und berät Unternehmen in Fragen der digitalen Transformation und Vision. Schwerpunkte: Social Media, Mobile, Big Data, Analytics und e-Commerce. Der vielfach ausgezeichnete Unternehmer und Vordenker wurde 2006 vom World Economic Forum in Davos (WEF) und dem Time Magazin zum „Technology Pioneer" gewählt. In mehr als 25 Jahren war Karl-Heinz Land als Senior Executive, General Manager, CEO und Executive Vice President EMEA in weltweit führenden Technologieunternehmen – darunter u. a. Oracle, BusinessObjects, Microstrategy, VoiceObjects u. a. m. – tätig.
Kontakt:
neuland
Broicher Str. 18
51429 Bergisch Gladbach
khl@neuland.me
http://www.neuland.me

Warum Sie die digitale Revolution herausfordert und wieso Sie jetzt handeln müssen!

Noch bis vor Kurzem hat man über die folgende Definition von Social-Media-Marketing – als wichtigem Aspekt der digitalen Revolution – aus vollem Herzen lachen können. **Social-Media-Marketing ist wie Teenager-Sex**: Alle sprechen davon, keiner weiß genau, wie es geht, und wenn's passiert ist, fragt man: War's das jetzt schon?

Heute bleibt einem bei dieser Erklärung das Lachen im Halse stecken. Weil es nicht mehr ausreicht, sich in der komplexen Welt der sozialen Medien mit solchen Erklärungen zufriedenzugeben – und es sich im **Kreis der Nichtwissenden** gemütlich einzurichten. Denn – so die zentralen Ergebnisse einer Studie von *McKinsey* (2012), die 200 Unternehmen in Deutschland befragt haben – die **Relevanz von Social Media** ist beachtlich: Immerhin 70 % der großen und mittleren Unternehmen in Deutschland messen Social Media eine hohe strategische Bedeutung zu. Aber nur 5 % sind mit ihrer Performance zufrieden – im Vergleich zu dem Potenzial, das die sozialen Medien insgesamt bieten (vgl. McKinsey 2012, S. 11).

Basierend auf dieser Studie gibt es eine Gruppe von **Social Media Pioneers**, die im Durchschnitt seit zwei Jahren ein breites Spektrum von Social-Media-Anwendungen einsetzt – und dabei einen überdurchschnittlichen Einfluss auf ihr Geschäftsmodell feststellt (vgl. Abb. 1.1). Im Gegensatz dazu steht die Gruppe der **Social Media Newcomers**, die soziale Medien kaum nutzt und deshalb auch nur einen eingeschränkten Erfahrungshintergrund aufweist.

In dem Akronym **SOCIAL** hat *McKinsey* die zentralen Unterschiede zwischen diesen beiden Gruppen deutlich herausgearbeitet (vgl. McKinsey 2012, S. 12):

Strategy:	Existenz einer unternehmensweiten Social-Media-Strategie, die auf strategischen Leitlinien basiert
Organization:	Installierung von Vollzeitkräften und Bereitstellung von Budgets für Social-Media-Aktivitäten

R. T. Kreutzer und K.-H. Land, *Digitaler Darwinismus*, DOI 10.1007/978-3-658-01260-1_1,
© Springer Fachmedien Wiesbaden 2013

Abb. 1.1 Pioniere und Neu-
einsteiger bei Social Media in
Deutschland – McKinsey Social Media Excellence Survey
($n = 200$, Quelle: McKinsey
2012, S. 11)

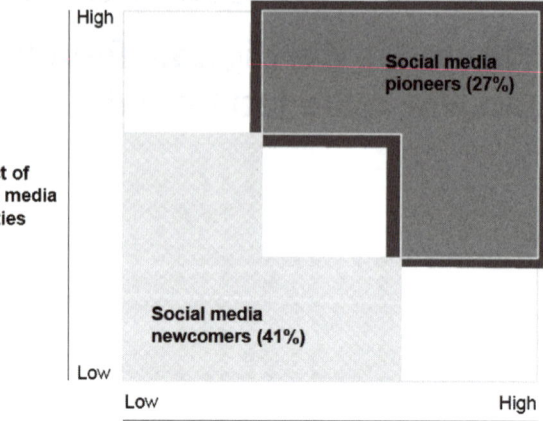

Criteria-based Platform Selection: Social-Media-Plattformen wurden nach spezifischen Kriterien ausgewählt – abgeleitet von der Social-Media-Strategie

Integration: Einbindung der Social-Media-Aktivitäten in die gesamte Wertschöpfungskette

Awareness: hohes Bewusstsein für die sozialen Medien in der gesamten Organisation

Leadership: Engagement in den sozialen Medien mit Top-Management-Priorität – hohes Involvement der Senior Executives

Kernfrage: Sind diese genannten Aspekte schon auf der **Agenda der CMOs** (Chief Marketing Officer) – nicht nur in Deutschland, sondern weltweit? Welche sind aus deren Sicht die **zentralen Herausforderungen** in den vor uns liegenden Jahren? Und wie gut fühlen sich die CMOs auf diese Herausforderungen vorbereitet? Die Antworten auf diese Fragen sind erleuchtend und schockierend zugleich! Im Rahmen der CMO-Studie von *IBM* wurden hierzu in 64 Ländern 1734 CMOs aus 19 Branchen befragt. Dabei wurden von den CMOs als die **vier größten Herausforderungen** genannt (vgl. IBM 2011a, S. 3):

- Datenexplosion
- Social Media
- Wachsende Zahl von Kommunikationskanälen und -geräten
- Änderungen im Verhalten der Verbraucher

Allein diese vier zentralen Herausforderungen unterstreichen, dass bestehende **Geschäftsmodelle** und **etablierte Marken** durch die sich abzeichnenden Veränderungen **in ihren Grundfesten erschüttert** werden können. Deshalb ist wichtig zu fragen, wie gut sich

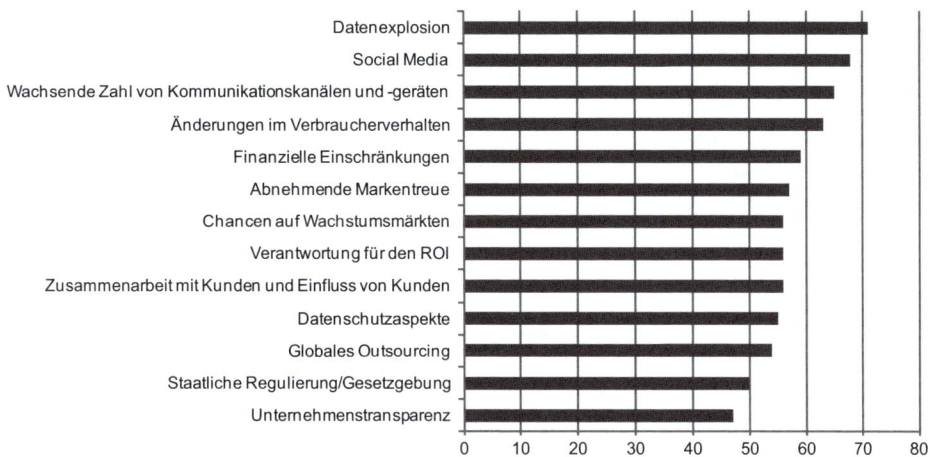

Abb. 1.2 Anteil der CMOs, die nicht ausreichend auf bestimmte Herausforderungen vorbereitet sind – in % (Quelle: IBM 2011a, S. 15)

die CMOs auf diese Herausforderungen vorbereitet fühlen. Oder anders herum: Wie viele CMOs fühlen sich nicht ausreichend vorbereitet? Die Zahlen hierzu zeigt Abb. 1.2.

Die Ergebnisse zeigen u. E. einen dramatischen Handlungsbedarf:

- 71 % der CMOs zeigen sich im Hinblick auf die Datenexplosion nicht gut vorbereitet.
- Für 68 % der CMOs stellen die sozialen Medien noch ein „Buch mit sieben Siegeln" dar.
- Die wachsende Zahl an Kommunikationskanälen und -geräten stellt für 65 % eine große Herausforderung dar, auf die sie noch keine überzeugenden Antworten haben.
- Und 63 % fühlen sich auch auf die Veränderungen des Konsumentenverhaltens nicht gut vorbereitet.

Welche Konsequenzen diese Veränderungen im klassischen Marketing-Bereich der Kommunikation haben, zeigt sich hier: Nach Recherchen von *Procter & Gamble* reichten 1965 noch drei TV-Spots aus, um 80 % der US-Damen im Alter zwischen 18 und 49 Jahren zu erreichen. Im Jahr 2012 waren dafür bereits 97 Spots notwendig – Tendenz weiter steigend (vgl. Einicke 2012, S. 9). Hieran sieht man, welche unmittelbaren Konsequenzen die Multiplikation der Medienangebote sowie die dadurch stimulierte Fragmentierung der Mediennutzung haben.

Aber wie können in Unternehmen die erforderlichen Veränderungsprozesse angestoßen werden, wenn die Top-Vertreter ihrer Gattung – hier die CMOs – sich dem Thema selbst nicht gewachsen fühlen? Denn gerade bei den oben genannten größten Herausforderungen bescheinigen sich die CMOs selbst größte Defizite. Aus unserer Sicht ist dies eine ehrliche, aber auch eine beängstigende Bestandsaufnahme. Sie ruft nach Lösungen, nach Ideen, nach Informationen, um im bevorstehenden bzw. schon länger laufenden

Abb. 1.3 Vom Internet besonders betroffene Marketing-Bereiche – in % (Deutschland, $n = 100$ Manager, Mehrfachantworten möglich, Quelle: Camelot Management Consultants 2012, S. 19)

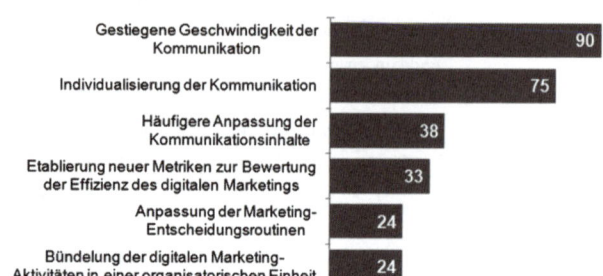

Abb. 1.4 Interesse-Macht-Matrix – am Beispiel der sozialen Medien

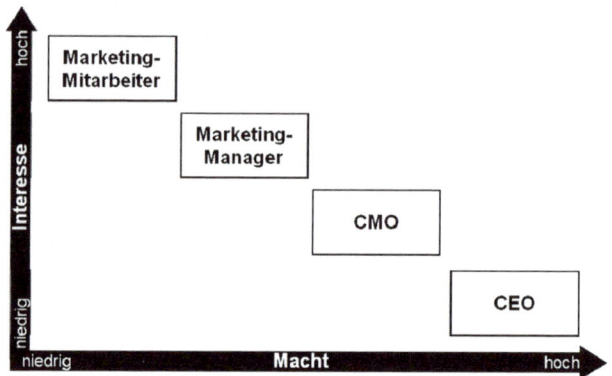

Auswahlkampf auf der Siegerseite stehen zu können. Dieses Buch leistet einen wichtigen Beitrag zum Bestehen im Zeitalter des digitalen Darwinismus.

Die präsentierten Ergebnisse können für Deutschland noch weiter konkretisiert werden. Eine 2012 durchgeführte Befragung von 100 Managern in verschiedenen Branchen zeigt die vorherrschende Betroffenheit noch eindrücklicher (vgl. Abb. 1.3). Insbesondere die gestiegene **Geschwindigkeit der Kommunikation**, deren **Individualisierung** sowie die häufige **Anpassung der Inhalte** haben hier für viele Befragte die weitreichendsten Veränderungen zur Folge. Gleichzeitig wird sichtbar, dass es noch an **Metriken** fehlt, um Erfolge und Misserfolge zeitnah erfassen zu können. All dies führt schließlich zwingend zu **Veränderungen in der Ablauf- und Aufbauorganisation des Marketings** selbst (vgl. vertiefend Kap. 9).

Aber wie steht es in unserem eigenen Unternehmen mit der Affinität zu den sozialen Medien? Wie groß ist bei uns das **Interesse an der Nutzung der sozialen Medien** – privat und für das Unternehmen – differenziert nach Unternehmenshierarchie? Und welche **Macht bzgl. der Nutzbarmachung der sozialen Medien** haben diese unterschiedlichen Gruppen für das eigene Unternehmen? Eine für viele Unternehmen typische Verteilung der unterschiedlichen Leistungsträger zeigt die **Interesse-Macht-Matrix** (vgl. Abb. 1.4).

Damit wird deutlich: Diejenigen mit der größten Affinität zu den sozialen Medien haben häufig die geringste Macht, um deren Nutzbarmachung für das eigene Unternehmen voranzutreiben. Und die Leistungsträger mit der größten Machtfülle stehen den sozialen Medien i. d. R. am reserviertesten gegenüber. Ein typisches Dilemma. Doch wenn Unternehmen hier nicht aufpassen, ist ein **Stairway to hell** vorgezeichnet …

▸ **Merk-Box** Ohne ein überzeugendes Commitment der Unternehmensführung sollte man den Aufbruch in die neuen Medien nicht starten!

Think-Box

- Wie sieht die Beschäftigung mit den sozialen Medien in meinem Unternehmen aus?
- Wie positioniere ich mich selbst in dieser Matrix – und aus welchen Gründen?
- Wer bremst und wer fördert in meinem Unternehmen die mögliche Nutzbarmachung der sozialen Medien?
- Welche formalen, inhaltlichen und/oder technischen „Abwehrargumente" werden bei uns vorgebracht – und sind diese haltbar?

Wie groß ist denn jetzt der Handlungsdruck für das eigene Unternehmen? Erhellend ist hierfür die Antwort auf die Frage: Wie umfassend erfolgt eine **Nutzung des Internets sowie der sozialen Medien** in den Haushalten heute schon? Spannende Ergebnisse hierzu liefert die **ARD/ZDF-Onlinestudie** (2012):

- Bereits **75,9 % der Menschen** in Deutschland und damit **53,4 Mio.** sind **online** – im Vergleich zu 73,3 % im Jahr 2011.
- Die **Zahl der Internet-Nutzer** hat sich damit in den letzten zwölf Jahren nahezu verdreifacht (im Jahr 2000 waren es „nur" 18,4 Mio.).
- Im Vergleich zum Jahr 2011 kamen 2012 **1,7 Mio. „neue Anwender"** hinzu.
- Die **höchsten Zuwachsraten** zeigt das Segment der „**Über-50-Jährigen**". Jetzt nutzen bereits 76,8 % der 50- bis 59-Jährigen das Internet; bei den Über-60-Jährigen sind es 39,2 %.
- Das **Segment der Silver Surfer** gewinnt folglich an Bedeutung – das Internet ist schon länger keine Domäne der jungen Menschen alleine.
- Gleichzeitig hat sich die **mobile Internet-Nutzung** in den letzten drei Jahren von 11 % (2009) auf 23 % (2012) mehr als verdoppelt.

Wichtig ist bei all diesen Entwicklungen, dass der zunehmende Einsatz von mobilen Endgeräten wie Tablet-PCs und Smartphones den stationären Zugang nicht ersetzt, sondern **neue Nutzungssituationen** ermöglicht. So nutzen heute bereits 13 % der Fernsehzuschauer gelegentlich neben dem Fernsehen den „**Second Screen**" des Smartphones, des

Tablet-PCs oder des Laptops. Smartphones sind bei den Unter-30-Jährigen besonders beliebt, während Tablet-PCs, inzwischen in 8 % der deutschen Haushalte vorhanden, eine Domäne der 30- bis 49-Jährigen darstellen. Dabei unterscheiden sich die Nutzerverhalten der beiden Gruppen deutlich. Während bei Smartphone-Nutzern die Kommunikation über soziale Netzwerke im Mittelpunkt steht, dominieren bei Tablet-Nutzern der Abruf von Websites und die E-Mail-Kommunikation (vgl. ARD/ZDF-Onlinestudie 2012). Welcher Bildschirm im Einzelfall der dominierende ist, wird vom jeweiligen Kontext bestimmt.

Damit wird deutlich: Nicht nur das **Nutzungsverhalten** verändert sich, es variiert auch in zunehmendem Ausmaß abhängig vom jeweiligen **Kontext** – und **Veränderungsprozesse** ziehen sich durch alle Altersgruppen. Woran können wir in Summe die damit verbundenen **Herausforderungen** erkennen?

▸   Am Anfang war das Wort!

Welche Worte fordern uns jetzt heraus? Jeden Tag werden neue **Buzz-Words** in Umlauf gebracht – fast schneller, als wir diese in ihrem Inhalt erfassen und verarbeiten können. Manche geraten schnell in Vergessenheit. Andere wiederum können als **schwache Signale** gedeutet werden, die strategische Veränderungen frühzeitig anzeigen – und auf die wir besonders achten sollten. Denn wenn es uns gelingt, deren Relevanz früher als andere zu erkennen und entsprechend zu agieren, kann dies zu einem entscheidenden **Wettbewerbsvorteil** führen. Doch welchen Schlagworten sollten wir eine besondere Bedeutung beimessen? **Disruptive Society** ist ein solches zentrales Schlagwort. Dahinter verbirgt sich die Tatsache, dass nicht mehr länger gilt, was lange gegolten hat:

▸   Ein Mehr vom Gleichen!

Diskontinuitäten und **Strukturbrüche** bestimmen die unternehmerische Landschaft. Deshalb ist eines sicher: Die **Digitale Revolution** steht nicht bevor, sondern sie entfaltet in vielen Bereichen heute schon die **Kraft der schöpferischen Zerstörung**. Neue Sterne gehen am Unternehmenshimmel auf, wie bspw. *Samsung, amazon, Google* und *Facebook* – und lange glänzende Sterne verglühen. Wer hätte noch vor zwei Jahren gedacht, dass *Nokia* so schnell vom Sockel des weltweit führenden Handyherstellers gestoßen wird – und dann noch von einem Unternehmen, das bis 2007 keinerlei Handys im Angebot hatte, nämlich von *Apple*? Und wem hatte *Apple* ein paar Jahre vorher schon den Schneid abgekauft mit einem Produkt, das vorher nicht zum Leistungsangebot des Computerherstellers gehörte? *Sony* – u. a. niedergestreckt durch einen genialen *iPod*! Und wer treibt mit seinem Betriebssystem für Smartphones *Nokia* und jetzt auch *Windows* vor sich her? *Google* mit *Android*; ein Anbieter, der bis 2008 in diesem Markt gar nicht aktiv war!

Analysiert man die Ursachen bspw. für den Erfolg von *Apple*, dann ist nicht alleine eine überzeugende Hardware der Schlüssel zum Erfolg. *Apple* ist es vielmehr gelungen, durch *iTunes* sowie den Aufbau eines umfassenden App-Stores ein sogenanntes **Ecosystem** aufzubauen. In diesem Ökosystem werden dem Kunden relevante Angebote in einem geschlossenen System unterbreitet, das – aus Sicht von *Apple* – möglichst selten zu

Abb. 1.5 Wie lange hat es
gedauert, um 50 Mio. Nutzer
zu gewinnen? – Angabe in
Jahren

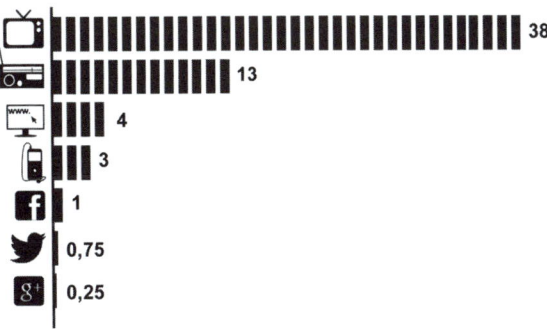

verlassen ist. Damit wird deutlich: Ein Hardware-Angebot alleine hätte *Apple* nicht zum
zeitweilig wertvollsten Unternehmen der Welt gemacht. Es war das **konsequente Denken
in Nutzerkreisläufen** – orientiert am unmittelbar erlebbaren **Mehrwert für den Kunden**.
Folglich gilt: Wettbewerb kann heute und morgen aus den unterschiedlichsten Branchen
entstehen – und oft hat nur der die Nase vorne, der neben attraktiver Hardware ein (geschlossenes) Nutzungssystem mit überzeugenden Kundenvorteilen anbietet.

Think-Box

- Aus welchen Branchen bzw. von welchen Unternehmen drohen meinem Geschäftsmodell heute die größten Risiken?
- Wer hat das Potenzial – gerade auch außerhalb meiner bisherigen Wettbewerber –
  in meine Leistungsfelder einzubrechen?
- Wo bietet mein Unternehmen offene Flanken, die einen Angriff auf mein Geschäftsmodell und meine Kundenbeziehungen erleichtern?
- Wer ist mit der Überwachung dieser Entwicklungen betraut – oder wer sollte damit betraut werden?

Welche **Geschwindigkeit bei der Akzeptanz von Technologien** generell und gerade
auch der **sozialen Medien** bei der Eroberung von Nutzern festzustellen ist, zeigt Abb. 1.5.
Während das **Radio** und das **Fernsehen** noch 38 bzw. 13 Jahre benötigten, um 50 Mio.
Nutzer zu gewinnen, gelang dies dem **Internet** in vier Jahren und dem *iPod* in drei. *Facebook* versammelte eine Nutzergemeinde von 50 Mio. nach einem Jahr – und *Twitter* bereits
nach neun Monaten. Noch schneller war die Akzeptanz von *Google+*, das schon nach einem
Vierteljahr 50 Mio. Nutzer verzeichnen konnte. Und der Treiber hinter dieser zunehmen-
den Geschwindigkeit der Technologieakzeptanz? Eine **wahrgenommene Relevanz aus der
Perspektive der Nutzer**.

Dabei wird sichtbar: Noch nie haben sich neue Technologien so schnell durchgesetzt
wie jetzt! Der Grund für die zunehmende **Geschwindigkeit bei der Übernahme von Inno-**

vationen liegt nicht nur in der weltweiten Vernetzung, die eine Diffusion von Neuerungen kultur-, länder- und sprachübergreifend unterstützt. Die zentrale Voraussetzung dafür, dass Innovationen von breiten Schichten angenommen werden, ist ein **„Mehr von Bequemlichkeit"**!

> ▸   **Merk-Box** **Bequemlichkeit** bzw. **Convenience** ist der **Treiber von Veränderungen**. Und Bequemlichkeit ist auch die **Voraussetzung für die Akzeptanz von Veränderungen**. Um diese Convenience für die Nutzer zu erreichen, können wir uns an einer Guideline von *Steve Jobs* für *Apple* orientieren: **Simplify! Simplify! Simplify!**

Technologien stellen für Unternehmen gleichermaßen Chancen dar, wenn sie auf diese Technologien setzen. Technologien können aber auch unternehmensbedrohende Risiken verkörpern, wenn Unternehmen deren Relevanz für die Nutzer nicht erkennen und nicht schnell genug auf die entsprechenden Technologien setzen. Aber auf welche Technologien sollte jetzt das Augenmerk ausgerichtet werden – und welche sind zu vernachlässigen? Eine wichtige Orientierungshilfe für Unternehmen liefert der jährlich aktualisierte **Hype Cycle für neue Technologien** von Gartner (2012a). Hier wird aufgezeigt, in welcher **Phase ihres Lebenszyklus** sich branchenübergreifend relevante Technologien befinden. Diese technologischen Lebensphasen werden anhand der in die verschiedenen Technologien gesetzten **Erwartungen** definiert. Dabei wird sichtbar, welche Technologien ggf. noch überbewertet und welche bereits zum etablierten Werkzeug geworden sind oder sich dorthin entwickeln (vgl. Abb. 1.6; Gartner 2012b).

Hinsichtlich der Erwartungen an die Technologien definiert *Gartner* fünf verschiedene Phasen, die **Aufschluss über den Stand der Marktaufnahme neuer Technologien** liefern.

- **Technology Trigger** („Technologische Impulse")
  In dieser Phase werden erste Erfolgsmeldungen neuer Technologien publiziert und von den Medien gerne aufgegriffen. Ob diese Technologien einen nachhaltigen Einsatz finden werden, ist zu diesem frühen Zeitpunkt noch nicht absehbar.
- **Peak of Inflated Expectations** („Höhepunkt der überzogenen Erwartungen")
  In dieser Zeitspanne werden Erfolgsstorys veröffentlicht, die die Erwartungen an eine neue Technologie weiter anfeuern. Gleichzeitig werden aber auch erste Misserfolge bei der Nutzung der Technologie sichtbar, die die Erwartungen an Grenzen stoßen lassen. Der technologische Einsatz bleibt nach wie vor auf wenige Unternehmen beschränkt.
- **Trough of Disillusionment** („Tiefpunkt der Ernüchterung")
  Diese Talsohle im technologischen Lebenszyklus basiert auf der Erkenntnis, dass viele Erwartungen an neue „Wunderwaffen" nicht erfüllt wurden. In dieser Phase überleben nur die Technologie-Anbieter, die Early Adopters von den Vorzügen ihrer Technologie nachhaltig überzeugen können. Die anderen Anbieter scheiden aus dem Wettbewerb aus.

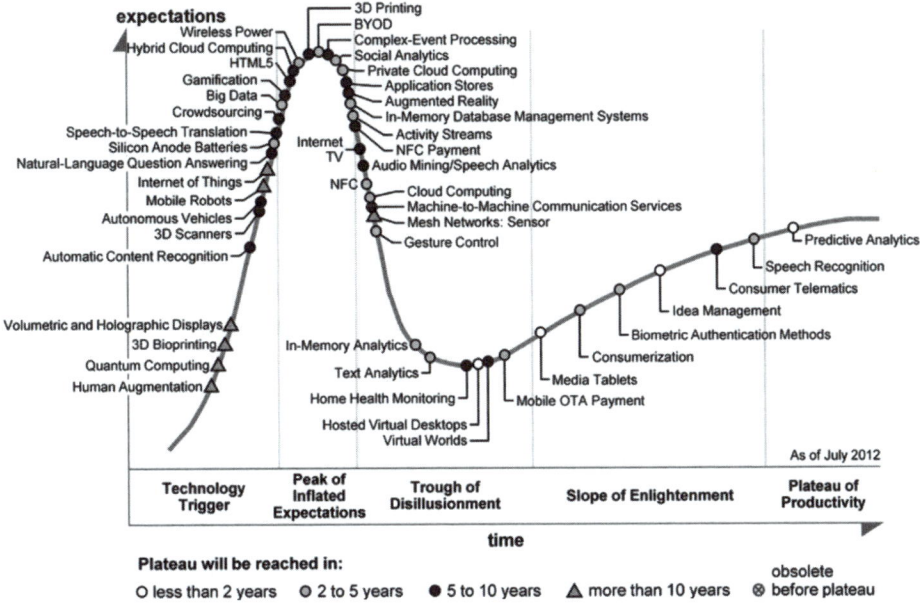

Abb. 1.6 *Gartner's* Hype Cycle für neue Technologien (Quelle: Gartner 2012b)

- **Slope of Enlightenment** („Anstieg der Erkenntnis/Aufklärung")
  Hier wird zunehmend sichtbar, wie eine Technologie nutzbringend eingesetzt werden kann. Technologische Entwicklungen der zweiten und dritten Generation der Initialtechnologie werden angeboten und zunehmend von innovationsoffenen Unternehmen aufgegriffen und in den Workflow integriert.
- **Plateau of Productivity** („Produktivitätsplateau")
  Die Technologie wird jetzt breit eingesetzt, da deren Vorteile nicht nur sichtbar sind, sondern sich auch umfassend rechnen. Der Einsatz als Mainstream-Technologie ist vorgezeichnet. Der Einsatz in immer mehr Unternehmen und Anwendungsbereichen ist nur noch eine Frage der Zeit.

Zusätzlich präsentiert *Gartner* in seinem Hype Cycle eine **Prognose**, wann voraussichtlich das Produktivitätsplateau erreicht werden wird. Dies ist in Abb. 1.6 an den unterschiedlichen Helligkeiten und Symbolen bei den einzelnen Technologien erkennbar.

Im Kontext der Themenstellung des vorliegenden Werkes soll das Augenmerk auf ausgewählte technologische Entwicklungen gerichtet werden. Ein Blick auf Abb. 1.6 zeigt, dass die Themenfelder Big Data und Crowdsourcing (auch Co-Creation genannt) kurz vor ihrem Erwartungshöhepunkt stehen. Bei **Big Data** wird davon ausgegangen, dass es das Produktivitätsplateau bereits in ca. zwei bis fünf Jahren erreichen wird (vgl. Kap. 3). Beim **Crowdsourcing** wird dies erst in fünf bis zehn Jahren geschehen (vgl. Kap. 7). Das **Internet of Things** wird nicht nur länger brauchen, um sich zum Erwartungshöhepunkt zu entwickeln. Es wird erwartet, dass das Produktivitätsplateau erst in mehr als zehn Jahren erreicht werden wird.

Social Analytics, **NFC Payment** (Near Field Communication) und **Internet-TV** sind in der Phase der Konsolidierung, da sie den Erwartungshöhepunkt schon überschritten haben. **Media Tablets**, **Idea Management** und **Predictive Analysis** sind bereits auf dem Weg, fester Bestandteil vieler Unternehmenskonzepte zu werden und den an sie gerichteten (reduzierten) Ansprüchen Rechnung zu tragen. Nach Einschätzung von Gartner (2012a) sind bei Big Data, Internet-TV, NFC Payment, Cloud Computing und Media Tablets im Vergleich zum Vorjahr die größten Veränderungen festzustellen. Angesichts der hier herrschenden Dynamik sollte jedes Unternehmen für sich prüfen, welche Bedeutung diese Entwicklungen für das eigene Unternehmen haben.

Think-Box

- Welche der im Hype Cycle genannten Entwicklungen stellen eine Chance für mein Unternehmen dar?
- Wo sind eher Risiken zu erwarten?
- Welche weiteren Informationen sind notwendig, um die möglichen Auswirkungen neuer Technologien auf das eigene Unternehmen zu ermitteln?
- Wer ist für eine solche Folgenabschätzung bei Technologien verantwortlich?
- Mit welchen Maßnahmen können wir auf besonders dringende Herausforderungen reagieren?

Gartner fasst einige Technologien zu sogenannten **Tipping Point Technologies** zusammen, d. h. zu Technologie-Gruppen, die an einem Wendepunkt stehen. Diese können einen massiven Einfluss auf die Geschäftswelt bzw. die gesamte Gesellschaft haben (vgl. Gartner 2012a). Dazu gehören die sogenannten **Smarter Things**, die über das **Internet der Dinge** („Internet of Things") miteinander vernetzt werden. Aber was ist mit diesem „Internet der Dinge" eigentlich genau gemeint? Hierunter versteht man eindeutig identifizierbare Objekte, die über das Internet miteinander vernetzt sind. Neuere Formen der Kommunikation, bspw. über RFID (Radio Frequency Identifikation) oder jetzt auch über NFC (Near Field Communication), d. h. eine drahtlose Kommunikation, erleichtern den Informationsaustausch und können bei Produkten den Einsatz von Barcodes ablösen. Werden Objekte mit Radio Tags (d. h. Funketiketten) ausgestattet, dann kann durch die hier empfangbaren Daten bspw. festgestellt werden, ob ein Angebot im Laden knapp wird – und bei Bedarf kann automatisch eine Bestellung ausgelöst werden. Werden Menschen im Alltag mit diesen Radio Tags versehen (bspw. über ihr Smartphone), können diese einfach identifiziert, lokalisiert und folglich mit hoch individualisierten Botschaften – orientiert an bekannten Präferenzen – angesprochen werden.

Die zentralen Inhalte hat Ashton (2009), der Erfinder des Begriffs „**Internet of Things**", präzise zusammengefasst:

> Today computers – and, therefore, the Internet – are almost wholly dependent on human beings for information. Nearly all of the roughly 50 petabytes (a petabyte is 1,024 terabytes) of data available on the Internet were first captured and created by human beings – by typing, pressing a record button, taking a digital picture or scanning a bar code. Conventional diagrams of the Internet include servers and routers and so on, but they leave out the most numerous and important routers of all: people. The problem is, people have limited time, attention and accuracy – all of which means they are not very good at capturing data about things in the real world.
>
> And that's a big deal. We're physical, and so is our environment. Our economy, society and survival aren't based on ideas or information – they're based on things. You can't eat bits, burn them to stay warm or put them in your gas tank. Ideas and information are important, but things matter much more. Yet today's information technology is so dependent on data originated by people that our computers know more about ideas than things.
>
> If we had computers that knew everything there was to know about things – using data they gathered without any help from us – we would be able to track and count everything, and greatly reduce waste, loss and cost. We would know when things needed replacing, repairing or recalling, and whether they were fresh or past their best. We need to empower computers with their own means of gathering information, so they can see, hear and smell the world for themselves, in all its random glory. RFID and sensor technology enable computers to observe, identify and understand the world – without the limitations of human-entered data. [...] The Internet of Things has the potential to change the world, just as the Internet did. Maybe even more so.

Die Vielzahl der durch das Internet of Things generierbaren Informationen wird den Trend zu **Big Data** weiter verstärken. Daten verschiedener Quellen, mobil und stationär generiert, werden zunehmend über einheitliche Protokolle (insb. das Internet Protocol IP) miteinander verzahnt. Hierdurch stehen Daten in einer bisher nicht bekannten Quantität und Qualität für Analysen zur Verfügung. Die Kombination solch umfassender Datenströme mit intelligenten Auswertungswerkzeugen – eingesetzt in Realtime – ermöglicht hoch individuelle Kundenansprachen. Im Kern geht es um die Präsentation von spezifischen Angeboten, die nicht nur zum **Profil eines Nutzers** passen. Dies konnte auch ein gutes CRM – d. h. ein Customer-Relationship-Management – bisher schon leisten. Die sich hier bietende Chance besteht vielmehr darin, die zu kommunizierenden Inhalte unmittelbar auf den jeweiligen **Kontext des Nutzers** – zeitlich, räumlich und inhaltlich – abzustimmen (vgl. Kap. 7). Wie relevant Timing und Kontext sein können, verdeutlicht folgendes Beispiel: Die Information, dass in der Schlossallee in Berlin ein Radar-Blitzer steht, ist wenig zielführend, wenn mich diese Information erst erreicht, nachdem meine überhöhte Geschwindigkeit dort schon auf einem Foto der Polizei dokumentiert wurde. Erreicht mich die Information dagegen ein paar Minuten früher, weil die Analysesysteme erkennen, dass ich auf dem Weg in die Schlossallee bin, steigt die Relevanz dieser Information dramatisch an. Dies gilt allerdings auch nur, wenn ich nicht mit dem Bus, dem Taxi oder dem Fahrrad unterwegs bin. Bin ich dagegen in Hamburg unterwegs, hat eine solche Information keinerlei Relevanz für mich.

> ▸ **Food for Thought** Informationen verändern ihren Wert mit Zeit und Raum – und folglich mit dem jeweiligen Kontext.

Viele Geschäftsmodelle basieren noch auf **statischen Informationsstrukturen**. Dazu werden Informationen erhoben, in Datenbanken abgelegt und – jährlich oder nie (so in großen Kundenprojekten erlebt) – aktualisiert. Heute besteht aber die bisher nicht genutzte Chance, sich im Wettbewerb durch den Zugriff auf **dynamische Informationsstrukturen** zu differenzieren, weil Angebote in einer nicht erreichbaren One-to-one-Präzision präsentiert werden können. Denn jetzt stehen über Interessenten und Kunden nicht nur immer mehr, sondern auch immer präzisere Informationen zur Verfügung. Und dies erfolgt in einer bisher für unmöglich erachteten Geschwindigkeit, die ein **Realtime-Marketing** (informatorisch) ermöglicht. An dieser Stelle sei schon auf *Facebook* verwiesen, die weltweit größte und am besten (da täglich) gepflegte Präferenzdatenbank der Welt (vgl. vertiefend Kap. 7).

Die Frage, die wir uns stellen sollten, lautet: Wie können wir diese **Informationen zur Schaffung von Mehrwert für Kunden** einsetzen, damit der Kunde einen größeren **Mehrwert für unser Unternehmen** generiert? In Japan werden bereits Passantenströme gescreent, um in Abhängigkeit von den dadurch gewonnenen Erkenntnissen die Inhalte der Großdisplays anzupassen (vgl. Chui et al. 2010, S. 1). Hierdurch kann wiederum eines erreicht werden: eine **höhere Relevanz der ausgespielten Werbeinhalte**.

Wie heißt folglich die neue Herausforderung?

> ▸ In Search of Relevance!

Werden die Präferenzen von Käufern in Realtime auswertbar, kombiniert mit einer speziellen Location, wo sich die Person gerade aufhält, können **dynamische Impulse** (bspw. hinsichtlich Kaufort, Preis, Produktverfügbarkeit) mobil übermittelt werden, um den entscheidenden Kaufimpuls – genau im passenden Moment und am richtigen Ort – zu vermitteln. Voraussetzung hierfür ist natürlich, dass wir von unseren Kunden die **Permission**, d. h. die Erlaubnis, zu einer solchen Kontaktaufnahme erhalten haben. **Check-in-Services** wie *Foursquare*, bei denen man sich in bestimmte Locations (bspw. bei *Starbucks*, *McDonald's* oder am Flughafen) einbucht, stellen Nutzern solche Informationen aktiv zur Verfügung. Allerdings herrscht in Deutschland momentan noch eine Zurückhaltung gegenüber diesen Services.

> ▸ **Merk-Box** Unsere Kunden und Interessenten hinterlassen permanent digitale Fußabdrücke („**Digital Footprints**") auf allen Kanälen: mobil, in stationären Geschäften, beim Surfen im Internet und bei Aktivitäten in den sozialen Medien.

Auch wenn der im Zuge des Neuro-Marketings lange gesuchte **Buy-Button** im Kopf des Kunden immer noch nicht gefunden wurde, so gilt doch eines: Durch die Schaffung einer zeitlichen, räumlichen und inhaltlichen Nähe der werblichen Einflussnahme steigt

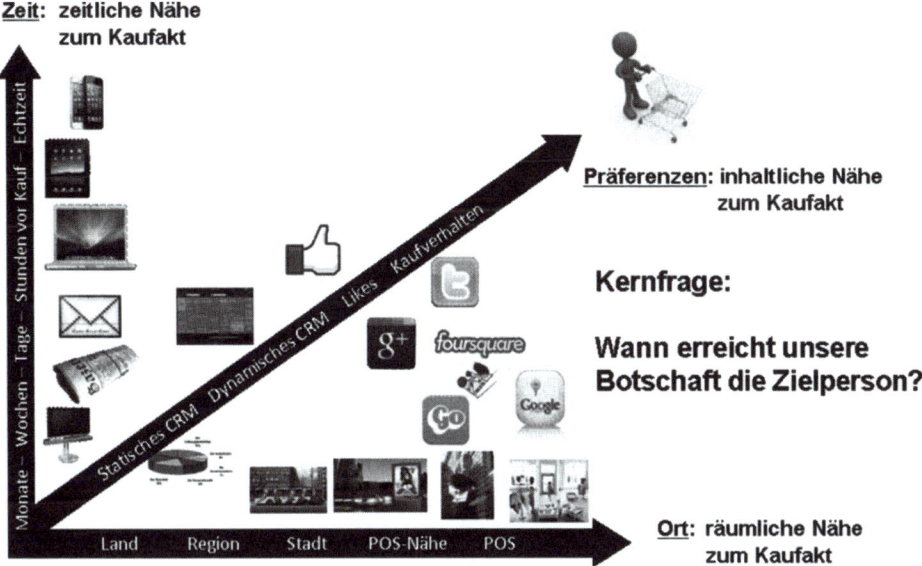

Abb. 1.7 Relevanz der Information basierend auf der zeitlichen, inhaltlichen und räumlichen Nähe zur Zielperson

die **Relevanz unserer Botschaft** für den Empfänger dramatisch – und mit ihr auch die Kaufwahrscheinlichkeit. Dieser Zusammenhang wird in Abb. 1.7 deutlich. Die große Herausforderung besteht darin, aus den digitalen Fußabdrücken unserer Zielpersonen den **Single Point of Truth** abzulesen, um zu wissen, was für diese wirklich in dem jeweiligen Kontext zählt.

In Abb. 1.7 zeigt sich, dass die **Relevanz einer Information** mit der räumlichen, zeitlichen und inhaltlichen Nähe einer Botschaft zunimmt. Die **räumliche Nähe zum Kaufakt** kann durch die auf den jeweiligen Aufenthaltsort der Zielperson abgestimmte Ausspielung von Werbung gesteigert werden (**Location**). Durch die Permission zur Lokalisierung der Nutzer über GPS bzw. durch die schon erwähnten Check-in-Services wird der Aufenthaltsort des Nutzers immer präziser bestimmbar. Die **zeitliche Nähe zum Kaufakt** ist bei TV- und Radio-Werbung, aber auch bei Zeitungswerbung und Direct Mail häufig noch eingeschränkt. Eine stationäre, insbesondere aber eine mobile Online-Präsenz kann eine viel größere zeitliche Nähe zum Offline-Kauf aufweisen (**Timing**). Schließlich kommt auch der **inhaltlichen Nähe zum Kaufakt** eine zentrale Bedeutung zu (**Präferenzen**). Alle drei Dimensionen gemeinsam bilden den jeweiligen Kontext ab, in dem sich die Zielperson befindet. In statischen CRM-Systemen wurden die Daten der Kunden nur in größeren Zeitabständen, bspw. auf der Grundlage von Kundenbefragungen, aktualisiert. Dynamische CRM-Systeme streben dagegen an, die Aktivitäten der Kunden laufend zu erfassen und jene bei der Ansprache unmittelbar zu berücksichtigen. Insbesondere mit *Facebook* und – zurzeit nur eingeschränkt – bei *Google+* stehen sehr aktuelle Präferenzdaten zur Verfügung, die durch „Likes" und „+" dokumentiert werden. Flankierend werden zunehmend auch Informationen über getätigte Käufe bereitgestellt. Unternehmen, denen es gelingt, diese drei „Nähe generierenden Pole" Location, Timing und Präferenzen zusammenzuführen, werden in der kommunikativen Ansprache immer die Nase vorne haben. Ein **dreidimensionales CRM** wird möglich. Entscheidend hierfür ist es, dass wir im Unternehmen ein **Single Point of Information** (auch Single Point of Truth) geschaffen haben, an dem die unterschiedlichen Informationsströme zusammenlaufen.

Die Erfolge, die *Tesco* mit seinem Kundenbindungssystem durch das Ausspielen individualisierter Coupons am POS erreicht, zeigt das Potenzial eines solchen Vorgehens (vgl. Gallagher und Zoratti 2012, S. 171 f.). Das oben aufgezeigte Konzept geht jetzt aber noch einen entscheidenden Schritt weiter: Während die Bereitstellung von Coupons auf einer umfassenden Analyse des bisherigen Kaufverhaltens von *Tesco*-Kunden basiert und die Coupons am POS ausgeliefert werden, greift das in Abb. 1.7 gezeigte Konzept viel weiter: Es werden nicht nur die im eigenen Geschäft erfassten Kaufakte und Präferenzen berücksichtigt, sondern auch die, die bspw. in den sozialen Netzwerken oder durch Check-ins bei bestimmten Anbietern sichtbar werden. Eine entsprechende Permission der Nutzer wird dabei immer vorausgesetzt. Außerdem erfolgt die Auslieferung jetzt mobil – und erreicht den Empfänger idealerweise zu dem Zeitpunkt, an dem Ort und in der Stimmung, in der die **höchste Empfänglichkeit für einen kommunikativen Anstoß** gegeben ist.

Dieser **informatorische Dreiklang** wird durch den Begriff **dreidimensionales CRM** zum Ausdruck gebracht, das Zeit, Raum und Präferenzen zeitgleich kommunikativ zusammenführt. Diesen Dreiklang kann man bei **Location-Based-Services** (LBS) am besten zum Einsatz bringen, indem die umfassende Datenbasis mit einer überzeugenden kreativen Idee verknüpft wird, die den Kunden einen wirklichen Mehrwert bietet.

Think-Box

- Wie nah sind wir – informatorisch – an unseren Zielpersonen?
- Wie gut gelingt es uns, die Präferenzen der Interessenten und Kunden zu erfassen – mit hoher Aktualität?
- Können wir den Aufenthaltsort unserer Interessenten und Kunden erfassen?
- Wie können wir dieses Wissen um die „Location" zur Steigerung unserer Umsätze verwenden – auch wenn wir ggf. ein reiner Online-Anbieter sind?
- Wie „zeitlich nah" sind wir an den Kaufentscheidungen unserer Kunden?
- Wodurch könnten wir diese zeitliche Nähe erreichen?
- Positionieren Sie Ihr Unternehmen bzw. Ihre Angebote in der Abb. 1.7. Ergänzen Sie jetzt Ihre relevanten Wettbewerber!

Ein weiterer Treiber für gravierende Veränderungen sei hier erwähnt: die **mobile Kommunikation**. Wie sich die mobilen Endgeräte entwickelt haben, zeigt Abb. 1.8. Die Ent-

Abb. 1.8 Entwicklung der „mobilen Endgeräte"

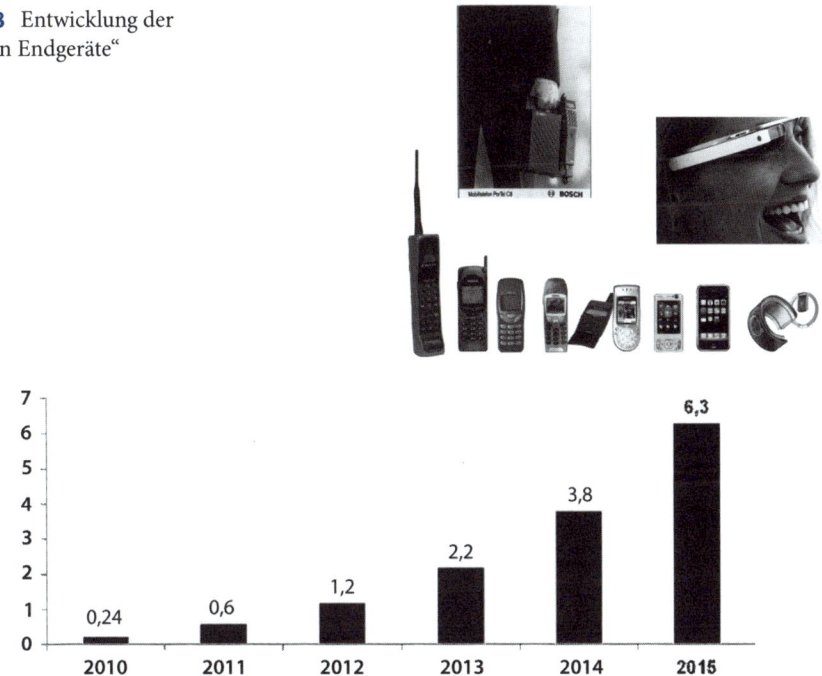

Abb. 1.9 Prognose zur Entwicklung des globalen mobilen Datenverkehrs pro Monat (in Exabyte) von 2010 bis 2015 (Quelle: Cisco 2011, S. 5)

wicklung vom mehrere Kilogramm schweren Mobiltelefon hin zum Smartphone hat für Unternehmen und Kunden ganz **neue Einsatz- und Nutzungsfelder** erschlossen. Und dieser Prozess wird sich noch weiter verstärken, weil bereits heute in Deutschland mehr Smartphones als Standard-Mobiltelefone verkauft werden. Dadurch wird sich ein weiterer Trend noch dramatisch verstärken: die immer umfassendere **mobile Nutzung unterschiedlichster Plattformen**. Nicht nur *Facebook* wird zu über 60 % bereits mobil genutzt, auch Online-Einkäufe und Online-Recherchen finden in zunehmendem Maße mobil statt. Mit der *Google*-Brille steht uns die nächste Generation mobiler Endgeräte bevor, die uns wichtige Informationen direkt und unmittelbar in unserem Blickfeld präsentiert.

Welche Bedeutung dem **mobilen Datenverkehr** heute und in Zukunft beizumessen ist, zeigt Abb. 1.9. Bereits bis zum Jahr 2015 wird – Bezug nehmend auf das Ausgangsjahr 2010 – mit einem auf das 26-Fache gestiegenen Datentransfer von mobilen Anwendungen gerechnet.

Die zunehmende Verbreitung leistungsfähiger mobiler Endgeräte wird einen weiteren Trend befeuern – die Entwicklung hin zu einer **bargeldlosen Welt**. Es zeichnet sich heute schon ab, dass sich die gesamte Bezahlinfrastruktur in den nächsten Jahren dramatisch verändern wird. Ein Blick auf den schon erwähnten *Gartner's Hype Circle* zeigt, dass sich Mobile OTA (Over-the-air) Payment schon in der Umsetzungsphase befindet, während

Abb. 1.10 Physikalische Objekte werden über Apps substituiert und digital nutzbar

Abb. 1.11 Leistungsvielfalt des
Smart Service Terminals

sich NFC (Near Field Communication) Payment erst auf dem Weg dorthin befindet (vgl. Abb. 1.6). Zusätzlich zu der Bezahlfunktionalität werden weitere Funktionen über Apps auf dem Smartphone verfügbar (vgl. Abb. 1.10).

Eines kann schon heute festgestellt werden: Wir stehen am Beginn einer Entwicklung, die das Smartphone zu einem **Smart Service Terminal** werden lässt, das in der Online- und Offline-Welt zum zentralen ganzheitlichen **Steuerungs- und Navigationsinstrument** werden wird. Autoschlüssel, Reisepass, Kreditkarten, Coupons, Geldbörse und vieles mehr werden über das Smartphone verwaltet werden – so normal, wie heute schon Mobile Shopping und Mobile Banking für viele geworden ist (vgl. Abb. 1.11). Das wird dazu führen, dass sich das Kaufverhalten weiter dramatisch verändern wird. Dieser Prozess wird zusätzlich dadurch verstärkt, dass immer mehr für Kaufprozesse relevante Informationen mobil verfügbar werden. Der leichte Zugang zu vielen Informationen im Internet erfolgt durch das **Auslesen von Barcodes**, den Einsatz von Apps zur **Erkennung physischer Produkte** (bspw. über die *RedLaser*-App), die **Identifikation von Musik** (etwa durch *Shazam*) sowie durch den vielfältigen **Einsatz von QR-Codes** (so beim QR-Shopping mit *eBay*). QR-Codes werden von *PayPal* bereits in den Zahlungsterminals im stationären Einzelhandel eingesetzt. Diese werden durch die *PayPal*-App gescannt und ausgelesen, um sofortige Zahlungstransaktionen anzustoßen.

Es zeigt sich, dass aus herkömmlichen Anwendungen jetzt Apps für unsere Smartphones werden. Damit ist die Entwicklung hin zu einer **App-Economy** vorgezeichnet. Vieles wird sich aus der analogen Welt in die digitale Welt hinein entwickeln. Die Kreditkarte bspw., die heute noch ein Stück Plastik ist, wird zur App. Dadurch verliert sie ihre physischen Limitierungen. So kann der Nutzer in Zukunft einer dritten Person ermöglichen, auf diese „Software-Kreditkarte" zuzugreifen, ohne sie selbst aus der Hand zu geben. Die Entwicklung des Mobiltelefons zu einem Smart Service Terminal wird durch den **Trend zur wertschöpfungsübergreifenden Digitalisierung** weiter verstärkt. Nicht nur **Daten** (bspw. über unsere Kunden) und **Prozesse** (wie Beratung, Verkauf, Zahlungsprozesse) werden zunehmend digitalisiert und damit mobil verfügbar, sondern auch bisher überwiegend physisch bereitgestellte **Produkte** (bspw. Bücher, Zeitungen, Zeitschriften, CDs, DVDs) verlieren ihre Körperlichkeit. Damit werden gleichzeitig **physische Grenzen** überwunden, die bisher in unseren Geschäftsmodellen eine große Bedeutung hatten und häufig deren Grundlage darstellten. Mussten Bücher, Zeitungen, Zeitschriften, CDs, DVDs bisher auf irgendeinem Weg **physisch zum Kunden transportiert** werden, so kann dies heute in vielen Fällen komplett entfallen.

Diese Entwicklung wird mit dem Begriff **Zero Gravity Thinking** bezeichnet: Objekte verlieren die physikalischen Beschränkungen, die sie in der realen Welt hatten, wenn diese Objekte in den Cyberspace übertragen werden. Welche nachhaltigen Auswirkungen dieses Zero Gravity Thinking auf ganze Branchen haben kann, zeigt sich am Musik- und Zeitungsbusiness. Vor diesem Hintergrund sollte sich jedes Unternehmen mit der Frage befassen, wie nicht nur die eigene Kommunikation, sondern auch die angebotenen Produkte und/oder Dienstleistungen mobil verfügbar gemacht werden können.

Aber auch der **digitale Transport zum Käufer**, um Inhalte physisch auf einem Endgerät zu speichern, entfällt in dem Maße, in dem Inhalte in der **Cloud** vorgehalten werden und erst im Nutzungsmoment per **Streaming** zur Verfügung gestellt werden. Eine dezentrale Datenhaltung pro Nutzer wird dabei durch eine zentrale Datenhaltung in der Cloud ersetzt. Dieser Trend zur Verlagerung in die Cloud beschränkt sich nicht auf Daten, sondern umfasst weiterführende Prozesse und ganze Geschäftsanwendungen. Die Digitalisierung erfasst damit ganze Geschäftsprozesse.

Think-Box

- Welche Auswirkungen hat es auf mein Unternehmen und auf die Beziehungen zu meinen Stakeholdern, wenn Smartphones tatsächlich zum Smart Service Terminals werden?
- Wie können wir vorgehen, um uns zumindest mit „Fingerübungen" auf diese Entwicklung vorzubereiten?
- In welchem Maße ist unsere Kommunikation schon heute mobil abrufbar?

- Welche Produkte und/oder Dienstleistungen können mobil verfügbar gemacht werden?
- Welche Auswirkungen hat die umfassende Digitalisierung auf unsere Kunden oder die Kunden unserer Kunden?
- Welche Rückwirkungen auf die Bereitstellung unserer Leistungen und damit auf unsere Wertschöpfungskette sind damit verbunden?
- Welche Auswirkungen hat dies wiederum auf unser Beschaffungsverhalten?
- Wo können wir als Kunden von diesem zunehmenden Trend zur Digitalisierung profitieren?
- In welchen Bereichen können wir unseren Kunden durch die Digitalisierung von Inhalten zusätzliche Werte generieren?
- Welche Bedeutung hat das zunehmende Vordringen von Cloud-Lösungen für mein Unternehmen?
- Wo können wir profitieren? Worin ist eher ein Angriff auf unser Geschäftsmodell zu erkennen?
- Wer könnte dafür in meinem Unternehmen die Verantwortung übernehmen?
- Wird es für uns bereits Zeit, einen Chief Digital Officer zu installieren?

Die Gesamtheit dieser Entwicklungen führt zu einer branchenübergreifenden **Neudefinition von Geschäftsfeldern**. **Online-Händler** werden zu **Hardware-Herstellern**, um durch den Aufbau eigener Ecosystems einen größeren Teil der (digitalen) Wertschöpfungskette abzudecken. So bietet *amazon* den e-Book-Reader *kindle* unter Selbstkosten an, um am Verkauf der digitalen Produkte zu verdienen. Andere **Online-Dienstleister** werden **zu Software-Anbietern** (hier *Google* mit *Android*) und teilweise auch zu **Hardware-Anbietern** (bspw. *Google* mit *Nexus* im Smartphone- und Tablet-PC-Markt). Parallel dazu werden **Hardware-Hersteller zu Portal-Anbietern**, wie das bei *Apple* mit *iTunes* der Fall ist. Schließlich werden **Netzbetreiber zu Inhalte-Anbietern**, wie das bspw. bei der *Deutschen Telekom* zu beobachten ist. *eBay* – bisher ein **Digital Pure Player** – testet unter dem Begriff *Kaufraum* den **Pop-up-Store** (Ladengeschäft, das nur für wenige Wochen offen ist). Hier werden von verschiedenen, natürlich nur gut bewerteten Anbietern der *eBay*-Plattform reale Produkte in einem stationären Geschäft präsentiert. Die hier präsentierten Produkte können über die *PayPal*-App durch das Scannen von QR-Etiketten erkannt – mit Preis- und Verfügbarkeitsinformationen versehen – direkt gekauft werden. Die Abrechnung erfolgt über *PayPal* und die Produkte werden an die gewünschte Zieladresse geliefert. Der Fachbegriff hierfür lautet **QR-Shopping** und wurde Ende 2012 in Berlin präsentiert (vgl. PayPal 2012).

Zusätzlich erschließen sich Dienstleister ganz neue Servicegebiete, wie das mit den Cloud-Services beim *amazon* und *Google* der Fall ist. Und **Künstler**, seien dies Musiker, Grafiker, Autoren oder Bastler, werden zu **direkten Vermarktern** ihrer eigenen Kreationen. Sie benötigen die klassischen Vertriebsstrukturen vielfach nicht mehr (Stichwort:

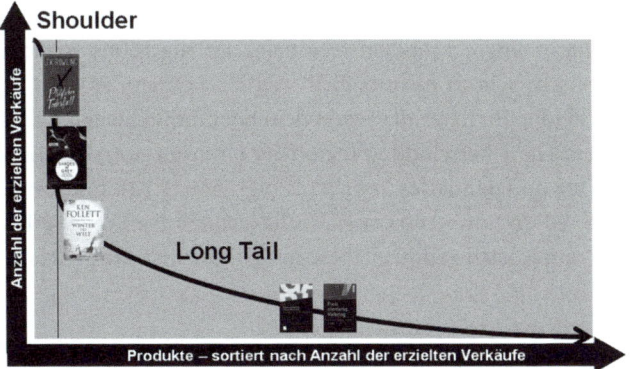

Abb. 1.12 Long-Tail-Konzept – Beispielmarkt Bücher

„Self-Publishing") oder nutzen ganz neue **Online-Vertriebsplattformen**, um ihre kreativen Ergebnisse zu vermarkten. Hierzu zählt bspw. der weltweit größte Umschlagplatz für „Selbstgemachtes aller Art" etsy.com. Dieser Marktplatz hat über 19 Mio. Mitglieder und verkaufte im Jahr 2011 Mode, Einrichtungsgegenstände und Krimskrams jeder Art im Wert von 526 Mio. US-\$ – Tendenz stark steigend (vgl. Etsy 2012). Das Pendant dazu in Deutschland ist *DaWanda* (vgl. dawanda.de).

Das bei diesen Online-Vertriebsplattformen zum Ausdruck kommende Konzept wird heute als **Long Tail** bezeichnet, das maßgeblich von Anderson (2009) geprägt wurde. Die Entstehung des Begriffs „Long Tail" wird anhand der Abb. 1.12 nachvollziehbar. Um diese Kurve zu zeichnen, müssen die relevanten Untersuchungsobjekte (bspw. Produkte, Dienstleistungen) absteigend, sortiert nach der Anzahl der erzielten Verkäufe auf der X-Achse abgetragen werden. So finden sich auf dieser X-Achse ganz links bspw. die Bücher von *Joanne K. Rowling, E. L. James* und *Ken Follett*, die als Blockbuster die Bestseller-Listen in Deutschland anführen. Dagegen finden sich die Marketing-Lehrbücher von *Ralf T. Kreutzer* im mittleren Bereich der Kurve und Werke über das Liebesleben der Bienen im Mittelalter finden vielleicht nur noch eine Käuferzahl zwischen 0 und 10. Auf der Y-Achse werden die jeweils erzielten Verkäufe abgetragen (als Stückzahl oder Wert). Der erste Teil der Kurve nennt man **Shoulder**: Hier finden sich die Bestseller oder auch Blockbuster genannten Untersuchungsobjekte. Dies können neben Produkten (etwa Bücher, Kleidungsstücke, Musiktitel oder Filme) auch Dienstleistungen sein. Der zweite Teil der Kurve wird **Long Tail** (zu Deutsch „langer Schwanz") genannt. Hier findet man alle weiteren Angebote, die sich einer deutlich geringeren Nachfrage erfreuen. Hier kann auch treffend von der **Masse der Nischen** gesprochen werden.

Dass heute auch hoch spezialisierte Anbieter durch die Betreuung kleinster Segmente und Marktnischen profitabel zu führen sind, ist allein dem Internet zu verdanken. Das Internet und speziell die Funktionen der Suchmaschinen können Anbieter und Nachfrager von **Nischenprodukten** zu vertretbaren Kosten zusammenführen. Während ganz ausgefallene Musik-, Bücher- oder Bekleidungswünsche durch die klassischen stationären Vertriebskanäle mit ihrem eingeschränkten regionalen Einzugsgebiet sowie dem begrenzten Sortiment ökonomisch vielfach nicht bedient werden können, eröffnet das Internet hier lukrative Geschäftsfelder. Im Extremfall steht dem hochindividuellen Angebot eine globale Nachfrage entgegen. Die Überwindung regionaler Grenzen führt zur **Entstehung lukrativer Nischenmärkte** und damit des Long Tails (vgl. Abb. 1.12). Im Kern lassen sich nach Andersen (2009, S. 60–67) drei **Wirkungsmechanismen des Long Tails** herausarbeiten, die zur Reduktion von Kosten geführt haben, um Nischenmärkte profitabel zu bedienen:

- **Demokratisierung der Produktionsmittel**
  Die umfassende Verbreitung wichtiger Produktionsmittel (bspw. PCs, MP3-Recorder, Digital-Kameras und Fotohandys) sowie von Do-it-Yourself-Produkten aller Art ermöglicht es heute vielen Millionen Menschen, eigene Kreationen zu erstellen. Damit entstehen jeden Tag viele neue Texte, Musiktitel, Fotos und Videos sowie weitere Produkte, die für eine Vermarktung zur Verfügung stehen. Hierdurch verlängert sich die Kurve in Abb. 1.12 nach rechts, d. h., der Long Tail wächst.
- **Demokratisierung des Vertriebs**
  Jeder, der heute Zugang zum Internet hat, kann online Informationen über eigene Angebote einstellen bzw. auf Informationen über die dort präsentierten Angebote zugreifen und diese ggf. sofort bestellen. Dies gilt für offline wie online verfügbare Produkte gleichermaßen. Die Vertriebskosten sinken dadurch rapide, weil die Online-Präsentation von Angeboten einfach und kostengünstig oder kostenlos erreicht wird und keine physische Verkaufsfläche zur Bedienung einer regional eingeschränkten Zielgruppe mehr erforderlich ist. So wird der Long Tail dicker, weil mehr Transaktionen ökonomisch durchgeführt werden können. Die Treiber für solche Angebote sind bspw. *eBay*, *iTunes* und *amazon* sowie weitere einschlägige Online-Plattformen wie die schon genannten etsy.com und dawanda.com, auf denen jedermann seine Produkte präsentieren kann.
- **Verbindung von Angebot und Nachfrage**
  Das Internet erleichtert die Zusammenführung von Angebot und Nachfrage insbesondere durch Suchmaschinen und soziale Netzwerke sowie übergreifend durch Social-Bookmarking, Blogs, Foren und Communitys, mit denen persönliche Empfehlungen ausgesprochen werden. Durch die hier auffindbaren und kommunizierten Informationen wird es immer leichter, Nischenanbieter und Sucher nach Nischenprodukten zusammenzuführen. So kann sich die Nachfrage nach Massenprodukten vom Shoulder-Bereich in den Bereich des Long Tails verlagern, weil als Alternative zu den Standardprodukten Angebote auffindbar werden, die den eigenen Bedürfnissen u. U. besser entsprechen.

Auch wenn der Long-Tail-Ansatz die Relevanz und Wirtschaftlichkeit einer **Bedienung von Nischenmärkten** nachvollziehbar beschreibt, wird dadurch in Summe das **Pareto-Prinzip** (auch **80 : 20-Regel** genannt) nicht außer Kraft gesetzt. Dieses bringt im übertragenen Sinne zum Ausdruck, dass es in allen Bereichen **Konzentrationseffekte** gibt, so auch beim Kauf von Produkten oder der Nachfrage nach Dienstleistungen. Es kann zwar zutreffen, dass die Summe der Umsätze in Nischenmärkten die von Blockbustern übersteigt; allerdings muss darauf hingewiesen werden, dass hinter einem Blockbuster wie *Harry Potter* genau eine Autorin und ein Verlag stehen, während hinter den Angeboten des Long Tails eine Vielzahl von Anbietern steht und es deshalb wenig zielführend ist, deren Umsatz einfach summarisch zu betrachten, ohne auch die Vertriebskosten über alle Anbieter zusammenzufassen. Außerdem wird es weiterhin die **The-winner-takes-it-all-Modelle** geben, die aufgrund ihrer Größe viele andere Anbieter dominieren und damit ausstechen.

Gerade im Internet finden sich viele Beispiele für solche Konzepte, die mit einer hohen Konzentration der Nutzer auf einen oder wenige Anbieter einhergehen und damit den skizzierten **Pareto-Effekt** zeigen. Solche Konzepte finden sich nicht nur bei Suchmaschinen, bei denen es für die meisten Unternehmen interessant ist, beim größten Anbieter (in vielen Ländern *Google*) präsent zu sein. Auch in den sozialen Netzwerken werden Nischenprodukte wenig erfolgreich sein, weil Personen sich zu den Netzen hingezogen fühlen, in denen sich schon viele der eigenen Freunde befinden. Der **The-winner-takes-it-all-Effekt** zeigt sich so bspw. bei *Facebook*. Und selbst *Google* fällt es schwer, sein soziales Netzwerk *Google+* erfolgreich gegen *Facebook* zu positionieren. Gegen solche Effekte anzukämpfen, fällt selbst mächtigen Anbietern – wie bspw. *Microsoft* – schwer, die weder bei den sozialen Netzen noch im Suchmaschinenbereich einen Stich machen konnten. Selbst die genannten Anbieter etsy.com und dawanda.com stellen – im Hinblick auf ihre Handelsfunktion – The-winner-takes-it-all-Konzepte dar. Denn wenn ich mich als Anbieter vielen potenziellen Käufern präsentieren möchte, sollte ich dorthin gehen, wo viele Nachfrager sind – bei *Etsy* bspw. ca. 42 Mio. Besucher pro Monat (vgl. Etsy 2012).

Dennoch ist es wichtig, darauf hinzuweisen, dass über die Vertriebsbreite des Internets auch ein sogenannter Trickle-up-Effekt zum Tragen kommen kann. Bisher wurde immer nur von einem **Trickle-down-Effekt** („trickle" steht für „sickern, tröpfeln") gesprochen, womit ein **Durchsickerungseffekt** „von oben nach unten" gemeint ist. Dieser bezog sich ursprünglich primär auf die Entwicklung von Wohlstand in Ländern, wobei dieser Wohlstand – idealerweise – von den Reichen nach und nach in die darunter liegenden Schichten der Gesellschaft durchsickert (so zurzeit in China und Indien). Heute wird dieser Begriff auch verwendet, um aufzuzeigen, wie bspw. eine neue strategische Ausrichtung im Unternehmen oder die Bekenntnis zu „Green Issues" i. S. einer stärkeren ökologischen Ausrichtung eines Unternehmens nach und nach in der gesamten Organisation umgesetzt wird. Von einem **Trickle-up-Effekt** – sozusagen wider die Schwerkraft – kann bei ausgewählten Angeboten im Internet gesprochen werden, weil es in der Nische präsentierte Angebote schaffen können, durch die unterschiedlichsten Kommunikationsinstrumente des Internets für die Weltöffentlichkeit sichtbar zu werden. Dies können Songs oder Texte bisher unbekannter Künstler sein, deren Bekanntheit aufgrund von viralen Effekten im Internet innerhalb einer kurzen Zeit signifikant steigen kann, wie dies bei *Justin Bieber* der Fall war. Auch die Erotik-Trilogie *Shades of Grey* wurde zunächst im Eigenverlag gestartet. Damit wird deutlich: Es besteht eine Durchgängigkeit vom Long Tail zur Shoulder. Und manche Geschäftsprozesse, die vor vielen Jahren im Long Tail geschaffen wurden, sind jetzt im Head angekommen. Hierbei ist etwa an *amazon*, *eBay* und *YouTube* zu denken!

Die Treiber hinter diesen Entwicklungen sind nicht nur die Anbieter neuer Technologien, sondern auch das – teilweise dadurch bedingt – **gewandelte Verhalten der Kunden**. Allerdings sind diese Veränderungen schon lange nicht mehr nur bei den **Digital Natives** auszumachen, auch wenn sich die Verhaltensmuster bei diesen besonders verschoben haben. Digital Natives sammeln ihre ersten Internet-Erfahrungen schon pränatal, besitzen mit fünf Jahren ihr erstes Handy, bedienten mit sechs Jahren das elterliche *iPad* und starten spätestens ab dem siebten Lebensjahr – hoffentlich unter elterlicher Obhut – ihre ersten umfassenden Exkursionen im Internet. Und wenn Kleinkinder dann tatsächlich noch mal Mamas oder Papas Zeitung in die Hand nehmen, halten sie das papierene Konvolut vielleicht für ein „broken *iPad*".

Welche Auswirkungen haben diese Entwicklungen auf die jüngeren Kundengruppen? In Summe haben die meisten Jugendlichen bis zu ihrem 20. Lebensjahr bereits Tausende von Computerspiel-Stunden absolviert und sich dabei spezifische Denk- und Verhaltensmuster angeeignet, die älteren Generationen völlig fremd sind. Der **Erfahrungsspeicher** der unterschiedlichen Generationen ist folglich mit ganz anderen Inhalten gefüllt. Welche Effekte erwartet *Moshe Rappoport*, Executive Technology Briefer der *IBM*, angesichts dieser Entwicklung? Analog zum Verhalten bei Computerspielen, bei denen man mit einem risikoreichen Verhalten schneller zum Ziel kommt und nach einem „Game over" einfach neu beginnt, zeichnet sich die junge Generation durch eine **höhere Risikobereitschaft** und ein **schnelles Handeln** aus. Gleichzeitig zeichnet sich eine „Reboot-Mentalität" ab. Die Nutzer können in dieser „Reboot-Welt" jederzeit aussteigen – Loyalität ist eine Währung von gestern, zumindest wenn sie mit den Instrumenten von gestern erzeugt oder besser gesagt erzwungen wurde. Dies versuchen bspw. dutzende Anbieter von Plastikkarten und sonstige Kundenbindungsprogramme, die teilweise kein Nutzer mehr durchschaut oder durchschauen möchte, weil dafür ein 80-seitiges Manual durchzuarbeiten und zu memorieren wäre! Das gilt nach *Rappoport* jetzt bspw. auch für Internet-Plattformen: „Man geht hin und schaut, ob sie lustig ist, man diskutiert, man chattet, verliert das Interesse und geht zum nächsten Projekt. Jemand anderes kommt mit einer anderen Message, mit einem Trick, mit anderen Sachen. Bei den jungen Leuten ist das Bedürfnis nach Standhaftigkeit nicht so ausgeprägt. ‚Come and go', ‚Press the red button and restart' prägen das virtuelle Leben" (Sohn 2012).

Was passiert jetzt, wenn diese virtuell umgesetzte „**Come-and-Go-Mentalität**" auch in der realen Lebenswirklichkeit umgesetzt wird? Wenn schon die vorherige Generation den Begriff „Lebensabschnittsgefährte" geprägt hat, lautet der neue Begriff dann „Lebens-Mini-Abschnitts-Gefährte" oder – etwas verfänglich – „Stunden-Begleiter"? Das online gelernte Verhaltensmuster spielt auch bei der Akzeptanz von neuen Produkten und Technologien eine zentrale Rolle: **ausprobiert wird, was gefällt**! Und bei Nichtgefallen werden die entsprechenden Anbieter gnadenlos vom Sockel gestoßen. Dabei kann es jeden treffen, wie die Beispiele *Nokia*, *studiVZ*, *Neckermann* und *Sony* zeigen.

Think-Box

- Welche Möglichkeiten bietet unser Geschäftsmodell, den Kunden in ein umfassenderes Ökosystem „einzuweben"?
- Wie kann unsere Wertschöpfungskette angesichts dieser Herausforderungen weiterentwickelt werden?
- Welche Konsequenzen hat das Long-Tail-Konzept für uns? Bietet es eher Chancen oder Risiken?
- Können wir weiterhin vom Pareto-Prinzip profitieren – oder können wir es durch die „Macht der Nische" aushebeln?
- Wie kann es uns gelingen, von den veränderten Verhaltensmustern der Digital Natives zu profitieren?
- Wo ist die Bearbeitung dieser Fragen in meinem Unternehmen anzusiedeln?

Eine Verschärfung und zusätzliche Dynamik haben alle bisher besprochenen Herausforderungen durch ein Phänomen erfahren, das mit dem Begriff **Social Media** beschrieben wird. Unter diesem Begriff werden Online-Medien und -Technologien subsumiert, die es den Internet-Nutzern ermöglichen, einen Informationsaustausch online durchzuführen, der weit über die klassische E-Mail-Kommunikation hinausgeht (vgl. Kreutzer 2012, S. 378). Damit halten erstmals alle Bevölkerungsschichten und alle Stakeholder, mit denen ein Unternehmen zu tun hat, ein **extrem kraftvolles**, weil **extrem öffentlichkeitswirksames Kommunikationsinstrumentarium** in den Händen (vgl. Abb. 1.13). Wichtig ist schon an dieser Stelle der Hinweis, dass die sozialen Medien **werteschaffende wie wertevernichtende Inhalte** aufweisen können – und es am unternehmenseigenen Engagement liegt, welche Inhalte dominieren!

Wie sich die **Relevanz der sozialen Medien** verändert hat – gemessen an der Entwicklung einschlägiger Suchanfragen bei *Google* – zeigt Abb. 1.14. Hier wird eine **Suchdynamik** sichtbar, die bisher nur wenigen Phänomenen zuteilwurde: Das Suchvolumen hat sich seit Mitte des Jahres 2009 weltweit verzehnfacht. Dabei dominieren die Begriffe **Social Media Marketing** und **Social Marketing**.

Zu den **sozialen Medien** zählen zunächst die **sozialen Netzwerke** wie *Facebook, Google+, XING, LinkedIn* und zunehmend auch *Pinterest*. Auch deren Entwicklung ging mit gravierenden Strukturbrüchen einher. Wer hätte beim Start von *Facebook* vermutet, dass es diesem Unternehmen gelingen würde, bereits 2012 über eine Milliarde User zum Mitmachen zu bewegen und damit fast die Hälfte aller Internet-Nutzer weltweit zu erreichen? Wer hätte zu prognostizieren gewagt, dass Nutzer – weltweit, über Bildungs-, Gender-, Alters- und Kulturgrenzen hinaus – einmal bereit sein würden, eine **Vielzahl von Daten** über sich selbst in einer bisher nicht vorstellbaren **Aktualität und Detailtiefe** bereitzustellen – oft einsehbar für die ganze Welt. Dieser Online-Auftritt der Nutzer wird häufig flankiert durch eine Vielzahl von Text-, Musik- sowie Stand- und Bewegtbild-Dateien, die das eigene Profil

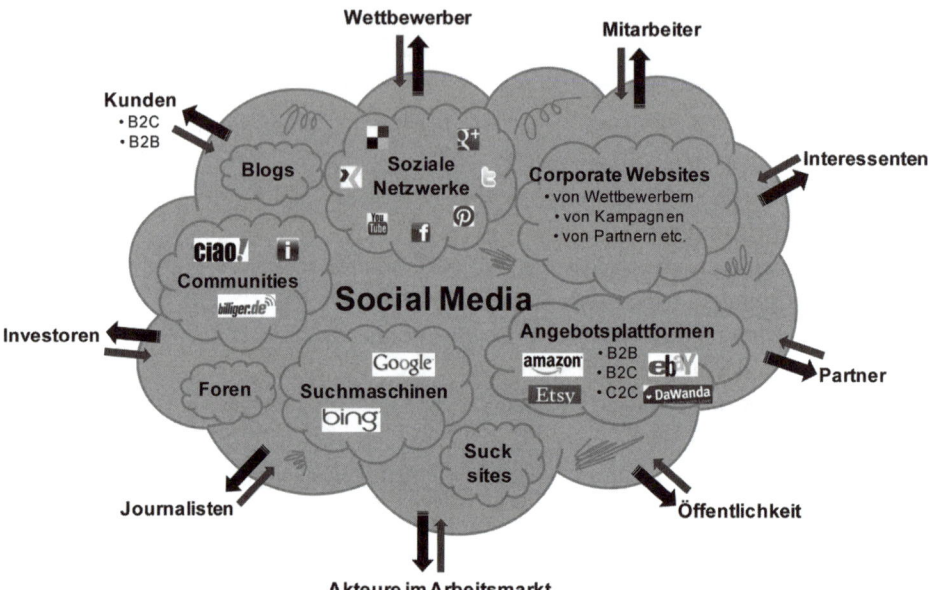

Abb. 1.13 Zunehmend unkontrollierbare und komplexe Meinungsbildung von Stakeholdern durch Online-Medien

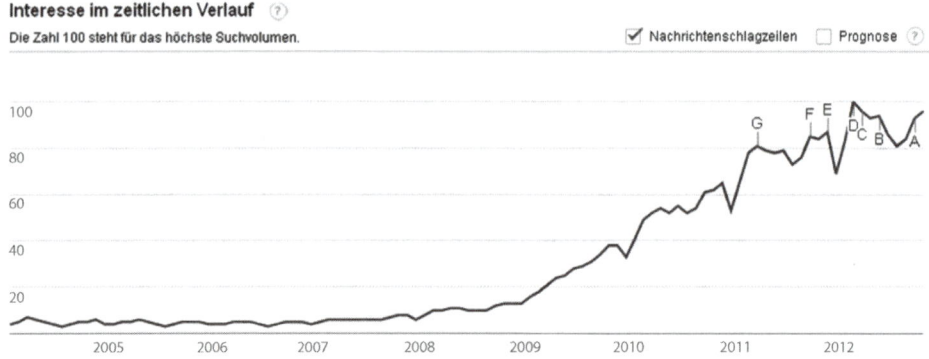

Abb. 1.14 Search Volumen zum Stichwort „Social Media" (Quelle: Google Trends 30.10.2012)

anreichern. Gleichzeitig wird eine **Update-Geschwindigkeit** der dort präsentierten Inhalte sichtbar, die sich oft nicht im Tages-, sondern eher im Stunden-Rhythmus bewegt. Von einer solchen Datenfülle – heute mit dem schon erwähnten Buzz-Word **Big Data** beschrieben – haben Marketers viele Jahrzehnte geträumt und Datenschützer „gealbträumt".

Zu den sozialen Medien gehören auch **Media-Sharing-Plattformen**, deren wichtigster Vertreter *YouTube* ist. *YouTube* selbst kreiert keine Inhalte, sondern stellt nur die Plattform für einen Austausch bereit und finanziert sich u. a. über als „gesponserte Videos" gekennzeichnete werbliche Angebote. Die Community der *YouTube*-Nutzer erstellt und steuert selbst die Inhalte auf *YouTube* und entscheidet darüber, was beliebt ist. Pro Tag werden wenigstens vier Milliarden Videos angesehen und pro Minute 60 Stunden an neuem Videomaterial hochgeladen (vgl. YouTube 2012). Diese Zahlen umfassen sowohl die von Nutzern als auch die von Unternehmen gestalteten Inhalte. Welche Relevanz dieser Kanal hat, wird an folgendem Beispiel deutlich: Der Sprung von *Felix Baumgartner* aus der Stratosphäre 2012 war das größte Live-Erlebnis auf *YouTube*. Mehr als 8 Mio. Menschen verfolgten den Sprung im Internet – in Realtime!

Weitere Ausprägungen der sozialen Medien sind **Blogs**, **Micro-Bloggerdienste** wie *Twitter*, **Online-Foren** und **Online-Communitys**. Die sozialen Medien haben die Kommunikation zwischen Unternehmen und Kunden – insbesondere aber zwischen den Kunden selbst – massiv verändert. Bis in die 60er- und 70er-Jahre des letzten Jahrhunderts hinein dominierte die **1. Stufe** der Differenzierung von Kommunikation und Leistungserbringung (vgl. Abb. 1.14). Diese **One-to-mass-Ausrichtung** beinhaltete eine weitgehend **undifferenzierte Kundenansprache**, bspw. im Versandhandel nur durch einen Hauptkatalog pro Saison zur Kommunikation mit den Kunden. Gleichzeitig dominierte die **Vermarktung standardisierter Angebote**. Dieses unternehmerische Verhaltensmuster wurde in der **2. Stufe** in vielen Bereichen durch das Prinzip **One-to-many** ergänzt bzw. abgelöst. Die mit den Möglichkeiten des Dialog-Marketings einhergehende **zielgruppenspezifischere Kommunikation** wurde durch Begriffe wie Kundenstamm-Marketing, Database-Marketing oder Relationship-Marketing geprägt. Flexiblere Produktionsstrukturen ermöglichten gleichzeitig – zumindest in Grenzen – eine **Differenzierung der Leistungserbringung** orientiert an den Kundenerwartungen.

Unter dem Schlagwort **Customer-Relationship-Management** (CRM) wurde in den 90er-Jahren – gestützt auf weiter verfeinerten Datengrundlagen, leistungsstärkeren Analysesystemen und einer weiterentwickelten Technologie in der Kommunikation – in einigen Bereichen der Schritt zur **3. Stufe** des **One-to-one** systematisch vorbereitet. Dabei wurde versucht, Interessenten und Kunden zunehmend als Einzelpersonen in den Mittelpunkt der Kommunikation zu stellen und diese differenziert anzusprechen und zu betreuen. Die **Personalisierung und Individualisierung der Ansprache** orientiert sich am spezifischen Wissen über die Person und/oder an Informationen über die Historie der Beziehung zwischen Person und Unternehmen. Ein exzellentes Beispiel, wie diese Kommunikationsform in Perfektion umgesetzt wird, zeigt *Payback*: Für Versandaktionen von (papiergestützten) Coupons in einer Auflage von 9 bis 10 Mio. Exemplaren werden jetzt ca. 8 Mio. unterschiedliche Printvarianten erzeugt (vgl. Schmidt 2012). Allerdings schöpft heute erst ein Teil der Unternehmen die Möglichkeiten aus, die ein professionelles Dialog-Marketing den Unternehmen bietet (vgl. weiterführend Kreutzer 2009).

Bezüglich der **unternehmerischen Kommunikation** gilt dabei, dass der entsprechende Individualisierungsgrad der Kommunikation in Abhängigkeit des jeweiligen Geschäftsmodells zu definieren ist. Bei einem **nationalen Anbieter** können sich bspw. alle drei Kommunikationsformen anbieten:

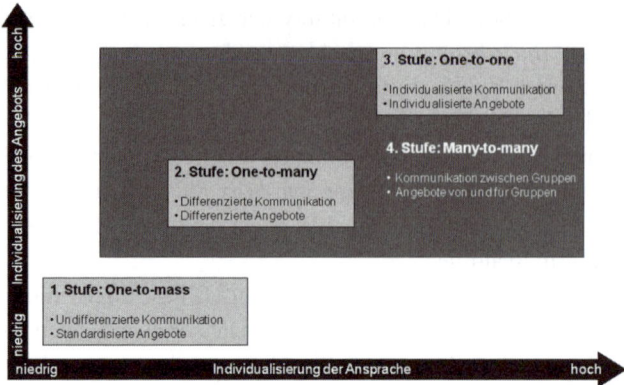

Abb. 1.15 Veränderungen des Differenzierungsgrades in Kommunikation und Leistungserbringung

- **One-to-mass-Ansprachen** (bspw. nationale TV-Kampagnen und/oder Anzeigenschaltung in breitstreuenden Zeitschriften und Zeitungen)
- **One-to-many-Maßnahmen** (etwa Anzeigen in Special-Interest-Zeitschriften sowie Mailings an ausgewählte Zielgruppen auf der Basis von angemieteten Adressen)
- **One-to-one-Ansprachen** (bspw. basierend auf der spezifischen Historie von Interessenten und Kunden zum eigenen Unternehmen)

Jede Form der Kommunikation hat also ihre Berechtigung. Der Einsatz ist jeweils aus den zu erreichenden Kommunikationszielen abzuleiten.

Einer **Individualisierung der Leistungserbringung** sind häufig größere produktionstechnische Grenzen gesetzt. Bei spezifischen Geschäftsmodellen gelingt eine One-to-one-Ausrichtung, so etwa klassisch beim Schneider oder in einer Möbel-Manufaktur. Aber auch Anbietern wie *Dell* als Lieferant individualisiert konfigurierter Computer, MyParfuem.com als Anbieter individualisierter Parfüms und mymuesli.de als Bezugsquelle individualisiert zusammengestellter Müsli-Mischungen gelingt dies. Dagegen entpuppen sich groß ausgelobte Innovationen, wie bspw. individualisierte Laufschuhe, bei genauer Analyse als Standardschuhe, auf die ein individualisierter Schriftzug aufgebracht wird. Deshalb ist es zwingend geboten, beim **One-to-one-Marketing** zwischen einer **Individualisierung der Ansprache** und einer **Individualisierung der Leistungserbringung** zu unterscheiden.

Heute sehen wir uns mit der **4. Stufe** einer Kommunikation **Many-to-many** konfrontiert (vgl. Abb. 1.15). Diese Art der Kommunikation wird von den Internet-Nutzern selbst bspw. in den sozialen Netzen initiiert. Diese Many-to-many-Kommunikation weist eine deutlich größere Bandbreite hinsichtlich Ansprache und Leistungserbringung auf als die vorgenannten Formen. Zum einen können ganz gezielte One-to-one-Nachrichten und -Angebote erstellt und übermittelt werden. Hierdurch entsteht das neue Marktsegment **Customer-to-Customer** (CtC). Gleichzeitig werden in höherem Maße auch Gefallens- und Missfallens-Bekundungen und/oder Angebote an einen größeren Kreis von mehr oder weniger gut bekannten Personen verschickt (bspw. über *Facebook* oder *Twitter*). Diese **hybride Nutzung der sozialen Medien** verdeutlicht, warum oben von einer werteschaffenden sowie einer wertevernichtenden Wirkung der sozialen Medien gesprochen wurde. Diese Art der – von Unternehmen weitgehend unabhängigen – Kommunikation stellt für diese eine große Herausforderung dar, da damit eine **Reduktion bzw. ein Verlust der Informationshoheit der Unternehmen** einhergeht. Manche Unternehmen fürchten diesen Informations- und damit Machtverlust noch. Dabei ist er in den meisten Fällen schon lange eingetroffen!

▸   **Food for Thought**   Bei der Präsentation in der Zentrale eines großen **französischen Einzelhandelsunternehmens** zeigte sich, dass man die sozialen Medien dort bisher weitgehend ignoriert hatte. Sie wurden schlicht und ergreifend nicht ernst genommen und deshalb auch nicht überwacht. Deshalb war dem Top-Management entgangen, dass es auf *Facebook* bereits 17 verschiedene Fan-Pages zu diesem Unternehmen gab – allerdings alle mit dem Tenor „I hate XY". Und diese Seiten hatten bis zu 60.000 Fans. Folglich gilt: **Selbst wenn man als Unternehmen die Relevanz der sozialen Medien nicht erkannt hat – vielleicht haben dies ja die eigenen Kunden schon getan!**

Im Zuge von Web 2.0 entstehen auf diese Weise **Gemeinschaften** (etwa durch Blogs, Foren und Communitys), die miteinander diskutieren, füreinander Lösungen erarbeiten, diese bewerten und ggf. auch vermarkten, ohne dass Unternehmen einen direkten Einfluss nehmen könnten. Die Vielzahl der privaten Blogs, die zunehmende Bedeutung der sozialen Netzwerke und der Media-Sharing-Plattformen sowie die dort verbrachte Zeit verdeutlichen deren zunehmende Relevanz. Das ursprüngliche Massenmedium Internet hat sich zu einem massenhaft auch für die Individual- und Gruppenkommunikation genutzten Medium weiterentwickelt. Wie sich dadurch die Art des Austauschs von Informationen verändert hat, zeigt Abb. 1.16. Früher dominierte eine **klassische lineare Kommunikation**. Dabei waren Unternehmen als Sender aktiv, die über ausgewählte Kanäle spezifische Botschaften an vordefinierte Zielgruppen ausgestrahlt haben. Diese Art wird in vielen Bereichen zunehmend durch eine **zirkuläre und polychrone** (d. h. auf verschiedenen zeitlichen Ebenen laufende) **Kommunikation** ergänzt bzw. partiell abgelöst. Unternehmen können nach wie vor mit dem Ziel als Sender agieren, über ausgewählte Kanäle bestimmte Botschaften an die Zielgruppe zu versenden. Allerdings können dann Personen – als Teil der Zielgruppe oder unabhängig davon – aktiv werden und andere Inhalte über weitere Kanäle an zusätzliche Zielgruppen versenden. Diese **zweite Brennstufe der Kommunikation** erfolgt dabei losgelöst, unkontrolliert und unkontrollierbar vom initial kommunizierenden Unternehmen. Vor diesem Hintergrund wird es für Unternehmen immer entscheidender, die „richtige" Initialzündung in der Kommunikation zu erreichen, um die sich hier teilweise einstellenden viralen Prozesse im Sinne des unternehmerischen Kommunikationsziels zu nutzen. In jedem Fall gilt es, möglichst keine Munition für einen sogenannten **Shitstorm** zu liefern – ein Begriff, der in Deutschland 2011 zum Anglizismus des Jahres gewählt wurde.

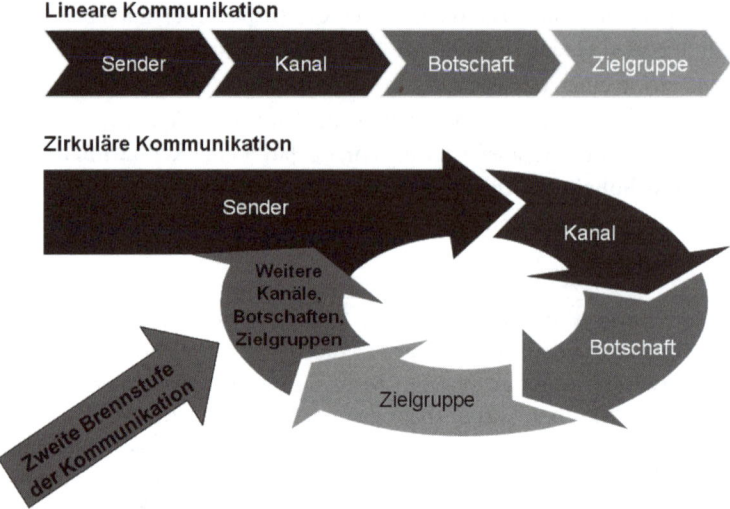

Abb. 1.16 Veränderung der Kommunikationsprozesse – von linear zu zirkulär

Die sozialen Medien fördern die in Abb. 1.16 gezeigte **zirkuläre Kommunikation**, die mit dem Akronym **KIIS** wie folgt charakterisiert werden kann:

- **K**ollaborativ (i. S. der Zusammenarbeit der Nutzer zugunsten oder auch zuungunsten eines Unternehmens, einer Marke oder eines Angebotes)
- **I**nteraktiv (i. S. eines Austauschs der Nutzer untereinander und/oder mit dem Unternehmen)
- **I**terativ (i. S. von wiederholend, da bspw. Kritik, Reklamationen, Vorschläge u. Ä. so lange online präsentiert werden, bis eine aus Sicht der Nutzer angemessene Reaktion stattfindet)
- **S**imultan (i. S. einer Gleichzeitigkeit verschiedener Kommunikationsstränge und -inhalte)

Think-Box

- Welche Kommunikationsformen dominieren in meinem Unternehmen – One-to-mass, One-to-many oder One-to-one?
- Haben wir schon ermittelt, ob wir unter Ertragsgesichtspunkten am „optimalen" Punkt der Individualisierung der Kommunikation angekommen sind?
- Welche Möglichkeiten der Individualisierung der Leistungserbringung bieten wir heute?
- Welche Entwicklungen sind bei unseren Wettbewerbern absehbar?

- Wer könnte sich in meinem Unternehmen mit den beiden Kernfragen „Individualisierung der Kommunikation" und „Individualisierung der Leistungserbringung" umfassender beschäftigen und entsprechende Konzepte erarbeiten?

Wenn sich Ihr Unternehmen mit der Möglichkeit beschäftigt, sich intensiver in den sozialen Medien einzubringen, sollten Sie sich an der **Parabel des Social-Media-Marketings** orientieren. Was hat es mit dieser auf sich?

Wenn Sie auf eine Cocktail-Party kommen, wie verhalten Sie sich? Schreien Sie schon am Eingang laut heraus, dass Sie jetzt auch da sind? Bieten Sie Ihre Leistungen (seinen es Fahrräder, Bananen, Hautcremes oder Finanzanlagen) offensiv und für alle hörbar an? Schließlich können die Teilnehmer dieser Party ja nicht gleich davonlaufen und müssen Ihnen zuhören. Wahrscheinlich doch nicht! Aber warum gehen Unternehmen dann in den sozialen Medien häufig so vor – und werden von den Zielpersonen durch Ignoranz oder „böse Kommentare" abgestraft? Wie sollten wir denn vorgehen – orientiert an der Parabel der Cocktail-Party? Was tut man normalerweise? Man stößt unauffällig dazu, stellt sich an einen der Tische und hört erst einmal zu, über was sich die anderen Teilnehmer gerade unterhalten. Dann bringt man sich vielleicht mit einer Frage oder einem anderen Beitrag ein und versucht langsam und wertschätzend, die Aufmerksamkeit der anderen zu erzielen. Wenn dann im Gespräch Lösungen gesucht werden, für die man als Person oder Unternehmen prädestiniert ist, dann ist eine Information über das eigene Angebot angemessen – nicht vorher.

▸ **Food for Thought** Werbebotschaften in den sozialen Medien stellen eine Ruhestörung dar!

Bei der **unternehmerischen Integration in die sozialen Medien** ist folglich darauf zu achten, dass Unternehmen und deren werbliche Botschaften dort zunächst **keine dominante Rolle** zukommt. Schließlich heißen diese „**soziale Medien**" und nicht „**kommerzielle Medien**". Wie Unternehmens-, Marketing- und insbesondere Vertriebsziele durch ein intelligentes Engagement in den sozialen Medien erreicht werden können, wird in den folgenden Kapiteln gezeigt.

▸ **Merk-Box** Die sozialen Medien dürfen nicht als weiterer reiner Verkaufs-, Werbe- oder PR-Kanal missverstanden werden.

Wie lassen sich die beschriebenen Herausforderungen treffend zusammenführen? Durch den sogenannten **SoLoMo**-Trend, der die Dimensionen **Social**, **Local** und **Mobile** umfasst (vgl. Abb. 1.17). Die Herausforderungen für Unternehmen liegen zunächst in den präsentierten **sozialen Medien**, weil hier eine bisher nicht gekannte Gegenmacht zu den

Abb. 1.17 Der SoLoMo-Trend

etablierten Anbietern entsteht. Das Wort „social" begegnet uns bei immer mehr Anwendungen, von „Social-TV" über „Social Commerce" und „Social Plugins" bis zum „Social CRM" (vgl. vertiefend Kap. 2 und 7). Zusätzlich wird die **Lokalisierung der Nutzer** und damit die **Regionalisierung von Angebot und Nachfrage** an Bedeutung gewinnen. Gleichzeitig ist eine zunehmende Tendenz feststellbar, dass sich zur Location Based Communication auch Location Based Communitys installieren, die sich bspw. durch die beschriebenen Check-in-Services (spontan) zusammenfinden. Außerdem nimmt der **mobile Zugriff** auf Internet-Services durch die Nutzung von Smartphones und Tablet-PCs dramatisch zu.

Wie können Unternehmen handeln, um diesem Trend bei der **Entwicklung des eigenen Geschäftsmodells** Rechnung zu tragen? Eine wichtige Orientierung kann hierzu das **strategische Spielbrett** liefern (vgl. Abb. 1.18). Dieses stellt zunächst die Frage, ob das Unternehmen mit **neuen oder bekannten Regeln** in einem Markt tätig ist. Zusätzlich wird gefragt, ob dabei der **Gesamtmarkt** oder eine **Nische** bedient werden soll. Bevor wir allerdings mit Innovationen in der Nische oder sogar im Gesamtmarkt starten, müssen wir genauer wissen, welche neuen Regeln im Markt bereits gelten. Deshalb beschäftigen wir uns in Kap. 2 mit den Auswirkungen der Social Revolution und zeigen auf, welche Grundbedürfnisse die Menschen in den sozialen Medien antreiben.

Dabei ist zu berücksichtigen, dass sich das gesamte **unternehmerische Spielfeld** momentan gravierend verändert:

- Das **Spielfeld wird größer**, weil physische Grenzen bei Leistungserstellung, Kommunikation und Leistungsabforderung an Bedeutung verlieren (bspw. durch Zero Gravity Thinking).
- Gleichzeitig erlangen **neue Spielregeln** Gültigkeit, weil bspw. stärker Performance-orientierte Abrechnungssysteme zum Einsatz kommen.
- Zusätzlich werden laufend **neue Spielgeräte** eingeführt, wie sie die sozialen Netzwerke (bspw. *Facebook*, *Twitter* und *Pinterest*) darstellen.

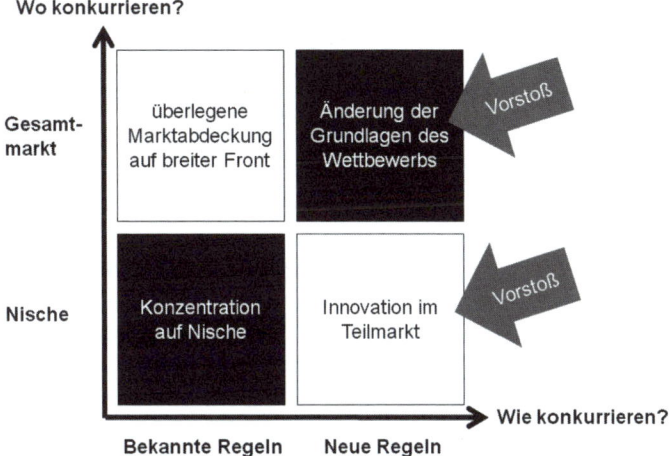

Abb. 1.18 Strategisches Spielbrett – Können wir die Spielregeln im Markt verändern?

- Außerdem drängen **Millionen von zusätzlichen Spielern** auf das Spielfeld, weil es heute quasi jedem Internet-Nutzer möglich ist, sich mit Fragen oder eigenen Inhalten an jeglicher Form von Kommunikation zu beteiligen.
- Gleichzeitig erfolgt eine **Spielfelderweiterung in die 3. Dimension**, weil die Art der Informationsbereitstellung – basierend auf Big Data – ein dreidimensionales CRM ermöglicht (vgl. Abb. 1.7).
- Wird „Vertrauen" als weitere handlungsrelevante Komponente eingeführt, ergibt sich eine **Spielfelderweiterung in die 4. Dimension** (vgl. Abb. 6.5).
- Zusätzlich wird die **Spielgeschwindigkeit** dramatisch erhöht, weil Informationen nicht nur in einer bisher ungekannten Dichte zur Verfügung stehen, sondern deren Änderungen oft in Realtime verfügbar sind. Hier zeichnet sich die Notwendigkeit eines Realtime-Marketings ab.

Diese Gesamtheit der Veränderung führt in manchen Unternehmen zu einer regelrechten **Schockstarre** – nicht wirklich eine Erfolgsstrategie zur Meisterung des digitalen Darwinismus! Früher galt noch der Glaubenssatz: „Wer sich bewegt, hat verloren!" Heute heißt es: „Wer sich heute nicht bewegt, hat morgen schon verloren!" Doch wann wollen wir uns als Unternehmen bewegen? Sehen wir uns als **First Mover** oder **Fast Mover**, indem wir Trends früh und aktiv aufgreifen? Oder fällt unser Unternehmen eher in die Gruppe der **Late Movers**, die anderen gerne den Vortritt lassen? Das Risiko wird angesichts der Änderungsgeschwindigkeit immer größer, dass die Late Movers zu **First Losers** werden! Die **Anpassungsfähigkeit unserer Geschäftsmodelle** avanciert zum strategischen Wettbewerbsvorteil!

Abb. 1.19 Vom Chief Executive Officer zum Chief
Destruction Officer

CDO (Chief Destruction Officer)

Think-Box

- Nutzt mein Unternehmen die neuen Technologien sowie die gigantische Informationsflut, um Wettbewerbsvorteile zu erzielen?
- Welche Wettbewerber sind uns hier voraus?
- Sind wir in der Lage und insbesondere auch willens, die Spielregeln im Markt zu
  verändern? Haben wir den Mut, die vertraute Küste aus den Augen zu verlieren
  und Kurs auf neue Ziele zu nehmen, vertrauend auf eine fundierte Navigation?
- Wagen wir diesen Aufbruch nur in einer Marktnische – oder sind wir bereit, im
  strategischen Spielbrett neue Regeln auch auf dem Gesamtmarkt zu platzieren?

Was benötigen wir dafür? Mut und Kraft! Und statt eines Chief Executive Officer eher
vielleicht sogar einen **Chief Destruction Officer**, der bereit ist, aus ausgetretenen Bahnen
auszubrechen und einen umfassenden Umbau der eigenen Organisation in die Wege zu
leiten (vgl. Abb. 1.19). Deshalb lautet die Aufforderung zum Tanz: „It's easier to kill an
organization than to change it" (Peters 1997, S. 71). Wichtige Impulse hierzu erhalten Sie
in Kap. 9.

Eine wichtige **Aufgabe eines Chief Destruction Officers** besteht darin, allen Verantwortungsträgern seines Unternehmens zuzurufen: Vermeiden wir die **Marketing Myopia** –
d. h. eine Marketing-Kurzsichtigkeit, die schon viele Unternehmen in den Ruin geführt hat.
An Aussagen, dass diese Marketing Myopia gerade heute wieder um sich greift, mangelt
es nicht. Ein Beispiel liefert das *ZDF* mit Blick auf die **Original Channels von** *YouTube*.
Hierbei handelt es sich um werbefinanzierte und für die Nutzer damit kostenfreie Spartenkanäle, die 2012 eingeführt wurden. „Eine Wirkung auf den TV-Markt werden diese
webbasierten Plattformangebote nicht haben. Dafür ist die Internetnutzung am TV-Gerät
zu gering." Das entsprechende Statement der *ARD* geht in die gleiche Richtung: „Für uns
sind neue Themenkanäle keine Konkurrenz. Das Erste werde seine Schwerpunkte anläss-
lich des Starts des Youtube-Programms nicht verändern" (Pohlmann 2012). Selbst wenn
die Prognose des *YouTube*-Chefs *Robert Kyncl* nicht ganz zutreffen sollte, dass 2020 75 %

Abb. 1.20 Lean-back-TV vs.
Lean-forward-TV (Quelle:
Caputo 2011)

Lean-Back TV   **Lean-Forward TV**

der Video-Inhalte über das Internet übertragen werden, dürften die Auswirkungen auf die klassischen TV-Anbieter dramatisch sein (vgl. o. V. 9.10.2012, S. 6) – auch wenn das jetzt keiner wirklich sehen möchte. Aber als Verantwortungsträger müssen wir das! Langfristig ist sogar eine Entwicklung absehbar, bei der *Facebook* zum **personalisierten TV-Kanal** wird – ohne Zapping und ohne Spam!

Es ist besser, eine solche **Herausforderung**, die zu Beginn nur Teile des eigenen **Geschäftsmodells gefährden** könnte, früh anzunehmen und darauf zu reagieren. Denn gerade Werbekunden könnten an den zielgruppenspezifischeren Angeboten der *YouTube*-Channel Gefallen finden. Und jüngere Zielgruppen, die bereits heute regelmäßig *YouTube* nutzen, werden das zusätzliche Angebot, welches sie nach eigenen zeitlichen und inhaltlichen Präferenzen abrufen können, gerne in Anspruch nehmen. Durch den individuellen Abruf verschiedener Clips kann nicht nur ein **individuelles Spartenprogramm** zusammengestellt werden. Dieses lässt sich sogar problemlos auf mobilen Geräten wie Smartphones und Tablet-PCs abrufen – und nicht nur bei Internet-tauglichen Smart-TVs. So besteht die hohe Wahrscheinlichkeit, dass sich für immer mehr Nutzer das klassische **Lean-Back-TV** zu einem **Lean-Forward-TV** entwickeln wird (vgl. Abb. 1.20).

Es sei an dieser Stelle der Hinweis erlaubt, dass es beim Start eines heute weltbekannten Online-Anbieters ursprünglich auch „nur" um ein Produkt – hier Bücher – ging. Heute dagegen fühlen sich alle Universal- und Spezialversender gleichermaßen durch dieses Unternehmen herausgefordert: Der Anbieter heißt *amazon* – und wurde von *Jeff Bezos* 1994/95 „nur" als Spartenanbieter gestartet. Und heute? Unternehmen wie *Walmart*, *Kmart*, *Kaufhof*, *Karstadt*, *MediaMarkt* und andere haben in den letzten fünf Jahren fast kontinuierlich Umsätze verloren. Gleichzeitig hat *amazon* zweistellige Wachstumsraten erreicht. *amazon* hat Umsätze sozusagen „gehijackt", indem es Umsätze von der physikalischen, an Ladengeschäfte gebundenen Welt in den Cyberspace übertragen hat. Die Konsequenz? Nach einer Studie von *OC&C* zählen mit *amazon* (Platz 1), *DaWanda* (Platz 4), Notebooksbilliger.de (Platz 8), *Otto* (Platz 11), *eBay* (Platz 14) und *zalando* (Platz 15) bereits sechs Online-Anbieter zu den beliebtesten Händlern Deutschlands (vgl. Kapalschinski 2012, S. 17). Und nur einer – *Otto* – kann auf eine klassische „Händlervergangenheit" zurückschauen! Die Geschäftsmodelle und damit die Handelslandschaft verändern sich durch neue Anbieter dramatisch. Und über Jahrzehnte erfolgsverwöhnte Geschäftsmodelle wie *Quelle* und *Neckermann* verabschieden sich vom Markt und neue Platzhirsche profilieren sich.

Wie ist das passiert? Der Kunde geht heute einkaufen, sieht einen neuen Fernseher, scannt mit seinem Smartphone das Etikett und recherchiert. So sieht der Kunde bspw., dass der Fernseher bei *amazon* preiswerter angeboten wird. Oder es gibt eine bessere Bewertung für einen vergleichbaren Artikel – Stichwort „Social Recommendation". Wenn der Kunde dieser (anonymen) Bewertung mehr vertraut als dem Verkäufer, wird er das Geschäft wieder verlassen. Hier zeigt sich ein deutlicher **Trend weg von der physikalischen Welt** und vom realen Einkaufscenter hin **zum Online-Store**. Das ist eine Macht, die der Kunde für sich ausnutzt. Er hat eine umfassende Transparenz über Preise, Lieferzeiten, Qualität und Bewertungen. Und sein soziales Netzwerk hilft ihm zusätzlich, vernünftige Angebote und angemessene Preis-Leistungs-Verhältnisse zu finden. Viele Handelsunternehmen wollen diese Entwicklung noch immer nicht wahrhaben. Dabei gibt es ein zusätzliches Risiko: Einzelhändler, die bei der Online-Suche im Cyberspace nicht mit ihrem Angebot gefunden werden, existieren für diese Kunden auch im realen Leben nicht mehr!

Ansätze zu einer Marketing Myopia findet man auch im deutschen **Buchmarkt**. Obwohl der stationäre Buch-Einzelhandel 2012 erneut einen Umsatzrückgang von knapp 5 % aufwies – im Vergleich zu weiter steigenden Online-Umsätzen – postulierte der Vorsteher des *Börsenvereins des Deutschen Buchhandels* bei der Eröffnung der *Frankfurter Buchmesse 2012*: „Eine Bildungsnation braucht den stationären Buchhandel!" (Maier 2012, S. 9). Selbst wenn man geneigt ist, dieser Aussage aus vollem Herzen zuzustimmen, scheint das die Mehrheit der deutschen Kunden – gemessen an ihren „gelebten" Präferenzen für den Bücherkauf – anders zu sehen. Nicht umsonst werden immer wieder renommierte, über Jahrzehnte erfolgreiche Buchhandlungen in zentralen Innenstadtlagen geschlossen. Dass in den USA inzwischen 20 % des Buchmarktes auf elektronische Bücher entfallen – verglichen mit 2 % in Deutschland – macht die Herausforderung deutlich (vgl. Maier 2012, S. 9). Auch in Deutschland verkauft *amazon* inzwischen mehr digitale Bücher als Hardcover-Ausgaben (vgl. o. V. 13./14.10.2012, S. 9).

Auch im **Printmagazin- und Zeitungsmarkt** zeigen sich dramatische Veränderungen. So stellten 2012 die beiden Zeitungen *Frankfurter Rundschau* und *Financial Times Deutschland* ihren Betrieb ein. Das renommierte US-Magazin *Newsweek* hat aufgrund der sinkenden Auflage ebenfalls eine schwerwiegende Entscheidung getroffen: Es verzichtet ab 2013 ganz auf eine Papierausgabe. Zukünftig wird es – nach 80 Jahren Print – nur noch eine Online-Ausgabe unter dem Titel *Newsweek Global* geben (vgl. o. V. 19.10.2012, S. 8). Eine Marketing Myopia vermeidet, wer die Herausforderung wie *Mathias Döpfner*, CEO der *Axel Springer AG*, Hamburg, so beschreibt: „Ob gedruckte Zeitung oder digitales Lesegerät: In Zukunft werde das Medium immer unwichtiger, der Inhalt aber immer entscheidender sein" (vgl. Baumann 2012, S. 5).

Auch im **Telekommunikationsmarkt** gibt es massive Umbrüche. Immer mehr – insbesondere junge Menschen – nutzen die Funktionalitäten von *WhatsApp*. Dies ist eine plattformübergreifende mobile Nachrichten-App, die einen Austausch von Nachrichten erlaubt, ohne für SMS bezahlen zu müssen. Die Nutzung steigt stark und kannibalisiert Umsätze klassischer Telekommunikationsunternehmen.

Das alles sind weitere **Strong Signals** für die Veränderungen, die sich bei Büchern, im Zeitungs- und Zeitschriftenmarkt bzw. in der Telekommunikationsbranche abzeichnen. Man ist versucht zu rufen: Hört auf die Signale! Oder, wenn man mit diesen Unternehmen spricht: Hört ihr die Signale nicht?

▶   **Food for Thought** Es gilt immer noch die Weisheit der *Dakota-Indianer*:
   „Wenn Du entdeckst, dass Du ein totes Pferd reitest, steige ab."
   Doch wie reagieren viele Unternehmen in einer entsprechenden Situation – und vielleicht auch wir?

   - Wir wechseln die Reiter.
   - Wir berufen einen Ausschuss ein, um das tote Pferd zu analysieren.
   - Wir klassifizieren das Pferd von „tot" auf „lebensungeeignet" um.
   - Wir schirren mehrere tote Pferde zusammen, damit sie schneller werden.
   - Wir schieben eine Trainingseinheit ein, um besser reiten zu lernen.
   - Wir schreiben die Anforderung an alle Pferde um.
   - Wir kaufen eine stärkere Peitsche.
   - Wir erklären, dass unser Pferd „besser, schneller und billiger" tot ist als das unserer Wettbewerber.
   - Wir reduzieren die Standards, damit das tote Pferd weiter beschäftigt werden kann.
   - Wir besuchen andere Orte, um zu sehen, wie man dort tote Pferde reitet.
   - Wir kaufen Leute von außerhalb ein, um das tote Pferd zu reiten.
   - Wir führen eine Produktivitätsstudie durch, um festzustellen, ob leichtere Reiter tote Pferde besser reiten können.
   - Wir ernennen einen Ausschuss, um das tote Pferd zu reanimieren.
   - Wir erklären, dass das tote Pferd nicht gefüttert werden muss, weniger Overheads verursacht und deshalb zur Zielerreichung des Unternehmens stärker beiträgt als andere Pferde.
   - Wir sagen: „So haben wir das Pferd doch immer geritten."

Gilt hier vielleicht der folgende Leitsatz?

▶   Das Leben ist zu kurz, um es der Realität zu überlassen!

Dabei ist es heute ganz einfach, **wichtige Signale** zu identifizieren. Eine wichtige Quelle hierfür stellt *Google Trends* dar. In Abb. 1.21 sind die Suchanfragen für drei Websites einander gegenübergestellt. Es ist unschwer zu erkennen, dass das **Muster des Universalversenders** otto.de dem des inzwischen aus dem Markt ausgeschiedenen Anbieters neckermann.de dramatisch ähnelt. Die Unterschiede zum momentanen Gewinner amazon.de sind frappierend.

Ein Chief Destruction Officer hat auch die Aufgabe, eine **regionale Marketing Myopia** zu vermeiden. Wer meint, die USA seien der **Vorreiter in Richtung Social Media**, der hat

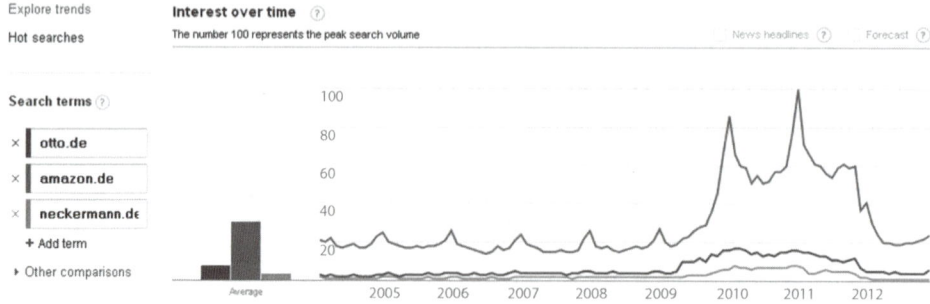

Abb. 1.21 Interesse – gemessen in Suchanfragen – im Zeitablauf (Quelle: Google Trends 2012)

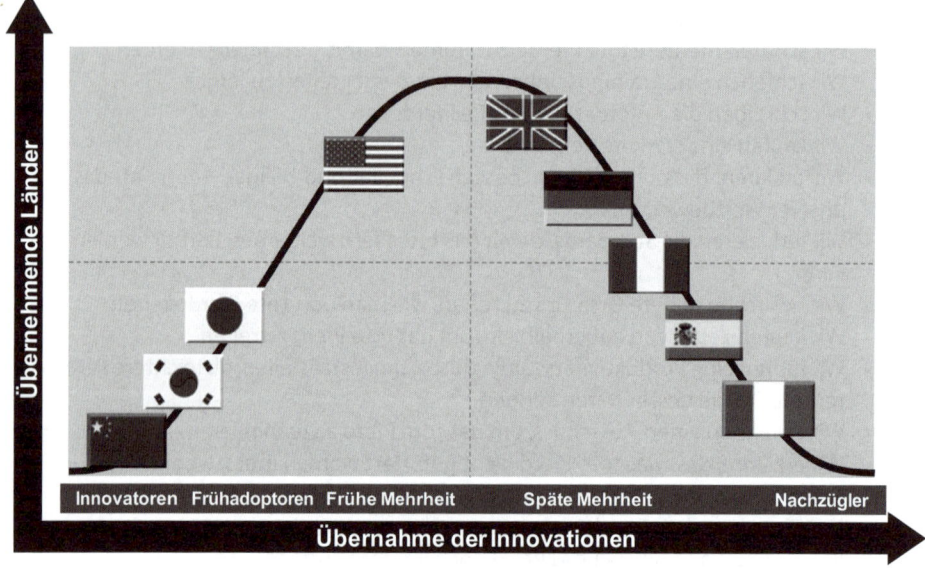

Abb. 1.22 Globaler Diffusionsprozess von Innovationen im Internet

sich deutlich getäuscht. Es ist insbesondere **China**, wo sich die Social-Media-Revolution in besonderem Maße abzeichnet – getrieben durch die Möglichkeit, online eine Kommunikationsintensität zu entfalten, die vorher nicht möglich war. Also gilt es, das Augenmerk insbesondere auf China mit seinen ca. 300 Mio. Nutzern von *Renren* auszurichten – dem chinesischen *Facebook*-Äquivalent. Die durchschnittliche Nutzerzeit liegt hier fast schon bei drei Stunden pro Tag (vgl. Harlinghausen 2012). Außerdem sind dort bereits eine Milliarde Nutzer von Mobiltelefonen aktiv: Das Smartphone wird zum „First Screen" und verdrängt TV auf den Platz des „Second Screen". Aber auch **Südkorea** und **Japan** sind nicht zu vernachlässigen, wenn wir spannenden Trends und neuen Anwendungsfällen auf die Spur kommen wollen.

Abb. 1.23 Management Excuses Hall of Fame (Shame) bzgl. des Einsatzes der sozialen Medien (Quelle: Buck 2012)

Rang	Statement
1.	This is just a fad – it will go away!
2.	Our customers are not on *Facebook*!
3.	We only have B2B business!
4.	You work for *Dell* – this only works there!
5.	I cannot control what people are talking about!
6.	What about privacy?
7.	I cannot measure it!
8.	I have no budget!
9.	I don´t have time for it!
10.	I am too old for this!

Der **globale Diffusionsprozess von Innovationen im Internet** wird von Ländern wie China und Südkorea als **Innovatoren** angeführt (vgl. Abb. 1.22). Die USA gehören bei der weiteren Verbreitung häufig zur Gruppe der **Early Adapter**, die solche Entwicklungen relativ schnell aufgreift. Europa und die hier ansässigen Unternehmen finden sich häufig in der **Frühen und Späten Mehrheit** wieder – oder sogar in der Gruppe der **Nachzügler**. Die Speerspitze der Innovation ist in Europa jedenfalls nicht zu finden! Deshalb sollten wir unser Augenmerk bei der Suche nach bahnbrechenden Innovationen auch nicht auf Europa lenken. Auch ein Benchmarking mit Schwerpunkt Europa würde in die Irre führen – die **Mehrheit der digitalen Herausforderer** ist hier nicht zu finden. Ein solches Scheuklappendenken gilt es zu vermeiden, wenn wir auch morgen noch international erfolgreich agieren möchten.

Lassen Sie uns jetzt zurück zum Social-Media-Marketing kommen. Gibt es auch im Umgang mit den sozialen Medien eine Marketing Myopia? Wie reagiert das **Top-Management** auf die **Social-Media-Herausforderungen**? Hierzu hat *Michael Buck* eine Liste der Top-Ten-Ausreden erstellt, die zusammen die **Management Excuses Hall of Fame (Shame)** bilden (vgl. Abb. 1.23; Buck 2012).

Die hier genannten Gründe finden sich teilweise sogar in der BITKOM-Studie zum Einsatz der sozialen Medien in Unternehmen wieder. Spannend bei den in Abb. 1.24 genannten **Gründen gegen Social-Media-Aktivitäten** ist neben der „**Nichterreichung unserer Zielgruppen**" und der „**Rechtsunsicherheit**" insbesondere der Punkt „**Social Media passen nicht zu unserer Unternehmenskultur**" – immerhin von 45 % der Unternehmen genannt. Diese Unternehmen reagieren auf die Relevanz von Social Media aus der Senderperspektive – nicht aus der Empfängerperspektive. Hier wird deutlich, dass die Verankerung von Social Media in Unternehmen mit einem **Change-Management** einhergehen muss (vgl. vertiefend Kap. 9).

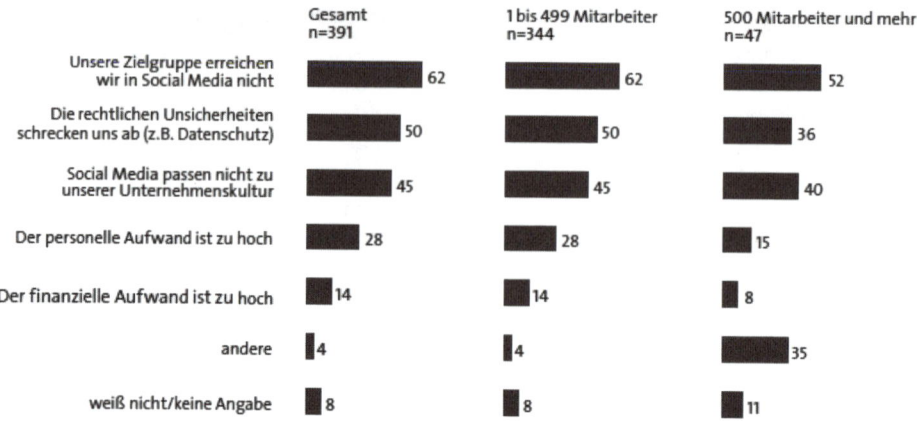

Abb. 1.24 Gründe gegen Social-Media-Aktivitäten für Unternehmen – nach Unternehmensgröße in Mitarbeiterzahl – in % (Frage: „Was waren die Gründe, aus denen Sie sich gegen ein Social-Media-Engagement entschieden haben?"; Mehrfachnennung möglich; $n = 391$, Quelle: BITKOM 2012b, S. 22)

Think-Box

- Wie stark ist die Marketing Myopia in meinem Unternehmen vertreten?
- In welchen Bereichen und auf welchen Management-Ebenen ist sie besonders stark ausgeprägt?
- Wodurch könnten wir diese gefährliche Kurzsichtigkeit reduzieren? Was könnte uns dabei helfen?
- Auf welche Länder richten wir uns aus, wenn wir uns mit digitalen Innovationen beschäftigen?
- Haben wir die wirklichen Innovatoren vor Augen – oder geben wir uns mit den Frühadaptoren oder der „Frühen Mehrheit" zufrieden?
- Gibt es auch bei uns eine „Top-Ten der Ausreden" in Sachen soziale Medien?
- Wie können wir in diesem Bereich die Scheuklappen ablegen?
- Wer könnte dafür der „Treiber" werden?

Lassen Sie uns gemeinsam eine Lupe zur Hand nehmen, um der gezeigten **Marketing Myopia** entgegenzuwirken. Dabei wird uns nicht alles gefallen, was wir sehen werden. Aber nur wenn wir Herausforderungen frühzeitig erkennen und diesen mutig ins Auge blicken, können wir entscheiden, wie wir mit diesen umgehen. Sonst gehen die Herausforderungen nämlich mit uns um – und wir haben keine Alternative mehr!

Und nein, die zentralen Kräfte hinter dem **digitalen Darwinismus** und auch die **sozialen Medien** werden nicht „vorbeigehen" wie eine Grippewelle. Sie werden bleiben! Und

Abb. 1.25 Guiding Principle des eigenen Tuns – nicht nur bei Social Media

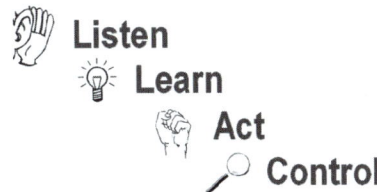

auch hier gilt, was schon *Aldous Huxley* so treffend formulierte: „Tatsachen kann man nicht dadurch aus der Welt schaffen, dass man sie ignoriert." Der **Austausch über die sozialen Medien** wird sich neben dem Telefon und E-Mail/Brief als **dritte Säule der Kommunikationsinstrumente** durchsetzen – im Laufe der Jahre auch über alle Zielgruppen hinweg. Deshalb gilt:

▸ If you can't beat it – join it!

Hierzu soll das vorliegende Werk wichtige Impulse vermitteln. Dabei gilt als erster wichtiger Schritt, das **Zuhören** wieder zu lernen. Viel zu lange waren Unternehmen im **Sende-Modus** verhaftet – und sind diesem treu geblieben! Dies war und ist häufig auch dann noch der Fall, wenn Responsequoten auf E-Mails, E-Newsletter, Mailings, klassische Response-Anzeigen und auch auf Informationsangebote in den sozialen Medien dramatisch abnehmen. Noch viel zu wenig wird geprüft, worauf die Ablehnungshaltung unserer Zielpersonen zurückzuführen ist. Deshalb wird an dieser Stelle für ein Vorgehenskonzept plädiert, welches sich als generelle **Leitidee im Unternehmen** – aber durchaus auch im privaten Bereich – bewährt hat: Es umfasst die vier Stufen **Listen – Learn – Act – Control** (vgl. Abb. 1.25).

Ein gutes Gespräch beginnt immer mit einem wertschätzenden Zuhören, um Bedürfnisse, Interessen und Stimmungslagen aufzunehmen. Mit **Listen** gilt es im ersten Schritt auch an die sozialen Medien heranzutreten (vgl. dazu die schon erzählte Parabel des Social-Media-Marketings). Dabei ist eine besondere Empathie an den Tag zu legen, um ein tiefes Verständnis für die Kunden zu erhalten. Im zweiten Schritt des **Learn** geht es darum, die relevanten Zusammenhänge zu erkennen, Verhaltensmuster zu interpretieren und Lösungsansätze zu entwickeln. Nach dem **Act** der Implementierung – und dieser Schritt wird häufig noch nicht konsequent genug umgesetzt – schließt sich zwingend die Phase **Control** an. Nur so gelingt der Aufbau einer lernenden Organisation. Und Lernen werden wir in den nächsten Monaten und Jahren noch viel schneller, als dies in den letzten Jahrzehnten der Fall war.

▸ **Merk-Box** **Jedes gute Gespräch beginnt mit „Zuhören"!** Und die seit Jahrzehnten gültige Leitidee des Dialog-Marketings **Testen, Testen, Testen** gilt auch für das Online-Marketing generell und insbesondere für das Social-Media-Marketing. Nichts ist so instabil wie die Nutzerpräferenzen. Deshalb ist immer wieder gut zuzuhören, sind immer wieder neue Wege auszutesten, um das Interesse der Nutzer zu gewinnen und zu halten!

Think-Box

- Was versteht mein Unternehmen unter Dialog? Senden?
- Sind die Systeme meines Unternehmens überhaupt auf Dialog ausgerichtet?
- Werden unsere Mitarbeiter fürs Zuhören oder fürs Senden bezahlt?
- Wie belohnen wir Mitarbeiter, die wertvolle Inhalte „von außen nach innen" transportieren?
- Finden solche Mitarbeiter bzw. die durch diese gewonnenen Informationen Gehör auf „oberster Unternehmensebene"?
- Oder schirmen wirksame Filter die oberste Unternehmensebene von den „Unbilden des Lebens" ab?
- Wer könnte solche Prozesse der Informationsblockade sowie der Informationsverschmutzung durchbrechen?

Orientieren wir uns bei der Bewältigung der vor uns liegenden Aufgaben an der Formulierung aus *Goethes Faust*:

▸   Wer fertig ist, dem ist nichts recht zu machen. Ein Werdender wird immer dankbar sein.

Lassen Sie uns doch Werdende sein, die den vor uns liegenden Aufgaben mit einem offenen Herzen und einem wachen Verstand begegnen. Dann werden die sich abzeichnenden Veränderungen zu Herausforderungen, an denen wir und unser Unternehmen gleichermaßen lernen und wachsen können.

Eines ist sicher:

▸   The digital rat race already started!

▸   **Food for Thought   „Der Prozess ist evolutionär, man merkt ihn kaum. Aber die Auswirkungen sind revolutionär."**
Wolf Bauer, Vorsitzender der Geschäftsführung der *Ufa*

Quick Wins

_____

_____

_____

_____

_____

_____

_____

_____

_____

_____

_____

_____

_____

_____

_____

_____

_____

_____

_____

_____

_____

_____

_____

_____

_____

_____

_____

_____

_____

_____

_____

_____

_____

_____

_____

_____

_____

_____

Digitaler Darwinismus und die Social Revolution – Welche Grundbedürfnisse des Menschen den Treibstoff der Revolution auf Kundenseite darstellen

2

Wir können heute mit Recht von einer Social Revolution sprechen, da die Möglichkeiten des Internets Millionen von Nutzern zu einem bisher nicht vorstellbaren Gehör und damit zu einer ungeahnten Machtfülle verhelfen. Der zentrale Hebel der neuen Macht der Kunden ist deren weltweite Vernetzung. Hierbei müssen wir allerdings aufpassen, dass wir uns in unseren Aktionen und Reaktionen nicht zu stark von den Power-Usern dominieren lassen, die mit ihren Aktionen und Sichtweisen die sozialen Medien dominieren. In jedem Falle ist es jedoch die Aufgabe der Unternehmen, eine wirksame Online-Gegenmacht aufbauen, um in den sozialen Medien nicht zum Getriebenen zu werden.

Um die Social Revolution auf Kundenseite zu verstehen, müssen wir zunächst die grundlegenden Bedürfnisstrukturen der Menschen verstehen, damit wir diese bedienen können (vgl. Abb. 2.1). Ausgehend vom eigenen „Ich" werden in dieser Bedürfnislandkarte die – im Spannungsfeld zueinanderstehenden – Bedürfnisse Verbundenheit einerseits und Freiheit/Autonomie andererseits angestrebt. Die Verbundenheit umfasst das Bedürfnis nach Sicherheit sowie nach Bezogenheit zu einem Partner, der Familie, einer Gruppe, einem Team, einem Unternehmen. Hier wird versucht, Teil von etwas Größerem zu sein. Die negativen Ausprägungen hiervon sind Abhängigkeit von Dritten und Selbstaufgabe. Im Kontrast dazu steht das Streben nach Freiheit/Autonomie. Damit verbunden werden Macht und Kontrolle angestrebt. Bei einer unkontrollierten Bedienung dieses Bedürfnisses kann Einsamkeit die Folge sein.

Ein weiteres menschliches Grundbedürfnis stellt das Streben nach Kreativität/Entfaltung dar. Hier geht es darum, etwas zu erschaffen und Leistung zu erbringen. Ein übersteigertes Ausleben dieses Bedürfnisses kann zur Überforderung führen. Etwas losgelöst von diesen drei Grundbedürfnissen steht das Streben nach Sein. Hier geht es um das Angenommensein, weil man „ist" – nicht, weil man etwas leistet. Im Idealzustand des Seins stellt sich Flow ein. Dann fühlt man sich völlig im Einklang mit dem, was man momentan tut. Die erlebte körperliche Herausforderung und die eigene Leistungsfähigkeit befinden sich in absoluter Balance. Nur der Augenblick zählt – und die Zeit fließt unbemerkt dahin. Eine Dominanz beim Ausleben dieses Bedürfnisses nach „Sein" kann dagegen das Gefühl

R. T. Kreutzer und K.-H. Land, *Digitaler Darwinismus*, DOI 10.1007/978-3-658-01260-1_2,
© Springer Fachmedien Wiesbaden 2013

Abb. 2.1 Grundlegende
Bedürfnisstrukturen des Menschen

von Langeweile und Nutzlosigkeit sein. Die Gesamtheit dieser vier Bedürfnisse, die von jedem Menschen in unterschiedlicher Intensität angestrebt werden, stellt einen wichtigen Treiber menschlichen Verhaltens dar.

Abgeleitet von diesen grundlegenden Bedürfnissen des Menschen können wir uns jetzt auf die Suche nach den **Motiven für spezifische Verhaltensweisen im Internet** begeben (vgl. Abb. 2.2). Das **Motiv** stellt dabei den Beweggrund bzw. den Antrieb dafür dar, dass wir Menschen etwas tun. Bei der für uns besonders wichtigen Zielgruppe der Interessenten und Kunden als Online-Nutzer ist zwischen kommerziellen und nicht-kommerziellen Antrieben ihres Tuns zu unterscheiden. Zu den **kommerziellen Motiven** zählt bspw. das Bestreben, bestimmte Produkte oder Services zu einem möglichst niedrigen Preis zu erwerben. Dieses Motiv führt bspw. zum Besuch von Preisvergleich-Sites (wie guenstiger.de, preisvergleich.de, billiger.de, idealo.de). Kommerzielle Motive führen auch zum Online-Verkauf von eigenen Leistungen (bspw. von Fotos, Videos, Musikeinspielungen, Texten und Selbstgebasteltem) oder von anderen Produkten, ohne bereits selbst E-Commerce als professioneller Anbieter zu betreiben. Für diese semi-professionellen Verkäufer bieten die schon genannten Plattformen wie *Etsy*, *DaWanda*, aber auch breiter aufgestellt Anbieter *eBay* oder *amazon* interessante Marktzugänge. Hierdurch werden wichtige Beiträge zur Befriedigung der Bedürfnisse nach Autonomie und insbesondere nach Kreativität geleistet. Außerdem kann die Suche nach Geschäftspartnern (durchaus auch im Sinne eines potenziellen Arbeitgebers) durch Netzwerke wie *XING*, *LinkedIn* oder competence-site. de gefördert werden. Diese Aktivitäten zahlen auf das Streben nach Verbundenheit ein.

Daneben gibt es eine Vielzahl von **nicht-kommerziellen Motiven**, die dazu führen, dass immer mehr Zeit online verbracht wird. Der dominante Treiber dahinter ist das Streben nach Verbundenheit. Grundlagen hierfür sind **die Beschaffung sowie der Austausch von Informationen**, die durch die Online-Recherche über Suchmaschinen unterstützt werden

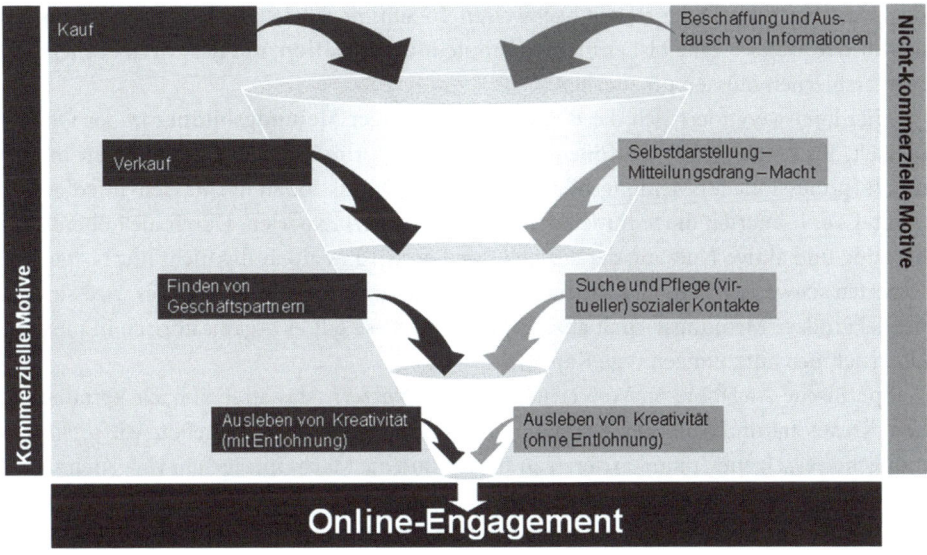

Abb. 2.2 Motivstrukturen von Online-Nutzern

und auf kommerzielle Ziele einzahlen können. Auch die Auswertung von bzw. die Mitwirkung bei Bewertungsplattformen, Blogs, Foren und Communitys befriedigen das Bedürfnis nach Verbundenheit. Die letztgenannten Konzepte bieten zusätzlich die Möglichkeit,
eigene Beiträge zu leisten, wodurch den Motiven **Selbstdarstellung** und **Mitteilungsdrang**
als spezifischen Ausprägungen des Kreativitätsbedürfnisses Rechnung getragen wird. Die
Gesamtheit dieser Motive führt dazu, dass viele Millionen *Facebook*-Mitglieder ihre Profile
und Pinnwände aufwendig gestalten, täglich pflegen und mit Videos, Fotos und/oder Ton-
aufnahmen versehen. Die Bandbreite, den eigenen Mitteilungsdrang auszuleben, spannt
sich von der Antwort auf die schlichte Frage „Was mache ich gerade", die über *Twitter* und
Facebook beantwortet wird, bis zur Bearbeitung komplexer Themenstellungen bei *Wikipedia*. Bei letzterem Engagement wird eine Verbundenheit zur Wissens-Community her-
gestellt. Dabei kann festgestellt werden: „Das Privatfernsehen schuf jedem die Chance zu
schnell vergänglichem Ruhm. In der Massenkultur des Internets öffnet die Furcht vor dem
Bedeutungsverlust im Meer der Meinungen die privaten Schleusen" (Thiel 2012, S. 27). Ist
vieles, was hier passiert, ein Hilferuf nach Aufmerksamkeit und Schrei nach Verbundenheit
in einer Welt, in der immer mehr Sicherheiten verloren gehen?

  Mit dem auf Freiheit/Autonomie basierenden Mitteilungsdrang kann auch ein **Streben
nach Macht** verbunden sein. Bisher waren Konsumenten überwiegend Teil einer unorga-
nisierten, unsichtbaren „Masse". Diese konnte kaum einen nachhaltigen Einfluss auf Unternehmen ausüben. Jetzt können sich Einzelpersonen über das Internet in sozialen Netzen
abstimmen und durch Beiträge in Blogs, Foren und Communitys Unternehmen das Fürchten lehren. Dies gelingt auch bei Politikern, denen eifrige Rechercheure Versäumnisse bei

der Erstellung ihrer Doktorarbeit nachweisen. In Summe entsteht hier – basierend auf der **Macht der Masse** – eine bisher nicht gekannte **Machtposition**, mit der wir als Unternehmen erst lernen müssen umzugehen.

Hierdurch verändert sich die **Bedeutung bisheriger Meinungsbildner** in der Öffentlichkeit. Bis heute wurde die (öffentliche) Meinung primär durch Darstellungen in den durch (professionelle) Meinungsbildner geführten Diskussionen in (Massen-)Medien geprägt. Es dominierten die Stimmen der (vermeintlichen) Experten. Durch die höhere Verbreitung und aktive Nutzung der sozialen Medien wird es zukünftig nicht nur bisherigen Experten schwerer fallen, ihre Meinungsmonopole zu vermitteln, sondern es wird sich eine viel größere Meinungsvielfalt abzeichnen. Und diese gilt es organisatorisch in unseren Unternehmen aufzufangen (vgl. Kap. 9).

Spezifische Angebote im Web ermöglichen es Nutzern, das Streben nach Verbundenheit, Kreativität und Autonomie risikolos gleichzeitig auszuleben. Angebote wie *fliplife* ermöglichen es, eigene Traumkarrieren zu starten und die Macht im eigenen Unternehmen – zumindest virtuell – zu übernehmen (vgl. fliplife.rtl2.de). Solche Angebote zielen darauf ab, speziell dem Streben nach Anerkennung im sozialen Bereich Rechnung zu tragen, in dem man bspw. Chef wird oder internationale Sportturniere gewinnt – allerdings alles nur virtuell!

Das Motiv des **Auslebens eigener Kreativität** kann sich zum einen auf die Weiterentwicklung von Leistungen Dritter beziehen. Hierzu zählen bspw. die Mitwirkung bei der Entwicklung von *Lego*-Bausteinen sowie die Beantwortung komplexer Forschungsfragen, die bspw. bei innocentive.com von Unternehmen wie *Novartis*, *Dupont* und *Procter & Gamble* präsentiert werden. Teilweise können hierbei auch kommerzielle Motive eine Rolle spielen, wenn kreative Leistungen von den Unternehmen honoriert werden. Das Kreativitätsmotiv kann sich zum anderen auch auf das Design von Drittleistungen beziehen, die der Kunde selbst erwerben möchte. Dies ist bei den Konzepten von spreadshirt.de oder von mymuesli.de der Fall. Das Einbringen der eigenen Kreativität kann gleichzeitig auf das Motiv der **Eigenprofilierung** (Bedürfnis des Seins) in der relevanten Bezugsgruppe einzahlen, wodurch die **Suche und Pflege von (virtuellen) Kontakten** als Ausdruck des Strebens nach Verbundenheit unterstützt werden kann. Dies stellt für viele Nutzer das Hauptmotiv für das Engagement in den sozialen Medien dar (vgl. Solis 2010).

Diese **Analyse der Bedürfnisstrukturen** und der **Motivlandschaft der Online-Nutzer** liefert einen wichtigen Handlungshintergrund für die Ausgestaltung unserer Marketing- und Kommunikationsmaßnahmen. Denn erst die umfassende Berücksichtigung der präsentierten Erkenntnisse stellt das sicher, was für eine Mitwirkung unserer Zielsegmente unverzichtbar ist:

▸   Relevanz!

Das bisher Gesagte kann auf die folgenden **Relevanz-Trigger eines Engagements in den sozialen Medien** aus Sicht der Nutzer verdichtet werden:

- Entertainment/Spaß
- Education/Growth/Enable People
- Save Money
- Save Time
- Solve Something

Es wird deutlich: Wir müssen den Nutzern in jedem Fall einen **Mehrwert für ihr Social-Media-Engagement** bieten, um zur Mitwirkung zu motivieren. Nur wenn zumindest einige der hier genannten Mehrwert-Dimensionen vorliegen, wird **Relevanz** geschaffen. Wir können uns bei der Ausgestaltung unseres eigenen Social-Media-Engagements durchaus an der **Mission von *Facebook*** (2012a) orientieren:

Give people the power to share and make the world more open and connected.

Think-Box

- Wie umfassend wird bei der Ausgestaltung unseres Marketings generell die Bedürfnislandkarte der Zielpersonen berücksichtigt?
- Welche Bedürfnisse sprechen wir speziell bei unserem Social-Media-Engagement an?
- Welche Bedürfnisse sollten und können wir ansprechen?
- Welche Trigger eines Engagements in den sozialen Medien können wir besonders glaubhaft einsetzen: Entertainment/Spaß, Education/Growth/Enable People, Save Money, Save Time oder Solve Something?
- Wird überwacht, ob wir solche Trigger ganz gezielt einsetzen bzw. einsetzen können?

Gleichzeitig müssen wir erkennen, welche **Erwartungen Interessenten und Kunden** an uns als Unternehmen haben – die wir bei der Ausgestaltung unserer Angebote und Services berücksichtigen sollten. Plakativ können diese mit den Schlagworten „**Ich, alles, sofort und überall**" charakterisiert werden. Wie sich diese Erwartungen im Einzelfall konkretisieren, wird in Abb. 2.3 sichtbar.

Aufgrund der hohen Wettbewerbsintensität in fast allen Bereichen kann sich der Kunde unter „**Ich**" u. a. erlauben, eine hohe **Wertschätzung in der Interaktion** zu erwarten bzw. zu verlangen. Wird ihm diese verwehrt, warten i. d. R. viele Wettbewerber, um den Kunden für sich zu gewinnen. Zur „gelebten Wertschätzung" zählt bspw. eine **korrekte Personalisierung**, d. h. eine richtige namentliche Ansprache der Zielperson. Gleichzeitig steigt die Erwartung, als Einzelperson mit spezifischen, u. U. auch individuellen Wünschen ernst genommen zu werden und folglich individuelle Ansprachen und Angebote zu erhalten. Die **Anforderungen aus der Interessenten- bzw. der Kundenperspektive** – mit der wir uns zunehmend konfrontiert sehen – konkretisieren sich bspw. in folgenden Fragen:

Abb. 2.3 Konkretisierung der neuen Erwartungen auf Kundenseite

- Sind die Angebote für mich maßgeschneidert?
- Spricht der Sender meine Sprache und macht er sich mir damit verständlich?
- Bekomme ich per E-Mail, E-Newsletter, Mailing, Posts, Status-Updates etc. genau die Informationen, die ich mir wünsche?
- Werden meine Vorgaben zur Ansprache per Mailing, Posts, Telefon, E-Mail und Fax durch die werbenden Unternehmen respektiert?
- Finde ich online und offline schnell die gewünschten Informationen?
- Kann ich einfach bestellen und bezahlen?
- Finde ich die notwendige Hilfestellung?
- Kann ich gewünschte Transaktionen zu einem von mir gewählten Zeitpunkt und von einem von mir bestimmten Ort aus vornehmen (Recherscheaufgaben, Lesen von Zeitungen/Zeitschriften, Platzieren von Anfragen und Bestellungen)?

Die Frage der Wertschätzung dokumentiert sich noch in einem anderen Punkt – dem **Umgang mit den AGB** (Allgemeine Geschäftsbedingungen) oder sonstigen Vereinbarungen, vor allem Datenschutzerklärungen, die dem Interessenten und Kunden präsentiert werden. Die Nutzungsbedingungen bei *Facebook* sind auf drei Seiten niedergelegt. Weitere zwölf Seiten umfasst die „Erklärung der Rechte und Pflichten" von *Facebook* und weitere 20 Seiten definieren die Datenverwendungsrichtlinien (Stand 2013). Die häufigste Lüge im Internet ist wohl: „Ich habe die AGB gelesen", da diese häufig sehr umfangreich sind und in kleiner Schrift präsentiert werden. Trotz oder gerade aufgrund dieses Verhaltens unserer Kunden sind wir als Unternehmen gut beraten, den Nutzern hier keine einseitigen, unüblichen oder überraschenden Klauseln und Bedingungen unterzuschieben. Diese können entweder nicht rechtens und damit unwirksam sein, oder sie sind wirksam vereinbart und werden zum Nachteil des Kunden ausgelegt. Wenn die damit einhergehenden Auseinandersetzungen in den sozialen Medien ausgetragen werden, können nachhaltige Imageschäden die Folge sein. Beide Auswirkungen sollten vermieden werden.

Die Erwartungen hinsichtlich einer **Individualisierung** konkretisieren sich bspw. in der bereits angesprochenen **Vergabe von Permissions** zur Kontaktaufnahme. Mit diesen Permissions sind spezifische Erlaubnisse gemeint, die ein Interessent oder ein Kunde einem Unternehmen hinsichtlich des „erlaubten" Weges der Kontaktaufnahme (etwa per Brief, E-Mail, Telefon und/oder Fax) erteilt. Eine besondere Bedeutung kommt dabei den **Tokens** genannten Permissions zu, um bspw. auf die *Facebook*-Daten der Nutzer zugreifen zu können (vgl. Kap. 6 und 7). Diese Permissions können jederzeit durch den Interessenten oder Kunden widerrufen werden. Unternehmen sind rechtlich verpflichtet, diese Erlaubnisse zur Kontaktaufnahme streng zu beachten.

Die Ich-Bezogenheit konkretisiert sich auch in den **Anforderungen an die Unterhaltungselektronik**. Immer weniger – insbesondere jüngere – Menschen, wollen Filme und Dokumentationen dann sehen, wenn diese gerade im TV gesendet werden. Vor diesem Hintergrund boomen **On-Demand- und Streaming-Dienste**, die neben dem linearen TV auch CD- und DVD-Player langfristig überflüssig machen. Die Hardware-Produzenten werden zu Lasten von Content-Vertriebsplattformen (wie *amazon*, *Spotify*) verlieren, so sie nicht selbst zu Inhalte-Vermarktern werden (wie bspw. *Apple* mit *iTunes*).

Ein zusätzliches Element der Ich-bezogenen Erwartung konkretisiert sich in der Aussage: **If the news is that important, it will find me** (vgl. Mathew 2008). Damit ist gemeint, dass Personen glauben, nicht mehr aktiv nach Informationen und Angeboten suchen zu müssen, weil diese insbesondere über Posts in den sozialen Netzwerken an sie herangetragen werden – wenn sie relevant sind!

Der Kunde entwickelt sich zum **Master of Communication**. Er entscheidet darüber, wann, wer, worüber und über welche Kanäle mit ihm kommunizieren darf. Der Kunde wird hierzu durch seine rechtlich geschützte Position und die Unterstützung, die von den sozialen Medien ausgeht, ermächtigt.

Die Erwartungshaltung „**Alles**" zeigt, welches hohe Anspruchsniveau Kunden heute in den meisten Branchen aufweisen. Kunden haben gelernt, dass häufig gilt „everything is possible":

- Testsieger-Produkte der *Stiftung Warentest* sind bei *Aldi* als preisgünstigstes Angebot zu finden.
- *H&M* bietet Kleidung der Designer *Jimmy Choo*, *Roberto Cavalli* und *Sonia Rykiel* zu günstigen Konditionen an.
- *amazon* offeriert ein breites und tiefes Sortiment, verbunden mit einer hoch individualisierten Empfehlung von „passenden" weiteren Produkten – inkl. Zustellung am Folgetag.
- Immer mehr Marken erlauben eine Individualisierung des Produktes – von der *Ray Ban*-Brille über den Pullover von *Laura Biagiotti* bis zur *Prada*-Tasche. Bei manchen Prestigemarken kann jetzt jeder zum Self-Made-Designer werden.

- Im Internet ist ein schier unerschöpfliches Informationsangebot zu finden – rund um die Uhr, oft hoch aktuell oder als Newsstream sogar in Realtime und überwiegend noch kostenlos.

In vielen Bereichen des Internets herrscht gleichzeitig eine „**Bezahlt-wird-nicht-**" bzw. eine „**Hauptsache-umsonst-Mentalität**", die teilweise einer nur schwer zu nehmenden **Paywall** gleicht (in Analogie zur Firewall). Diese Paywall hat sich lange Zeit insbesondere auf (illegale) Downloads von Musik und Video bezogen und stellt heute für die Mehrheit der Verlage eine große Herausforderung dar. Der Nutzer hat gelernt, dass er für tolle Tipps – bspw. wo es gerade Preisvorteile gibt (etwa bei geizkragen.de), welches Hotel ein besonders gutes Preis-Leistungs-Verhältnis bietet (so bei holidaycheck.de), welche Airline den günstigsten Flug von Frankfurt nach Delhi im Angebot hat (bei flug.idealo.de), und auch für alle möglichen und unmöglichen Antworten bei frag-mutti.de – nichts bezahlen muss. Warum sollte dann für eine redaktionelle Nachricht der *Frankfurter Allgemeinen Zeitung* bezahlt werden?

So vermeiden viele Nutzer fast konsequent die Überwindung der Paywalls, die die **Content-Anbieter** genannten Verlage aufgebaut haben oder im Begriff sind aufzubauen. Immer wieder wurde und wird versucht, die mit großem Aufwand erstellten Inhalte auch im Internet mit Preisen zu versehen. Während wenige auf die Idee kommen, eine gedruckte Zeitung am Kiosk kostenlos zu verlangen, wird der unentgeltliche Zugriff auf die gleiche Substanz im Online-Format quasi vorausgesetzt, was bei vielen Unternehmen zu existenziellen Problemen führt. So darf man gespannt sein, wie die **kostenpflichtigen Apps** ausgewählter Verlage (zurzeit bspw. der Zeitungen *Welt*, *Bild*, *FAZ* sowie des *Spiegels*) langfristig in der Nutzerschaft aufgenommen werden.

Denn über ein großes **Risiko der „Kosten-darf's-nichts-Mentalität" im Netz** müssen wir uns als Nutzer im Klaren sein:

> Wer für guten Journalismus nicht gutes Geld ausgeben will, liefert sich dem Kommerz und den Suchmaschinen aus, die gierig sind auf unsere Daten. Und wenn die letzte anständige Zeitung verschwunden ist, bleibt nur noch Geschwätz (D'Inka 2012, S. 1).

Auch die Erwartungshaltung „**Überall/Immer**" wird inzwischen von vielen Unternehmen erfüllt. Mobile Erreichbarkeit – nicht nur als Telefonie, sondern auch als Zugang zum Internet – ist heute in den entwickelten Industrienationen eine Selbstverständlichkeit. Das Schlagwort hierfür lautet **always-on** – gemeint ist das „Immer-erreichbar-Sein" – unabhängig davon, ob dies im beruflichen oder privaten Umfeld bzw. stationär oder mobil stattfindet. Hierdurch verschwimmen zunehmend auch die Grenzen zwischen privatem und öffentlichem bzw. beruflichem Bereich. Deshalb erwarten Interessenten und Kunden von Unternehmen häufig einen Zugang zum Customer-Service-Center rund um die Uhr: jeden Tag, sieben Tage pro Woche, 365 Tage im Jahr – ohne sich über die Kostenimplikationen auf Unternehmensseite Gedanken zu machen.

Der Zugriff auf unternehmerische Angebote verlagert sich damit zunehmend von „klassischen Öffnungszeiten" an „bestimmten Orten" zum **kundengetriebenen zeitlich und**

räumlich flexiblen Interaktionsprozess. Dabei gilt, dass die Interessenten und Kunden überall und rund um die Uhr sowohl empfangen als auch senden können. Diese Herausforderung stellt an die Unternehmen hohe Anforderungen. In dieser **Instant-Society** gilt das Motto: „any channel, any device, anywhere, anytime".

Zusätzlich existiert die Erwartungshaltung „**Sofort**", die in unterschiedlichsten Bereichen **Beschleunigungseffekte** verursacht. Es gilt, dass den Unternehmen durch Interessenten und Kunden immer weniger **Zeit zur Reaktion** eingeräumt wird. Wenn auf eine E-Mail nach vier Stunden noch keine Antwort vorliegt, wird vielfach nachgehakt. Und warum soll ein Kunde bei einem Versender zwei bis drei Wochen warten, wenn eine Bestellung bei *amazon* standardmäßig innerhalb von 24 oder 48 Stunden erfüllt wird? Die bei *amazon* gemachten Erfahrungen werden als Benchmark (d. h. als Referenzwert) für die Bewertung der Leistungsstärke anderer Unternehmen herangezogen – auch über Branchengrenzen hinweg. Ob das im Einzelfall aus Sicht eines Anbieters angemessen erscheint, interessiert den Ich-getriebenen Interessenten oder Kunden wenig. Durch ein **Channel-Hopping** kann der Nutzer den Langsamen durch einen Mouse-Klick beim Wettbewerber abstrafen – und ihm u. U. für immer verloren gehen.

Dieses „Sofort" führt zu einer weiteren interessanten Entwicklung, die mit dem Begriff einer **Kultur der Jetzigkeit** bezeichnet werden kann. Nicht mehr nur bei jüngeren Zielgruppen wird zunehmend festgestellt, dass diese beim TV-Konsum (der inzwischen vielfach auf dem Laptop, dem Smartphone oder einem Tablet-PC stattfindet) nicht nur regelmäßig ihren *Facebook*-Account und ihren E-Mail-Eingang überprüfen, sondern auch SMS schreiben und sich über *Twitter* über verschiedenste Themen austauschen. Bei Mitarbeitern und Führungskräften führt das **Multitasking** zur kontinuierlichen Überprüfung des E-Mail-Eingangs auf *Blackberry*, *iPhone* & Co. – auch und gerade während laufender Konferenzen, Meetings oder Vorträge. Aktuelle Studien zum Multitasking verdeutlichen allerdings, dass der Mensch dafür nicht ausgelegt ist und folglich deutlich schlechtere Ergebnisse erzielt, wenn die Konzentration auf mehrere Aufgaben aufgeteilt wird. Es zeigte sich zudem, dass dieses Phänomen nicht nur bei Männern auftritt, sondern auch Frauen nicht wirklich multitaskingfähig sind (vgl. DGUV 2010)! Was aber ist der große **Treiber der Jetzigkeit**, wenn es keine Verbesserung der Leistungserbringung ist?

▸   Die Gefahr, etwas Wichtiges zu verpassen!

Hinsichtlich der **Zeit als kritischem Erfolgsfaktor** ist deshalb der in Abb. 2.4 dargestellte Prozess zu berücksichtigen. Bei der Auseinandersetzung mit einem Angebot steigt bei Interessenten oder Kunden die **Motivation** zunächst an. Am höchsten Punkt wird dann häufig die Anfrage nach weiteren Informationen oder eine Bestellung platziert. Danach sinkt der Motivationsspiegel wieder, weil andere Angebote um die Aufmerksamkeit kämpfen und das eigene Tun langsam in Vergessenheit gerät. Je schneller bspw. der angeforderte Katalog, der erste E-Newsletter oder ein Probeexemplar einer Zeitung oder die Lieferung von *Zalando* eintrifft, desto größer ist die noch vorzufindende Motivation, die sich image- und bestellfördernd auswirken kann. Eines ist sicher: Je später das Gewünschte eintrifft,

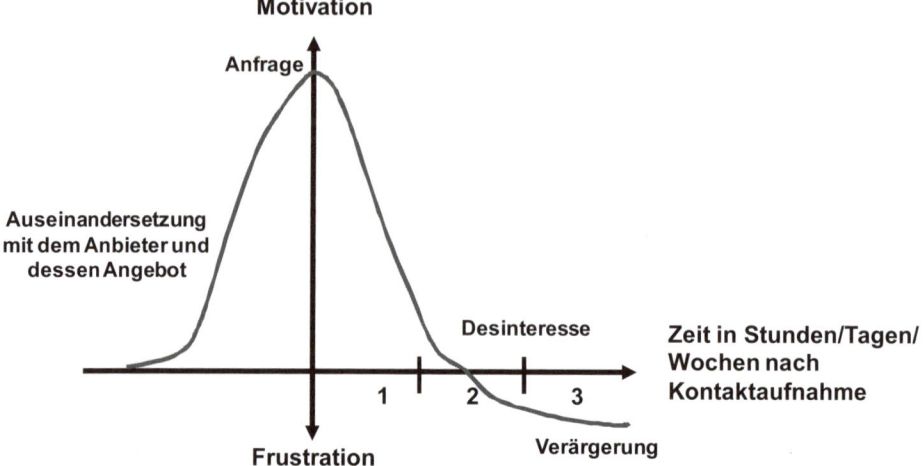

Abb. 2.4 Geschwindigkeit als kritischer Erfolgsfaktor

desto weniger ist von der Anfangsmotivation erhalten geblieben, weil u. U. schon andere Unternehmen – schneller – weitere Informationen oder interessante Angebote unterbreitet haben. Dabei handelt es sich u. U. nicht nur um Wochen, sondern Tage und – insbesondere im E-Commerce – um Stunden!

Trifft die (online) angeforderte Information, das erbetene Angebot oder die bestellte Ware dagegen erst deutlich später als erwartet ein, stößt die Lieferung u. U. auf **Desinter-esse**, weil der Interessent oder (potenzielle) Kunde sich an seine Anforderung nicht mehr erinnert oder sich inzwischen für einen anderen Anbieter entschieden hat. Es kann aber auch **Verärgerung** entstehen, weil die Informationen oder Produkte nicht zum erwarteten Zeitpunkt vorlagen und man sich als Person oder Unternehmen nicht ausreichend ernst genommen fühlt. Folglich bleiben dann Informationen ungelesen oder Ware wird retourniert.

▸   **Food for Thought** „**With customers today being increasingly connected, informed, and ultimately empowered, their expectations only escalate. In short, they are more discerning and demanding than ever before.**"
  Brian Solis, Principal der *Altimeter Group*

Think-Box

- Wie umfassend haben wir uns bereits mit den Anforderungen „Ich, Alles, Überall, Sofort" auseinandergesetzt?

- Welche Konsequenzen haben diese Erwartungen für unsere Wertschöpfungskette?
- Wie gut sind wir hier im Wettbewerbervergleich aufgestellt?
- Welche Stellhebel können zeitnah betätigt werden, um bspw. der Erwartung nach beschleunigten internen Prozessen gerecht zu werden?
- Wo ist die entsprechende Verantwortlichkeit in meinem Unternehmen anzusiedeln?

Vor diesem Hintergrund stellt sich die Frage, wie sich die **Customer Journey** – i. S. der „Reise des Kunden zum Unternehmen" – und die Kundenerwartungen an diese verändert haben. Diese „Reise" umfasst die verschiedenen Phasen, die ein Kunde durchläuft, bevor er sich für den Kauf eines Produktes oder den Erwerb einer Dienstleistung entscheidet. Eine besondere Bedeutung kommt dabei den sogenannten **Customer Touch Points** des Unternehmens oder einer Marke zu, mit denen der Kunde auf dieser Reise in Kontakt kommt. Durch den Eintritt ins Online-Zeitalter haben sich einige Facetten des klassischen Kaufprozesses verschoben. Bisher wurde nach dem Stimulus im Zuge des Kaufentscheidungsprozesses nur zwischen dem First- und dem Second-Moment-of-Truth unterschieden (vgl. Abb. 2.5).

Der **First Moment of Truth** (**FMOT**) bezeichnet den Zeitpunkt, zu dem ein potenzieller Käufer ein Produkt oder eine Dienstleistung zum ersten Mal körperlich in Augenschein nehmen kann. Hier treffen die durch Werbung etc. aufgebauten Erwartungen auf die „harte Realität" des Produktes oder der Dienstleistung. Der **Second Moment of Truth** (**SMOT**) umfasst den Zeitpunkt, zu dem der Käufer ein Produkt oder eine Dienstleistung tatsächlich nutzt. Hier kontrastieren sich wiederum die durch Werbung sowie die durch

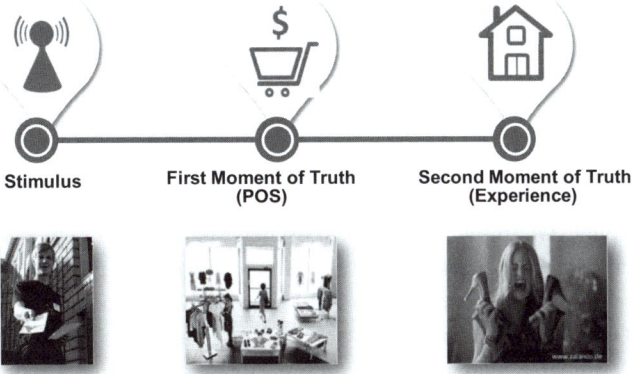

Abb. 2.5 Klassische Abfolge: Stimulus – FMOT – SMOT (Quelle: Lecinski 2011, S. 16)

Abb. 2.6 Klassische AIDA-Formel

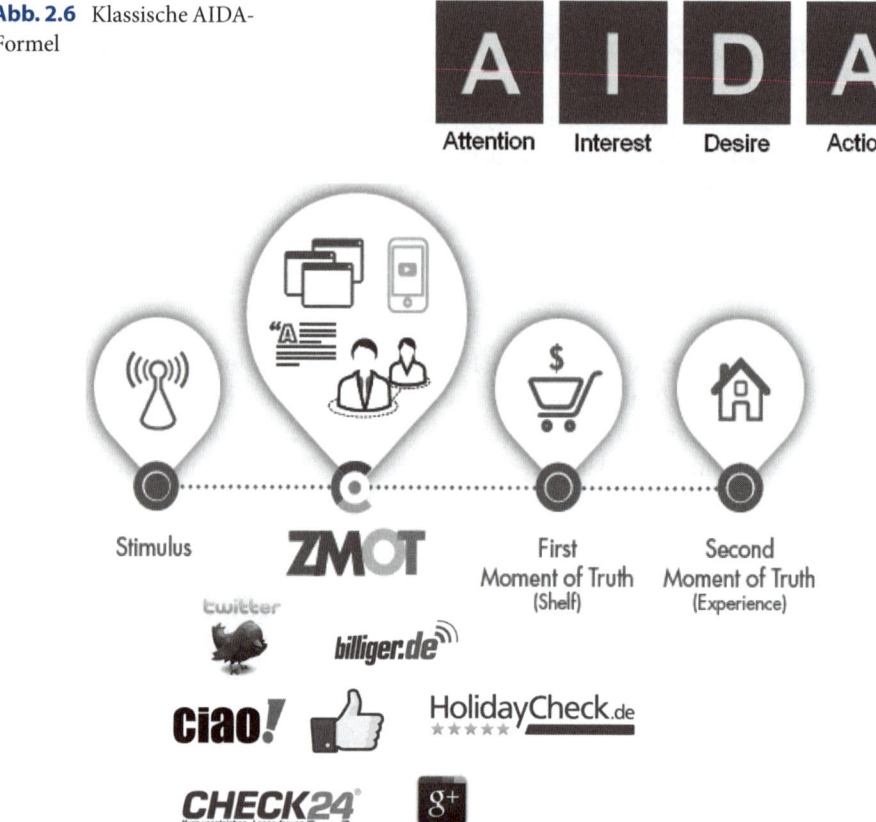

Abb. 2.7 Positionierung und Quellen des ZMOT (Quelle: Nach Lecinski 2011, S. 17)

die erste Inaugenscheinnahme aufgebauten Erwartungen mit den tatsächlichen Leistungen und Erfahrungen der Produktnutzung bzw. der Inanspruchnahme der Dienstleistung. Vom „Moment der Wahrheit" wird deshalb gesprochen, weil sich in diesen beiden „Momenten" zeigt, ob insbesondere die durch die Werbung, die Angebotspräsentation sowie ggf. durch die Beratung am POS geschaffenen Erwartungen tatsächlich auch erfüllt werden. Diese traditionelle Customer Journey konnte prägnant und stark vereinfacht mit der klassischen **AIDA-Formel** dargestellt werden (vgl. Abb. 2.6).

Allerdings sollten wir uns von diesem klassischen Konzept verabschieden, weil sich momentan ein grundlegender Wandel im Entscheidungs- und Kaufprozess der Kunden vollzieht. Zum First und Second Moment of Truth ist im Online-Zeitalter der **Zero Moment of Truth** (**ZMOT**) hinzugekommen (vgl. Abb. 2.7). Hiermit ist insbesondere der – den beiden anderen „Momenten" vorgelagerte – Online-Zugriff auf eine nahezu unüberschaubare Vielzahl von Informationen Dritter gemeint. Ein Teil dieses sogenannten User-Generated-

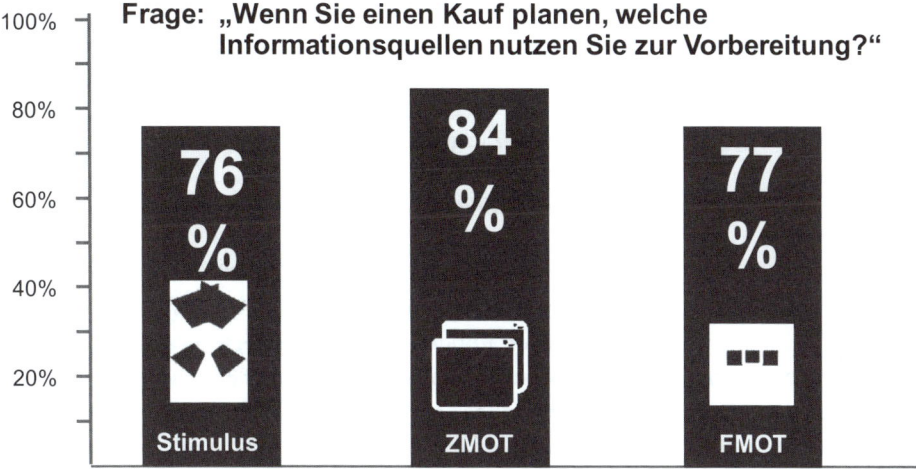

Abb. 2.8 Bedeutung unterschiedlicher Informationsquellen im Kaufentscheidungsprozess – in % (US-Konsumenten, $n = 5003$, 2011, Quelle: Lecinski 2011, S. 19)

Content sind Berichte anderer Personen, die über ihre Erfahrungen vor, während und nach Kauf- und Nutzungsakten informieren.

Die Informationen aus Blogs, Communitys, Kommentaren bei *Facebook*, *Pinterest* oder über *Twitter* ermöglichen einem Kaufinteressenten eine „**Selbstbedienung in fremder Erfahrung**", die diesen ZMOT inhaltlich ausgestaltet. Dabei werden eigene mögliche Erfahrungen durch den Zugriff auf Berichte, Fotos und Videos häufig von unbekannten Dritten „antizipiert". Noch bevor der potenzielle Käufer sich eigene Eindrücke vom Zielobjekt verschafft, kann folglich eine Vielzahl von Informationen über die Pre-Sales-, Sales-, Post-Sales- und Usage-Phase anderer Personen gewonnen werden. Der ZMOT wird folglich gespeist aus den Erfahrungen anderer entlang deren **Kundenbeziehungslebenszyklus** (vgl. weiterführend Kreutzer 2009, S. 49–56; vgl. Kap. 8).

Wenn man sich fragt, wie wichtig die **Berücksichtigung des ZMOT** für Unternehmen ist, kann Folgendes festgestellt werden. Gemäß einer Studie bei US-Konsumenten im Jahr 2011 ist die Anzahl der durchschnittlich in Anspruch genommenen Informationsquellen von 2010 bis 2011 von 5,3 auf 10,4 gestiegen (vgl. Lecinski 2011, S. 17). Gleichzeitig zeigt Abb. 2.8, welche Bedeutung dem ZMOT heute bei Kaufentscheidungen zukommt.

▸   **Merk-Box** Das klassische Empfehlungs-Marketing erfährt eine ungeahnte Renaissance!

Und ein weiteres Ergebnis verdient unsere Aufmerksamkeit:

It's well known that consumers research expensive products like electronics online, but coming out of the recession, consumers are more scrupulous about researching their everyday products such as diapers and detergent, too. More than a fifth of them also research food and beverages, nearly a third research pet products and 39 % research baby products, even though they ultimately tend to buy those products in stores, according to WSL Strategic Retail, a consulting firm (Byron 2011, S. 1).

Hiermit wird deutlich, dass eine neue Zielgruppe an Bedeutung gewinnt:

▸ **ROPOs** Research Online, Purchase Offline.

Warum tun alle Unternehmen gut daran, die **Relevanz des ZMOT** für sich zu erkennen und entsprechend zu agieren? Die schlagkräftigsten Argumente hierfür liefert Abb. 2.9. Auf die Frage, welchen **Informationsquellen** Kunden das **höchste Vertrauen** schenken, stehen – nicht überraschend – **„Empfehlungen von Bekannten"** mit 88 % an erster Stelle. Interessant ist, dass **„Online-Konsumentenbewertungen"** mit 64 % bereits an zweiter Stelle folgen (vgl. Nielsen 2012, S. 2). Dazu zählen bspw. auch Bewertungen, wie sie die *YouTube*-Stars *Daaruum* und *HerrTutorial* abgeben. Allerdings ist darauf hinzuweisen, dass nach einer aktuellen Studie etwa jede dritte Hotelbewertung im Internet gefälscht ist. Dennoch wurde aber ermittelt, dass bereits eine einzige positive Bewertung die Zahl der Buchungen um 70 % im Jahr steigern kann (vgl. Oberhuber 2012, S. 45).

Es wird deutlich, dass Konsumenten den Aussagen „unbekannter Dritter" in viel höherem Maße vertrauen und diesen folgen, als das bei „redaktionellen Inhalten" und jeglicher Art von Werbung der Fall ist. Damit wird nachvollziehbar, dass dem ZMOT beim Aufbau von Vertrauen eine große Bedeutung zukommt. Was ist die Konsequenz? Die Unternehmen verlieren zunehmend die **Informationshoheit über Marken und Angebot**. Die Macht der Information liegt zunehmend in den Händen der Kunden. Da diese auf Informationen aus Preisvergleichsportalen und Verbraucherforen immer häufiger auch mobil – d. h. direkt am stationären POS – zugreifen, bleibt das clevere Einkaufen unter Nutzung des ZMOT nicht auf die Online-Nutzer beschränkt. Führt man sich zusätzlich vor Augen, dass in Deutschland 2012 bereits 30 Millionen Menschen mobil ins Internet gingen – 16 Millionen mehr als ein Jahr zuvor (vgl. Accenture 2012) – wird die Dramatik dieser Entwicklung unübersehbar.

▸ **Merk-Box** Der **ZMOT** ist zu einem **zentralen Erfolgsfaktor** innerhalb der **Customer Journey** geworden. Der ZMOT kann dabei entweder eine Empfehlung oder auch eine Ablehnung eines konkreten Angebots zum Inhalt haben. Wir als Unternehmen müssen diesen ZMOT aktiv mitgestalten und dürfen diesen nicht länger unterschätzen.

Zwei Beispiele verdeutlichen die Relevanz des ZMOT. Hat man im Sommer 2012 mit einer IP-Adresse in Bonn nach *A3 Cabrio* gesucht, so wurde bei *Google* die Corporate Website eines Autohauses an erster Stelle der organischen Trefferliste sichtbar (vgl. Abb. 2.10). Zum einen wird deutlich, dass dieses Unternehmen eine exzellente Suchmaschinen-Optimierung durchgeführt hat, um bei der organischen Suche ganz oben zu stehen. Gleichzeitig zeigt sich, dass sich die Geschäftsführung um die Bewertung der eigenen

%

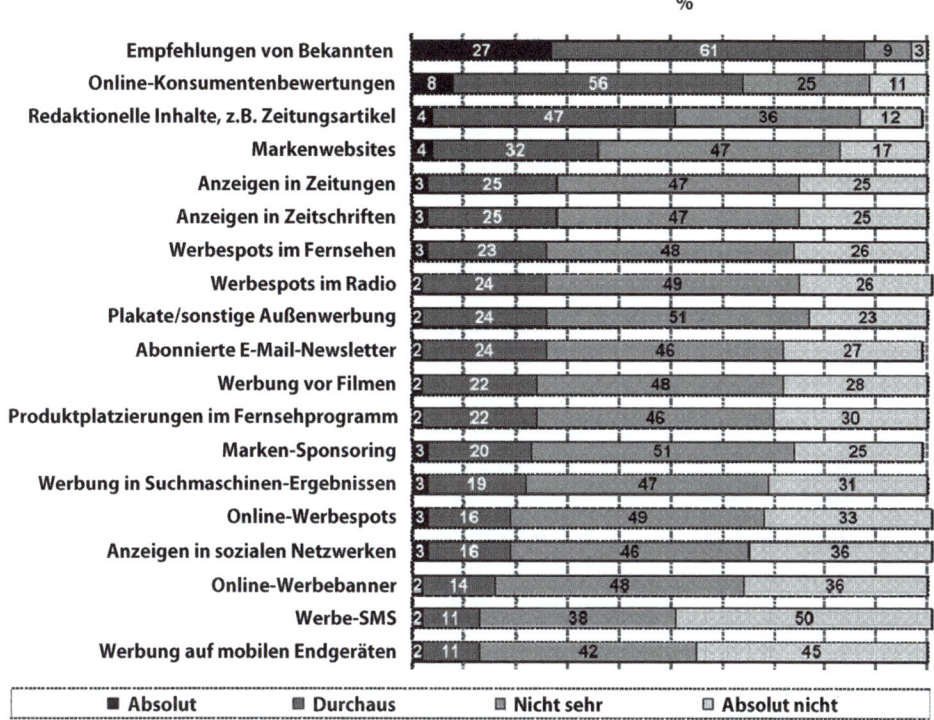

| | Absolut | | Durchaus | | Nicht sehr | | Absolut nicht |

Abb. 2.9 Vertrauen in unterschiedliche Informationsquellen – in % (Mehrfachnennungen möglich, *n* = 500; „absolutes/durchaus Vertrauen", Deutschland; durch Rundungen können sich Werte über 100 % ergeben, Quelle: Nielsen 2012, S. 2)

Leistungen durch die Kunden wohl nur wenig gekümmert hat. Wie mag sich ein potenzieller Kunde verhalten, wenn er bei seiner Suche auf ein solches Ergebnis stößt? Auch das *Birkenstock*-Fachgeschäft in Düsseldorf steht bei der Bewertung durch seine Kunden nicht viel besser da. Hier sind die Verantwortlichen in den betroffenen Unternehmen aufgerufen, ihre – hoffentlich auch vorhandenen – zufriedenen Kunden zu motivieren, positive Bewertungen abzugeben. Nichtstun wäre sträflich.

Dieser ZMOT zwingt Unternehmen, sich den eigenen Prozessen – und dies nicht nur mit Fokus auf den Sales- und ggf. Post-Sales-Bereich – zu widmen, um eine ganzheitlich positive **Customer Experience** zu erreichen. Wenn dies nicht gelingt, werden andere potenzielle Käufer darüber im Rahmen des ZMOT unterrichtet, ob dies einem Unternehmen nun gefallen mag oder nicht! Diese Art der Kommunikation ist durch das Unternehmen nicht zu unterbinden; es kann allenfalls versucht werden, in den entsprechenden Medien mitzugestalten. Eine zwingende Voraussetzung hierfür stellt ein ausgefeiltes **Web-Monitoring** dar, um die relevanten Inhalte dieser ZMOT-Kommunikation zumindest zeitnah erfassen und ggf. beeinflussen zu können.

Abb. 2.10 Beispielhafte Ausprägungen des ZMOT

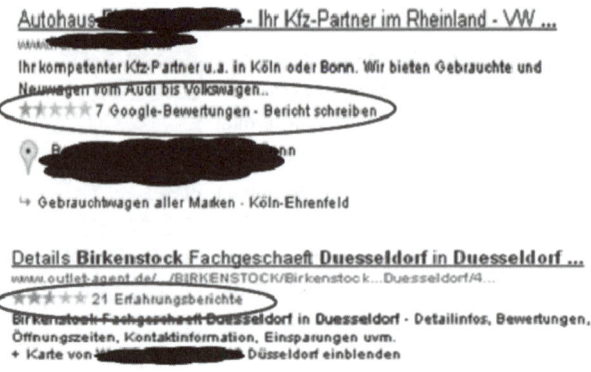

Think-Box

- Welche Bedeutung kommt dem ZMOT bei unserem Geschäftsmodell zu?
- Wie umfassend informieren sich unsere Interessenten und Käufer über mein Unternehmen, unsere Marken und unsere Angebote im Internet?
- Welche Plattformen nutzen sie dabei?
- Welche Informationen finden die Suchenden dort vor?
- Welche Tonalität zu unseren Leistungen dominiert?
- Welche Anhaltspunkte zur Optimierung unserer Performance deuten sich an?
- Wo kann die Verantwortlichkeit für das ZMOT-Management in meinem Unternehmen verankert werden?

Die heute bereits gegebene **Intensität der Vernetzung zwischen Offline- und Online-Kanälen** zeigt Abb. 2.11. Grundlage dieser Darstellung ist die **Customer Journey Typology 2012**, die auf Grundlage einer Stichprobe von 4000 Personen in Deutschland gewonnen wurde. Hierzu haben das *E-Commerce-Center Handel* (ECC Handel), die *IFH Köln* sowie *AZ Bertelsmann* zusammengearbeitet (vgl. Kersch 2012, S. 11). Die Zahlenangaben in Abb. 2.11 sind so zu lesen, dass 91 % der in stationären Geschäften nach Informationen suchenden Verbraucher dort auch einkaufen. Zusätzlich recherchieren 65 % in Online-Shops, um dann in stationären Geschäften zu kaufen. Allerdings recherchieren auch 65 % der Verbraucher offline, um anschließend in Online-Shops zu kaufen. Es wird auch sichtbar, dass Print-Kataloge mit 79 % nicht nur das Offline-Geschäft, sondern zu 68 % auch das Online-Geschäft stimulieren. Nicht zuletzt vor diesem Hintergrund hat *Zalando* – ein Digital Pure Player – jetzt auch den großvolumigen Versand von Katalogen gestartet.

Dabei zeigt eine Detailauswertung der Customer Journey 2012, dass die Vielzahl der möglichen Informationsquellen und -kanäle die unterschiedlichsten **Customer Journeys** entstehen lässt (vgl. Abb. 2.12). Folglich müssen wir hier ermitteln, welche Arten von Cu-

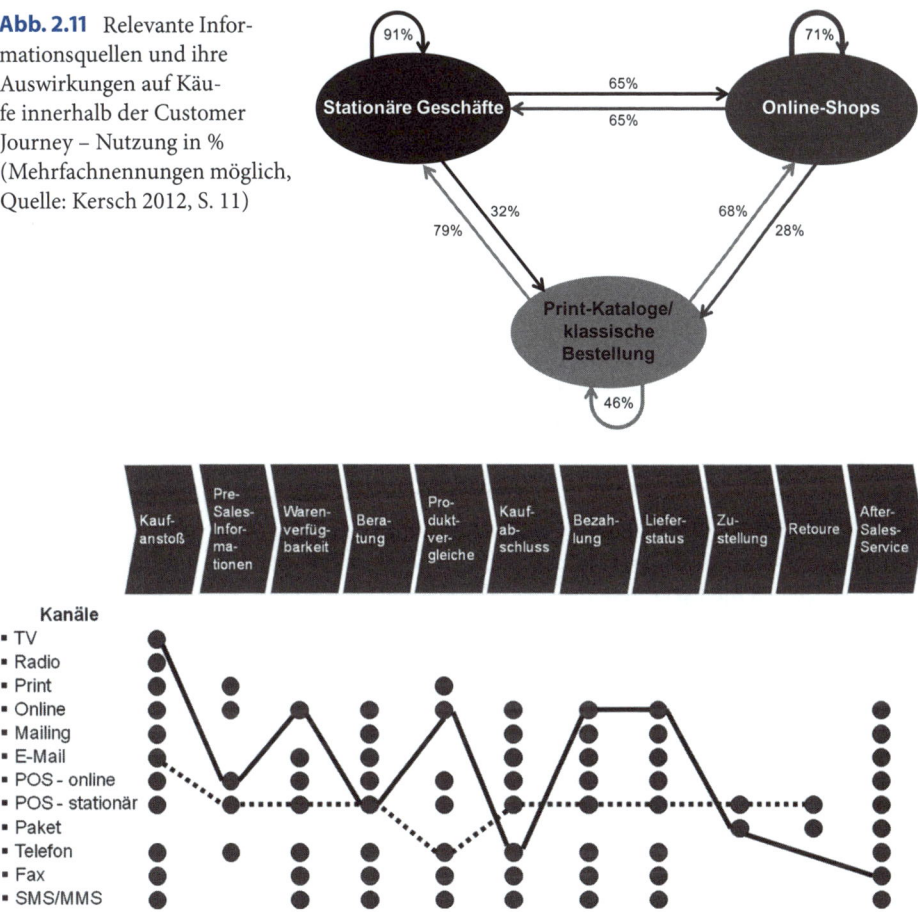

Abb. 2.11 Relevante Informationsquellen und ihre Auswirkungen auf Käufe innerhalb der Customer Journey – Nutzung in % (Mehrfachnennungen möglich, Quelle: Kersch 2012, S. 11)

Abb. 2.12 Zwei kundenspezifische Customer Journeys bei nicht-digitalen Produkten

stomer Journeys bei unseren Kunden dominieren, um diese möglichst gut informatorisch zu unterstützen und ggf. die Ressourcen auf die wichtigsten **Customer Touch Points** auszurichten. Dabei gilt es stets zu berücksichtigen, dass sich die Kunden immer mehr zu **Multi-Channel-Kunden** entwickeln.

Die große Frage lautet: Werden wir in Zukunft in der Lage sein, bei der Gestaltung der Kundenbeziehungen und insbesondere bei der Ausgestaltung der Customer Journey im „Driver's Seat" zu sitzen? Oder kehren sich die Verhältnisse um, und CRM wird zu CMR – einer **Customer Managed Relationship**?

▸ **Merk-Box Der Kunde definiert, welche Kanäle er im Zuge seiner individuellen Customer Journey nutzt.** Folglich entscheidet alleine der Kunde, wo er sich Informationen beschafft und wo er letztlich seine Käufe tätigt. Wenn ein Unternehmen dort nicht präsent ist, verliert es seine Position im Relevant Set.

Abb. 2.13 ASIDAS – die wei-
terentwickelte AIDA-Formel

Think-Box

- Kennen wir die „typische" Customer Journey unserer Kunden?
- Welche Kanäle und welche Informationsangebote werden besonders intensiv genutzt – oder kaum in Anspruch genommen?
- Kennen wir wirklich die Präferenzen unserer Kunden entlang der Customer Journey?
- Oder wissen wir nur, welche der von uns angebotenen Kanäle wie intensiv genutzt
  werden?
- Sind wir darauf vorbereitet, dass Kunden bei den Informations- und Distributi-
  onskanälen die Richtung vorgeben, in die wir laufen müssen?
- Wer ist in meinem Unternehmen für das Customer Journey Management verantwortlich?

Die oben vorgestellte AIDA-Formel ist vor diesem Erfahrungshintergrund konsequent
weiterzuentwickeln, um den zusätzlichen Aktivitäten innerhalb einer Customer Journey
Rechnung zu tragen. Dabei entsteht die in Abb. 2.13 dargestellte Formel: **ASIDAS**. An die
Gewinnung von Aufmerksamkeit für ein bestimmtes Angebot schließt sich jetzt vielfach
eine ausgedehnte Suchphase („**Search**") an – die zum ZMOT führen kann. Dabei stellt ASI-
DAS keine starre Abfolge von Schritten mehr dar. Der Suchprozess durchdringt vielmehr
die Stufen des Aufbaus von „**Interest**" und „**Desire**" sowie das Auslösen von „**Action**". In
allen Stufen des Prozesses kann eine Rückkopplung mit Freunden oder unbekannten Dritten vorgenommen werden. Parallel bzw. zum Abschluss einer Customer Journey erfolgt
das „**Share**". Hiermit werden alle Aktivitäten beschrieben, die das Teilen der eigenen Erfahrungen beinhalten. Dies kann durch Posts bei *Facebook* und *Twitter*, durch Kommentare
in Foren, Blogs und Communitys und natürlich nach wie vor auch im persönlichen Dialog
erfolgen.

Think-Box

- Welche Plattformen und welche Instrumente bieten wir an, damit die Interessenten und Kunden den ASIDAS genannten Prozess möglichst so durchlaufen, dass
  sie bei uns kaufen und auch positiv über uns berichten?

- Wie umfassend ist unser Wissen darüber, was in den einzelnen Phasen passiert?
- In welchen Feldern ist mein Unternehmen wie aktiv?
- Wo können wir die Aufmerksamkeit der Interessenten und Kunden wecken?
- Wo suchen diese, was steigert ihr Interesse, wo kaufen sie, wo teilen sie ihre Erfahrungen und Bewertungen mit? Tragen Sie Ihren Wissensstand in das folgende Formular ein (vgl. Abb. 2.14)!

Bei aller Euphorie über das Engagement in den sozialen Medien müssen wir uns die **1 : 9 : 90-Regel** vor Augen führen (vgl. Abb. 2.15). Studien zeigen, dass – länderübergreifend – ca. 1 % der Internet-Nutzer sehr aktiv ist und bspw. eigene Beiträge in Blogs oder Online-Communitys postet. 9 % der Internet-Nutzer reagieren auf solche Einträge – während eine „schweigende Mehrheit" von 90 % lediglich lesend aktiv ist (vgl. Petouhoff 2011, S. 231). Das bedeutet, dass wir insbesondere die 1 % der **Meinungsführer** im Internet erkennen und idealerweise für uns gewinnen sollten, damit der ZMOT für uns und unser Angebot arbeitet.

Was können wir aus diesen Informationen ableiten? Entscheidend ist, dass wir einer umfassenden **Customer Journey Analyse** weitaus größere Beachtung schenken, als dies bisher in vielen Unternehmen der Fall ist. Dabei ist es primär unsere Aufgabe als Manager, die von den Kunden präferierten Customer Journeys zu identifizieren – auch wenn diese von den durch uns geplanten Abläufen relativ deutlich abweichen sollten. Eine große

Aktivitäten von	Attention	Search	Interest	Desire	Action	Share
Unternehmen						
Interessent/ Kunde						
Unternehmen						
Interessent/ Kunde						
Unternehmen						
Interessent/ Kunde						
Unternehmen						

Abb. 2.14 ASIDAS – Bestandsaufnahme für das eigene Unternehmen

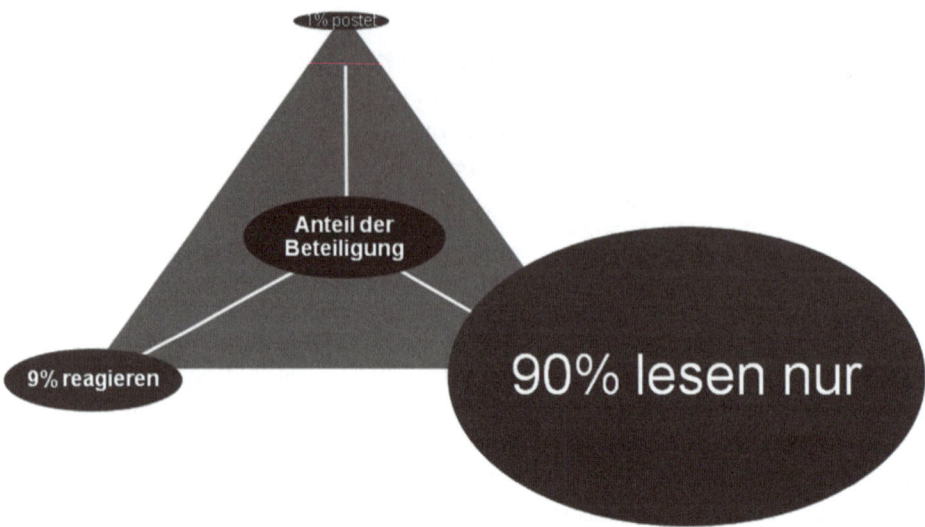

Abb. 2.15 Die 1 : 9 : 90-Regel (Quelle: Eigene Darstellung nach Petouhoff 2011, S. 231)

Herausforderung für viele Unternehmen besteht darin, die dabei wirksamen **Customer Touch Points** zunächst einmal zu ermitteln und ihren (positiven oder negativen) Beitrag im Rahmen der Customer Journeys zu erkennen (vgl. Abb. 2.16). Unter Touch Points sind generell die Berührungspunkte zu verstehen, die zwischen Stakeholdern (also Interessenten, Kunden, Mitarbeitern, Lieferanten, Kooperationspartnern, Investoren und unserem Unternehmen) bestehen. Welche Vielfalt dabei heute zu berücksichtigen ist, zeigt Abb. 1.13.

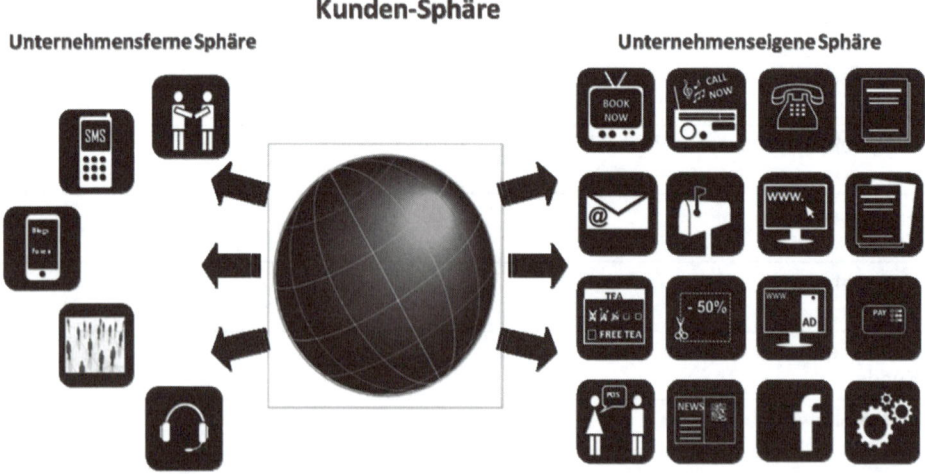

Abb. 2.16 Erweitertes Konzept der Customer Touch Points

Bei den Customer Touch Points sind zwei verschiedene Arten zu unterscheiden, durch die ein Interessent oder Kunde mit einem Unternehmen in Berührung kommen kann. Dieses sind zum einen die **Customer Touch Points der unternehmenseigenen Sphäre**. Hierzu gehören die klassischen Kommunikationskanäle wie TV, Radio, Plakatwände, Zeitung und Zeitschriften. Spots, Plakate und Anzeigen können sowohl monologisch oder als Aufforderung zum Dialog ausgestaltet werden. Außerdem gehören die folgenden Dialog-Medien zu dieser Art von Touch Points: Telefonate, Mailings, E-Mails, die Corporate Website, Apps, Online-Werbung, Broschüren, Kundenmagazine und der POS. Außerdem zählen das Customer-Service-Center sowie das unternehmerische Engagement in den sozialen Medien zu diesen unternehmenseigenen Touch Points. Aber auch – nur scheinbar – profane Dinge stellen wichtige Touch Point dar: Bei Versendern sind dies die ausgelieferten Pakete (denken wir an den perfekten Auftritt der *Zalando*-Kartons), bei vielen Anbietern die Verpackung der Produkte selbst (*Apple* und *Montblanc* sind hierin Meister). Aber auch Rechnungen – häufig eher lieblos per Mailing oder E-Mail zugestellt – sind wichtige Touch Points.

Zum anderen gibt es die **Customer Touch Points der unternehmensfernen Sphäre**, auf die Unternehmen nur einen eingeschränkten Einfluss haben. Dazu gehört die Kommunikation im Freundeskreis, die unternehmens- und markenspezifisch bspw. durch Freundschaftswerbung angestoßen werden kann. Auch das Engagement von Kunden in Blogs, Foren sowie in den sozialen Netzwerken zählt hierzu. Wir können und sollen als Unternehmen hier versuchen, Einfluss zu nehmen; allerdings ist dieser beschränkt.

Bei entsprechenden Analysen haben wir immer wieder festgestellt, dass viele dieser **Customer Touch Points** bei den Verantwortungsträgern im Unternehmen **nicht bekannt** waren. Außerdem wurde die **Anzahl der** – aus Kundensicht relevanten – **Touch Points** regelmäßig deutlich **unterschätzt**. Diese Erfahrung wird bestätigt durch eine Studie von *Esch*, zu der 106 Marketing-Entscheider befragt wurden. Etwa die Hälfte der Befragten ging von weniger als 50 Touch Points aus. Die Studie identifizierte dagegen für die meisten Unternehmen mehr als 100 Touch Points (vgl. Esch 2012, S. 3). Doch wie soll eine **einheitliche Kundenkontaktpflege** erreicht werden, wenn nicht einmal die Anzahl – geschweige denn die Inhalte – dieser Touch Points bekannt ist?

Im Zuge der eigenen Analysen zeigt sich regelmäßig, dass viele Touch Points – und nicht nur die bisher unbekannten – nicht ausreichend gemanagt werden. Dies ist insbesondere bei den Touch Points des ZMOT regelmäßig der Fall. Außerdem wird die Relevanz einzelner Touch Points aus Unternehmens- und Kundensicht häufig ganz unterschiedlich bewertet. Hier müssen wir – über die gesamte Customer Journey hinweg – ermitteln, wie wichtig die verschiedenen Customer Touch Points in der Pre-Sales-, Sales- und Post-Sales-Phase für die Interessenten und Kunden tatsächlich sind. Nach einer Studie der *Internationalen Hochschule Bad Honnef* lassen sich 59 % aller Nutzer von Internet-Kritiken „sehr" und weitere 37 % „etwas" beeinflussen, wenn es bspw. um die Auswahl von Hotel- und Reiseangeboten geht (vgl. Ludowig und Schlautmann 2012, S. 7). Es wird sichtbar: Die Relevanz des ZMOT ist nicht mehr zu leugnen.

Außerdem sei auf Folgendes hingewiesen. Die nach dem Produkt am stärksten wirkenden Touch Points sind die direkten – häufig auch persönlichen – **Kontakte mit Mitarbeitern unserer Unternehmen** (vgl. Esch 2012, S. 6). Diese wirken häufig am nachhaltigsten – positiv wie negativ. Allerdings gilt auch, dass die Mitarbeiter, mit denen der Kunde tatsächlich in Kontakt kommt, häufig die am schlechtesten bezahlten sind. Und häufig sind diese Mitarbeiter auch am schlechtesten über relevante Entwicklungen im Unternehmen und die Kernwerte der Marken informiert. Hierüber lohnt es sich einmal nachzudenken!

▶   **Merk-Box** Ohne eine umfassende Bestandsaufnahme der eigenen Customer Touch Points und deren Wirkungen auf die Kunden kann kein erfolgreiches **Customer Touch Point Management** durchgeführt werden.

Think-Box

- Haben wir schon einmal umfassend ermittelt, welche Touch Points zu meinem Unternehmen und unseren Marken existieren?
- Welche Bedeutung haben diese verschiedenen Touch Points aus Sicht der Kunden?
- Welche Touch Points sind dabei in der Pre-Sales-, Sales- und Post-Sales-Phase relevant – für welche Kundengruppen?
- Wie umfassend werden die – aus Kundensicht – besonders wichtigen Touch Points durch mein Unternehmen gemanagt?
- Welche Maßnahmen sind zur Optimierung des Touch Point Managements angemessen?
- Durch welche KPIs kann der Erfolg an den unterschiedlichen Touch Points ermittelt werden?
- In wessen Verantwortlichkeit gehört dieses Customer Touch Point Management?

Um dieser Aufgabenstellung gerecht zu werden, ist das Themenfeld des **Erwartungs-Managements** (Expectation Management) zu beleuchten. Hier wird auch vom **Customer Experience Management** gesprochen. Wir müssen uns bewusst sein, dass wir durch unsere Kommunikation (insb. die Werbung) laufend Erwartungshaltungen bei den Adressanten aufbauen. Das gilt übrigens nicht nur im geschäftlichen, sondern in gleichem Maße auch im privaten Bereich. Wer „Lieferung innerhalb von 48 Stunden" verspricht und nach vier Tagen zustellt, produziert sehenden Auges enttäuschte Erwartungen. Deshalb ist es unsere ureigene Aufgabe, die Erwartungen der Kunden konsequent in einen Bereich zu steuern, dem wir auch gerecht werden können. Nur wer mehr leistet als versprochen, wird Begeisterung auslösen, wie nachfolgend aufgezeigt wird.

Welche Bedeutung unterschiedlichen Leistungen eines Unternehmens bei der für einen langfristigen Unternehmenserfolg so wichtigen Erzielung von Kundenzufriedenheit zu-

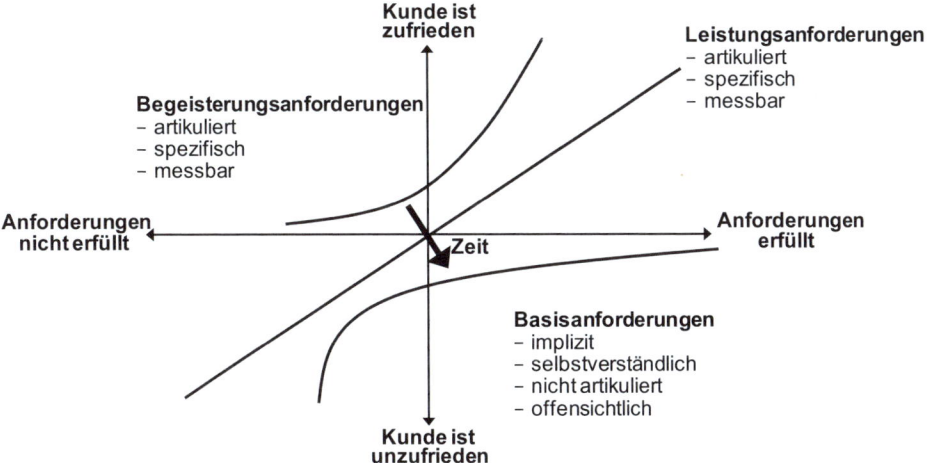

Abb. 2.17 Kano-Modell der Kundenzufriedenheit (Quelle: In Anlehnung an Berger et al. 1993, S. 26)

kommen kann, zeigt das sogenannte **Kano-Modell** (vgl. Abb. 2.17). *Kano* untersuchte dazu die Beziehung zwischen der Erfüllung unterschiedlicher Kundenanforderungen und der Erzielung von Kundenzufriedenheit (vgl. Berger et al. 1993). Dabei wurde deutlich, dass ein Teil der Kundenanforderungen keinen oder nur einen geringen Einfluss auf die Kundenzufriedenheit hat (vgl. die untere Kurve in Abb. 2.17). Die Nichterfüllung derartiger Anforderungen, die als **Basisanforderungen** bezeichnet werden, führt zwar zur Unzufriedenheit, deren Erfüllung aber nicht zu Zufriedenheit oder Begeisterung. Deren Erfüllung selbst wird als selbstverständlich hingenommen, ohne nachhaltig auf die Zufriedenheit einzuzahlen. Dazu zählen im Online-Shop bspw. funktionierende Zahlungssysteme. Kunden setzen eine Erfüllung dieser Basisanforderungen folglich voraus.

Leistungsanforderungen bewertet der Kunde nach dem Prinzip „je mehr, desto besser". Ein Mehr an erfüllten Leistungsanforderungen steigert die Zufriedenheit (vgl. die mittlere Linie in Abb. 2.17). Hierzu zählen im Online-Shop bspw. die Anzahl der angebotenen Produkte und die Möglichkeit, verschiedene Auswahlen speichern zu können. Erst die dritte Kategorie in Gestalt der **Begeisterungsanforderungen** kann beim Kunden Begeisterung auslösen, weil hier Leistungen erbracht werden, die nicht erwartet wurden. Werden solche Leistungen häufig erbracht, besteht allerdings die Gefahr, dass diese zu Leistungsanforderungen mutieren und dann erwartet werden (vgl. die obere Kurve in Abb. 2.17). In einem Online-Shop kann die erstmalige kostenlose Lieferung, ein kleines Präsent im Paket oder der Hinweis auf Preissenkungen bei Produkten, die als interessant markiert wurden, Begeisterung auslösen. Häufig ist es allerdings nur eine Frage der Zeit, bis solche Services zu Leistungsanforderungen werden.

Think-Box

- Ist in meinem Unternehmen bekannt, was – aus Sicht der Kunden – jeweils Basis-, Leistungs- und Begeisterungsanforderungen sind?
- Wenn dieses Wissen noch fehlt, wie können wir diese Informationslücke möglichst schnell schließen?
- Wie gut gelingt es unseren Wettbewerbern, ihre Leistungen auf die verschiedenen Anforderungen auszurichten?
- Wer kann bei uns mit der Umsetzung des Kano-Modells betraut werden?

Es wurden bereits die **Trigger eines Engagements in den sozialen Medien** aus Sicht der Nutzer mit den Begriffen Entertainment, Education/Growth, Save Money, Save Time und Solve Something darstellt. Diese Trigger gehen einher mit einem Phänomen, das mit Fug und Recht als **Social Revolution** bezeichnet werden kann. Es kann beschrieben werden als:

▸   Public is the new private!

Immer mehr Aspekte werden in das Licht der Öffentlichkeit gezerrt, die vorher eher im Verborgenen geblieben sind. Ein paar Beispiele hierfür liefern Abb. 2.18, 2.19 und 2.20.

Und dieser Trend in Richtung „öffentlich" und damit „social" geht immer weiter. Wir haben im Zuge der Recherche für dieses Werk die relevanten Fach- und Publikumsmedien intensiv analysiert und einen regelrechten **Social Hype** identifiziert. Eine Flut von neuen Begriffen mit der Voranstellung „social" wurde sichtbar. Während wir schon länger über die „sozialen Medien" diskutieren, kamen in den letzten Monaten immer neue Wortschöpfungen hinzu. Einen Überblick über die wichtigsten Begriffe mit dem vorangestellten Wort „social" zeigt Abb. 2.21. Dafür wird hier der Begriff **Social Landscape** verwendet, da sich die Landschaft, in der Unternehmen heute agieren, nachhaltig in Richtung „social" verschoben hat.

Treiber hinter vielen Entwicklungen sind Anwendungen, die **Social Software** genannt werden (vgl. auch Li und Bernoff 2008). Dabei gilt: „Die Social Software des Web 2.0 ist ein Angriff auf die etablierten Regeln der Macht und erzwingt ein grundlegendes Umdenken" (Stüber 2010). Die wichtigsten – und schon länger bekannten – Ausprägungen dieser Social Landscape stellen die **Social Networks** dar. Diese genießen mit *Facebook, Twitter, Google+, LinkedIn* und *XING* eine immer größere zeitliche und inhaltliche Aufmerksamkeit – von Nutzern und Unternehmen gleichermaßen.

Eine sehr große Bedeutung kommt auch dem Konzept des **Social Sharing** zu. Durch Konzepte wie *YouTube, Flickr, Pinterest* und *Slideshare* wird es möglich, Video- und Bilddateien aller Art hochzuladen und damit „sozial" zugänglich zu machen. Die Social Software ermöglicht auch die Entwicklung von **Social News Sites** wie *reddit* und *NewsVine.* Diese erlauben es registrierten Nutzern, Links oder eigene Beiträge zu posten, die andere wieder-

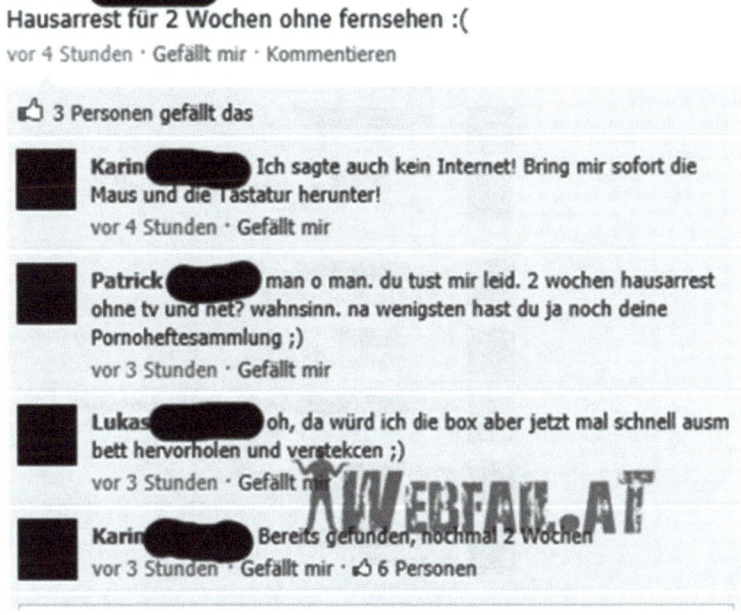

Abb. 2.18 Öffentlicher Dialog zwischen Sohn und Mutter auf *Facebook* (Quelle: webfail.at 2012)

Abb. 2.19 Öffentlicher Dialog zwischen Tochter und Vater auf *Facebook* (Quelle: webfail.at 2012)

um bewerten können. Ein spezielles Konzept zur Weiterempfehlung von Online-Inhalten stellen **Social Bookmarks** dar. Hierzu werden Lesezeichen (in Englisch „bookmark") von Online-Nutzern für Websites vergeben, die interessant sind und auf die in Zukunft ohne neue Suche zugegriffen werden soll. Da diese Lesezeichen von Social-Bookmarking-Services wie *Delicious, Mister Wong, StumbleUpon, digg* verwaltet werden, sind diese nach außen sichtbar und damit „sozial", weil sie mit Freunden oder Gleichgesinnten geteilt werden. Einen wichtigen Beitrag zu den bisher genannten sozialen Medien leisten die sogenannten **Social Badges**. Dabei handelt es sich um Aufforderungen im Internet, die Nutzer

Abb. 2.20 Öffentlicher Dialog zwischen Kerstin und ihren zwei Freunden auf *Facebook* (Quelle: webfail.at 2012)

und Unternehmen platzieren, um Interessenten und Kunden zu Fans, Followern oder „Pinnern" zu machen (vgl. Abb. 2.22).

Neue Entwicklungen sind dagegen Plattformen wie *Eventful*, *Meetup* und *Upcoming*, die bei der Organisation von **Social Events** unterstützen. Einer zunehmenden Bedeutung erfreut sich **Social Commerce**. Eine treffende Definition von Social Commerce lautet: „Help people to connect where they buy and to buy where they connect" (Marsden 2011). So werden Freunde beim Einkauf virtuell eingebunden (bspw. über *Facebook*). Hier gibt es bereits testweise sogenannte *Facebook*-Spiegel – etwa in Bekleidungsgeschäften wie bei *adidas*. Dort können mit einer Digitalkamera Fotoaufnahmen von Personen im ausgewählten Outfit am POS geschossen werden, um diese via *Facebook* oder *Twitter* gleich den Freunden zu präsentieren. Zumindest in der Always-on-Generation ist mit einem Instant Feedback zu rechnen: Noch während man im Geschäft ist, können die virtuellen Daumen der Freunde nach oben oder unten gehen und damit den Kaufprozess beeinflussen (vgl. Geisler 2012).

Abb. 2.21   Social Landscape – die Inflation des „Sozialen"

Abb. 2.22   Beispiele von Social Badges

Auf diese Weise wird der POS – noch stärker als bisher – zum **Social POS**. Dies gelingt auch dadurch, dass – wie in Abb. 2.23 zu sehen, die Anzahl der *Facebook*-Likes – hier in einem Flagship-Store von *C&A* in Sao Paulo – in den Kleiderbügeln angezeigt werden, um so eine „soziale" Entscheidungshilfe beim Kauf zu geben.

Abb. 2.23 Kleiderbügel mit *Facebook*-Likes bei *C&A*, Brasilien (Quelle: o. V., 8.5.2012)

Think-Box

- Wie können wir die sozialen Netzwerke noch besser einbinden, um Mehrwerte für unsere Kunden und Mehrwert für mein Unternehmen zu schaffen?
- Wie können wir mit unseren Inhalten auf den Social-Sharing-Plattformen für mein Unternehmen werben?
- Ist der Einsatz von Social Bookmarks für uns wertstiftend?
- Wo können wir Social Badgets platzieren?
- Wie können wir unsere On- und Offline-POS „sozial" gestalten?

Welche Bedeutung die sozialen Netzwerke als „Währung" heute schon haben, zeigt sich beim Konzept des Social Log-in. Bei **Social Log-ins** – auch Social Sign-ins – werden vom Nutzer bereits vorhandene Log-in-Informationen von sozialen Netzwerken wie *Facebook* und *Twitter* für ein Log-in auf Websites Dritter verwendet. Hierdurch muss der Nutzer nicht für jede neue, durch ein Log-in geschützte Plattform ein neues Konto anlegen. Für den Nutzer hat dies einen entscheidenden Vorteil: **Bequemlichkeit durch ein One-Click-Log-in**. Für die Anbieter – sowohl auf der Seite der sozialen Netzwerke als auch der dritten Websites – geht diese Form des Log-ins mit spannenden Zusatzinformationen einher. Denn hier wird nichts anderes erreicht als ein **One-to-one-Tracking der laufenden Aktivitäten von Online-Nutzern**. Häufig wird diese Nutzungsmöglichkeit in den – von der Mehrheit der Nutzer ungelesenen – Geschäftsbedingungen per Klick als gelesen und akzeptiert erlaubt. Und bei jedem neuen Zugriff werden weitere spannende Informationen erfasst, die in Summe weiteren Treibstoff für Social Commerce bereitstellen.

Auch die Suchprozesse im Internet werden zunehmend „sozial". Bereits heute liegt bei jedem dieser Suchprozesse ein **Social Search** vor. Die über Algorithmen gesteuerte Auswertung und Berücksichtigung der Suchanfragen anderer stellt die Grundlage für die Vervoll-

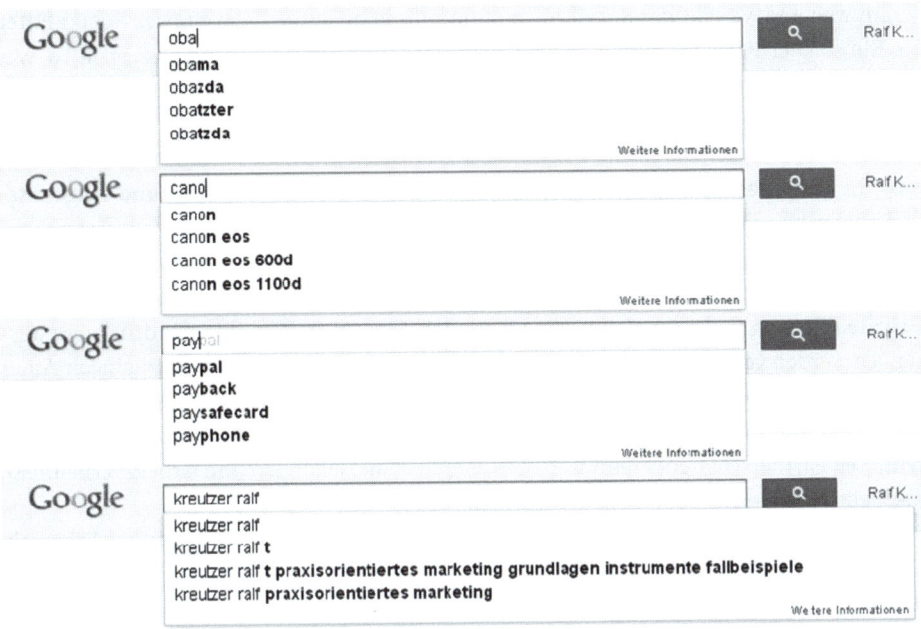

Abb. 2.24 Beispiele der Vervollständigungsfunktion bei *Google*

ständigungsfunktion – bspw. bei *Google* – dar. Hierdurch wird die passive Suchmaschine zu einer **aktiven Hinweismaschine**, da dem (unvorbelasteten) Nutzer auf diese Weise transparent wird, wonach andere Nutzer besonders häufig gesucht haben. *Bettina Wulff*, die Frau des Ex-Bundespräsidenten, kann davon ein Lied singen. Weitere interessante Beispiele zeigt Abb. 2.24. Eines wird hier deutlich: Durch die vorgeschlagenen Suchbegriffe kann das weitere Surfverhalten des Nutzers nachhaltig beeinflusst werden. Dabei gilt auch: Wenn Kunden bspw. nach negativen Berichten über Unternehmen suchen und dabei Begriffe wie „Betrug" oder „Mafia" eingeben, werden diese automatisch als Suchbegriffe zu den betroffenen Unternehmen ergänzt. Dies gelingt auch dann, wenn an den Vorwürfen nichts dran ist. Denn: *Google* bildet (überwiegend) lediglich das Suchinteresse ab, ohne eine inhaltliche Bewertung vorzunehmen. Allerdings beeinflussen *Google* und andere Suchmaschinen folglich nachhaltig, wie die Wirklichkeit wahrgenommen wird!

Der Prozess der **Social Search** beschreibt auch eine Online-Suche, bei der weitere Daten des Nutzers beim Suchprozess berücksichtigt werden. Die klassischen Algorithmen der Suchmaschinen ermitteln die Relevanz von Web-Content lediglich im Hinblick auf die definierten Suchbegriffe. Bei Social Search wird die Relevanz von Web-Content auch danach bemessen, ob dieser für den spezifischen Nutzer von Interesse ist. Hierzu werden **soziale Meta-Daten** ausgewertet. Dies sind bspw. Like-Statements des Nutzers, gesetzte und/oder kommentierte Social Bookmarks oder sonstige gekennzeichnete bzw. „getaggte" Inhalte. Hierdurch beeinflussen die Präferenzen des Nutzers die Ergebnisse der organischen Trefferlisten der Suchmaschinen.

Im weiteren Verlauf der Social Revolution nimmt auch die Relevanz des **Social Filter** zu. Ein solcher Filter hat zum einen zur Folge, dass mir nur noch das angezeigt wird, was auch meine Freunde gut finden. Zum anderen wirkt der soziale Filter auch über das schon diskutierte Phänomen des ZMOT. Die Wahrnehmung der Interessenten und Kunden wird damit immer stärker durch die Erlebnisse des sozialen Umfeldes geprägt. Das bedeutet, dass die Unternehmen nach und nach die **Kontrolle über die Marken- und Angebotswahrnehmung verlieren**. Diese liegt jetzt zunehmend in den Händen der Interessenten und Kunden selbst (vgl. hierzu auch die Ausführungen zur Filter Bubble in Kap. 8).

Interessant ist, dass gleichzeitig mit der zunehmenden Relevanz des Social Filter der **Private Filter** an Bedeutung zu verlieren scheint. Gedanken, Gefühle, Eindrücke, Bewertungen werden von Individuen – häufig spontan und unreflektiert – in den digitalen Äther geschickt. Dort stehen sie – ohne Verfallsdatum – für alle sichtbar für eine digitale Ewigkeit. Viele Millionen haben im Nachhinein ihre **digitale Spontaneität des Ausdrucks** schon bereut, weil Partnerschaften, Freundschaften, Geschäftsbeziehungen und Arbeitsverhältnisse nach entsprechenden Posts beendet wurden!

Eng mit dem Social Filter verbunden sind die sogenannten **Social Ads** bei *Facebook*. Das besondere an diesen Anzeigen ist, dass sie den sozialen Kontext berücksichtigen, in dem sich Werbeempfänger befinden. So nutzen Social Ads den sozialen Einfluss privater Netzwerke sowie die darin liegende **Meinungsführer-Meinungsfolger-Struktur**. Dabei werden verschiedene Arten von Social Ads unterschieden. In einer Form kann es heißen „*Karl-Heinz* und drei weiteren deiner Freunde gefällt *Heinz Ketchup*". Bei einer anderen Variante handelt es sich um „Sponsored Stories", bei denen die Posts von Unternehmen an den Freundeskreis ausgeliefert werden, indem sich einer bspw. als Fan von *Lange & Söhne* geoutet hat.

Einen besonders großen Stellenwert nimmt das **Social CRM** ein. Hier werden **Social Media Services** und **Social Media Technologien** genutzt, um die Interaktion zwischen Kunden und Unternehmen noch weiter zu vertiefen. Im Kern geht es um die Intensivierung des Austauschs zwischen einem Unternehmen und seinen Kunden, der weit über die primär dialogische Beziehung eines klassischen CRM hinausgeht und dafür Instrumente, Kanäle und Inhalte aus dem sozialen Online-Engagement der Interessenten und Kunden einbezieht. Dieses Thema wird im Kap. 7 vertiefend behandelt.

Eine spannende Entwicklung in Richtung „social" zeigt sich auch bei TV. Unter dem sogenannten **Social-TV** wird die Verbindung zwischen dem klassischen TV und den sozialen Medien verstanden (vgl. weiterführend Kap. 3).

Think-Box

- Wollen wir Social Log-ins nutzen, um mehr über unsere Interessenten und Kunden zu erfahren?
- Welche Konsequenzen hat Social Search für mein Unternehmen? Und wie können wir davon profitieren?

- Was könnten wir durch Social Ads erreichen?
- Wie können wir vom Trend zu Social-TV profitieren?
- Wer analysiert die Implikationen dieser Entwicklungen auf mein Unternehmen?

Beim **Social Recruiting** werden die sozialen Netze bei der Suche nach neuen Mitarbeitern eingebunden. Die Initiative kann dabei vom Arbeitnehmer wie vom Arbeitgeber ausgehen. Besonders verbreitet ist die Jobsuche über *XING*, *LinkedIn*, *Facebook* (mit *BranchOut*), *Google+* und *Twitter*. Während für die Unternehmen hiermit ein neuer – und häufig auch kostengünstiger – Zugang zu bestimmten Zielgruppen besteht, darf eine Gefahr nicht außer Acht gelassen werden. Ehemalige und gegenwärtige Mitarbeiter können sich – teilweise im Schutz der Internet-Anonymität – über den Arbeitgeber austauschen und dabei Interna verbreiten, die nicht zum angestrebten **Employer Branding** passen. Gleichzeitig besteht allerdings auch die Möglichkeit für die Arbeitgeber, zu prüfen, wie sich Bewerber in Blogs, Online-Communitys oder in den sozialen Netzwerken selbst präsentieren. In den USA war in 2012 zu beobachten, dass dort Arbeitgeber noch im Bewerbungsgespräch das Passwort für den Zugang zu *Facebook* verlangten, um das Umfeld des Bewerbers zu analysieren. Dies führte u. E. zu Recht zu einem Aufschrei in den Medien, weil hier jegliche Privatsphäre missachtet wurde.

Die zunehmende Vernetzung zwischen Menschen führt dazu, dass auch **Social Pressure** massiv zunimmt. Gelangten Versäumnisse und Fehler von Unternehmen in der Vergangenheit oft nur wenigen Insidern zu Kenntnis, kann ein unternehmerisches Versagen heute binnen wenigen Minuten weltweit verbreitet werden – durch (ehemalige) Mitarbeiter, Kunden, Wettbewerber, Blogger, Journalisten. Die durch eine virale Verbreitung von echten oder vermeintlichen „Sünden" von Unternehmen entstehende Welle wird **Shitstorm** genannt. Werden Personen online an den Pranger gestellt, wird von **Cyber Mobbing** gesprochen. Unser Bestreben sollte es stattdessen sein, eher einen viralen **Rose Shower** – als Gegenentwurf zum Shitstorm – unter Einbindung des sozialen Drucks anzustoßen.

Auch das Intranet wird „social", so dass verstärkt über **Social Intranet** gesprochen wird. Darunter versteht man den unternehmensinternen Wissensaustausch, der sich der sozialen Medien bedient. Hierdurch wird der Wissensaustausch zwischen eigenen Mitarbeitern vereinfacht und beschleunigt – da der Austausch von Informationen über E-Mails mit umfangreichen Empfängerlisten und noch umfangreicheren Antworten auf die vielen Antworten der anderen vermieden wird. So gelingt es, statische Inhalte durch die Integration in die sozialen Medien zu dynamisieren und die soziale Interaktion zu beschleunigen. Mitarbeiter, die gemeinsam an Projekten arbeiten, können über geschlossene Nutzergruppen innerhalb der sozialen Netzwerke zusammenfinden. Der Informationsaustausch kann flankierend durch interne Wikis, Blogs, Foren und/oder *Facebook*-Gruppen – auch über Länder- und Zeitgrenzen hinweg – organisiert werden. Newsfeeds halten die Projektbeteiligten auf dem Laufenden und stellen sicher, dass alle Beteiligten zu einem bestimmten Zeitpunkt auf der Höhe der relevanten Information sind. Gleichzeitig unterstützen die-

se Mechaniken ein hohes Maß an Engagement – denn auch die jeweiligen Vorgesetzten
können sich zu jedem Zeitpunkt einen Überblick über den Stand des Projektfortschritts
verschaffen. Im Idealfall wird durch ein Social Intranet eine besser informierte und stärker fokussierte Mannschaft erreicht. Dies gelingt insbesondere dann, wenn der Zugriff auf
diese sozialen Plattformen orts- und zeitunabhängig erfolgen kann. Entsprechende Tools
werden bspw. von jivesoftware.com angeboten.

Think-Box

- Welche Möglichkeiten eines Social Recruiting setzen wir ein oder sollten wir nut-
  zen?
- Wie können wir uns auf Social Pressure vorbereiten?
- Welches Potenzial bietet die Social Software für den Aufbau eines Social Intranet
  in meinem Unternehmen?
- Wer könnte die Relevanz dieser Entwicklungen für mein Unternehmen prüfen?

Die **Social Revolution** hat gerade erst angefangen, aber die dadurch verursachten Umbrüche werden schon sichtbar. Wir tun als Unternehmen gut daran, die damit verbundenen
Herausforderungen früh ins Auge zu fassen. Auch hier gilt es, erste Fingerübungen zu
machen, um nicht unvorbereitet auf das **soziale Spielfeld** gezogen zu werden. Denn dort
schauen alle zu, unabhängig davon, ob man grandios scheitert oder als Sieger vom Platz
geht.

Think-Box

- Welche Bedeutung haben die verschiedenen Erscheinungsformen der Social Re-
  volution insgesamt für unser Geschäftsmodell?
- Wo können wir von ihr profitieren?
- Wo laufen wir Gefahr, von der Social Revolution überrannt zu werden?
- Wer trägt die Verantwortung, die mit der Social Revolution beschriebenen Her-
  ausforderungen für mein Unternehmen zu bewerten?

▶   **Food for Thought Alle Kunden sind zunächst einmal auf der Suche nach
    guten Gefühlen!** Eine gute Betreuung, ein breites Warenangebot, eine über-
    zeugende Beratung oder ein gelungener Auftritt in den sozialen Medien kann
    ebenso wie ein verantwortungsbewusster Umgang mit den persönlichen Daten
    zum Aufbau dieser „guten Gefühle" beitragen. Denn im Kern geht es um die po-
    sitive emotionale Verbindung zwischen Ihrem Unternehmen und Ihren Kunden.
    Um nicht mehr und nicht weniger!

Eines müssen wir uns angesichts der **Herausforderung durch die digitale und soziale Revolution** vor Augen führen: Der **Ausleseprozess des digitalen Darwinismus** startet, wenn sich Systeme und Prozesse in Wirtschaft und Gesellschaft schneller verändern, als sich Unternehmen anzupassen vermögen. Dabei gilt: Jedes Unternehmen, jede Marke und jedes Angebot ist verwundbar. Kein Geschäft ist „too big to fail" oder „too small to succeed" (Solis 2012b). Dabei gelten auch die folgenden Aspekte:

- Das in den letzten Jahren vorhandene Wissen wird massiv entwertet. Das heißt auch, dass die **Success Storys und Best Cases der Vergangenheit** nicht mehr in die Zukunft tragen.
- Die **Erfahrungswährung** wird durch neue Entwicklungen systematisch inflationiert und damit entwertet. Deshalb zeigt sich in vielen Unternehmen massiver Widerstand gegen die anstehenden Veränderungen. Denn es gilt, gelernte Komfortzonen zu verlassen!
- In vielen Bereichen gibt es – noch – **keine umfassenden Messverfahren und Metriken**, um die wirtschaftlichen Resultate messbar zu machen. Dies darf aber nicht dazu führen, auf neue Herausforderungen nicht einzugehen.
- **Marketing** wird sich dramatisch verändern müssen, um in Zukunft seine Rolle **als Strategie- und Ergebnistreiber** ausfüllen zu können.

▶ **Food for Thought** Vielleicht sollte sich der eine oder andere Betroffene an diesen Leitsatz erinnern:
  „**In Gefahr und höchster Not, bringt der Mittelweg den Tod.**"
  Friedrich Freiherr von Logau
  Dichter der Barock-Zeit

Quick Wins

Big-Data und Technologie – Treiber der Informations-Revolution auf Unternehmensseite und Beschleuniger des Zeitalters der Kooperation

3

Peter F. Drucker hat schon 1957 in seinem legendären Werk „Landmarks of Tomorrow: A Report on the New Post-Modern World" vom sogenannten „**Infoworker**" gesprochen. Damit bezeichnete *Drucker* die Mitarbeiter, die ihren Mehrwert im Unternehmen ausschließlich mit Hilfe von Informationen generieren. Aber erst jetzt sind wir wirklich im **Informationszeitalter** angekommen. Deshalb erfährt der Begriff des Infoworkers momentan eine Renaissance. Eine Prognose für das Jahr 2020 lautet, dass zu diesem Zeitpunkt mehr als 85 % der arbeitenden Weltbevölkerung als Infoworker tätig sein werden (vgl. Schmidt et al. 2012, S. 38). Der Wandel der Arbeitswelt mit einer neuen Form der **Vernetzung der Mitarbeiter** untereinander, aber auch der **Vernetzung zwischen Mitarbeitern und Kunden sowie weiteren Leistungspartnern** basiert auf jederzeit verfügbaren Informationen. Und wie heißt die entsprechende Parole für das bestehende Informationsangebot?

▸ Everywhere, any time, at low costs!

Heute arbeiten bereits über 850 Millionen Menschen weltweit fast ausschließlich mobil (vgl. Schmidt et al. 2012, S. 38) – mit Smartphone, Tablet-PC und Laptop. Dies geschieht häufig über Länder- und Zeitgrenzen hinweg. Die klassischen Abgrenzungen der Leistungskreise zwischen Anbietern sowie ihren Lieferanten und Kunden verschwimmen zunehmend. Die Wertschöpfungsketten vernetzen sich zu immer komplexeren **Wertschöpfungssystemen**, um effizienter zu produzieren.

▸ Und die Währung heißt Information.

Gleichzeitig ist – nicht nur bei uns und unseren Mitarbeitern – ein zunehmendes **Verschwimmen von Privat- und Berufssphäre** festzustellen, weil ein „klassischer Dienstschluss" immer weniger gelingt. Denn warum versuchen Unternehmen, ihren Mitarbeitern Handy- und E-Mail-freie Abende und störungsfreie Wochenenden vorzuschreiben? Weil alles zusammenwächst und wir der kontinuierlichen **Informationsflut** immer weniger entkommen können. Haben wir in unseren Unternehmen schon die Informationsinfra-struktur aufgebaut, um dieser Herausforderung Rechnung zu tragen?

Oder treffen auf uns eher die düsteren Prognosen zu, nach denen sich der zunehmende **Informationshunger der Infoworker** zum Albtraum eines jedes ERP-Systems entwickelt? Wobei die Infoworker gleichzeitig 80 % ihrer Zeit für die Recherche und Aufbereitung der Daten aufwenden. Weil sie „suchen, aber nicht finden", weil die **Suchlogik der Infoworker** mit der **Bereitstellung der Daten** nicht kompatibel ist. Weil viel zu viel Zeit für die Durch-forstung von Datenbanken, die Aufbereitung der Informationen und die Konsolidierung der Angaben erforderlich ist, da die Daten nicht gemappt sind. Verwenden auch unsere Infoworker nur 20 % ihrer kostbaren Arbeitszeit, um die Daten zu verwerten und idealer-weise einen Mehrwert für Unternehmen und Kunden zu generieren (vgl. Schmidt et al. 2012, S. 38)? Diese Herausforderung stellt sich nicht nur für die Anbieter von Hard- und Software, sondern für alle Unternehmen, bei denen sich **Information zur strategischen Ressource** und zur **Key Force für Wettbewerbsvorteile** entwickelt. Und die Entwicklung hin zu Big Data wird den Datenschub noch kräftig verstärken.

Die Herausforderung besteht im **Aufbau von wissensbasierten** – auch virtuell und mobil funktionierenden – **Arbeitsplätzen**, die die Informationsbedarfe der Infoworker idealerweise antizipieren und bei der Entwicklung von maßgeschneiderten Lösungen und Angeboten für Kunden unterstützen. Eine besondere Herausforderung besteht darin, die vielfach in Unternehmen noch vorhandenen **System- und Strukturbrüche** zu überwinden, die durch unterschiedliche Hard- und Software-Lösungen existieren. Diese Bruchkanten lassen sich durch Fleiß und Budget überwinden.

Viel gravierender – und gleichzeitig deutlich schwerer zu diagnostizieren und zu the-rapieren – sind dagegen die **Brüche in den Köpfen der Führungskräfte und Mitarbeiter**. Hierbei handelt es sich oftmals um regelrechte **kognitive Firewalls**, die einer abteilungs-, bereichs- und/oder länderübergreifenden Zusammenarbeit im Wege stehen. Das führt zu der gefürchteten **Silo-Mentalität**, die dem oftmals – insbesondere bei strategischen Fra-gestellungen – geforderten „Blick fürs große Ganze" im Wege steht. Denn Leistungsträger sind zu oft in ihren Ressort-Egoismen verhaftet und eher daran interessiert, ihr „eigenes Klein-Klein" zu optimieren – immer die nächste Tantieme-Runde vor Augen. Und leider beginnt diese Silo-Mentalität häufig bereits auf Vorstands- oder Geschäftsführungsebene – und wird dann von den nachgelagerten Führungsebenen durch Modelllernen gerne über-nommen und ausgiebig ausgelebt. Dabei müssen **verschiedene Silo-Arten** unterschieden werden:

- **Daten-Silos**
  Hier werden im Unternehmen vorhandene Datenbanken nicht zusammengeführt, um einen „einheitlichen Blick auf den multidimensionalen Kunden" sicherzustellen. Da Kunden on- und offline auf verschiedenen Plattformen aktiv sein können, stellt die Zusammenführung eine große Herausforderung dar. So sind bspw. online gewonnene Daten über Kundenpräferenzen oder Billing-Daten mit dem CRM-System ebenso zu verzahnen wie die Daten der sozialen Netzwerke.

Abb. 3.1 Silo-Mentalität – ein überzeugendes Organisationskonzept?

- **Prozess-Silos**

  Von Prozess-Silos kann immer dann gesprochen werden, wenn unternehmensinterne Prozesse nicht sauber aufeinander abgestimmt sind. Dies betrifft häufig die Bereiche Produktentwicklung und Marketing/Vertrieb. Es fehlt ebenfalls häufig eine prozessuale Schnittstelle zwischen dem Customer-Service-Center und der Produktentwicklung, um Anregungen und Kritik der Kunden aufzugreifen. Aber auch zwischen Marketing und Vertrieb selbst existieren vielfach Gaps, die zu überwinden sind.

- **Silos in den Köpfen der Menschen**

  Am gravierendsten sind allerdings die Silos in den Köpfen der Führungskräfte und Mitarbeiter (die „kognitive Firewall"), weil diese vielfach die Ursache für die vorgenannten Daten- und Prozess-Silos darstellen. Hier stellt sich ganz einfach die Frage, ob eine unternehmensinterne Kooperation von der eigenen Unternehmenskultur eher gefördert oder behindert wird.

Wir sollten uns fragen, ob wir uns eine – teilweise sogar in Zement gegossene – **Organisationsstruktur mit Silo-Mentalität** leisten können, wie sie in Abb. 3.1 exemplarisch dargestellt ist. Denn was folgt aus einer solchen Silo-Mentalität? Zum einen bleiben **unternehmensinterne Kooperationsmöglichkeiten** ungenutzt. Zum anderen entstehen regelrechte **Datenfriedhöfe** – geschützt, aber nicht genutzt!

Um diese Bottlenecks zu überwinden, ist vielfach wieder Information erforderlich. Dieses Mal aber eine zunächst **nach innen gerichtete Information**, die dazu beitragen soll, dass nicht nur die Führungsebenen, sondern alle Mitarbeiter über die Unternehmensziele und die strategischen Stoßrichtungen informiert sind und ihnen die Notwendigkeit einer umfassende Kooperation vermittelt wird. Dabei sollte diese nicht nur im Unternehmen selbst umgesetzt werden, sondern auch alle relevanten Stakeholder einbeziehen. Teilweise wird eine solche Unternehmenskonzeption als **Enterprise 2.0** bezeichnet. Spannende Lösungen, durch welche Schritte sich ein Unternehmen in einem Change-Management-Prozess verändern kann, werden in Kap. 9 aufgezeigt.

Think-Box

- Wie meistern wir in meinem Unternehmen das Zusammenwachsen von Privat- und Berufssphäre – zu Lasten oder zu Gunsten der Mitarbeiter?
- Wie viel Zeit verbringen unsere Mitarbeiter mit dem Suchen von Informationen – statt mit der wertschöpfenden Nutzung dieser?
- Wie gut ist uns der Aufbau von wissensbasierten Arbeitsplätzen schon gelungen?
- Wie stark sind bei uns die Daten- und Prozess-Silos ausgeprägt?
- Wer verteidigt diese – und wer kann sie durchbrechen?
- Wer kann in meinem Unternehmen mit einer kritischen Bestandsaufnahme und der Entwicklung von Lösungen beauftragt werden?

Soweit die interne Seite der Informations-Revolution. Der eigentliche **Informations-Tsunami** steht uns aber noch bevor! Und dieser wird nicht von uns Anbietern oder den Vertriebspartnern ausgelöst. Dieser wurde von Seiten der Kunden losgetreten und läuft schon auf uns zu. Die ersten Anzeichen sind am Horizont absehbar. Und eines ist gewiss: Dieser Informations-Tsunami wird nicht nur eine Vielzahl von bestehenden Geschäfts-konzepten überspülen, sondern diese nachhaltig vernichten! Denn es wird vielfach keine langsamen Anpassungsprozesse geben. Was uns erwartet, kann als abrupter Wechsel – als **Disruptive Change** – bezeichnet werden.

Aber was bedeutet dies für unser Unternehmen? Droht uns die Gefahr, in diesem Tsunami unterzugehen, oder können frühzeitig **Wertschöpfungsketten unter Einbindung der Kunden oder weiterer Partner** entwickelt werden, um die Tsunami-Energie zum Antrieb der eigenen Turbinen zu nutzen? Die Voraussetzung hierfür ist, dass die Turbinen richtig dimensioniert und mit qualifiziertem Personal ausgestattet sind. So können Konsumenten zu **Prosumenten** zu Leistungspartnern weiterentwickelt werden, die gleichermaßen kon-sumieren und produzieren und damit ihre Energie in die unternehmerische Wertschöp-fungskette integrieren (vgl. Kap. 4 und 7; vgl. Solis 2012a).

Wie bereits in Kap. 1 gezeigt wurde, gibt es eine Vielzahl von Entwicklungen, die zu diesem kontinuierlich steigenden Fluss von Daten führen werden. Deshalb kann zu Recht von **Big Data** gesprochen werden. Wie sich das Phänomen Big Data und der damit zu bewältigende **Datenstrom in Zukunft** entwickeln werden, zeigt Abb. 3.2.

Spannend ist dabei, dass es seit dem Jahr 2000 günstiger ist, ein Datum digital auf ei-ner Festplatte zu speichern als auf einem Blatt Papier! Damit wurden die kostenmäßigen Grenzen aufgehoben, die bis dahin den **Einstieg in eine umfassende Digitalisierung von Informationen** beschränkten. Doch welche Konsequenzen hat dies für unser aller Leben?

Heute wird jedes Kind in eine **digitale Welt** hineingeboren. Anders als noch vor 40 oder 50 Jahren, als digitale Daten und Informationen noch die Ausnahme waren, werden heute bereits die Ultraschallbilder von schwangeren Frauen über *Facebook* gepostet und damit der Welt verfügbar gemacht. Wenige Minuten nach der Geburt werden die ersten

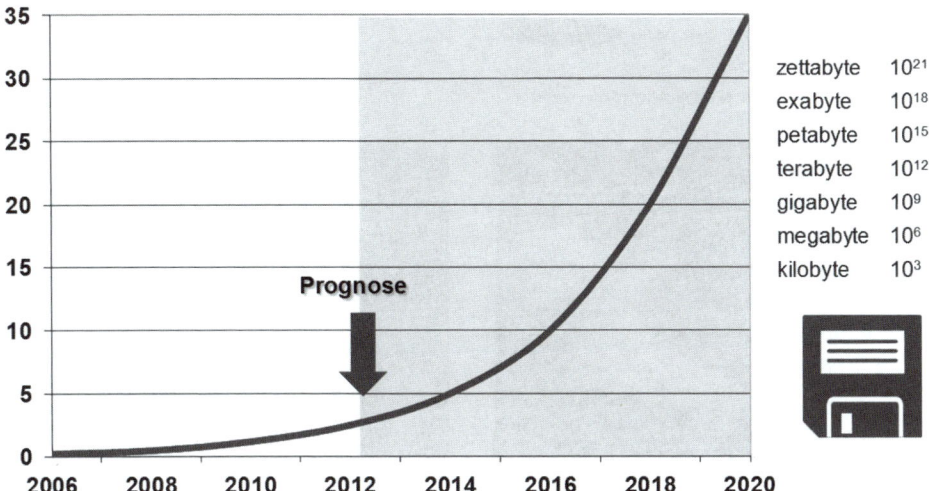

Abb. 3.2 Big Data – Entwicklung der weltweiten Datenmenge in Zettabytes (Quelle: In Anlehnung an Gantz und Reinsel 2011, S. 1)

Fotos – noch aus dem Kreißsaal – gepostet (vgl. Abb. 3.3). Vom Zeitpunkt der Befruchtung an wird außerdem eine Vielzahl weiterer Daten erzeugt, bspw. durch Blutuntersuchungen etc. Das bedeutet, dass der erste **digitale Fußabdruck** schon pränatal erfolgt. Und im Laufe des Lebens kommen viele weitere digitale Datenspuren dazu, die wir im Zuge unserer Ausbildung, bei verschiedenen Sportarten, im Beruf etc. erzeugen. Über ein Engagement in den sozialen Netzen legen wir unsere Präferenzen sowie unsere beruflichen und privaten Netzwerke offen. Und beim Einkaufen – on- wie offline – werden viele weitere Informationen über uns gesammelt. Vielleicht checken wir uns an verschiedenen realen Plätzen (etwa der *Starbucks* Filiale oder einem Flughafen) oder bei TV-Programmen noch ein und dokumentieren durch die **Want-Funktion** bei *Facebook*, was wir uns so alles wünschen. Solche Daten, die heute überwiegend in digitaler Form vorliegen, können – manchmal mit mehr, manchmal mit weniger großem Aufwand – zu spannenden Erkenntnissen aufbereitet werden. Als Privatperson kann einem dabei Angst und Bange werden – als Unternehmen wünschen wir uns häufig den Zugriff zumindest auf einen Teil dieses **gigantischen digitalen Datenstroms** – auch **Big Data** genannt.

Versucht man, den Begriff **Big Data** weiter zu erfassen, so ist zunächst darauf hinzuweisen, dass hier von **großen Datenmengen** gesprochen wird, die durch die klassischen Datenbanken und Daten-Management-Tools nicht oder nur unzureichend verarbeitet werden können. Die große Herausforderung besteht darin, unterschiedlichste **Datenformate**, **Aktualisierungsrhythmen** und **Datenquellen** zu erfassen, um diese in einen relevanten Datenstrom zu überführen. Diese Herausforderung kann mit den folgenden **Dimensionen von Big Data** beschrieben werden:

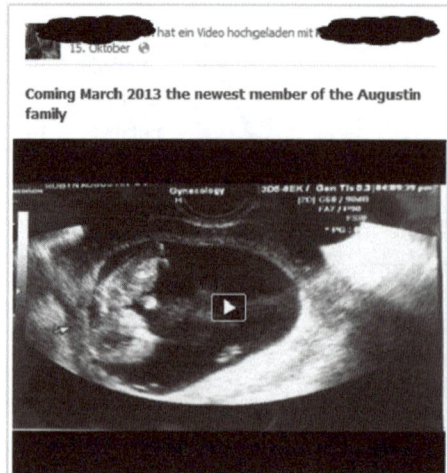
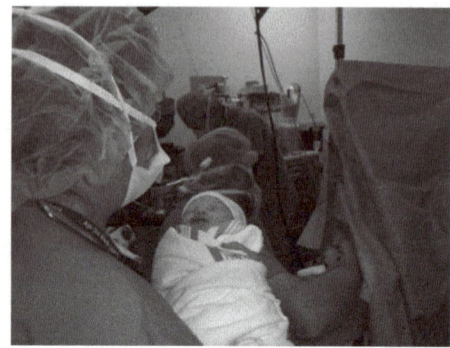

Abb. 3.3 Pränatale und weitere digitale Footprints von Menschen (Quelle: webfail.at 2012)

- **Volume** (i. S. von Datenvolumen bzw. Datenmenge)
  Mit „Volume" wird generell die gigantische **Datenmenge** beschrieben, die aufgrund der unterschiedlichsten digitalen Footprints von Menschen und Maschinen gewonnen wird. Dabei geht es zum einen um die Breite der verfügbaren Daten, zum anderen aber auch um deren Tiefe.
- **Velocity** (i. S. der Geschwindigkeit bzw. der Änderungszyklen)
  „Velocity" beschreibt, mit welcher Geschwindigkeit Datensätze neu geschaffen, bestehende aktualisiert oder gänzlich gelöscht werden. Auf diese Änderungszyklen wirken sich auch die Formen der Datenerhebung aus, die sich in den erforderlichen Lade- und Update-Zeiten niederschlagen. Eine zunehmende Bedeutung erhalten dabei Systeme, in denen die Veränderungen in Realtime erfasst und dokumentiert werden.
- **Variety** (i. S. der Vielzahl der Datenquellen und Datenformate)
  Unter „Variety" ist schließlich die Vielzahl zu verstehen, die zum einen bei den internen und externen **Datenquellen** existiert. Hierbei ist neben den unternehmenseigenen Datenpools (bspw. Informationen über Transaktionen, bspw. erfasst über Sensoren) und den öffentlichen Datenpools (bspw. allgemein zugänglichen Datenbanken) insbesondere an die hohe Informationsdichte in den sozialen Medien zu denken. Zum anderen gibt es eine Vielzahl von divergierenden **Datenformaten** und Nomenklaturen hinsichtlich der verwendeten Termini. Hier bedarf es eines sehr leistungsstarken Mappings, um bei der Zusammenführung von Daten keine inhaltlichen Fehler zu begehen. Zusätzlich sind noch unterschiedliche **Datenspeicherorte** zu berücksichtigen, da neben der lokalen Datenhaltung immer größere Datenmenge in der Cloud vorgehalten werden. Außerdem muss die Vielfalt der **Datenhaltungssysteme** (etwa hinsichtlich Datenmodell, Datenbanktyp, Hardware) berücksichtigt werden. Schließlich weisen die Daten – u. a. abhängig von den Speicherorten – auch divergierende **Datenverfügbarkeiten** auf.

Jede einzelne dieser Dimensionen von Big Data birgt eine Vielzahl weiterer Herausforderungen in sich. In manchen Dokumenten wird Big Data mit „**Deep Data**" (i. S. von tiefgehenden Datenstrukturen) verwechselt, wie sie bspw. in ERP- oder CRM-System vorliegen können. Im Gegensatz zu Big Data fehlt bei Deep Data allerdings eine genügende Breite hinsichtlich der eingebundenen Datenquellen (wie bspw. in einem Datawarehouse-Ansatz) sowie der unterschiedlichen Datenkategorien. Deshalb kann durch Deep Data alleine kein ganzheitliches Bild – bspw. eines Kunden – i. S. eines **digitalen Fußabdrucks** („Digital Footprint") geschaffen werden. Erst die – datenschutzrechtlich abzusichernde – Zusammenführung der unterschiedlichen Datenquellen und Datenkategorien durch eine **vernetzte Auswertung der eingesetzten Systeme** schafft den vielfach angestrebten Digital Footprint. Dazu müssen die im stationären Geschäft sowie im Online-Shop anfallenden Daten zusammengeführt werden, ggf. verknüpft über eine Kundenkarte. Zusätzlich sind die **Datenspuren der Customer Journey** auf der eigenen Website – mit mobilen oder stationären Geräten – auszuwerten und mit den Daten des CRM-Systems zu verknüpfen. Alle diese Schritte sind zielgeleitet vorzunehmen, damit keine Datenfriedhöfe entstehen, die ungenutzt und ungepflegt bleiben. Die **zunehmende Zahl der Datennutzer** verschärft die Herausforderung von Big Data zusätzlich. Diese Nutzer sind nicht nur Unternehmen, sondern auch Millionen von Konsumenten, die als Sender und Empfänger gleichzeitig agieren – und dies auf ganz unterschiedlichen Kanälen.

Worin liegt der **Kernnutzen von Big Data** für unser Unternehmen? Es lassen sich schwerpunktmäßig fünf **Nutzenbereiche** erkennen:

- **Gesteigerte Transparenz durch Big Data**
  Eine systematische, an den Anforderungen des jeweiligen Geschäftsmodells ausgerichtete Analyse von Big Data ermöglicht das frühzeitige **Erkennen von relevanten Markttrends**. Dies kann auf Absatz- und Beschaffungsmärkten gleichzeitig gelingen. So können Unternehmen durch die Analyse von Big Data signifikante **Wettbewerbsvorteile** erzielen, wenn – schneller und umfassender als bei den Konkurrenten – interessante Absatzpotenziale erkannt und zielgerichtet angesprochen werden. Zusätzlich werden neue Geschäftsfelder idealerweise früher als von anderen Unternehmen identifiziert, wenn es gelingt, Wünsche und Erwartungen aus den Daten „herauszudestillieren".
- **Cross-Validierung der Daten**
  Gelingt eine **kanalübergreifende Zusammenführung und Auswertung der Daten**, so kann die Zuverlässigkeit von Erkenntnissen durch den Abgleich der Ergebnisse aus verschiedenen Quellen gesteigert werden. Hierdurch kann sich die prognostische Relevanz der Aussagen erhöhen.
- **Austesten der unterschiedlichsten Marketing-Maßnahmen**
  Die Reichhaltigkeit von Big Data ermöglicht es, dass **Marketing-Maßnahmen** viel umfassender **ausgetestet** werden können, als dies noch vor wenigen Jahren der Fall war. Hierzu sind allerdings immer **leistungsstärkere Analysesysteme** gefordert, um aus der Informationsvielfalt „wichtige Erkenntnisse" zu gewinnen. Hierzu gehört bspw. auch,

das Risiko-Management bei Zahlungs- und Handelsströmen durch eine systematische Überwachung weiter zu perfektionieren.

- **Personalisierung und Individualisierung (ggf. in Echtzeit)**
  Informationen, die häufig in Echtzeit bereitgestellt werden, stellen die relevanten Daten für eine sofortige **Personalisierung und Individualisierung der Kommunikation** und ggf. auch eine **One-to-one-Leistungserstellung** zur Verfügung. Hier ist es von den Geschäftsmodellen abhängig, in welchem Umfang dieses Potenzial zur Individualisierung von Leistungen durch **Realtime-Marketing** tatsächlich gehoben werden kann. Diese Möglichkeiten fördern die Entwicklung, dass Marketing stärker zum Service wird und Kunden informatorisch und angebotstechnisch umfassend „umschmeichelt" werden. Ein holistisches Kunden- und Marktwissen ermöglicht maßgeschneiderte Angebote, denen Kunden nicht mehr widerstehen können – und für die sie ggf. auch bereit sind, etwas mehr Geld auszugeben (vgl. vertiefend Kap. 7).

- **Beschleunigung und Verbesserung von Prozessen**
  Die Informationsströme von Big Data können auch die **unternehmensinternen Prozesse** nachhaltig verbessern. Wichtige Voraussetzung dafür ist, dass diese Prozesse auf diesen Informations-Tsunami vorbereitet werden und Unternehmen nicht überrollt werden. Ggf. kann hierfür eine **Automatisierung der informationsgetriebenen Geschäftsmodelle** erfolgen.

Doch welches sind konkret die **Datenquellen**, die hinter diesen Entwicklungen stehen? Abb. 3.4 zeigt eine Auswahl davon, wobei anzumerken ist, dass täglich Dutzende neue Quellen entstehen – und bestehende versiegen. Dabei wird eines sichtbar: Ein wichtiger **Treiber für Big Data** ist, dass die Menschen von Natur aus „sozial" veranlagt sind. Deshalb lieben sie es, ihre Meinungen, Wünsche, Hoffnungen und Befürchtungen kundzutun – und dieses immer häufiger auch in den sozialen Medien und damit öffentlich. Hierbei kommt das zum Zuge, was landläufig **Zuckerberg's Law** genannt wird (vgl. Hansell 2008):

> „I would expect that next year, people will share twice as much information as they share this year, and next year, they will be sharing twice as much as they did the year before," he said. „That means that people are using Facebook, and the applications and the ecosystem, more and more."

Die **Voice of the Customer** findet sich auch immer stärker in der Cloud wieder und kann dadurch immer umfassender analysiert und bei der Ansprache und Betreuung berücksichtigt werden. Die dafür notwendigen Technologien, wie die automatische Inhaltserkennung („Automatic Content Recognition"), Crowdsourcing, Social Analytics, Cloud Computing, Audio Mining/Speech Analytics und Text Analytics stehen in immer besserer Qualität genau für solche Anwendungen zur Verfügung (vgl. Gartner 2012a) und werden die Relevanz einer Nutzung von Big Data verstärken (vgl. hierzu auch den Gartner Hype Cycle in Abb. 1.6).

Welche **Taktzahl** dabei in den unterschiedlichen Quellen bzw. bei den verschiedenen Instrumenten vorliegt, zeigt Abb. 3.5. Neben mehr als 1500 Blog-Posts pro Minute werden

Abb. 3.4 Zentrale Quellen von Big Data

pro Minute auch mehr als 25 Stunden Video-Material hochgeladen, knapp 100.000 Tweets versendet, ca. 700.000 Suchanfragen gestartet und um die 700.000 *Facebook*-Updates kommuniziert. So wächst der Datenbestand bei *Facebook* um 500 Terabyte neue Daten – pro Tag (vgl. von Rauchhaupt 2012, S. 71). Gleichzeitig werden – und das mag manchen E-Mail-Kritiker überraschen oder bestätigen – knapp 170 Millionen E-Mails versendet – und zwar auch dies pro Minute. Die **Tendenz dieser Informationsbereitstellung** ist dabei über alle Kanäle **stark steigend**!

Diese Datenflut wird weiter befeuert durch den zunehmenden **Einsatz von Sensoren**, die unablässig neue Daten generieren. Dabei gilt, dass jeder Smartphone-Nutzer (qua Telefonie) sowie jeder mobile und stationäre Internet-Nutzer gleichsam einen **menschlicher Sensor** darstellt, der laufend neue Daten generiert. Und die spannende Frage für jedes Unternehmen lautet:

▸   Welche der hier verfügbaren Daten beinhalten wertvolle Informationen, die für die weitere Unternehmensentwicklung relevant sind?

Wir sollten uns dabei vor Augen führen, dass es sich nicht allein um die „originären Daten" handelt, die konsumiert und gespeichert werden. Es treten zunehmend **Metadaten** auf den Plan, die uns etwas über die Art dieses Konsums bzw. allgemein des Verhaltens aussagen (bspw.: „Wo wird wie lange telefoniert?") und dadurch eine neue Informationsqualität schaffen. Dabei entsteht das, was heute der **Digital Shadow** genannt wird. Dabei gilt: Die Informationen über uns sind bereits viel umfassender als die Informationen, die wir selbst generieren! Und diese Art von Informationen nimmt immer weiter zu (vgl. Gantz und Reinsel 2011, S. 10).

Abb. 3.5 Was wird in 60 Sekunden weltweit an Inhalten kommuniziert? (Quelle: Go-Globe 2012)

Dabei muss allerdings berücksichtigt werden, dass die **Daten in verschiedenen Formaten** anfallen und zu deren Auswertung leistungsfähige Systeme erforderlich sind. Die große Herausforderung besteht darin, die aus Online-Prozessen, CRM-Systemen, dem Controlling, der E-Mail- und Telefon-Kommunikation sowie aus dem schier unendlichen Rauschen in den sozialen Medien gewonnenen Daten zu entscheidungsrelevanten Informationen aufzubereiten – und dies idealerweise in Realtime. Diese Aufgabe wird uns noch die nächsten Jahre auf Trapp halten – wie es schon die Etablierung klassischer CRM-Systeme in den letzten Jahrzehnten getan hat! Denn eine Aufgabe bleibt bestehen – nur ist sie um Klassen schwieriger geworden:

▸   Die Schaffung eines einheitlichen Datenblicks auf den mehrdimensionalen, kanalübergreifend aktiven und in sich nicht unbedingt stimmig agierenden Kunden.

Was bedeutet diese Aufgabe im Detail? Der **einheitliche Datenblick** besagt, dass wir – idealerweise in einem System – die unterschiedlichen Datenströme zusammenführen, um den ganzen Kunden im Blick zu haben. Aufgrund unserer Beratungsgespräche erleben wir immer wieder Unternehmen, die Kunden gleichsam informatorisch filetieren, weil sie einmal die Online- und einmal die Offline-Seite des Kunden sehen, aber Daten- und IT-technisch keine Gesamtschau erreichen. Und das selbst dann, wenn der Kunde die Permission zur Datennutzung erteilt hat. Die **Mehrdimensionalität** bringt zum Ausdruck, dass

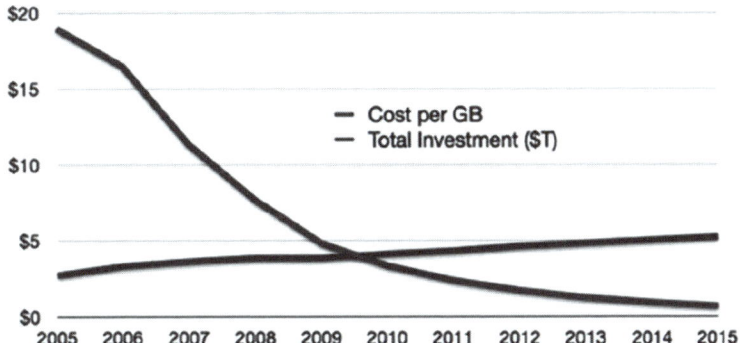

Abb. 3.6 Digital Universe Growth Paradox: fallende Kosten der Datenhaltung und steigendes Investitionsvolumen in IT (IDC's Digital Univers Study 2011, Quelle: Gantz und Reinsel 2011, S. 4)

einfache Segmentierungskonzepte nicht mehr greifen – und dass ein Fan-Status bei *Jaguar* von einer möglichen Kaufentscheidung unendlich weit entfernt sein kann. Außerdem ist die **Kanalbandbreite** zu berücksichtigen, die Kunden heute zur Verfügung steht. Eben noch auf *Twitter* unterwegs, wird schnell eine E-Mail verfasst, ein Kommentar zu einem News-Post bei *Facebook* platziert, bevor ein Online- oder Offline-POS aufgesucht wird. Und alle diesen Aktivitäten unserer Kunden müssen in sich **keine Konsistenz** aufweisen. Das heißt, der Kunde darf und wird sich bei seinem Tun widersprechen; was bei unserer unternehmerischen Kundenansprache möglichst nicht der Fall sein sollte!

▸   **Food for Thought** **Der Kunde war immer schon König, aber jetzt erwartet er auch den entsprechenden Service** – weil er uns die dafür notwendigen Informationen in großer Breite, Tiefe und Aktualität zur Verfügung stellt.

Zumindest ein Trost stellt sich bei der Bewältigung des Handlings von Big Data ein. Die **Kosten für die Datenspeicherung** sind gefallen und werden weiter dramatisch fallen, wie Abb. 3.6 zeigt. Gleichzeitig ist von einem moderaten Wachstum der **Investitionen in IT** auszugehen. Das kann eigentlich nur eines bedeuten: Es steht eine immer mächtigere Infrastruktur zur Verfügung, um aus der großen Datenmenge entscheidungsrelevante Erkenntnisse zu generieren.

▸   **Merk-Box** **It's all about data!** Und Big Data ist dabei nicht als ein „stabiles Etwas" oder quasi als „Sache" zu verstehen. **Big Data** ist vielmehr ein umfassender, sich täglich, stündlich, minütlich vergrößernder **Datenstrom**, der als Prozess zu begreifen ist und alle vorhandenen IT-Dimensionen zu sprengen vermag. Denn innerhalb dieses Prozesses werden immer größere Mengen von Daten, in einer zunehmenden Breite und Tiefe und dies in unterschiedlichsten Formaten und über die verschiedensten Kanäle in immer größerer Geschwindigkeit zur Verfügung gestellt. Die Aufgabenstellung für die Unternehmen lautet, aus diesem Informations-Tsunami relevante Erkenntnisse herauszudestillieren – und dies möglichst schneller als die Wettbewerber.

Während die entscheidungsorientierte Aufbereitung von Daten durch CRM-Systeme bisher schon gute Fortschritte in den Unternehmen gezeigt hat, stellt die Bewältigung des schon erwähnten schier unendlichen **Rauschens in den sozialen Medien** für viele Unternehmen noch eine schwer zu meisternde Herausforderung dar. Deshalb wird hier auf die Möglichkeiten des **Social-Media-Monitorings** eingegangen. Dieses stellt eine Teilmenge des Web-Monitorings dar, das auch mit den Begriffen Web-Scouting bzw. Buzz-Tracking bezeichnet wird. Buzz steht dabei für das Brummen und Summen bzw. auch für das Stimmengewirr, das es zu überwachen gilt.

Den Einstieg in das Social-Media-Monitoring kann ein **Online-Trendmonitoring** darstellen, welches bspw. durch das Angebot von *Google Insights for Search* unterstützt wird. Die Nutzung dieses kostenlosen Services ermöglicht es, die Relevanz von Themen, Personen, Produkten und Unternehmen regional und zeitlich zu ermitteln, um zu erkennen, worüber momentan mehr oder weniger intensiv kommuniziert wird (vgl. Abb. 1.14). Hierdurch kann ein erster und schneller Überblick über sich abzeichnende Trends gewonnen werden.

Von **Social-Media-Monitoring** wird gesprochen, wenn die sozialen Medien, also bspw. Foren und Blogs, im Mittelpunkt der Analyse stehen. Hier kann ermittelt werden, wie intensiv bspw. über Themen gesprochen wird, die für ein Unternehmen relevant sind. Das können Fragestellungen des Datenschutzes genauso sein wie Möglichkeiten für den Schutz des eigenen Hauses vor Einbrechern, wenn ein Unternehmen entsprechende Lösungen anbietet. So kann festgestellt werden, in welchen Umfeldern welche Themen „heiß" sind und ggf. eine Werberelevanz aufweisen. Dabei wird auch geprüft, wer wo gerade über die eigene Marke spricht – um dann ggf. in einen Dialog einzusteigen. Ein besonderes Augenmerk sollte das Social-Media-Monitoring auf die Posts lenken, die über *Twitter* oder bspw. auf *Facebook* platziert werden. In solchen Meldungen steckt aufgrund des viralen Verbreitungspotenzials besonders häufig der Auslöser von Shitstorms.

In Summe ist es für die meisten Unternehmen unverzichtbar, nicht nur die sozialen Medien, sondern das gesamte Internet durch **Web-Monitoring** systematisch nach unternehmensrelevanten Einträgen zu durchsuchen. Dies können Meinungen, Trends, Feedback zu eigenen oder fremden Angeboten, Produkt- und Servicebewertungen, aber auch Anstöße für Innovationen sein.

Eine erste und kostenlos verfügbare Möglichkeit des Web-Monitorings stellt die Nutzung von *Google Alerts* dar. Nach der Definition wichtiger Suchbegriffe unter google.de/alerts generiert *Google* automatisch E-Mails, wenn Online-Beiträge zu den definierten Suchbegriffen erscheinen. So kann es bspw. gelingen, Nachrichten aus bestimmten Bereichen zeitnah zu erhalten, Wettbewerber oder Branchentrends zu beobachten oder festzustellen, ob Eintragungen zur eigenen Person, zu eigenen Angeboten und Marken oder zum eigenen Unternehmen erscheinen. Auch die Installation von RSS-Feeds oder die Nutzung von *Google Reader* können zum Aufbau des erforderlichen Themenradars beitragen, um die relevanten Themen an die Oberfläche zu spülen.

Die große Herausforderung besteht darin, nicht nur die **Anzahl der Äußerungen** zu ermitteln, sondern auch deren **Tonality**. Dies ist der Einsatzbereich von sogenannten **Sentiments-Analysen**. Deren Aufgabe ist es, positive von negativen Posts zu trennen. Idealerweise gelingt dies auch bei solchen, die eine mehrdeutige Botschaft in sich tragen. Dies ist bspw. bei folgendem Statement der Fall: „Das war wirklich ein TOLLER Service!?" Ist dies jetzt ein Lob oder eine Kritik mit ironischem Unterton? Bei einer Klassifizierung von solchen Posts wird bei vielen professionellen Dienstleistern auf eine **semi-automatische Sentiments-Erkennung** gesetzt. Dies bedeutet im Klartext, dass ein menschliches Auge (in Zweifelsfällen) die Zuordnung vornimmt (vgl. hierzu buzzrank.de, *Nielsen, Visible, Radian6*). Die gewonnenen Informationen werden häufig nach den Kategorien „positiv", „neutral" und „negativ" klassifiziert und in entsprechenden Ergebnisberichten mit Beispielen unterlegt. Einen ersten Eindruck einer solchen Sentiments-Analyse über den CEO der *Virgin Group, Richard Branson*, liefert Abb. 3.7. Die dort gezeigten Ergebnisse wurden mit dem kostenlosen Tool *socialmention* erstellt. Ausgehend von den gezeigten Einstiegsseiten, können auf der nächsten Informationsebene weitere Details, bspw. zu den gefundenen Keywords, den verwendeten Hashtags, den Top Nutzern sowie den ausgewerteten Quellen, abgerufen werden.

Solche Analysen können nicht nur auf Personenbasis (etwa für den CEO, CMO, CIO), sondern auch für das Unternehmen selbst erstellt werden. Beispielhafte Resultate für die *Deutsche Bank* zeigt Abb. 3.8.

▶   **Merk-Box** Die große Herausforderung bei der Auswertung und Bewertung von Mitteilungen im Internet und insbesondere in den sozialen Medien ist die Unterscheidung zwischen **Fakt – Meinung – Populismus**! Eine weitere Kernfrage lautet dabei: **Was ist die Intention des Senders?**

Für jedes Unternehmen ist wichtig, dass nicht nur ein Praktikant sporadisch den Unternehmens- oder Produktnamen googelt, um zu erfahren, was über das Unternehmen, seine Marken und Angebote berichtet wird. Hier bedarf es der Installation eines kontinuierlich laufenden **Internet-Überwachungssystems**, zumindest dann, wenn das Unternehmen eine kritische Größe erreicht hat. Die auf unterschiedliche Weise gewonnenen Informationen bilden den Hintergrund für die Ausgestaltung des **Social-Media-Engagements**. Denn: Social-Media ist kein „Nebenbei-Business"!

Think-Box

- In welchem Umfang wird Web- und Social-Media-Monitoring in meinem Unternehmen eingesetzt?

- Welche Monitoring-Ziele wurden definiert?
- Welche Tools werden zum Monitoring eingesetzt?
- Wie und für wen werden die im Internet gewonnenen Erkenntnisse aufbereitet?
- Welche Konsequenzen wurden aus den so ermittelten Daten gewonnen?
- Welche Erfahrungen wurden gesammelt?
- Wer ist für das Monitoring zuständig?
- Sind dafür ausreichend Personal und Budget verfügbar?

Beim Monitoring geht es primär um das Zuhören, wenn sich andere unterhalten. Neben diesem Monitoring stellt sich für die Unternehmen aber eine noch größere Aufgabenstellung, um weiteren **Zugang zu Big Data** zu gewinnen. Hierbei geht es um die Herausforderung, Interessenten und Kunden zu motivieren, Unternehmen das **Token** für den Zugang zu deren *Facebook*-Daten zu geben. Das Token stellt die Erlaubnis für einen Zugriff auf dieses **digitale Gedächtnis der Nutzer** als Opt-in dar. Da in *Facebook* eine bisher unerreichte Datentiefe und Datenbreite in Top-Aktualität zugänglich wird, können viele

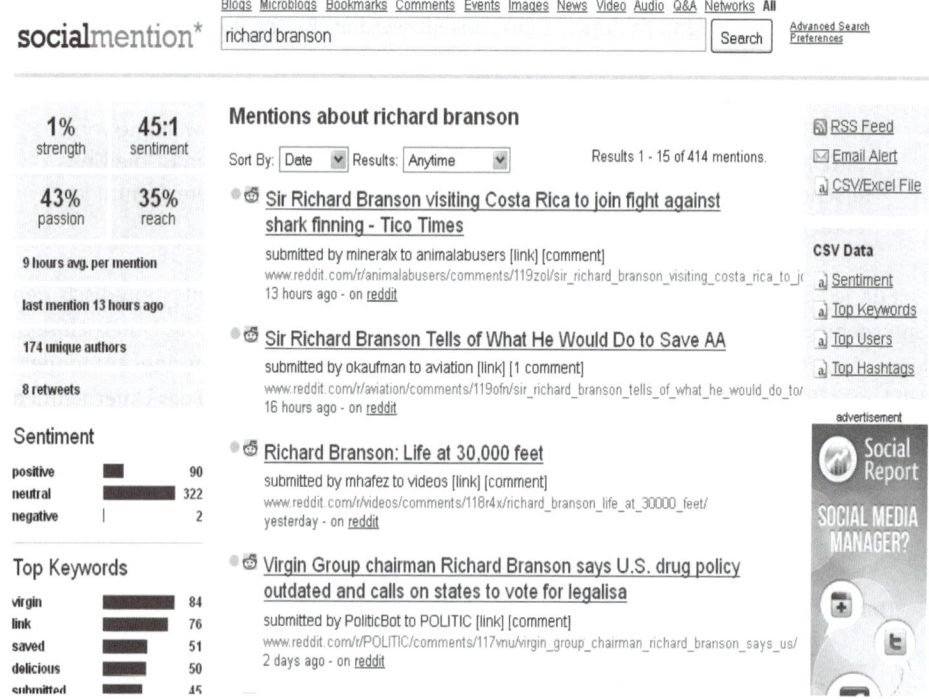

Abb. 3.7 Sentiments-Analyse für *Richard Branson* (Quelle: socialmention.com, 11.10.2012)

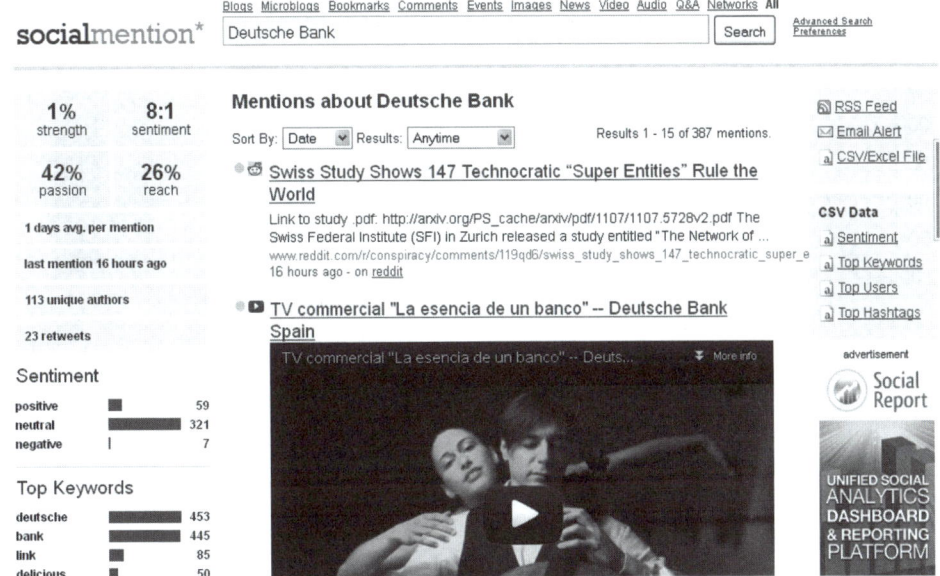

Abb. 3.8 Sentiments-Analyse für *Deutsche Bank* (Quelle: socialmention.com, 11.10.2012)

Unternehmensprozesse darauf zugreifen, um immer passendere Angebote zu unterbreiten (vgl. vertiefend Kap. 7).

Neben Big Data sind auch die parallel laufenden **technologischen Entwicklungen** zu berücksichtigen, die neben Chancen immer wieder auch Risiken für Unternehmen mit sich bringen können. Eine spannende Veränderung zeigt sich bei dem schon kurz angedeuteten Trend in Richtung **Social-TV**. Mit durchschnittlich 242 Minuten TV-Konsum pro Tag und Bundesbürger hat sich TV – allen Unkenrufen zum Trotz – als Medium auch im Internet-Zeitalter behauptet. Im Internet verbringt jeder Erwachsene in Deutschland 83 Minuten pro Tag (vgl. ARD/ZDF-Onlinestudie 2012). Dabei sind allerdings mehrere Aspekte zu berücksichtigen. Wie Abb. 3.9 zeigt, sind es heute insbesondere die älteren Zielgruppen, die dem Fernsehen die Treue halten.

Hier zeichnet sich aber eine Veränderung ab. Während der TV-Konsum früher bei der großen Zahl der Seher die Haupttätigkeit darstellte, ist heute immer häufiger eine Paral-lelnutzung verschiedener Kommunikationsgeräte zu beobachten. Parallel zum laufenden TV-Programm wird entweder ein Laptop, Smartphone und/oder ein Tablet-PC verwendet. Dabei werden der Fernseher als **First Screen**, der stationäre Computer als **Second Screen** und mobile Endgeräte wie Smartphones oder Tablet-PCs als **Third Screen** bezeichnet. Auf-grund der Tatsache, dass die TV-Nutzung heute zunehmend durch den parallelen Einsatz von Smartphones und Tablet-PCs ergänzt wird, nehmen mobile Endgeräte zunehmend die Position des Second Screen ein. So wird eine **Second Screen Experience** i. S. einer Paral-lelnutzung verschiedener Geräte möglich. Wie bereits angesprochen, nutzen heute bereits

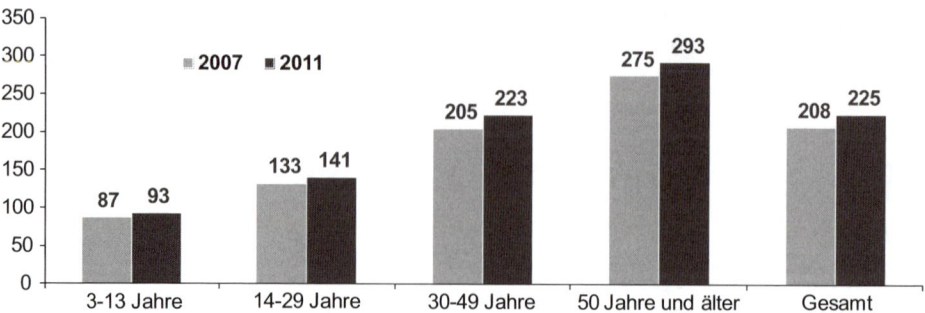

Abb. 3.9 Durchschnittliche Fernsehdauer pro Tag nach Altersgruppen in Deutschland in den Jahren 2007 und 2011 (in Minuten, Quelle: statista 2012b; AGF, GfK, SWR, Mediendaten Südwest, mediendaten.de)

13 % der Fernsehzuschauer gelegentlich neben dem Fernsehen den „Second Screen" des Smartphones, des Tablet-PCs oder des Laptops (vgl. ARD/ZDF-Onlinestudie 2012). Dieser Prozess wird als **Merger of Screens** bezeichnet. Dabei ist schon heute absehbar, dass sich das Smartphone – zumindest bei Teilen der Bevölkerung – schon in Richtung First Screen entwickelt.

Bei dieser parallel zum TV-Konsum laufenden Kommunikation können zwei Ausprägungen unterschieden werden. Die parallele Nutzung kann synchron oder asynchron zum TV-Angebot laufen. Eine **asynchrone Nutzung des Second Screen** liegt vor, wenn parallel zum TV-Konsum, aber unabhängig von dort präsentierten Inhalten, Suchen im Internet gestartet bzw. E-Mails gecheckt werden oder der *Facebook*-Status aktualisiert wird. Bei der **synchronen Nutzung des Second Screen** verlängert der Anwender die per TV präsentierten Inhalte, indem bspw. auf dem mobilen Bildschirm das laufende Programm per *Twitter* oder *Facebook* kommentiert und eigene Ideen mit Freunden geteilt werden. Oder man spekuliert gemeinsam über den möglichen Täter beim *Tatort*.

Nach der ARD/ZDF-Onlinestudie (2012) tauschen sich bereits heute 12 % ab und zu über die gerade laufende Sendung aus. Während des TV-Duells zwischen *Barack Obama* und seinem Herausforderer *Mitt Romney* wurden innerhalb von 90 Minuten über *Twitter* 10,3 Millionen Beiträge gepostet – und die Debatte durch die Nutzer konsequent in die sozialen Medien hinein verlängert (vgl. Zschunke 2012, S. 3). Die TV-Nutzung kann auch unmittelbar zum Kauf anregen, indem Begehrlichkeit an einer dort zu hörenden Musik oder einem dort zu sehenden Kleid geweckt wurde. Über eine Verbindung zu den sozialen Netzen kann der Nutzer dann noch vor dem Kauf des in einer TV-Sendung gezeigten Kleides bei Freunden Rat holen, ob er den Kauf tatsächlich tätigen sollte.

So entwickelt sich TV zu **Social-TV**. Anwendungen wie *GetGlue* unterstützen solche Aktivitäten, da sie dazu beitragen, ein personalisiertes, vernetztes und damit soziales TV-Erlebnis durch eine entsprechende Funktionalität auf dem Smartphone oder Tablet-PC zu unterstützen, indem beim Betrachten von TV-Sendungen eingecheckt wird, wie das vorher

nur bei physischen Locations der Fall war (vgl. GetGlue 2012). Neu entstandene Plattformen wie couchfunk.de und zapitano.de bieten entsprechende Funktionalitäten für die
Kombination von TV-Konsum und Online-Kommunikation an. Diese Anwendungen
erleichtern häufig den Zugriff auf bestimmte Sendungen, Sportereignisse oder Protagonis-
ten – etwa im Vergleich zu *Twitter*, wo entsprechende Mitteilungen durch einen Hashtag
(#) gesucht werden müssen. Um dies bei *Twitter* zu erleichtern, werden bei TV-Sendungen
heute bereits teilweise die entsprechenden #-Begriffe eingeblendet. Der Vorteil bei *Twitter*
ist, dass die Nutzer hier ihre „Fan-Gemeinde" im Zugriff haben.

Eines wird deutlich: Es läuft auf eine **Konvergenz von TV-, Smartphone- bzw. Tablet-
PC-Nutzung** und die **Kommunikation über die sozialen Netze** hinaus, wobei insbesondere *Facebook* und *Twitter* integriert werden. Damit bewahrheitet sich erneut die Prognose
des **Cluetrain-Manifesto** (1999):

▸   Märkte sind Gespräche!

In diese Gespräche gilt es, sich als wertschätzender Partner mit relevanten (werblichen)
Informationen zu integrieren, weil hier Person und Kontext bekannt sind.

Think-Box

- Wie können wir diese Multi Screen Experience so gestalten, dass sie auf unsere
  Unternehmens- und Markenwerte imagebildend und verkaufsfördernd einzah-
  len?
- Welche Möglichkeiten bestehen für mein Unternehmen, sich in diese laufenden
  Kommunikationen mit – für die Nutzer relevanten – Inhalten zu integrieren?
- Wer kann zu dieser Prüfung in meinem Unternehmen den Startschuss geben?

Zusätzlich zeichnet sich bei TV eine weitere Veränderung ab, weil TV-Geräte in zunehmendem Maße an das Internet angeschlossen werden (Stichwort „Smart-TV"). Jedes
zweite heute verkaufte TV-Gerät ist bereits ein Smart-TV (vgl. Heeg 2012, S. 16) und 15 %
aller Online-Nutzer besitzen inzwischen ein internetfähiges Fernsehgerät. Aufgrund der
zunehmenden Nutzung von mobilen und stationären Endgeräten steigt der Abruf von
TV-Sendungen aus dem Netz weiter an: 30 % der Online-Nutzer schauen zumindest gelegentlich im Netz zeitversetzt fern. 23 % rufen TV-Sendungen live aus dem Netz ab. Beim
zeitversetzten Fernsehen spielt Smart-TV die dominierende Rolle, bei Live-Fernsehen aus
dem Netz der Tablet-PC (vgl. ARD/ZDF-Onlinestudie 2012).

Die sich hier zeigende **Smartization**, d. h. die „Intelligent-Machung" von Geräten durch
die Vernetzung über das Internet, setzt die beim Telefon zu beobachtende Entwicklung vom
Mobiltelefon zum Smartphone bei TV-Geräten fort. Und schon zeichnen sich der Smart-
Kühlschrank und die Smart-Waschmaschine ab, die dann starten, wenn der Strom am

günstigen ist. Ein besonders „smarter" Kühlschrank kann zusätzlich seinen Füllstand überwachen und automatisch Bestellprozesse über das Internet auslösen – orientiert am präferierten Konsumverhalten der Haushaltsmitglieder. Auch Konzepte für das Smart-Haus liegen schon vor, das sich über Internet aus der ganzen Welt ansteuern lässt. Diese gesamte Entwicklung wird auch mit dem schon präsentierten Begriff „Internet der Dinge" bezeichnet (vgl. weiterführend Chui et al. 2010).

Die Besonderheit beim **Smart-TV** liegt in der intelligenten **Verknüpfung** zwischen **Unterhaltungselektronik** einerseits und den interaktionsorientierten **Möglichkeiten von Telekommunikation und Internet** andererseits vor. Diese Integration ermöglicht, dass bspw. ein im Spielfilm gesehenes und dort markiertes Kleid in Online-Shops gesucht, gefunden und Freunden per *Facebook* präsentiert wird. Dort kann darüber abgestimmt werden, ob man es kaufen sollte. Die Verlängerung des TV-Konsums durch eine Kommunikation in den sozialen Netzwerken kann dazu führen, dass die heute partiell TV-abstinenten jüngeren Zielgruppen zurückgewonnen werden. Zusätzlich bietet sich hier für Unternehmen die spannende Möglichkeit, durch eine in Realtime vorgenommene Auswertung der dort laufenden Kommunikation Marken in dem Moment zu präsentieren, in dem man sich über sie unterhält. So wird eine **Social Online Brand Experience** möglich, die bisher undenkbar war. Denn erst jetzt sind nicht nur die Präferenzen der Nutzer sichtbar, sondern auch deren spezifische Stimmungslagen (orientiert an den gesehenen TV-Sendungen). Die Tage des **One-Way-TV** sind – zumindest in jüngeren Zielgruppen – gezählt. Die Herausforderung besteht darin, das soziale Potenzial des **Two-Way-** bzw. **Multi-Channel-TVs** sowie den Trend zur **Multi-Screen-Usage** (d. h. TV und zusätzlich Laptop, Smartphone und/oder Tablet-PC) zunächst einmal zu erkennen. Dann gilt es, die neuen Anwendungsmöglichkeiten seitens der Unternehmen in die viel komplexer werdende Customer Journey animierend und damit umsatzsteigernd zu integrieren.

Hierdurch kann **TV** nicht nur **jüngere Zielgruppen zurückgewinnen**, sondern auch **für ältere Zielgruppen** die **Relevanz steigern**. Wie notwendig dies ist, um eine umfassende Kommunikation in die eigenen Zielgruppen sicherzustellen, zeigt ein Blick auf die Intensität der Nutzung anderer Medien. Dem oben genannten durchschnittlichen TV-Konsum von 225 Minuten pro Tag entsprechen eine tägliche Nutzung der Zeitung von nur 23 Minuten sowie von Zeitschriften mit nur sechs Minuten (vgl. Paperlein und Pimpl 2012, S. 1). Tendenz eher weiter fallend!

Die hier präsentierten Entwicklungen veranschaulichen gleichzeitig, dass jetzt verstärkt **Geschäftsmodelle** zueinander in Wettbewerb treten, die bisher ungestört nebeneinander funktionierten. *YouTube* wird – insbesondere durch die neu gestarteten Spartenkanäle – verstärkt zum Wettbewerber des klassischen TV. Hardware-Anbieter wie *Loewe* werden zum Content-Anbieter. Die TV-Programmanbieter selbst werden noch stärker – unterstützt durch die sozialen Netze – in die Domäne von Verlagen einsteigen und dort kannibalisieren. Zusätzlich wird der Wettbewerb zwischen bestehenden Konkurrenten an Schärfe gewinnen. Ein klassischer Versandhändler, der seine Online-Angebote nicht elegant mit dem Social-TV vernetzt, wird gegen innovative Online-Shops noch weiter ins Hintertreffen geraten.

Die Herausforderung heißt hier: **Seamless Integration**. Darunter versteht man die „nahtlose Integration" verschiedener Anwendungen, deren gemeinsame Nutzung bisher nur durch die Überwindung unterschiedlich komplexer Schnittstellen zu erreichen war. Im Idealfall entsteht dabei ein **Ecosystem**. Hierbei handelt es sich um ein in sich geschlossenes System, das der Nutzer auch dann nicht verlassen muss, wenn er verschiedene Anwendungen starten möchte. So bietet *Apple* mit *iTunes* (mit integrierten Cloud-Anwendungen) sowie der Nutzung neuer *Apple*-Produkte ohne Integrationsaufwand unmittelbare Nutzervorteile. Die kontinuierliche Vielfalt der Anwendungen von *Google*, *Facebook* und *eBay/PayPal* stellt weitere Beispiele für diese sich entwickelnden Ecosystems dar. Für Kunden bieten diese Ecosystems einen entscheidenden Vorteil: **Convenience**. Und für die anbietenden Unternehmen gehen diese Systeme mit zwei entscheidenden Vorteilen einher. Es entsteht eine hohe **Kundenbindung**, da das Ecosystem die **Wechselbarrieren** dramatisch erhöht. Hierdurch werden gleichzeitig hohe **Markteintrittsbarrieren für alternative Anbieter** aufgebaut.

> **Think-Box**
>
> - Welche Relevanz kann Social-TV für mein Unternehmen entfalten?
> - Wo sehe ich interessante Ansatzpunkte, dieses in meine Kommunikation einzubinden?
> - Wo finden sich ggf. eher Risiken, die es zu vermeiden gilt?
> - Bieten die entstehenden Ecosystems eher Chancen oder Risiken für mein Unternehmen?
> - Können eigene Ecosystems aufgebaut werden, oder gilt es viel eher, sich in entstehende Ecosystems zu integrieren?
> - Wer übernimmt die Verantwortung, diese Prozesse mit ihren Implikationen für mein Unternehmen umfassend zu untersuchen?

Doch welche Industrien werden von diesen Entwicklungen „rund um Big Data" besonders betroffen sein? Und wie kann diesen Herausforderungen begegnet werden? Die Ergebnisse einer **Impact Analyse von Big Data** zeigt Abb. 3.10. Hierzu wurden die unterschiedlichen Sektoren in den USA durch *McKinsey* analysiert und diese in einer Matrix positioniert. Das **Produktivitätswachstum** wird am Beispiel der USA für die Gesamtperiode 2000–2008 ausgewiesen. Der **Big Data Value Potential Index** wird durch fünf Kriterien definiert, die etwas darüber aussagen, wie stark sich die Dynamisierung des Datenstroms auf die Unternehmensergebnisse auswirkt (vgl. McKinsey 2011, S. 123 f.).

Das **Cluster A** in Abb. 3.10 umfasst die Bereiche **Haushaltselektronik** und **Information**, die bereits stark von der Entwicklung des „Big Data" profitiert haben und dies auch in Zukunft tun werden. Die beiden Branchen in **Cluster B** – **Finanzdienstleistungen** und **Regierungen** – können stark von Big Data profitieren, wenn Nutzungsbarrieren über-

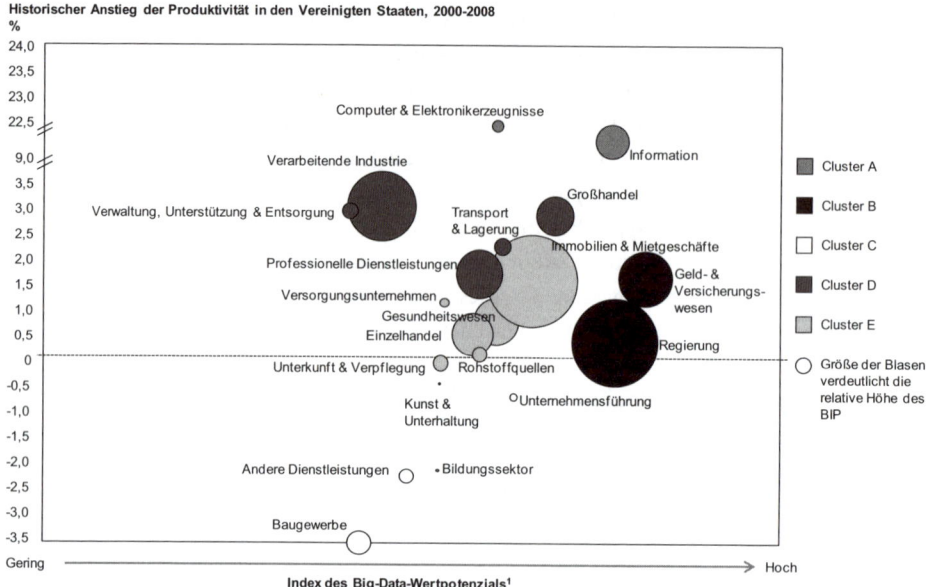

Abb. 3.10 Impact Analyse von Big Data auf unterschiedliche Sektoren am Beispiel USA (Quelle: McKinsey 2011, S. 9)

wunden werden. Die Branchen in **Cluster C** – u. a. **Baugewerbe**, **Aus-/Weiterbildung** und **Kunst/Unterhaltung** – zeigen ein negatives Produktivitätswachstum. Dieses kann auf Barrieren zur Produktivitätssteigerung hindeuten. Interessante Produktivitätsfortschritte durch Big Data können in **Cluster D** insbesondere im **Großhandel** und im Bereich **Logistik** erwartet werden. **Cluster E** zeigt, dass in den Bereichen **Gesundheit**, **Immobilien** sowie partiell auch im **Einzelhandel** mit Produktivitätswachstum durch Big Data zu rechnen ist (vgl. McKinsey 2011, S. 9).

Wie leicht oder schwer es den Unternehmen fallen wird, die **Produktivitätspotenziale zu heben**, zeigt die Heat Map in Abb. 3.11. Der „Overall ease of capture index" stellt summarisch dar, ob die Ausschöpfung eher leicht oder schwer fällt. In diese Bewertung sind die Ergebnisse der Einzelbewertung für die Kriterien „Talent" i. S. des „Ausmaßes an qualifiziertem Personal", „IT-Intensität", „Data-driven mind-set" und „Data availability" eingeflossen. Hier wird deutlich, dass es bspw. Sektoren wie **Produktion**, **Information** und **öffentlichen Versorgungsbetrieben** leichter fallen wird, das nächste Produktivitätsplateau zu erreichen. Sektoren wie **Kunst/Unterhaltung/Erholung**, **Regierungen** sowie der Bereich **Aus- und Weiterbildung** tun sich dagegen deutlich schwerer bei der Ausschöpfung von Produktivitätspotenzialen (vgl. McKinsey 2011, S. 10, 124 f.).

Die hier und auch in den anderen Kapiteln beschriebene Komplexität im unternehmerischen Umfeld hat eine weitere dramatische Konsequenz: den **Zwang zu immer umfassenderen Kooperationen**. Denn die digitalen Medien haben die Informationsdichte, die täglich auf jeden einstürzt, bis an die Grenze des noch Erträglichen ausgedehnt. Noch nie

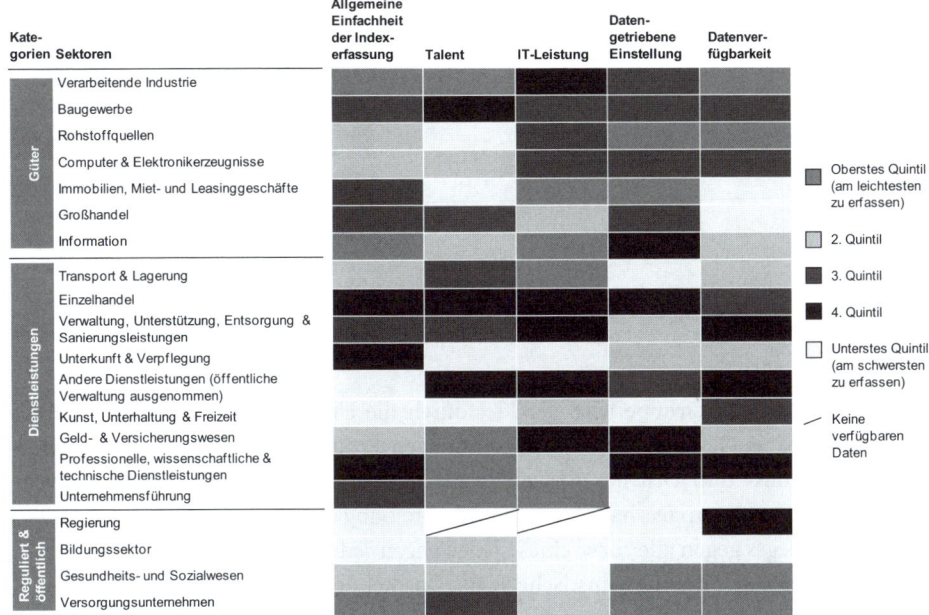

Abb. 3.11 Heat Map – wie einfach die Produktivitätspotenziale in verschiedenen Sektoren zu heben sind (Quelle: McKinsey 2011, S. 10)

gab es so viele und extrem leicht zugängliche Möglichkeiten, sich zu informieren, sich zu unterhalten und (weltweit) zu kommunizieren – und dies bei Interesse sogar gleichzeitig.

> Wenn aber jeder jederzeit sich mit Informationen seiner Wahl versorgen kann, wenn jeder darauf getrimmt wird, in der Wirtschaft für seinen eigenen kleinen Vorteil zu kämpfen, entsteht ein System aus unzähligen Individualisten, die ihren Einzelinteressen frönen. Das formt eine derart komplexe Gesellschaft, deren Herausforderungen wiederum nur gemeinsam angegangen werden können. So gehört es zur Ironie dieser Geschichte, dass ausgerechnet die Epoche der Individualisten die Zusammenarbeit beschwört. Niemand ist so auf die Zusammenarbeit mit anderen angewiesen wie der Individualist. Die Gesellschaft ist das Netzwerk seines Lebens. Er kann seinen Individualismus nur dann ausleben, wenn funktionsfähige Gemeinschaften ihn absichern (Prange 2012, S. 53).

Die **Notwendigkeit zur Kooperation** zielt dabei zum einen auf die (bisherigen) Wettbewerber, aber auch auf die Kunden und nicht zuletzt auf den Innenbereich eines Unternehmens selbst (vgl. Abb. 3.12). Die **Einbindung der Kunden** erfolgt nicht mehr allein über Konzepte wie klassische Kundenbefragungen oder organisatorisch eingebundene Kundenbeiräte, sondern sehr viel umfassender – und in den Wertschöpfungsprozess eingebunden – durch die sozialen Medien (vgl. weiterführend Kap. 4).

Parallel dazu ist die Tendenz zur **Kooperation mit Wettbewerbern** – auch innerhalb der eigenen Branche oder sogar innerhalb der eigenen strategischen Gruppe – zu erken-

Abb. 3.12 „Zeitalter der Kooperationen"

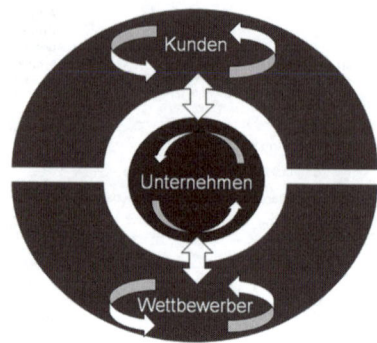

nen. Die strategische Gruppe wird gebildet durch die Unternehmen einer Branche, die ein vergleichbares Geschäftskonzept, mit ähnlichen Produktangeboten, über verwandte Kommunikations- und Distributionskanäle mit ähnlicher Preisstellung an eine gleiche Zielgruppe herantragen. Deshalb muss die Beschreibung der Welt durch *Thomas Hobbes* i. S. eines „Krieges gegen alle" bzw. eines „Jeder-gegen-jeden" überwunden werden.

Deshalb gilt auch die darwinistische Erfolgsformel des „Survival of the fittest" nicht mehr, die allein auf Anpassungsfähigkeit bzw. auf Stärke basierte. Beim **digitalen Darwinismus** geht es um **Smartness** und **Cleverness**, um in der immer komplexer und dynamischer werdenden Umwelt erfolgreich bestehen zu können.

Die Smartness zeigt sich bei **Kooperationen zwischen Unternehmen** darin, dass diese tatsächlich zum beiderseitigen Nutzen ausgestaltet werden – obwohl auf den ersten Blick auf strategische Wettbewerbsvorteile untereinander verzichtet wird. Die Grundlage für eine solche Zusammenarbeit ist **Vertrauen** (vgl. Kap. 6). Die Begründung hierfür kann die **Spieltheorie** liefern. Diese versucht herauszuarbeiten, unter welchen Bedingungen sich Spieler am Ziel eines größeren, gemeinsam zu erreichenden Nutzens orientieren. Normalerweise wird jeder Spieler dazu tendieren, nur einen minimalen Einsatz zu leisten, wenn die Gefahr besteht, von den anderen Mitspielern über den Tisch gezogen zu werden. Erst wenn ein Vertrauen darauf besteht, dass sich auch die anderen Spieler an bestimmte Regeln halten, werden die Spieler mehr setzen und sich stärker öffnen, so dass ein deutlich besseres Gesamtergebnis erzielt werden kann. Ohne Vertrauensaufbau ist dies nicht zu leisten!

Kann ein solcher Vertrauensaufbau gelingen, dann sind auch **Kooperationen zwischen Erzrivalen** möglich: bspw. zwischen *Daimler* und *Renault*, *BMW* und *Toyota*, *General Motors* und *PSA Peugeot Citroën*. Aber auch zwischen *Apple* und *Samsung*, *Boehringer Ingelheim* und *Eli Lilly* gibt es umfassende Kooperation. Auch *Facebook* ist über eine Vielzahl von Kooperationen gewachsen, da es seine Plattform früh für andere Entwickler öffnete, die tausende von Anwendungen für *Facebook* schrieben und so zur Beliebtheit des Netzwerkes beitrugen. Manchmal geht eine solche Ehe auf Zeit auch wieder zu Ende, wie dies bspw. gerade zwischen *Apple* und *Google* im Hinblick auf *Google Maps* zu beobachten ist (vgl. Hofmann et al. 2012, S. 54). Auch viele Eroberungen, die im Kap. 1 beschrieben wurden, wären ohne Kooperationen nicht möglich gewesen. Dies gilt bspw. für den Einstieg von *Google* in die Hardware-Vermarktung mit der *Nexus*-Serie. Diese wäre ohne die strategische Zusammenarbeit mit *Samsung* und *LG* wohl kaum möglich gewesen.

Die Notwendigkeit zur Kooperation bleibt nicht auf die Sphäre außerhalb des Unternehmens beschränkt. Um die beschriebene Silo-Mentalität und die damit einhergehenden Ressort-Egoismen zu überwinden, müssen auch die **unternehmensinternen Kooperationspotenziale** erkannt und ausgeschöpft werden. Der Ökonom *Richard Sennet* hat dazu sehr treffend formuliert: „Boni-Systeme sind der Feind jeder Kooperation." Ein Beispiel hierfür liefern die sogenannten Freundlichkeitskalender der Investmentbanker: „Im März sehr freundlich, im Juli ein wenig abweisend, September aggressiv, Dezember jeder für sich" (Prange 2012, S. 53). Diese Aussage gilt zumindest dann, wenn die eigenen Boni nur gegen die eigenen Kollegen und nicht mit ihnen gemeinsam zu erreichen sind. Deshalb gilt es zu fragen, in welchem Umfang die etablierten Boni-Systeme in den Unternehmen geeignet sind, Kooperationen – auch über Vorstands- und Hierarchieebenen hinweg – zu unterstützen (vgl. hierzu Kap. 9).

Think-Box

- Wie groß ist die Offenheit in meinem Unternehmen für Kooperationen mit vermeintlichen Erzrivalen?
- Sind hier ggf. spannende Kooperationsfelder zu finden, die einmal ohne Scheuklappen beleuchtet werden sollten?
- Wie offen sind wir für eine Zusammenarbeit mit unseren Kunden? Sind ggf. gemachte Kooperationsangebote tatsächlich ehrlich gemeint?
- Wie gut funktionieren Kooperationen – auch über Vorstands- und Bereichsgrenzen hinweg – in meinem Unternehmen?
- Befeuern unsere Boni-Systeme den unternehmensinternen Wettbewerb und zementieren damit Ressortegoismen?
- Oder motivieren unsere Boni-Systeme dazu, auch über den Tellerrand hinauszuschauen und zu versuchen, mit Verantwortlichen aus anderen Unternehmensbereichen über wertsteigernde Konzepte nicht nur zu diskutieren, sondern diese auch umzusetzen?
- Wer ist verantwortlich, den Blick auf diese verschiedenen Kooperationsfelder – intern und extern – zu richten?

▶ **Food for Thought** Information ist billig! Sinn ist wertvoll! Warum nicht das Sinnvolle erkennen und als Grundlage der eigenen Geschäftsstrategie einsetzen?

Quick Wins

Wie die Social Revolution zu managen ist

4

Wir stehen mitten in der **Social Revolution**! Durch die **Nutzung der sozialen Medien** entstehen zum einen **soziale Beziehungen zwischen den Nutzern**, die sich auf gleicher hierarchischer Ebene begegnen. Zum anderen bilden sich **Meinungsführer-Meinungsfolger-Beziehungen** heraus, die sich im gemeinsamen Erstellen, Weiterentwickeln und Distribuieren von Inhalten bspw. über die sozialen Netze sowie durch Blogs und Communitys konkretisieren. Die niedrigen Einstiegsbarrieren bei der Nutzung der sozialen Medien – wie geringe Kosten, einfache Möglichkeiten zum Upload von Inhalten, leichte Bedienbarkeit (hohe Usability) – fördern deren Verbreitung. Damit verlieren gleichzeitig die klassischen Meinungsführer (wie Journalisten und Analysten) an Relevanz, auch wenn sich diese ihren eigenen Bedeutungsverlust noch nicht deutlich vor Augen führen und ein Engagement in den sozialen Medien teilweise als weniger relevant ansehen (vgl. zu aktuellen Studienergebnissen Wüst 2013).

Die wichtigsten **Nutzungsklassen und Anwendungsbeispiele der sozialen Medien** finden sich in Abb. 4.1. Eine Gruppe bilden die primär auf **Kommunikation** abzielenden Angebote wie Blogs, Microblogs (bspw. *Twitter*), private und berufliche soziale Netzwerke (wie *XING, LinkedIn, Facebook, Google+, StayFriends, Wer-kennt-Wen*), Social-Bookmarking-Plattformen sowie Foren und Communitys. Bei einer weiteren Gruppe steht die **Kooperation zwischen den Nutzern** im Mittelpunkt. Hier werden bspw. gemeinsam Wikis aufgebaut (etwa *Wikipedia* oder *Wikileaks*), vorhandene Leistungen im Rahmen von Bewertungs- und Auskunftsplattformen (bspw. ciao.de) beurteilt oder im Rahmen von Kreativportalen neu geschaffen. In der dritten Gruppe geht es um ein **Content-Sharing**, d. h. das Teilen von Inhalten über spezifische Media-Sharing-Plattformen wie *YouTube*, *Flickr* oder *Pinterest*. Diese Inhalte können bspw. Texte, Videos, Fotos oder Audio-Dateien sein. Ein solches Content-Sharing findet allerdings auch in den sozialen Netzen statt, weil auch hier unterschiedlichste Inhalte mit anderen geteilt werden.

Durch eine Vernetzung der aufgezeigten Konzepte können komplexe **Social-Media-Anwendungen** entstehen, die für Unternehmen attraktive Kommunikationsplattformen darstellen. Wichtig ist, dass alle diese Anwendungen eines bieten:

R. T. Kreutzer und K.-H. Land, *Digitaler Darwinismus*, DOI 10.1007/978-3-658-01260-1_4,   101
© Springer Fachmedien Wiesbaden 2013

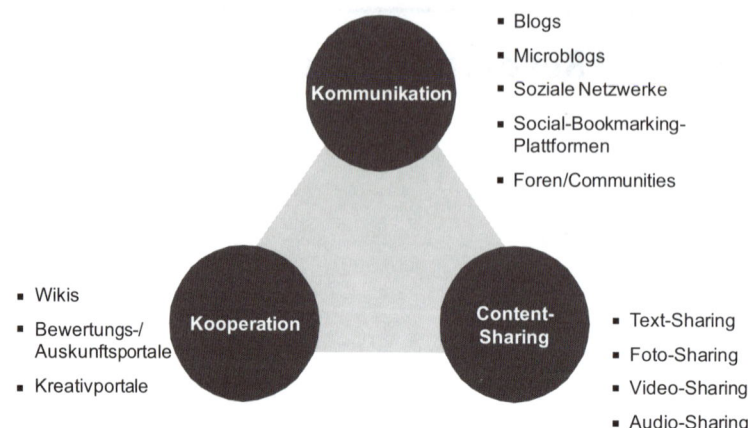

Abb. 4.1 Nutzungsklassen und Anwendungsbeispiele der sozialen Medien

▸ Die Möglichkeit zum Dialog zwischen Unternehmen und ihren relevanten Zielgruppen – und das zu deutlich niedrigeren Kosten und viel zielgerichteter.

Social Media bietet folglich die Möglichkeit, die klassische Unternehmensperspektive
von innen nach außen („**Inside out**") zu überwinden und zumindest durch die stärkere
Integration externer Impulse („**Outside in**") zu ergänzen bzw. zu überwinden. Hierdurch
wird die Möglichkeit zur Umsetzung des postulierten Zuhörens („Listen") durch eine Vielzahl von neuen Kanälen dramatisch ausgebaut. Gleichzeitig können wir den klassischen
Innovationsansatz zugunsten eines Open-Innovation-Konzepts überwinden, indem wir
frühzeitig und umfassend Impulse aus Markt und Gesellschaft aufgreifen und in unsere
Innovationsprozesse integrieren.

Aufgrund der zunehmenden Bedeutung der sich hier bietenden Möglichkeiten wurde der Begriff **Social-Media-Marketing** eingeführt. Social-Media-Marketing bezeichnet
ein Vorgehenskonzept, das sich zur Erreichung von Marketing-Zielen der Beteiligung der
Nutzer in den sozialen Medien bedient. Hierbei ist zu berücksichtigen, dass dabei die in
Kap. 2 beschriebenen Bedürfnisse und Motive bedient werden. Innerhalb der sozialen Medien lassen sich drei **Medien-Kategorien** unterscheiden (vgl. grundlegend Mayer-Uellner
2010, S. 16; Oetting 2010). Die in der Verantwortung der Unternehmen selbst liegenden
Online-Aktivitäten werden als **Owned Media** bezeichnet. Hierzu gehören u. a. die Corporate Website, die E-Kommunikation sowie ein Online-Shop. Auch die Angebote zur
Kommunikation mit den Nutzern über *Twitter*, *Facebook*, *Pinterest* sowie Corporate Blogs
und eigene Foren und Communitys gehören dazu (vgl. Abb. 4.2). Diese Medien gilt es ziel-
orientiert zu managen (Stichwort: **Manage**), um sie zu Kommunikationskanälen auszubau-
en, die den Bedeutungsverlust von TV-Kanälen zumindest partiell kompensieren können.
Davon ist der Bereich **Paid Media** abzugrenzen, der die Maßnahmen beschreibt, die Unternehmen bei Drittpartnern einkaufen. Beispiele hierfür sind Banner, Sponsored-Links,

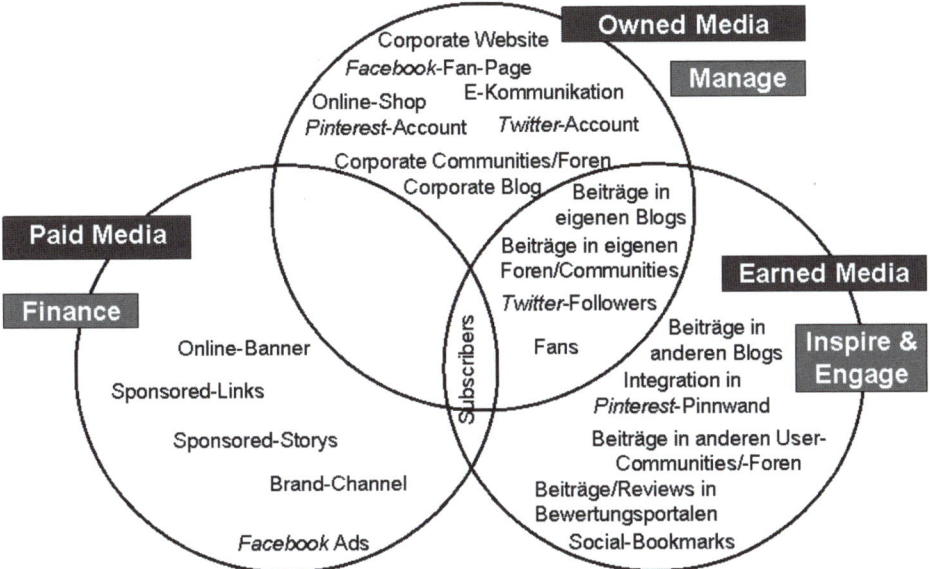

Abb. 4.2 Überblick über verschiedene Klassen der sozialen Medien

Sponsored-Storys, Sponsored-Posts sowie Channels im Branding des eigenen Unternehmens bzw. der eigenen Marke (bspw. bei *YouTube*). Der Zugriff auf diese Möglichkeiten ist lediglich eine Frage der eingesetzten Finanzen (Stichwort: **Finance**).

Die dritte Kategorie – **Earned Media** – bezeichnet die Plattformen sowie insbesondere die Inhalte, die Unternehmen sich durch ihre Aktivitäten – im Guten wie im Schlechten – von den Internet-Nutzern „verdient" haben. Hierbei handelt es sich um User-Generated-Content in unterschiedlichsten Ausprägungen. Dazu zählen bspw. Social-Bookmarks sowie Beiträge in unternehmensfremden Blogs, Foren und Communitys sowie in den sozialen Netzwerken. Eine wichtige Voraussetzung, um einen hohen (positiven) Anteil im Bereich Earned Media zu erreichen, ist es, sich die Aufmerksamkeit sowie eine Beteiligung in den sozialen Netzwerken zu verdienen. Neben dem notwendigen Invest von Zeit und Geld gehört dazu insbesondere auch die Fähigkeit, gute Geschichten zu erzählen. Diese Entwicklung wird mit dem Begriff Story Telling bzw. Narratives Marketing bezeichnet. Die Stichworte lauten deshalb hier: **Inspire** und **Engage**. Und eines ist sicher: Die Relevanz von Earned Media wird für die Unternehmen immer mehr zunehmen – da hier viel eher authentische Dialoge und „wahre" Informationen erwartet werden, da der Absender dieser Informationen nicht Unternehmen, sondern „ganz normale" Nutzer sind.

Viele weitere Inhalte liegen in den **Überschneidungsfeldern der Media-Kategorien**. Werden bspw. Nutzer durch Mitmach-Aktionen aufgefordert, eigene Inhalte auf Plattformen zu kreieren, die von Unternehmen betrieben werden, so gehört dieser Teil des User-Generated-Contents in das Überschneidungsfeld zwischen Owned und Earned Media. Gleiches gilt, wenn ein Unternehmen Nutzer zum Dialog in ein Corporate Blog oder

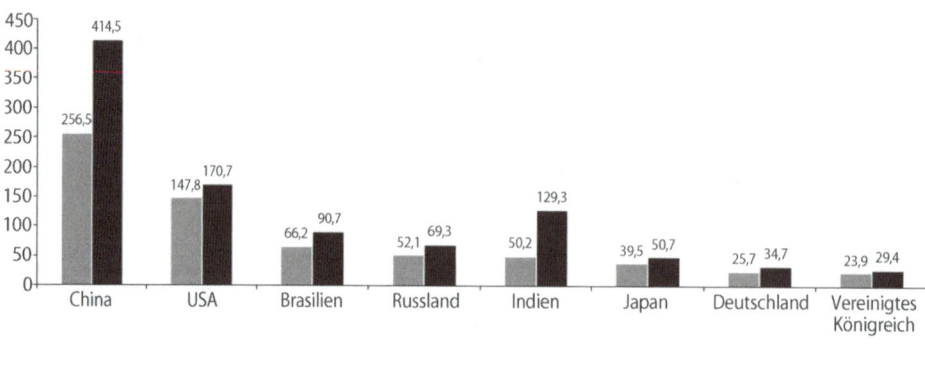

Abb. 4.3 Anzahl der Nutzer (in Millionen) sozialer Netzwerke in ausgewählten Ländern im Jahr 2011 und Prognose für 2014 (Quelle: statista 2012a)

in eigene Foren und Communitys einlädt und dem Folge geleistet wird. Auch die etwa bei *Facebook, Google+* oder *Pinterest* gewonnenen Fans und die Follower bei *Twitter* gehören dazu. Abonnieren Nutzer einen markenspezifischen *YouTube*-Channel, gehören sie als Subscriber in den Überschneidungsbereich zwischen Paid und Earned Media.

Die Klassifizierung verdeutlicht erste wichtige **Unterschiede zwischen den sozialen Medien und den klassischen Massenmedien**. Während der Einsatz der klassischen Massenmedien den professionellen Anwendern vorbehalten ist, steht ein Engagement in den sozialen Medien **jedem Internet-Nutzer** offen. Ein weiteres Abgrenzungsmerkmal zwischen sozialen und Massenmedien besteht darin, dass die sozialen Medien vielfach eine **Echtzeit-Kommunikation** ermöglichen – sowohl hinsichtlich der Bereitstellung als auch der Veränderung von Inhalten. Damit wird eine ungleich höhere Geschwindigkeit im Informationsaustausch ermöglicht, als dies aufgrund der weitgehend linearen Kommunikation bei den meisten Massenmedien der Fall ist (vgl. Abb. 1.16).

Welchen **Bedeutungszuwachs die sozialen Medien** in Zukunft erfahren werden, zeigt Abb. 4.3. Es wird erwartet, dass in Deutschland im Jahr 2014 mit 34,7 Millionen Nutzern ca. 42 % der Gesamtbevölkerung in den sozialen Netzen aktiv sein werden. Die dramatischen Steigerungsraten werden aber in den aufstrebenden Entwicklungsländern wie China und Indien erwartet.

Um die **Bedeutung der sozialen Medien in Deutschland** zu ermitteln, hilft ein Blick auf die Studie *Social Media Impact 2012*. Hierzu wurden die relevanten Daten im Jahr 2012 bei 1000 Internet-Nutzern ab 14 Jahren repräsentativ für das Internet durch einen Online-Fragebogen erhoben. Die zentralen Ergebnisse dieser Studie sind hier zusammengefasst (vgl. Allyve 2012, S. 3–17):

- **77 % der Internet-Nutzer** in Deutschland sind Mitglieder in mindestens einem **sozialen Netzwerk** und nutzen dieses auch regelmäßig. Frauen stellen dabei in allen Alterskategorien den größeren Nutzerkreis.

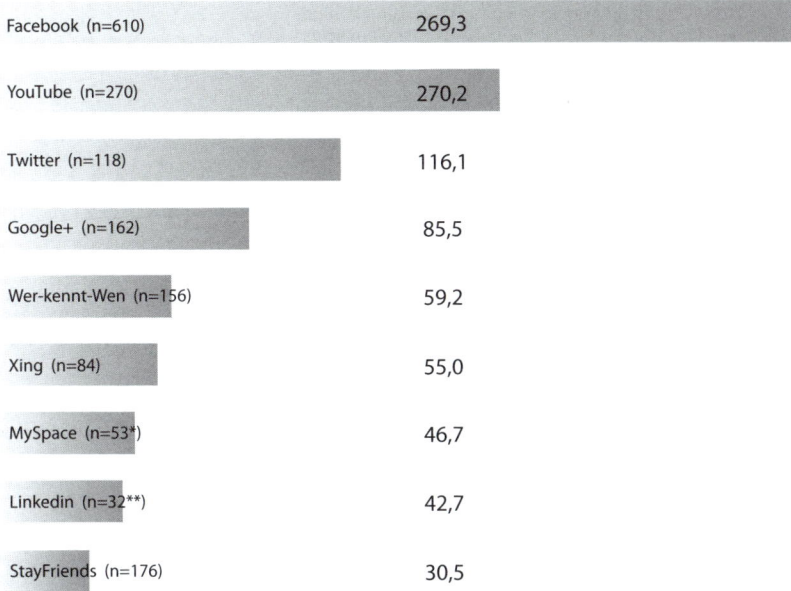

Abb. 4.4   Verweildauer in sozialen Netzwerken – in Minuten pro Woche (Frage: „Wie viele Minuten verbringen Sie pro Woche in Ihrem Sozialen Netzwerk?"; $n = 770$ (alle Netzwerkmitglieder); * small base, ** very small base, Quelle: Allyve 2012, S. 5)

- Die **Nutzungshäufigkeit** ist mit 61 % bei *Facebook* am größten. Danach folgen – mit großem Abstand – *YouTube* (27 %), *StayFriends* (18 %) und *Google+* (16 %).
- Bei der gewonnenen **Anzahl der Kontakte** dominiert *Facebook* (138) vor *XING* (130), *Twitter* (112) und *Wer-kennt-Wen* (108). *Google+* (31) und *YouTube* (25) rangieren weit abgeschlagen.
- Die Alterssegmente der **14- bis 29-Jährigen** sowie der **30- bis 49-Jährigen** dominieren bei der Nutzung mit **35** bzw. **41 %**. Die Generation 50+ stellt heute aber bereits 24 % der Nutzer.
- **60 %** der Mitglieder eines sozialen Netzwerkes ist **in mehr als einem Netzwerk aktiv**.
- Die Nutzer von *Facebook* verbringen im Schnitt **4,5 Stunden pro Woche** in diesem Netzwerk. Für die Nutzung von *YouTube* werden pro Woche drei und für *Twitter* zwei Stunden investiert (vgl. Abb. 4.4).
- **59 %** der Nutzer von sozialen Netzwerken konsumieren nicht nur Content, sondern **teilen Links und andere Inhalte**.
- 14- bis 29-Jährige erreichen im Durchschnitt knapp **38 geteilte Inhalte pro Monat**. Die Generation 50+ kommt auf 12,4 Inhalte, die mit anderen geteilt werden.
- Die **beliebtesten Nutzerinteraktionen** auf Websites sind mit sechs Klicks im Monat die **Teilen-Buttons** (z. B. Like oder +1; vgl. Abb. 4.5).

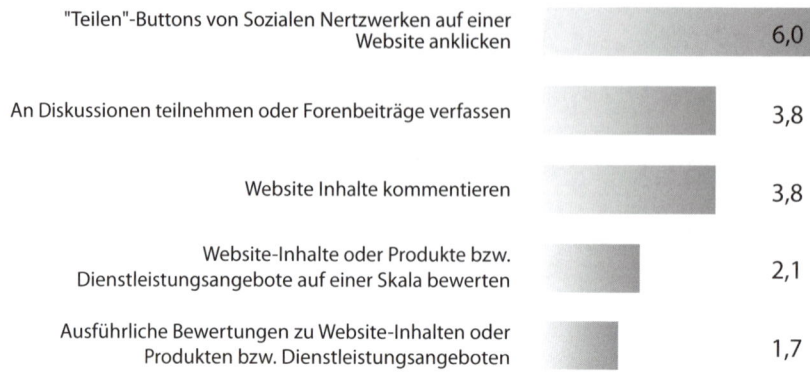

Abb. 4.5 „Soziale" Aktivitäten deutscher Internet-Nutzer pro Monat (Frage: „Sprechen wir einmal ganz allgemein über Ihre Aktivitäten im Internet. Wie oft machen Sie das Folgende im Monat?"; *n* = 1000, Quelle: Allyve 2012, S. 8)

Abb. 4.6 Offenheit für die Nutzung von Social Log-ins (Frage: „Wenn Sie sich auf Websites einfach mit dem Account Ihres sozialen Netzwerks einloggen könnten, würden Sie das nutzen, wenn Sie die Möglichkeit hätten/Mitglied in einem sozialen Netzwerk wären?"; *n* = 1000, Quelle: Allyve 2012, S. 12)

- 47 % der Netzwerkmitglieder würden **eigene Aktionen** auf Websites gerne mit Freunden in sozialen Netzwerken **teilen**. Eigene Kommentare werden als besonders „teilenswert" angesehen.
- Die Mitglieder der Netzwerke **folgen durchschnittlich jedem dritten Link** (34 %), den ihre Freunde mit ihnen teilen. Hier zeigt sich erneut die Glaubwürdigkeit von Empfehlungen aus dem eigenen Freundeskreis.
- Die Relevanz der **Social Log-ins** zeigt sich dadurch, dass 49 % der Befragten einer Anmeldung auf Websites mit einem bestehenden Account in sozialen Netzwerken offen gegenüberstehen. 16 % haben das Social Log-in bereits genutzt. Allerdings würden 51 % ein solches Angebot wahrscheinlich bzw. ziemlich sicher nicht nutzen (vgl. Abb. 4.6).

Abbildung 4.5 zeigt, dass auch bei den Aktivitäten im Internet die „Bequemlichkeit" dominiert. Das Aktivieren eines „Teilen-Buttons" führt die **Liste der „sozialen" Aktivitäten im Internet** an. Eigene kreative Beiträge werden dagegen viel seltener kommuniziert.

Während 16 % der Internet-Nutzer ein **Social Log-in** bereits eingesetzt haben, gibt es eine Gruppe von 28 %, die ein solches Angebot ziemlich sicher nicht nutzen würden. Weitere 23 % würden es wahrscheinlich nicht nutzen (vgl. Abb. 4.6). Hier zeigt sich, dass fast die Hälfte der Internet-Nutzer einem solchen Konzept misstraut, weil die Betreiber der sozialen Netzwerke hierdurch viele weitere Daten generieren können.

In Summe verbringen die Internet-Nutzer fast **ein Viertel ihrer Online-Zeit** in den **sozialen Netzen** – vor einem Jahr waren es nur 14 %. Aus der Perspektive der jüngeren Nutzer ist das Social Web nahezu gleichbedeutend mit dem Internet (vgl. BITKOM 2012b, S. 3). Eines wurde anhand der präsentierten Ergebnisse deutlich: Die Relevanz der sozialen Medien und insbesondere auch der sozialen Netzwerke für Unternehmen kann keiner mehr ernsthaft in Frage stellen.

Welche Relevanz bspw. *Twitter* heute hat, zeigt sich daran, dass *Barack Obama* bereits wenige Minuten nach seinem Wahlsieg 2012 als erstes öffentliches Statement über *Twitter* kommuniziert hat: „Four more years". Wie sich die Gewichte der Medien insgesamt verschoben haben, kommt in der Aussage eines Journalisten der *New York Times* gut zum Ausdruck: „Während der Wahl 2008 twitterten wir, was das Fernsehen macht. Vier Jahre später spricht das Fernsehen darüber, was wir auf Twitter machen" (Rungg 2012, S. 2).

Doch wie viele **Unternehmen** haben bereits ein **eigenes Social-Media-Engagement**? Hierzu wurden durch BITKOM in Deutschland 723 Unternehmen im Zuge einer repräsentativen Studie befragt. Dabei wurde darauf geachtet, dass nicht nur bereits als Social-Media-affin bekannte Unternehmen in die Untersuchung integriert wurden. Nach dieser Studie setzen momentan 47 % der Unternehmen Social Media ein; weitere 15 % planen den Einsatz schon konkret. Interessant ist dabei, dass der Social-Media-Einsatz bei kleinen und mittleren Unternehmen sowie bei Großunternehmen gleich verbreitet ist. Deutliche Unterschiede hinsichtlich des Einsatzes gibt es allerdings nach Branchen (vgl. Abb. 4.7). Hier dominiert der Einsatz mit 52 % im **Handel,** gefolgt von weiteren **Dienstleistern** mit 48 %. Weit unterdurchschnittlich ist dagegen die Nutzung in **Industrie/Baugewerbe**.

Damit ein **Engagement in den sozialen Medien** nicht zum Strohfeuer wird, hat jedes Unternehmen vor dem Einstieg eine Strategie für die Nutzung der sozialen Medien zu erarbeiten. Dies beinhaltet auch die Bereitstellung der erforderlichen finanziellen und personellen Ressourcen. Den grundsätzlichen **Ablauf zur Erschließung der sozialen Medien für ein Unternehmen** generell zeigt das **Social-Media-Haus** in Abb. 4.8.

Voraussetzung für jegliche Maßnahmen ist zunächst eine umfassende **Analyse des Status quo der Nutzung der sozialen Medien** durch die relevanten Stakeholder sowie die einschlägigen Wettbewerber. Hier müssen wir erfassen, welche Interessen, Gepflogenheiten und Erwartungen die eigenen Zielgruppen hinsichtlich des unternehmerischen Engagements in den sozialen Medien aufweisen. Zusätzlich ist zu prüfen, welche Tonality und welche Inhalte hinsichtlich der Bewertung des eigenen Unternehmens sowie eigener Marken und Angebote durch Dritte in den sozialen Medien anzutreffen sind. Die hier ermittel-

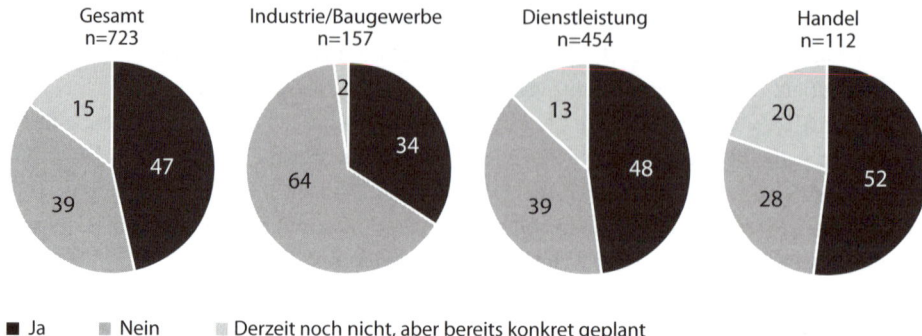

Abb. 4.7 Social-Media-Nutzung in deutschen Unternehmen – nach Branchen in % (Frage: „Nutzt Ihr Unternehmen Social Media? Also z. B. *Facebook*-Seiten, *Twitter*-Kanäle oder Unternehmens- oder Mitarbeiter-Blogs"; *n* = 723, Quelle: BITKOM 2012b, S. 7)

Abb. 4.8 Social-Media-Haus – Prozess zur Integration der sozialen Medien in das Gesamtunternehmen

ten Werte stellen gleichsam die **Nullmessung des Social-Media-Engagements** dar. Diese stellt für uns eine unverzichtbare Voraussetzung dar, um im weiteren Verlauf mögliche Veränderungen in der Wahrnehmung sowie insbesondere in der Bewertung des eigenen Tuns feststellen zu können. Eine Erhebung und Bewertung der Aktivitäten der einschlägigen Wettbewerber in den sozialen Medien rundet die Status-quo-Analyse ab.

Bei der Bewertung der unternehmenseigenen Social-Media-Kompetenzen ist ein Problemfeld zu berücksichtigen, das sich häufig auch bei gruppendynamischen Prozessen zeigt. Es handelt sich um das **Auseinanderfallen von Eigen- und Fremdbild**. Die Relevanz dieser Kontrastierung kann anhand des **Johari-Fensters** veranschaulicht werden (benannt

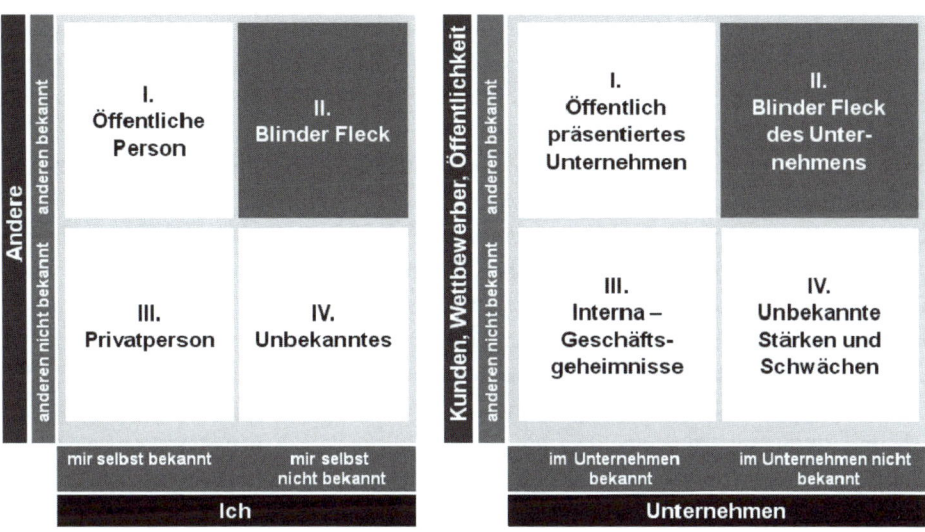

Abb. 4.9   Johari-Fenster zu Selbst- und Unternehmensanalyse

nach den Autoren Joseph Luft und Harry Ingham; Rechtien 1999, S. 95 f.). Bezüglich der Selbst- und Fremdwahrnehmung im persönlichen Bereich ist zwischen vier Quadranten zu unterscheiden (vgl. linke Darstellung in Abb. 4.9). Im **I. Quadranten** sprechen wir von der **öffentlichen Person**, weil es sich um die Verhaltensweisen und Motive handelt, die mir selbst und meiner Umwelt bekannt bzw. für diese wahrnehmbar sind. Der **blinde Fleck** im **II. Quadranten** umfasst die Verhaltensweisen, die andere bei mir wahrnehmen können, die ich selbst jedoch nicht kenne (bspw. eingefahrene Gewohnheiten, sprachliche Marotten). Die **Privatperson** des **III. Quadranten** beinhaltet Aspekte, die ich zwar selbst kenne, anderen gegenüber aber verborgen halte bzw. diesen nicht bekannt machen möchte. Dem **IV. Quadranten** ist das **Unbekannte** vorbehalten, über das ich mir nicht bewusst bin und das auch anderen nicht bekannt ist. Häufig wird hierbei vom Unbewussten gesprochen.

Übertragen auf den Unternehmensalltag zeigt sich im **I. Quadranten** die geplante und damit bewusst inszenierte **Selbstdarstellung des Unternehmens** nach außen und innen (vgl. rechte Darstellung in Abb. 4.9). Der **III. Quadrant** beinhaltet die **Interna des Unternehmens**, die im Innenverhältnis bekannt sind und dort bspw. zur Unternehmenssteuerung eingesetzt werden. Diese können und sollen nach außen hin verborgen bleiben. Zu den unbekannten Faktoren des **IV. Quadranten** zählen **unausgeschöpfte Stärken**, wie bspw. bestimmte Mitarbeitertalente, die – gerade auch im Kontext der sozialen Medien – im Verborgenen blühen. Dazu zählen aber auch **nicht wahrgenommene Schwächen**, wie sie u. a. Defizite in der Unternehmensdarstellung auf sozialen Plattformen sein können, die bisher weder im Unternehmen noch im Markt größer aufgefallen sind.

Im Rahmen der Status-quo-Analyse gilt es in besonderem Maße, sich mit dem **II. Quadranten** und damit dem **blinden Fleck des eigenen Unternehmens** zu befassen. Was wissen andere von uns als Unternehmen, was uns selbst unbekannt ist? Was sehen andere, was wir nicht sehen? Dies kann ein extrem schlechtes Image bei einer spezifischen Kundengruppe sein, das im Unternehmen nicht bekannt ist. Dies kann auch eine „lausige" Qualität im telefonischen Kundenkontakt oder eine weit unterdurchschnittliche Responsequalität auf *Facebook* sein, über die jeder – ggf. sogar öffentlich – spricht, nur nicht das betreffende Unternehmen selbst. Die hier beschriebene Analyse soll dazu beitragen, dass für uns der II. Quadrant keine „terra incognita" (i. S. eines unbekannten Landes bzw. eines unerforschten Wissensgebietes) bleibt, sondern wir diesen im Idealfall positiv und wertsteigernd in Richtung des I. Quadranten entwickelt oder Schwachstellen auf dem Weg dorthin beseitigt werden. Informatorisch gespeist werden kann diese Analyse durch die Instrumente des **Mystery Market Research**. Hierzu zählen Mystery Calling, Mystery Surfing, Mystery Shopping bis hin zu Mystery Sleeping und Mystery Dining, um die Servicequalität in Hotels und Restaurants zu prüfen. Die von *Guide Michelin* vergebenen Sterne sowie die von *Gault&Millau* vergebenen Kochmützen sind nichts anderes als Ergebnisse eines solchen Mystery Dinings!

Think-Box

- Wie können wir feststellen, welche „blinden Flecken" mein Unternehmen hat?
- Wer kann uns beim „ungefilterten" Blick auf unsere Social-Media-Performance helfen?
- Wer könnte mit einer solchen Aufgabe betraut werden?

Erst basierend auf den hier insgesamt gewonnenen Erkenntnissen können wir die **Entwicklung einer Social-Media-Konzeption** in Angriff nehmen (vgl. Abb. 4.8). Hier gilt es zunächst einmal – ganz klassisch – mit der Erarbeitung von **Zielen des Social-Media-Engagements** zu beginnen. Hierbei ist es wichtig, nicht extern – oder auch vom eigenen CEO – definierten, nur vermeintlichen Erfolgsgrößen wie der Anzahl an *Facebook*-Fans oder *Twitter*-Followern hinterherzulaufen. Viel entscheidender ist die Frage: Was soll durch ein Engagement in den sozialen Medien wirklich erreicht werden? Im Kern müssen sich Unternehmen zunächst entscheiden, ob überhaupt und wenn ja in welcher Weise sie sich innerhalb der sozialen Medien beteiligen. Häufig befinden sich deren Interessenten und Kunden bereits dort und reden über das Unternehmen, die Marken und/oder konkrete Angebote. Dies ist im Zuge der Status-quo-Analyse zu ermitteln. Den Unternehmen stehen drei grundsätzliche **Handlungsoptionen des Social-Media-Marketings** zur Auswahl. Diese können mit den Begriffen **Zuhören** und/oder **Mitreden** (durch Reagieren und Agieren) beschrieben werden:

- **Zuhören: Web-Monitoring**
  Die **Minimalstufe eines Social-Media-Engagements**, die alle Unternehmen – unabhängig von ihren sonstigen Internet-Aktivitäten – bzgl. der sozialen Medien umsetzen sollten, stellt das Zuhören durch ein leistungsfähiges **Web-Monitoring** dar. Es gilt laufend herauszufinden, wie in den sozialen Medien über die eigenen Leistungen gesprochen wird. Denn auch ohne eigene Beteiligung in den sozialen Medien wird dort meist bereits etwas über das Unternehmen und/oder dessen Produkte und Dienstleistungen gesagt, geschrieben oder visuell veröffentlicht. Dabei gilt für die sozialen Medien in einem bisher nicht bekannten Maße:

▸   Die sozialen Medien schlafen nie!

Deshalb dürfen wir deren Überwachung nicht an klassischen Arbeitszeiten (inkl. einem freien Wochenende) orientieren. Sonst laufen wir Gefahr, dass u. U. dramatische Entwicklungen am Freitagabend beginnen und diese von den betroffenen Unternehmen im wahrsten Sinne des Wortes „verschlafen" werden. Meldungen einzelner – seien sie zutreffend oder nicht – könnten sich dann über Nacht oder über das Wochenende unkommentiert mit viraler Geschwindigkeit verbreiten und Tausende, Hunderttausende oder sogar Millionen von Personen erreichen (vgl. hierzu das Beispiel *Vodafone* in Kap. 9).
Ein **Web-Monitoring** schafft für uns auch die notwendigen informatorischen Grundlagen, um die beiden folgenden Formen der Nutzung der sozialen Medien „Reagieren" und „Agieren" auszugestalten. Denn Unternehmen können sich nicht einfach in einen „Dialog" mit ihrer Zielgruppe stürzen, sondern müssen vorher feststellen, wo sich die Zielgruppe engagiert, was sie bewegt und ob die eigenen Leistungen positiv oder negativ bewertet werden. Hierfür sind die bereits angesprochenen Werkzeuge des Web-Monitorings einzusetzen (vgl. Kap. 3).

▸   **Merk-Box** Ohne ein aktives Zuhören – über alle On- und Offline-Kanäle hinweg – ist ein langfristig erfolgreiches unternehmerisches Agieren in den sozialen Medien nicht zu erwarten.

- **Reagieren: Integration**
  Unternehmen können aus der Passivität des Web-Monitorings heraustreten und sich **aktiv in die kommunikativen Prozesse innerhalb der sozialen Medien integrieren**. Dies kann notwendig werden, wenn dort laufende Diskussionen für ein Unternehmen nicht tragbar sind. Dabei kann es sich um falsche Anschuldigungen, einseitige Darstellungen oder sonstige Verunglimpfungen handeln, gegen die sich ein Unternehmen wehren möchte. Denn es gilt: „Web 2.0 harnesses the stupidity of crowds as well as its wisdom" (Grossman 2006). Um dem Rechnung zu tragen, kann das Unternehmen zum einen im eigenen Namen in Blogs oder über *Twitter* zu bestimmten Themen Stellung beziehen und versuchen, auf die Ausrichtung der Kommunikation Einfluss zu nehmen. Zum anderen können Unternehmen bestehende Plattformen nutzen, um sich dort mit ihren

Angeboten zu platzieren und ihre Zielgruppen auf diesem Wege anzusprechen. Dies kann bspw. der Aufbau einer Fan-Page bei *Facebook* sein oder die Bereitstellung von Video-Botschaften über *YouTube*.

- **Agieren: Kreation**
  Die umfassendste Form des Engagements beinhaltet den Aufbau eigener Plattformen in den sozialen Medien, indem bspw. eigene Foren, Communitys oder Blogs entwickelt werden, um sich über diese aktiv in die Meinungsbildung einzubringen. Hierzu gehört u. a. der Aufbau eines Corporate Blogs oder die Errichtung eines eigenen Video-Kanals bei *YouTube*.

Hinsichtlich der **Nutzbarmachung der sozialen Medien** durch ein Social-Media-Marketing in den oben genannten Formen ist es wichtig, sich vor Augen zu führen, dass Art, Timing und die Frequenz der **Nutzung der sozialen Medien** in hohem Maße durch die Stakeholder selbst bestimmt werden. Bei den klassischen Massenmedien werden die Nutzung bzw. genauer die Nutzungsmöglichkeiten in hohem Maße durch die kommunizierenden Unternehmen, die Media-Agenturen sowie die Verlage bzw. die Sendeanstalten bestimmt. Dies ist bspw. durch den Zeitpunkt der Schaltung eines TV-Spots oder eines Plakates der Fall; anders ist dies dagegen bei einer Anzeige. Hinsichtlich der sozialen Medien kann es passieren, dass sich ein Unternehmen für den Kanal *Twitter* entschieden hat, aber die Internet-Nutzer auf einmal in Blogs oder *Facebook* über die Inhalte zu kommunizieren beginnen. Hier gilt, dass die Unternehmen den Kanälen der Nutzer folgen müssen, wenn sie Gehör finden und Wertschätzung gegenüber ihren Stakeholdern zum Ausdruck bringen möchten.

> ▶   **Merk-Box   Die Regeln innerhalb der sozialen Medien werden von Nutzern definiert, überwacht und ggf. auch weiterentwickelt.** Unternehmen können hier – auf Augenhöhe mit ihren Kunden – aber auch eigene Beiträge leisten und Impulse setzen. Einen Hebel, um die Spielregeln in ihrem Sinne zu gestalten, haben sie nicht.

Doch welche **Ziele eines Social-Media-Einsatzes** gilt es jetzt – orientiert an den oben beschriebenen Möglichkeiten Zuhören, Reagieren und Agieren – konkret anzustreben (vgl. Abb. 4.8)? Hier besteht in vielen Unternehmen noch eine große Unsicherheit. Zunächst gilt generell, dass wir auch die Social-Media-Ziele konsequent aus den Unternehmenszielen ableiten sollten und uns nicht krampfhaft bemühen sollten, für Social Media „ganz neue Ziele" zu erfinden! Welche **Social-Media-Ziele** Unternehmen in **Deutschland** heute anstreben, zeigt die schon zitierte Studie von BITKOM (2012b, S. 3; vgl. Abb. 4.10).

- **Steigerung der Bekanntheit der Marke/des Unternehmens**
  Das wichtigste Ziel, das 82 % der befragten Unternehmen mit dem Einsatz der sozialen Medien anstreben, ist die Steigerung der Bekanntheit von Marken und Unternehmen. Diesem Ziel liegt die Erkenntnis zugrunde, dass die Beziehungen zu Marken und Unternehmen heutzutage – neben werblichen Impulsen, den Erfahrungen am Online- oder

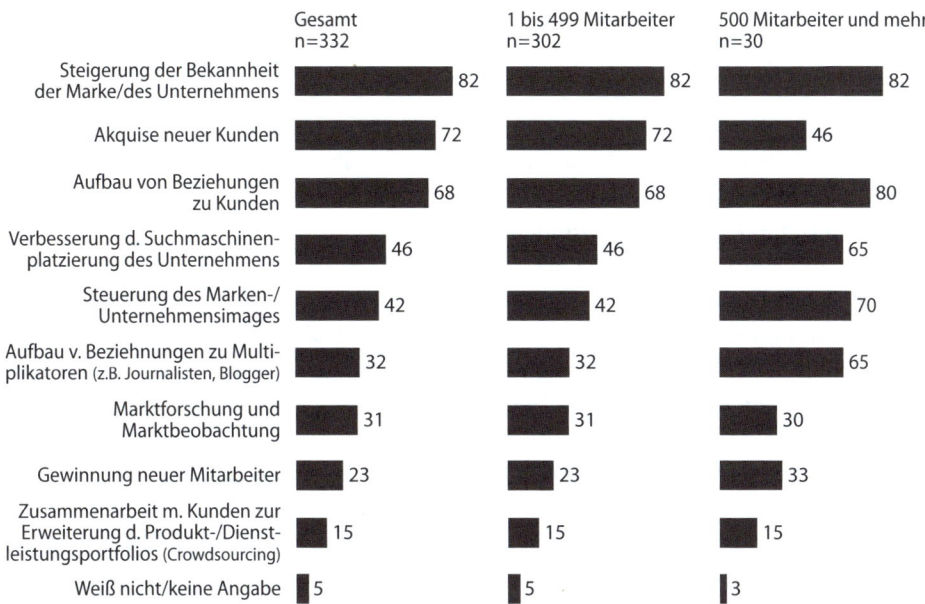

Abb. 4.10 Ziele von Social-Media-Aktivitäten – nach Unternehmensgröße und Mitarbeiterzahl in % (Frage: „Zur Erreichung welcher der folgenden Ziele verwenden Sie Social Media?"; Mehrfachnennungen möglich; *n* = 332, Quelle: BITKOM 2012b, S. 13)

Offline-POS sowie durch den Gebrauch selbst – zunehmend durch das **Markenerlebnis in den sozialen Medien** geprägt werden.

Ein ehrlicher und konstruktiver Austausch zwischen Unternehmen und Kunden sowie zwischen diesen selbst wirkt sich idealerweise positiv auf Bekanntheit und Reputation einer Marke bzw. des Unternehmens insgesamt aus. Durch positive Mundpropaganda kann durch den ZMOT Interesse bei anderen Nutzern geweckt, Aufmerksamkeit erregt und der Bekanntheitsgrad des Angebots erhöht werden. Die sozialen Medien eignen sich besonders gut für das virale Marketing i. S. einer **Online-Mundpropaganda**. Über die sozialen Medien können durch die Kommunikation von Nutzer zu Nutzer Inhalte besonders glaubwürdig viral verbreitet werden. Empfehlungen und Links, die von Freunden und Bekannten innerhalb der Netzwerke weitergeleitet werden, gelten – wie bereits angesprochen – als besonders vertrauenswürdig. Eine solche virale Verbreitung erfolgt jedoch nicht nur zwischen Freunden, sondern häufig auch unter unbekannten Dritten, ohne wesentlich an Glaubwürdigkeit zu verlieren. Deshalb sollten wir alle prüfen, wie wir unser Engagement in den sozialen Medien zur Steigerung der Bekanntheit von Marken und Unternehmen nutzen können.

- **Akquisition neuer Kunden**
Für immerhin 72 % aller befragten Unternehmen steht die Gewinnung von Neukunden im Zentrum der Social-Media-Aktivitäten. Hierzu setzen die Unternehmen auf den Ein-

satz der sozialen Medien, um mit Interessenten und Kunden in einen direkten Kontakt zu treten. Wir sollten uns allerdings hüten, die „Social Media" zu **„Commercial Media"** umzudefinieren. Die Nutzung der sozialen Medien zum direkten Verkauf wird nur selten auf große Zustimmung der Nutzer stoßen. Die sozialen Medien bieten eher eine Kommunikation „über Bande" an, die natürlich auch auf Verkäufe einzahlen soll – aber häufig eher indirekt.

- **Aufbau von Beziehungen zu Kunden**
  Der weitere Aufbau von Beziehungen zu Kunden wird von 68 % der Unternehmen angestrebt. Überraschend ist, dass dieses Ziel nicht von mehr Unternehmen angestrebt wird. Denn gerade der Aufbau von Beziehungen durch die **Einbindung in Informationsströme** der Unternehmen und die **Möglichkeiten zu einem direkten, dialogischen Informationsaustausch** zwischen Unternehmen und Nutzer stellen die Stärken der sozialen Netze dar.

- **Verbesserung der Suchmaschinenplatzierung des Unternehmens**
  46 % der befragten Unternehmen streben durch ihr Engagement in den sozialen Medien eine **Verbesserung ihrer Position in den Rankings der Suchmaschinen** an. Durch die Bereitstellung von Inhalten auf den verschiedenen Social-Media-Plattformen, die zur eigenen Corporate Website verlinken, wird das **Suchgewicht der entsprechenden Online-Inhalte** deutlich verstärkt. Diese Möglichkeit sollten wir intensiv ausschöpfen, um die Auffindbarkeit im Netz weiter zu verbessern.

- **Steuerung des Marken-/Unternehmensimages**
  Für 42 % der Unternehmen stellt die **Einflussnahme auf das Marken- und Unternehmensimage** ein wichtiges Social-Media-Ziel dar. Dabei müssen wir uns vor Augen führen, dass eine echte „Steuerung" des Marken- bzw. des Unternehmensimages durch ein Engagement in den sozialen Medien nicht erreichbar ist. Wir können versuchen, die innerhalb der Marken- und Unternehmensidentität festgelegten Inhalte auch über die sozialen Medien auszuspielen. Eine echte Steuerungsmöglichkeit, um für unsere Marken und Unternehmen die relevanten Imagepositionen zu erreichen, besteht dagegen nicht.
  Eine Beteiligung in den sozialen Medien bietet lediglich die Möglichkeit, Inhalte zu kommunizieren, die zum Aufbau eines positiven Images für einzelne Marken bzw. für das gesamte Unternehmen beitragen können. Wenn Themen, Unternehmen oder Produkte auf den Social-Media-Plattformen Emotionen auslösen und die Menschen intensiv beschäftigen, können sich solche Entwicklungen schnell aufschaukeln – positiv wie negativ. Durch das Zuhören und insbesondere die aktive Beteiligung von Unternehmen in den sozialen Medien kann früh aus Problemen oder Krisen, die das Unternehmen betreffen, gelernt und im Positivfall können **PR-Katastrophen abgewendet** werden. Unternehmen können so – unter eigenem Namen – versuchen, aktiv negative Auffassungen zu bekämpfen und zu korrigieren. Sie können ebenso positive Ansichten verstärken und diejenigen „belohnen", die sich für die Marke engagieren. Bedienen sich dabei die CEOs, CMOs oder Geschäftsführer der sozialen Medien, um mit den unterschiedlichen Stakeholdern via *Facebook, Twitter* oder in Corporate Blogs zu kommunizieren, kann sich das

im Idealfall positiv auf das Unternehmensimage auswirken. Im Idealfall bedienen wir uns des Narrativen Marketings, um in den sozialen Medien spannende, unterhaltsame, lehrreiche und/oder lustige Geschichten zu präsentieren, die zum Lesen und Weiterleiten motivieren.

- **Aufbau von Beziehungen zu Multiplikatoren**
  Verbunden mit den vorgenannten Aktivitäten steht auch das Ziel, den Aufbau von Beziehungen zu Multiplikatoren zu unterstützen. Dieses Ziel wird allerdings nur noch von 32 % der befragten Unternehmen angestrebt. Wichtig ist hierbei, dass wir nicht mehr alleine die **klassischen Offline-Meinungsführer** (wie Redakteure und Journalisten der etablierten Medien) in den Mittelpunkt derartiger Aktivitäten stellen dürfen. Eine zunehmende Relevanz erhalten **Online-Meinungsführer**, die als Blogger oder als Twitterer mit großer Leser- und/oder Follower-Gemeinde die Meinung im Netz maßgeblich beeinflussen können. Diese sollten wir zusätzlich als wichtige (digitale) Meinungsführer ansprechen.

- **Marktforschung und Marktbeobachtung**
  Dass nur 31 % der Befragten das Social-Media-Ziel Marktforschung und Marktbeobachtung definieren, muss überraschen. Schließlich bieten die Meinungsäußerungen in den sozialen Medien einen ungehinderten und ungeschönten Blick auf die Bewertung der eigenen Leistungen in den Augen der Stakeholder. Wir sollten zu 100 % diese **Chance zur Informationsgewinnung** nutzen – wissend, dass sich hier immer nur eine (schiefe) Stichprobe unserer Kunden engagiert!

- **Gewinnung neuer Mitarbeiter**
  23 % der Unternehmen streben das Ziel an, durch die sozialen Medien neue **Mitarbeiter zu gewinnen**. Dabei sollten wir uns bewusst sein, dass es den schon angesprochenen ZMOT auch im Hinblick auf Beschäftigungsverhältnisse gibt. Schließlich finden sich immer mehr Informationen aus der Innenperspektive des Unternehmens im Netz – und hoffentlich nicht nur von frustrierten, ehemaligen Mitarbeitern. Diesen Aspekt dürfen wir nicht vernachlässigen. Auch aus diesem Grund ist Zuhören i. S. der Marktforschung und Marktbeobachtung für uns als Unternehmen unverzichtbar.

- **Zusammenarbeit mit Kunden zur Erweiterung des Produkt- und Dienstleistungsportfolios (Crowdsourcing)**
  Die **Nutzung der Schwarmintelligenz** für das Innovations-Management der Unternehmen wird lediglich von 15 % der Befragten angestrebt. Dabei kann die Einbindung der kollektiven Intelligenz von Interessenten und Kunden mit Hilfe der sozialen Medien in den Innovationsprozess auf verschiedene Ziele einzahlen. Zum einen können durch Kreativwettbewerbe kundenrelevante Innovationen entwickelt werden. Die Kreativbeiträge müssen dabei allerdings nicht auf das Produkt- und Dienstleistungsportfolio beschränkt bleiben, sondern können die gesamte Wertschöpfungskette des Unternehmens betreffen. So können Anregungen für Produktnamen und Werbeinhalte, aber auch Hinweise auf attraktive Bezugsquellen etc. gewonnen werden. Zum anderen hat ein solches Angebot zur Mitwirkung – selbst wenn es nur von einer kleinen Anzahl der Interessenten und Kunden genutzt wird – einen positiven **Ausstrahlungseffekt auf das Unterneh-**

mensimage. Zusätzlich kann es die **Marken- und Unternehmensbekanntheit steigern** und sogar die **Akquisition neuer Kunden verstärken**.

Think-Box

- Welche Ziele liegen unserem Social-Media-Marketing zugrunde?
- Wurden diese Ziele schriftlich formuliert?
- Wie systematisch binden wir die sozialen Medien zur Steigerung der Bekanntheit von Unternehmen und Marken ein?
- Dominiert bei uns das Social-Media-Ziel „Neukundengewinnung"? Wie überwachen wir die entsprechende Zielerreichung?
- Nutzen wir das Social-Media-Engagement, um unsere Trefferqualität bei Suchmaschinen zu erhöhen?
- Haben wir kommunikativ die Online-Meinungsführer im Blick – und bedienen diese mit spannenden Informationen?
- Wie stark nutzen wir die sozialen Medien für die Marktforschung?
- Schöpfen wir das Potenzial zur Gewinnung neuer Mitarbeiter für die sozialen Medien aus?
- Wie breit oder eng ist unser Suchraster definiert, um die „Schwarmintelligenz" für mein Unternehmen zu nutzen?
- Wird die Erreichung unserer Social-Media-Ziele anhand von aussagefähigen KPIs geprüft?
- Haben diese KPIs einen Bezug zu den monetären Zielen meines Unternehmens (Umsatz, Deckungsbeitrag, EBIT)?
- Sind Vergütungssysteme für Führungskräfte und Mitarbeiter mit derartigen Zielen verknüpft?

Spannend ist, dass Unternehmen – basierend auf der BITKOM-Studie – bisher nicht erkannt haben, dass die sozialen Medien auch eingebunden werden können, um die **eigenen Mitarbeiter** über die Visionen, Werte, Ziele, Strategien sowie über laufende Kampagnen und Events zu informieren. Der Einsatz von Blogs, Wikis, aber auch der sozialen Netzwerke selbst kann einen wichtigen Beitrag zur Informationsversorgung von „oben nach unten", aber auch von „unten nach oben" sowie zwischen verschiedenen Bereichen und Abteilungen – auch über Ländergrenzen hinweg – leisten. Damit werden die sozialen Medien zu einem wichtigen Baustein des **unternehmensinternen Wissensmanagements** (Stichwort „Social Intranet").

Um dem **Potenzial der sozialen Medien** gerecht zu werden, sollte die Perspektive an dieser Stelle noch zusätzlich erweitert werden. Auch wenn die BITKOM-Studie (2012b) zeigt, dass die meisten Unternehmen versuchen, primär Kommunikations- oder Werbeziele durch Social Media zu erreichen, ist deren Potenzial doch deutlich größer. Ein Blick

Klassische Wertschöpfungskette

Produktentwicklung 〉 Marketing 〉 Vertrieb 〉 Service

Ausgestaltung der Wertschöpfungskette unter Einbindung der sozialen Medien

Social Product Development 〉 Social Communication 〉 Social Commerce 〉 Social Service

- Einbindung von Nutzern in die Produktentwicklung
- Integration von Open Innovation bzw. Crowdsourcing Plattformen

- Unternehmenspräsenzen in den sozialen Medien (*Facebook*-Fanpage, *YouTube*-Channel, *Twitter*-Account)
- Regelmäßige Posts in den sozialen Medien
- Aufbau einer Dialog-Kommunikation mit den Nutzern
- Stellenausschreibungen in den sozialen Medien
- Spendengenerierung über die sozialen Netze (Crowdfunding)

- Verbindung von Verkaufsplattformen mit den sozialen Medien
- Aufbau von Social-TV mit Online-Shops
- Auswertung von *Facebook*-Daten zur Präsentation von maßgeschneiderten Angeboten
- Motivierung der Kunden, auf sozialen Plattformen über (positive) Kauferlebnisse zu berichten

- Erbringung von Serviceleistungen über die sozialen Netze (bspw. über *Facebook*, *Twitter*)
- Aufbau von Plattformen für Crowdservice

Abb. 4.11 Integration der sozialen Medien in die unternehmerische Wertschöpfungskette

darauf, wie der **Einsatz der sozialen Medien in der Wertschöpfungskette eines Unternehmens** erfolgen kann, zeigt Abb. 4.11. Ein wichtiger, bereits in Kap. 2 thematisierter Leistungsbereich der sozialen Medien ist die **Einbindung von Nutzern in die Produktentwicklung**. Ein Schwerpunkt, der auch bei der Diskussion der Social-Media-Ziele in Abb. 4.10 deutlich wurde, stellt die **Kommunikation in den sozialen Medien** dar, die durch und mit Unternehmen möglich ist. Ein weiteres wichtiges Handlungsfeld stellt **Social Commerce** dar, der in Kap. 7 thematisiert wird.

Hervorzuheben ist, dass bei der BITKOM-Befragung die spannende Möglichkeit, **Serviceleistungen** über die sozialen Medien anzubieten und durchzuführen, nicht als Ziel formuliert wurde. Dabei kann die Funktion der sozialen Medien weit über einen reinen Reklamationskanal hinausgehen und auch interessante Aspekte der Pre-Sales-, Sales- und Post-Sales-Phase serviceorientiert abdecken. Gerade der Einsatz von *Twitter* als persönlicher, direkter Kundenservice wird zunehmend von Unternehmen erkannt. Ein insbesondere von Großunternehmen zunehmend erschlossenes Handlungsfeld stellt der Bereich **Social Service** dar. Stellvertretend hierfür können die *Deutsche Telekom* und die *Deutsche Bahn* genannt werden. Das öffentlichkeitswirksame Anbieten und Erbringen von Serviceleistungen kann nachhaltig zum Aufbau von Kundennähe beitragen. Wie bereits deutlich wurde, zwingen Kunden Unternehmen regelrecht dazu, ihre Service-Performance in den sozialen Medien unter Beweis zu stellen (vgl. Kap. 6).

Wir tun gut daran, die Perspektive dieser gesamten Wertschöpfungskette vor Augen zu haben, wenn wir das Potenzial der sozialen Medien in ihrer Tiefe erkennen wollen. Dann wird **Social Media** zum **Treiber in der gesamten Wertschöpfungskette**.

Think-Box

- Haben wir schon einmal geprüft, inwieweit wir die sozialen Medien zur Kommunikation mit unseren eigenen Mitarbeitern einsetzen können?
- Welche weiteren Bereiche unserer Wertschöpfungskette können wir durch Social Media „befruchten"?
- Welche Möglichkeiten bieten die sozialen Medien für uns, unsere Servicequalität – öffentlichkeitswirksam – zu verbessern?
- Wer in meinen Unternehmen kann diese Fragen systematisch beantworten?

Wenn wir uns entscheiden, die sozialen Medien in unseren Dialog mit den relevanten Meinungsführern unseres Unternehmens, mit unseren Interessenten und Kunden sowie mit weiteren Stakeholdern einzubinden, sollten wird folgenden **Grundprinzipien der Kommunikation in den sozialen Medien** berücksichtigen:

- **Ehrlichkeit/Authentizität**
- **Offenheit/Transparenz**
- **Kommunikation auf Augenhöhe**
- **Relevanz** bspw. durch Context-/Location-Orientierung
- **Kontinuität/Nachhaltigkeit**

Ehrlichkeit und **Authentizität** (zu verstehen als „Echtheit") in der Kommunikation stellt ein zentrales Grundprinzip in den sozialen Medien dar. Würden wir versuchen, die öffentliche Meinungsbildung in unserem Sinne zu beeinflussen, indem wird selbst positive Bewertungen und Kommentare über uns verfassen, gehen wir ein großes Risiko ein. Wird ein solches Verhalten entdeckt – und die Wahrscheinlichkeit ist angesichts der vielen Online-Spezialisten mit hohem Zeitbudget und einer Neigung zur Investigation extrem hoch – kann unser Image (nachhaltig) Schaden nehmen. Es gilt hier schon länger: „Today, there's nowhere to run and nowhere to hide. The moment you hide something, you will end up being exposed and picked apart" (Gogoi 2006). Einem Unternehmen, welches sich bspw. unethischer Maßnahmen bedient oder bedient hat bzw. die aufgebaute Erwartungshaltung seiner Kunden nicht erfüllen kann, ist häufig von einem Einstieg in die sozialen Medien abzuraten. Wenn ein Unternehmen „Leichen im Keller" hat, die durch aktive Internet-Nutzer schnell an die Oberfläche geholt werden können, finden Informationen darüber häufig eine große virale Verbreitung. Das Potenzial für einen Shitstorm hat ein solches Unternehmen bereits aufgebaut.

Ein Engagement in den sozialen Medien setzt als weiteres Grundprinzip die Fähigkeit voraus, Kritik der unterschiedlichsten Stakeholder anzunehmen sowie offen und authentisch darauf zu reagieren. Nur durch **Offenheit** und **Transparenz** in der regelmäßigen

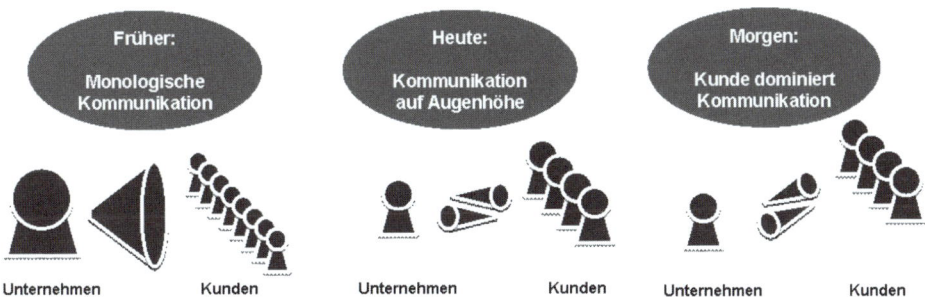

Abb. 4.12 Von der monologischen Kommunikation über die Kommunikation auf Augenhöhe zur Kundendominanz in der Kommunikation

Kommunikation mit den unterschiedlichen Stakeholdern können wir die notwendige hohe Glaubwürdigkeit erzielen. Das Gegenteil wird erreicht, wenn wir als Teilnehmer in den sozialen Medien erst dann sichtbar werden, wenn dort bereits fehlerhafte Informationen kursieren, die wir richtigstellen möchten. Den dann kommunizierten Botschaften fehlt häufig der „Stallgeruch", weil wir es bisher nicht geschafft haben, uns in der Social-Media-Sphäre zu integrieren und zu etablieren. Ein längerfristiges Engagement in den sozialen Medien hält dagegen – auch für Krisenfälle – die erforderlichen Kommunikationskanäle bereit.

▸   **Food for Thought** „**Transparency may be the most disruptive and far-reaching innovation to come out of social media."**
Paul Gillin, Social Media Experte

Bei Dialogen und Diskussionen – nicht nur, aber insbesondere in den sozialen Medien – sollten wir uns als weiteres Grundprinzip um eine **Kommunikation auf Augenhöhe** bemühen (vgl. Abb. 4.12). Das belehrende, (vermeintlich) besser informierte und/oder kritisierende Unternehmen bzw. dessen Repräsentanten werden dagegen kaum auf Akzeptanz stoßen. Dies gilt noch stärker für jede Art der monologischen Kommunikation. Bei jeder Anfrage, bei jedem Dialogbeitrag in einer Community, einem Forum oder einem Blog sollten wir vor einer Reaktion darauf zunächst einmal davon ausgehen, dass dahinter vielleicht ein gut vernetzter Kommunikator steht. Diesem – aber nicht nur diesem, sondern auch allen anderen Diskutanten – sollten wir vielmehr mit Wertschätzung und Respekt begegnen. Überzeugt das unternehmerische Engagement in den sozialen Medien nicht, kann dies zu einem sogenannten Backlash (Englisch für „Gegenreaktion") und damit verbunden zu einer Verschlechterung der Akzeptanz von Marken, Angeboten und/oder des Unternehmens insgesamt führen. Passen sich die Unternehmen den veränderten Bedingungen und Regeln der sozialen Medien nicht an, besteht ein hohes Scheiterrisiko. Vielleicht kommt sogar die Zeit, in der die Kunden – wie schon angesprochen – zum **Master of Communication** werden und die Kommunikation dominieren.

Innerhalb der sozialen Medien – wie auch sonst im Leben – geht es darum, die Aufmerksamkeit der Zielpersonen zu erreichen. Der Schlüsselbegriff hierfür als weiteres Grundprinzip der Kommunikation in den sozialen Medien lautet: **Relevanz**. Unabhängig davon, ob wir versuchen, eigene Angebote zu präsentieren, ob wir Nutzer zur Mitwirkung einladen oder von diesen zur Mitwirkung eingeladen werden. Voraussetzung für eine engagierte Mitarbeit ist, dass die präsentierten Inhalte und Angebote eine Relevanz für die Zielgruppen aufweisen. Das übergreifende Ziel der Unternehmen sollte folglich sein, durch unterschiedliche Formen der Interaktion mit den Nutzern eine langfristige Beziehung auf Basis von gegenseitiger Wertschätzung, Loyalität und Vertrauen aufzubauen. Und die Voraussetzung dafür, dass dieses gelingen kann, sind Inhalte, die interessieren. Gut ist es, wenn wir in der gesamten Organisation eine regelrechte **Passion for Relevance** möglichst umfassend in unserem Unternehmen verankern (vgl. Kap. 9).

Ein weiteres Grundprinzip für die Kommunikation in den sozialen Medien stellt ein Mindestmaß an **Kontinuität** bzw. **Nachhaltigkeit** dar. Werden Fans und Followers gewonnen, engagieren sich Nutzer in unseren Blogs oder Foren und stellen User-Generated-Content als Earned Media bereit, dann darf auch unser Social-Media-Engagement kein Strohfeuer darstellen. Deshalb sollten wir innerhalb der sozialen Medien nur solche Kampagnen starten (bspw. die Aufforderung zu Mitmach-Aktionen, die Ankündigung von Events), bei denen wir selbst auch ein laufendes Engagement sicherstellen können. Hier gilt folglich das bekannte Motto: Heißmachen alleine genügt nicht! Man muss dann auch liefern können! Deshalb ist die gesamte Organisation auf die Integration von Social Media auszurichten, bevor größere Schritte zu deren Nutzung eingeleitet werden.

Die übergreifend gebotene **Glaubwürdigkeit** von Unternehmen, Marken und Angeboten können wir nur dann erreichen, wenn wir die Kommunikation in den sozialen Medien konsequent an den genannten Grundprinzipien Ehrlichkeit/Authentizität, Offenheit/Transparenz, Relevanz und Kontinuität/Nachhaltigkeit ausrichten und wenn dabei eine Kommunikation auf Augenhöhe entsteht. Erst dann wird sich das zunehmend wichtiger werdende **Vertrauen** unserer Geschäftspartner uns gegenüber einstellen – eine Währung, die an Bedeutung dramatisch zunehmen wird (vgl. Kap. 6).

Think-Box

- Wie ehrlich und authentisch ist die Kommunikation, die wir in den sozialen Medien betreiben?
- Wie gut gelingt es uns, eine Offenheit und Transparenz in die Kommunikation über das Unternehmen sowie unsere Marken und Angebot zu erreichen?
- Erlebt ein Außenstehender unsere Kommunikation auf Augenhöhe? Oder belehren und instruieren wir unsere Stakeholder noch in hohem Maße?
- Wie gut gelingt es uns, wirklich relevante Inhalte bereitzustellen? Wie groß ist die „Passion for Relevance" in meinem Unternehmen ausgeprägt?

- Ist unser Engagement in den sozialen Medien langfristig ausgerichtet – oder droht die Gefahr eines Strohfeuers?
- Wer wacht insgesamt darüber, dass die Grundprinzipien der Kommunikation in den sozialen Medien beachtet werden?

Damit wir mit unserem Engagement in den sozialen Medien die definierten Ziele auch tatsächlich erreichen, müssen wir vor dem Einstieg in die sozialen Medien eine **Social-Media-Strategie** erarbeiten (vgl. Abb. 4.8). Dies beinhaltet auch die Bereitstellung der erforderlichen finanziellen und personellen Ressourcen sowie die Art der organisatorischen Verankerung, inkl. der Entwicklung eines Social-Media-Controllings sowie von Social-Media-Guidelines. Besonders wichtig ist hierbei auch der CEO-Support, weil die umfassende Erschließung der Social-Media-Potenziale mit einem Change-Management-Prozess einhergehen wird (vgl. Kap. 9).

Ähnlich wie bei Kundenbindungssystemen werden die verschiedenen **Angebote in den sozialen Medien** zunächst die Fans bzw. diejenigen Personen anziehen, die zum Unternehmen und seinen Marken bereits heute die größte Nähe aufgebaut haben. Wenn ein Angebot auf *Facebook* oder *Twitter* dann nach kurzer Zeit wieder eingestellt wird, werden u. U. die Kontakte zu den wichtigsten Partnern des Unternehmens gekappt. Deshalb sollte beim Einstieg in die sozialen Medien immer auch ein Ausstiegsszenario i. S. einer **Exit-Strategie** angedacht werden. Konkret bedeutet dies, dass bspw. beim erstmaligen Engagement in *Facebook* deutlich gemacht wird, dass es sich bspw. zunächst um eine „sechsmonatige Testphase" handelt. Wenn die entsprechenden Aktivitäten anschließend – aufgrund fehlender Zielerreichung oder Ressourcen – beendet werden, sollte niemand überrascht sein. Werden die Aktivitäten dagegen fortgeführt, dürfte kein Protest laut werden.

▶   **Merk-Box** Jedes Unternehmen ist gut beraten, beim Einstieg ins Social-Media-Marketing einen möglichen Ausstieg vorzudenken.

Ernüchternd ist allerdings der Blick darauf, welche **Voraussetzungen zur Umsetzung eines Social-Media-Marketings** in den Unternehmen bisher geschaffen wurden (vgl. Abb. 4.13; BITKOM 2012b, S. 16). Dabei wird deutlich, dass 59 % der Unternehmen die **erforderlichen Mitarbeiter fehlen**. 66 % haben **keine Ziele definiert**, die sie durch die sozialen Medien erreichen wollen. In 81 % der Unternehmen **fehlen interne Social-Media-Guidelines** für die eigenen Mitarbeiter und 93 % bieten ihren Mitarbeitern auch **keine entsprechenden Weiterbildungen** an. 90 % betreiben **kein Social-Media-Monitoring** und 98 % haben **keine Kennzahlen zur Evaluation der Zielerreichung** definiert. Damit wird in Summe deutlich, wie wenig Unternehmen auf die **Herausforderung der sozialen Medien** vorbereitet sind – und warum sich in vielen Bereichen Erfolge durch Social Media nicht einstellen wollen!

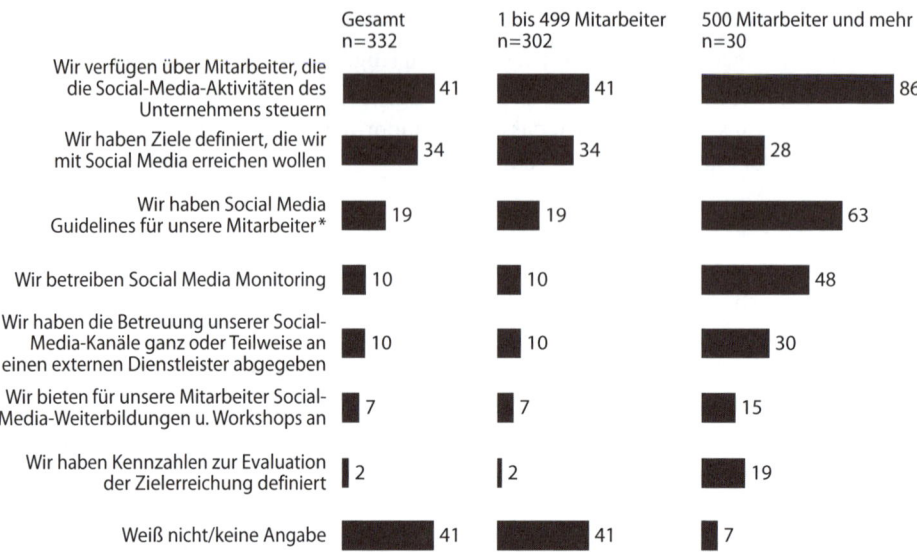

	Gesamt n=332	1 bis 499 Mitarbeiter n=302	500 Mitarbeiter und mehr n=30
Wir verfügen über Mitarbeiter, die die Social-Media-Aktivitäten des Unternehmens steuern	41	41	86
Wir haben Ziele definiert, die wir mit Social Media erreichen wollen	34	34	28
Wir haben Social Media Guidelines für unsere Mitarbeiter*	19	19	63
Wir betreiben Social Media Monitoring	10	10	48
Wir haben die Betreuung unserer Social-Media-Kanäle ganz oder Teilweise an einen externen Dienstleister abgegeben	10	10	30
Wir bieten für unsere Mitarbeiter Social-Media-Weiterbildungen u. Workshops an	7	7	15
Wir haben Kennzahlen zur Evaluation der Zielerreichung definiert	2	2	19
Weiß nicht/keine Angabe	41	41	7

*Interviewer-Hinweis: Das sind Verhaltensweisen für Mitarbeiter bzgl. der beruflichen und privaten Nutzen von Social-Media.

Abb. 4.13 Organisation von Social-Media-Aktivitäten – nach Unternehmensgröße in Mitarbeiterzahl in % (Frage: „Wenn Sie an die interne Organisation Ihrer Social-Media-Aktivitäten denken – welche Aussagen treffen auf Ihr Unternehmen zu?"; Mehrfachnennungen möglich; *n* = 332, Quelle: BITKOM 2012b, S. 17)

Basierend auf unseren Festlegungen bzgl. der Ziele und Strategien eines Social-Media-Engagements sind jetzt von uns die geeigneten **Instrumente und Plattformen der sozialen Medien** auszuwählen (vgl. Abb. 4.8). Ganz entscheidend ist dabei die Frage, ob unser Unternehmen genug Substanz bietet, um attraktive und damit für die unterschiedlichen Stakeholder relevante Inhalte zu liefern. Ohne überzeugende Substanz und damit ohne eine überzeugende **Content-Strategie** wird kein Social-Media-Engagement gelingen. Teilweise wird bereits von **Content-Marketing** gesprochen – so als ob es ein erfolgreiches Marketing je „ohne Content" gegeben hätte. In jedem Falle gilt: „Content is king!" – und nicht alleine die erreichte Reichweite zählt. Letztere ist nur die notwendige Bedingung für eine erfolgreiche Kommunikation, aber alleine nicht ausreichend, damit die Social-Media-Nutzer „am Ball bleiben" und die definierten Social-Media-Ziele tatsächlich auch erreicht werden.

Welche **Social-Media-Plattformen** beim Einsatz in den Unternehmen heute dominieren, zeigt wiederum die BITKOM-Studie (2012b, S. 8; vgl. Abb. 4.14). 86 % der Unternehmen, die sich mit Social Media beschäftigen, setzen auf die **sozialen Netzwerke**. Mit großem Abstand binden lediglich 28 % der Unternehmen **Video-Plattformen** wie *YouTube* sowie **Unternehmens-Blogs** ein. *Twitter* verwenden 25 % der Unternehmen, weitere Plattformen, wie bspw. Wikis, eigene Online-Communitys oder Content-Plattformen werden dagegen kaum genutzt.

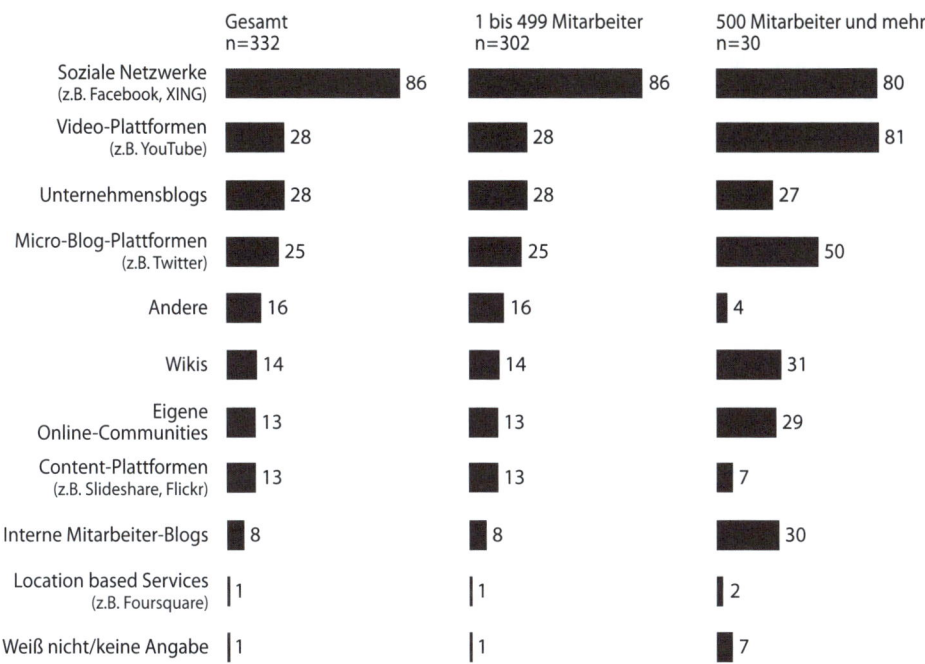

Abb. 4.14 Verbreitung von Social-Media-Plattformen und -Instrumenten – nach Unternehmens-größe in Mitarbeiterzahl in % (Frage: „Wenn Sie an die interne Organisation Ihrer Social-Media-Aktivitäten denken – welche Aussagen treffen auf Ihr Unternehmen zu?"; Mehrfachnennungen möglich; *n* = 332, Quelle: BITKOM 2012b, S. 16)

Bei der **Entwicklung** und insbesondere bei der **Umsetzung einer Social-Media-Konzeption** (inkl. der organisatorischen Verankerung sowie der Schulung der Mitarbeiter) ist darauf zu achten, dass wir nicht nur eine zielgruppenorientierte **Vernetzung der einzelnen sozialen Medien** erreichen, sondern es auch zur einer **Vernetzung mit den weiteren kommunikativen Maßnahmen** des Unternehmens kommt. Dabei gilt es, den gesamten Kommunikations-Mix – und damit medienübergreifend – auf die folgenden drei Leistungsbereiche auszurichten:

- **Aufbau von Awareness**
- **Sicherstellung von Engagement**
- **Erreichung einer Conversion** (i. S. eines Kaufs)

Idealerweise findet diese Vernetzung bereits bei der Definition der Social-Media-Ziele sowie bei der Erarbeitung der Social-Media-Strategien statt. Nur dadurch können wir einen in sich schlüssigen Gesamtauftritt des Unternehmens schaffen, der für die Erreichung der Marketing-Ziele unverzichtbar ist. Das gesamt Social-Media-Engagement ist zunächst in ein **Social-Media-Monitoring** einzubinden, um die – erwünschten und unerwünschten –

Ergebnisse frühzeitig und umfassend zu ermitteln (vgl. Abb. 4.8). Um schnell agieren zu können, nimmt die Bedeutung eines **Realtime Monitorings** zu – um mehr Zeit zum Handeln zu haben. Das Grundkonzept wurde bereits in Kap. 3 dargestellt.

Viele Unternehmen verzichten nach wie vor auf eine Nutzung der sozialen Medien, weil sie **Angst vor einem Kontrollverlust** über ihre Kommunikation und ihre Leistungen haben. Es muss ehrlicherweise zugestanden werden, dass die Unternehmen diese Kontrolle durch die vielfältigen Möglichkeiten des Web 2.0 schon lange verloren haben! Folglich geht es bei einem unternehmerischen Engagement auf den Social-Media-Plattformen darum, den Kontrollverlust partiell zu kompensieren und/oder zu moderieren, um nicht ganz aus dem **Spiel der sozialen Medien** ausgeschlossen zu werden. Dies ist insbesondere für solche Unternehmen unverzichtbar, die für die Öffentlichkeit, ihre Interessenten, Kunden und weitere Stakeholder eine große Bedeutung erlangt haben. Denn durch die **Reichweite der sozialen Medien** können sich negative Aussagen oder Skandale schneller verbreiten und das Image langfristig schädigen – insbesondere dann, wenn die Unternehmen hier nicht präsent sind und kompetent reagieren. Das Mindest-Engagement von Unternehmen in den sozialen Medien stellt folglich das schon angesprochene **Monitoring** der dort ausgetauschten Botschaften dar, um zu sehen, wie Unternehmen, Angebote und Marken besprochen und dargestellt werden. Gerade die sozialen Medien bieten eine bisher nicht vorstellbare Möglichkeit, die „Hände am Puls der Zielgruppe" zu haben und in Realtime zu erfahren, was diese gerade bewegt. Unterbleibt allerdings eine solche Überwachung, können auch keine Gegenmaßnahmen zeitnah und in den relevanten Medien initiiert werden.

Dass diese Aufgabe von uns nicht leicht zu erbringen ist, muss uns bewusst sein. Denn der **Schwarm der Nutzer** ändert seine Meinungen, Empfehlungen und/oder Verhaltensweisen schnell, unvorhersehbar und nicht unbedingt logisch begründet. Die **Viralität der Meinungsäußerung** kann dennoch – ob zu Recht oder Unrecht, fragt hier keiner – schnell große Nutzerkreise „infizieren". Die **Instabilität der Meinung** macht das Agieren in den sozialen Medien für Unternehmen oft schwierig. Außerdem lassen sich online verbreitete Informationen kaum aus dem Internet entfernen. Folglich werden Krisen, wenn das Unternehmen nicht frühzeitig genug und adäquat reagiert, nicht nur viel schneller, sondern auch nachhaltiger verbreitet, als es offline möglich wäre. Eine umgehende Reaktion des Unternehmens auf negative Kommentare ist unverzichtbar, um die Verbreitung und Negativaufladung der Marke zu verhindern.

▶   **Merk-Box** Ein Unternehmen hat kaum Möglichkeiten, sein Erscheinungsbild in den sozialen Medien umfassend selbst zu steuern. Ein Unternehmen kann theoretisch auf ein **Online-Reputation-Management** verzichten – nicht jedoch auf eine **Online-Reputation**. Die Frage ist nur, ob Letztere vom Unternehmen maßgeblich beeinflusst wird und die gewünschten Inhalte aufweist oder ob das Unternehmen von Nutzern „getrieben" wird. Die Chance der sozialen Medien wird dabei – aufgrund einer dominierenden Angst in den Unternehmen – noch missachtet: Jetzt verfügen die Unternehmen über die Möglichkeit, sich auf diesen Plattformen aktiv in die Diskussionen einzubringen!

Welche **Risiken** für Unternehmen mit einem **ungeordneten Einstieg in ein Social-Media-Engagement** verbunden sein können, zeigen die vielen Treffer, die beim Suchbegriff **Social Media Fails** bei *Google* ausgewiesen werden (2013 ca. 130 Millionen Treffer). In vielen Publikationen wird jedoch primär herausgestellt, welche Unternehmen besonders erfolgreich agiert haben. Diese Perspektive wird der Komplexität der sozialen Medien allerdings nicht gerecht. Wir müssen uns zwingend auch mit den Social Media Fails beschäftigen. Denn nur dadurch können wir den sogenannten **Survivorship-Bias** überwinden. Was verbirgt sich dahinter? Viele Analysen und „Ratgeber" konzentrieren sich auf die „Gewinner" der unterschiedlichsten Wettbewerbe. Dabei wird nur gezeigt, welche Überlegenheit bestimmte Vorgehensweisen haben – orientiert an Beispielen von „Gewinnern". In wie vielen Fällen ein ähnliches Vorgehen zum Scheitern geführt hat, bleibt dabei unberücksichtigt. Deshalb sind die Ergebnisse und damit auch die Chancen und Risiken verschiedener Konzepte im Hinblick auf diese Gewinner („Survivors" als Überlebende) verzerrt. Einer solchen Verzerrung können wir dadurch entgegenwirken, dass wir auch diejenigen in der Analyse berücksichtigen, die es nicht geschafft haben und folglich nicht zu den Erfolgreichen zählen. Hierdurch verschieben sich die Ergebnisse häufig dramatisch.

▶   **Merk-Box** Wichtig ist, dass wir uns bei der Analyse von Social-Media-Aktivitäten – und auch bei anderen Analysen – nicht allein auf die erfolgreichen Vorbilder konzentrieren. Mindestens genauso wichtig ist die Analyse des Vorgehens der Gescheiterten, um die Erfolgsaussichten von Konzepten zu bewerten. Denn auch von Verlierern kann man viel lernen! Wer dauerhaften Erfolg haben möchte, sollte sich auch mit den Verlierern eines Spiels beschäftigen.

Um einen solchen Survivor-Bias bei den sozialen Medien zu vermeiden, haben wir eine große Zahl von Unternehmen analysiert, denen in den sozialen Medien kein Erfolg vergönnt war. Die wichtigsten ermittelten **Misserfolgsfaktoren beim Einsatz der sozialen Medien** werden nachfolgend aufgezeigt:

• **Verzicht auf eine selbstkritische Analyse des Status quo**
Unternehmen waren teilweise erstaunt über die **Aggressivität der Reaktionen**, die ein erstmaliges Engagement in Blogs oder in sozialen Netzwerken zur Folge hatte. Hier war im Unternehmen – oder bei den verantwortlichen Führungskräften – nicht bekannt, in welchem Ausmaß **Unzufriedenheit in der eigenen Klientel** vorherrschte. Diese fand jetzt erstmals ein für das Unternehmen – aber auch für die interessierte Öffentlichkeit – sichtbares Ventil. Sich auf diese Weise seiner bisherigen „blinden Flecken" bewusst zu werden, kann besonders schmerzhaft sein und sollte von uns deshalb dringend vermieden werden.

▶   **Merk-Box** Eine **umfassende Status-quo-Analyse** hinsichtlich der Bewertung des eigenen Unternehmens durch relevante Stakeholder ist eine unverzichtbare **Voraussetzung jedes Social-Media-Engagements**.

- **Verzicht auf eine Online-Response bei einem Online-Angriff**
Teilweise versuchen sich Unternehmen, die in den sozialen Medien angegriffen werden, durch den Einsatz der klassischen (und vertrauten, weil gelernten) Offline-Medien zu rechtfertigen und zu wehren. Hierbei wird vernachlässigt, dass man die Verursacher entsprechender Attacken durch die klassischen Medien oft gar nicht erreicht und den Angreifern damit einen Aktionsraum gewährt, in dem das betroffene Unternehmen selbst nicht agiert. Deshalb müssen wir als Unternehmen fast zwingend die durch die Kritiker definierten **Kommunikationskanäle** akzeptieren, auch wenn diese für uns weniger vertraut sind. Wenn ein negatives Video auf *YouTube* gepostet und dieses über *Twitter* und *Facebook* weiter kommuniziert wurde, dann ist ein Engagement des Unternehmens in diesen drei Medien gefordert, um die Sender und Empfänger der Negativmeldung zu erreichen. Dadurch wird zusätzlich nachvollziehbar, was mit der Aussage „Dialog auf Augenhöhe" gemeint ist.

▶   **Merk-Box** Der **Dialog** innerhalb der sozialen Medien ist stets **dort aufzunehmen, wo die Positiv- bzw. insbesondere die Negativmeldungen zirkulieren**. Hier müssen die Unternehmen fast zwingend der Nutzer-Gemeinschaft folgen – und nicht auf die Kommunikation in einem Medium wechseln, welches den Unternehmen u. U. „mehr liegt" (bspw. klassische Pressemitteilungen oder Pressekonferenzen).

- **Nutzung langwieriger rechtlicher Abwehrinstrumente auf Online-Attacken**
Die Nutzung rechtlicher Mittel gegenüber – aus Sicht des Unternehmens – ungerechtfertigten Angriffen ist oft wenig zielführend. Zum Ersten lassen sich die hinter „unliebsamen oder unrichtigen" Äußerungen stehenden Personen oder Institutionen oft nicht ausfindig machen. Zum Zweiten ist der **Rechtsweg** häufig so langwierig, dass die Attacke im Zweifel schon ausgelaufen ist und ihre nachhaltig schädigende Wirkung bereits erzielt hat, bevor angestrebte Urteile gefällt sind. Zum Dritten führt eine gerichtliche Auseinandersetzung oft erst dazu, dass weitere Medien und Nutzer auf eine solche Auseinandersetzung aufmerksam werden. Vielfach reicht dazu eine Abmahnung oder die Ankündigung einer Klage bereits aus – womit wir uns und unseren Unternehmen einen Bärendienst erweisen.

▶   **Merk-Box** Das **Einschlagen des „Rechtswegs"** wird von Nutzern i. d. R. als Zeichen der Schwäche interpretiert und medial abgestraft. Eine dauerhafte und reputationsfördernde Lösung stellt dieser Schritt selten dar.

- **Unternehmensgesteuerter Missbrauch von Bewertungsplattformen**
Auch wenn es vielen Unternehmen verführerisch erscheint, die eigenen Leistungen auf den diversen Bewertungsplattformen anzupreisen, ist vor dieser Art der Manipulation zu warnen. Es gibt genügend Internet-Nutzer, die sich darüber profilieren wollen, dass sie genau solche **Manipulationen** aufdecken und in einschlägigen Blogs für alle

einsehbar machen. Das heißt konkret: Die Aufforderung, nur gute Bewertungen auszu-
sprechen und schlechte Bewertungen als wenig hilfreich einstufen zu lassen, sollten wir
unterlassen. Zufriedene Kunden dagegen zu motivieren, ihre Einschätzungen auf solchen Plattformen kundzutun, kann keinem Unternehmen übel genommen werden.

> ▸ **Merk-Box** Unternehmen sollten konsequent darauf *verzichten*, sich durch
> **selbstverfasste Posts und Bewertungen** auf Bewertungsplattformen in ein
> besseres Licht zu rücken. Dies wird häufig erkannt und sehr konsequent abge-
> straft.

- **Platzierung bezahlter PR-Beiträge in einschlägigen Communitys, Foren und Blogs**
  Leichter, als dies in den klassischen Medien der Fall ist, können Internet-Nutzer manipu-
  lierte, bezahlte oder bewusst unter anderer Identität eingefügte Beiträge in Communitys,
  Foren und Blogs identifizieren. Ein entsprechendes Vorgehen der *Deutschen Bahn*, mit
  dem die Privatisierung durch entsprechend positive Beiträge in Zeitungen, Leserbrie-
  fen und Blogeinträgen (bspw. auf *Spiegel-Online*) unterstützt werden sollte, wurde 2009
  aufgedeckt und hatte die Entlassung der verantwortlichen Mitarbeiter zur Folge.

> ▸ **Merk-Box** Der **Verzicht auf gefälschte oder bezahlte PR-Beiträge** in den
> sozialen Medien ist für eine überzeugende Online-Reputation unverzichtbar.
> Schummeleien haben in den sozialen Medien besonders kurze Beine.

- **Große Zeitversetzung zwischen „Angriff" und „Gegenangriff"**
  Dass das Internet ein schnelles Medium ist, in dem sich Botschaften durch virale Effekte besonders schnell verbreiten, müsste eigentlich nicht gesondert erwähnt werden.
  Allerdings reagieren Unternehmen auf Angriffe im Netz noch zu häufig mit **großer Zeitversetzung**. Je länger ungerechtfertigte oder auch gerechtfertigte Kritik im Internet zu
  finden ist, auf die ein Unternehmen nicht reagiert, desto größer und nachhaltiger können die Imagebeeinträchtigungen sein. Außerdem gilt hier die „gefühlte" Devise: Wer
  sich nicht wehrt, ist im Unrecht!

> ▸ **Merk-Box** **Schnelligkeit der Reaktion** auf Kommentare der Nutzer in den so-
> zialen Medien ist ein Muss! Außerdem gilt auch hier: Man kann nicht nicht kom-
> munizieren! (*Paul Watzlawick*). Das bedeutet, dass auch ein Schweigen des Un-
> ternehmens ein Statement darstellt, das wiederum umfassend (negativ) kom-
> mentiert werden kann.

- **Keine wertschätzende Reaktion auf Online-Kommentare**
  Auch wenn Unternehmen viele Online-Statements und -Beiträge inhaltlich und formal
  zu kritisieren haben – sie sollten ihre Kritiker immer ernst nehmen und wertschätzend
  auf deren Aussagen reagieren (auch wenn es uns manchmal schwerfallen dürfte). Eine
  arrogante, ironische oder zu belehrende Ansprache kann ein **kommunikatives Desaster**
  zur Folge haben.

Manches Mal kann auch eine Nicht-Reaktion auf eine „polemische Anmache" besser sein. Bevor wir schweigen, sollten wir allerdings genau überprüfen, in welche Richtung sich die kommunikative Welle bewegt und ob zu befürchten ist, dass eine länger anhaltende **Themenkarriere** im Internet zu erwarten ist. In welchen Fällen eine Reaktion erfolgen sollte, ist natürlich auch von der **Bedeutung des Kommunikators** abhängig. Ist dies eine unbekannte, kaum vernetzte Person, kann ein Schweigen eher angemessen sein, als wenn ein aktiver, umfassend anerkannter Blogger oder Twitterer, der über eine intensive Vernetzung verfügt, eine kritische Stellungnahme abgibt. Deshalb ist im Vorfeld der **Vernetzungsgrad der Kritiker** zu ermitteln.

▸   **Merk-Box** **Wertschätzung** stellt die Leitidee für jede Kommunikation in den Online-Medien dar – und nicht nur dort!

• **Ungeprüfte Übernahme von Content aus anderen Quellen**
Um ihre Website aktuell und dynamisch zu gestalten, haben Unternehmen teilweise Inhalte (etwa *Twitter*-Tweets), die den Namen des eigenen Unternehmens oder der eigenen Produkte und Dienstleistungen enthielten, (ungefiltert) zur Anzeige auf die eigene Homepage übernommen. Dies birgt natürlich hohe Risiken. Möchten Gegner oder „Spaßvögel" diese Mechanik unterlaufen, dann brauchen sie nur entsprechende Inhalte mit den relevanten Namen zu platzieren, um auf der Unternehmens-Homepage zu erscheinen. Der Kreativität, wie solche Meldungen ausfallen können, sind keine Grenzen gesetzt!

▸   **Merk-Box** Auf eine **(ungeprüfte) Übernahme von Inhalten** sollte – insbesondere bei Online-Quellen – **verzichtet** werden. Sorgfalt geht – trotz ggf. anderer Erwartungen – vor Schnelligkeit.

• **Verwendung von unhaltbaren und/oder eindeutig widerlegbaren Aussagen in der Unternehmenskommunikation**
Eigentlich stellt es eine Selbstverständlichkeit dar, auf unwahre Aussagen in der Unternehmenskommunikation zu verzichten. Während derartige Aussagen in der Vergangenheit vielfach unkommentiert blieben, weil keine schlagkräftigen Medien verfügbar waren, um darüber zu berichten, steht Kritikern heute eine Vielzahl von Medienplattformen zur Verfügung. Internet-Nutzer suchen teilweise systematisch nach Gegenbeispielen zu offiziellen Unternehmensstatements und decken bspw. auf, welche Unternehmen nur Greenwashing betreiben, statt sich der gesellschaftlichen Verantwortung tatsächlich zu stellen. Durch **Greenwashing** wird versucht, in der Öffentlichkeit das Image eines umweltbewussten Unternehmens aufzubauen, ohne dies durch entsprechende Aktivitäten zu untermauern.

Besonders dramatisch wird ein solches Verhalten, wenn – wie bereits geschehen – entsprechende *Facebook*-Gruppen zu solchen Kampagnen „geentert" werden und auf den Widerspruch zwischen Sagen und Tun hingewiesen wird. Teilweise werden auch Websites aufgebaut, die ein **Negatives Campaigning** betreiben, welches umgangssprachlich auch als „Mudslinging" (zu Deutsch „Schlammschlacht") bezeichnet wird. Darunter versteht man im Allgemeinen den Versuch, eine Überlegenheit gegenüber Wettbewerbern durch die Kommunikation von negativen Beiträgen über diese zu erreichen. Im Social-Media-Kontext kann das Negative Campaigning bspw. von nicht-kommerziellen Organisationen wie *Greenpeace*, aber auch von Einzelpersonen genutzt werden, um Verfehlungen der Unternehmen gegen die eigenen Corporate Values und Verhaltenskodizes zu verbreiten. Hierdurch sollen die betroffenen Unternehmen zur Kurskorrektur ihrer Verhaltensweisen motiviert bzw. gezwungen und andere Unternehmen von „Fehlverhalten" abgehalten werden.

▶   **Merk-Box** **Ehrlichkeit** – nicht nur in den sozialen Medien – stellt eine wichtige Leitidee für die Unternehmenskommunikation dar. Unehrlichkeit ist gerade in den sozialen Medien leicht aufzudecken und kann sehr einfach weltweit angeprangert werden.

• **Unzureichende Integration der unterschiedlichen Social-Media-Engagements**
Internet-Nutzer sind häufig parallel in unterschiedlichen sozialen Medien aktiv – und erwarten dies häufig auch von ihren „Unternehmenspartnern". Deshalb sollte das Social-Media-Engagement systematisch auf Integration ausgerichtet sein. So kann bspw. eine *Facebook*-Seite mit dem *Twitter*-Konto verbunden werden, um eigene Tweets zu kommunizieren. Weist der Corporate Blog und/oder die eigene Website Buttons der Social-Bookmarking-Plattformen auf, so können die entsprechenden Inhalte gewertet und über die Plattformen – im Idealfall – weiterempfohlen werden. Videos auf *YouTube* können in Blogs, auf *Facebook*-Seiten und auf der eigenen Website integriert werden.

▶   **Merk-Box** Ein Engagement in den sozialen Medien steht und fällt mit dem Ausmaß der **Integration in die gesamte Unternehmenskommunikation** bzw. den gesamten Unternehmensauftritt.

    Die **Social Revolution** ist im vollen Gange. Es ist an uns, zu prüfen, wie wir uns innerhalb dieser veränderten Rahmenbedingungen aufstellen sollten, um unser **unternehmerisches Überleben** langfristig abzusichern.

▶   **Food for Thought** Die **Social Landscape** fordert uns zunehmend heraus. Sind wir bereit und in der Lage, uns zu einem **Social Enterprise** zu entwickeln?

Quick Wins

Wie Marketing zum ROI-Treiber im Unternehmen wird

5

In Abb. 1.2 wurde bereits deutlich, dass sich 56 % der CMOs unzureichend vorbereitet fühlen, die **Verantwortung für den ROI** zu übernehmen. Um dieses Defizit zu überwinden, werden in diesem Kapitel wichtige Orientierungspunkte vermittelt. Ein für das gesamte Unternehmen und insbesondere für das Marketing zentraler Begriff hierzu ist der Kundenwert. Dabei gilt es, den Kundenwert in seinen beiden Bedeutungssichten zu erkennen: Zum einen geht es um den Wert, den ein Unternehmen für den Kunden bereitstellt und diesen motiviert, den Kauf zu tätigen (im Folgenden **„Wert für den Kunden"**). Zum anderen geht es um den Wert, den ein Kunde für das Unternehmen selbst generiert (im Folgenden **„Kundenwert"**). Beide Wertbeiträge sind in eine ausgewogene Beziehung zu setzen, weil sonst kein Unternehmen langfristig überleben kann (vgl. Abb. 5.1). Hier ist folglich das wichtige **Do-ut-des-Prinzip** hinsichtlich des Ausgleichs zwischen „Wert für das Unternehmen" und „Kundenwert" zu berücksichtigen. Die Gleichung lautet folglich: Die Kunden erarbeiten dann für uns den größten „Kundenwert", wenn wir den größten „Wert für den Kunden" generieren.

Eine zentrale Ursache dafür, dass sich CMOs auf die **Übernahme der Verantwortung für den ROI** schlecht vorbereitet fühlen, kann im **fehlenden Fokus auf den Kundenwert** gesehen werden. Vielfach wurde die Aufgabe des Marketings darin gesehen, Mehrwert für den Kunden i. S. des „Werts für den Kunden" zu schaffen und dessen Erwartungshaltungen – auch und gerade im Umgang mit den sozialen Medien – umfassend zu bedienen.

Abb. 5.1 Sicherstellung einer Ausgewogenheit zwischen den generierten Wertbeiträgen

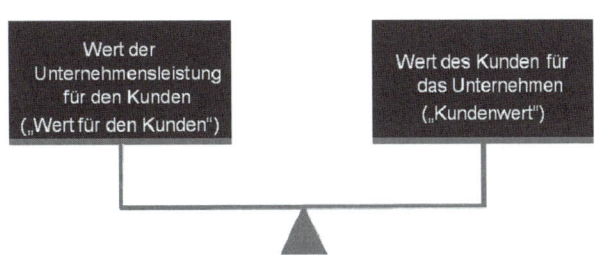

R. T. Kreutzer und K.-H. Land, *Digitaler Darwinismus*, DOI 10.1007/978-3-658-01260-1_5,
© Springer Fachmedien Wiesbaden 2013

Weniger deutlich und weniger laut wurde dabei – auch vom Marketing und den dafür Verantwortlichen selbst – die Frage gestellt, welcher (zusätzliche) Kundenwert durch die verschiedenen Aktivitäten erreicht werden soll. Die Frage nach Zusatzbudgets ist schnell gestellt – die Antwort hinsichtlich der zusätzlich erzielbaren Kundenwerte dagegen deutlich schwerer zu liefern.

Welchen Stellenwert nimmt die **Diskussion um den Kundenwert** bzw. generell die **Ergebnisorientierung des Marketings** heute ein – auch in unserem Unternehmen? In Summe muss zunächst festgestellt werden, dass es an einer konsequenten Ergebnisorientierung im Marketing häufig noch fehlt. Eine solche Orientierung ist vielfach noch wenig ausgeprägt. Dabei ist diese für eine breite Akzeptanz des Marketings im Unternehmen unverzichtbar, wenn Marketing und die entsprechenden Verantwortungsträger aus der Ecke der „Cash-Burner" herauskommen wollen.

Das bedeutet nichts anderes, als dass CMOs sich aktiv und umfassend darum bemühen sollten, ihren Leistungsbeitrag zur Erreichung gerade auch von monetären Unternehmenszielen sichtbar und damit auch bewertbar zu machen. Die Zauberformel dazu heißt: **Return-on-Marketing-Investment** (ROMI) als spezielle Ausgestaltung des ROI. Deshalb gilt es schon bei der Konzeption von Marketing-Maßnahmen darauf zu achten, dass **Messpunkte zur Erfolgskontrolle** eingeplant und aussagefähige **Key-Performance-Indicators** (KPIs) definiert werden. Eine 2010 durchgeführte eigene Studie bei bereits Dialog-Marketing- und damit auch Analyse-affinen Unternehmen in Deutschland hat allerdings gezeigt, dass lediglich 43 % eine auf Kampagnen bezogene **Profitabilitätsmessung bei Marketing-Aktionen** vornehmen (vgl. Abb. 5.2). Detaillierte Auswertungen auf der Ebene von Produktangeboten, Produkten oder Werbemitteln werden noch seltener durchgeführt. Dabei gilt nach wie vor: Fragen nach messbaren Ergebnissen in Marketing, Online-Marketing und insbesondere im Hinblick auf die sozialen Medien sind relevant – aber häufig unbeliebt!

Eine spezifische Ausprägung der Ergebnisorientierung des Marketings stellt ein **wertorientiertes Kundenmanagement** dar, das auf dem Kundenwert als zentralem Key-Performance-Indicator aufsetzt.

▶ **Merk-Box** Durch ein **wertorientiertes Kundenmanagement** kann das Marketing seinen monetären Leistungsbeitrag für die Erreichung der Unternehmensziele nachhaltig unter Beweis stellen.

Allerdings stellt dieser **Kundenwert** in der Mehrheit der Unternehmen immer noch **keine zentrale Steuerungsgröße** dar, wie die eben vorgestellte Studie ebenfalls zeigt. Danach werten Unternehmen bspw. Maßnahmen zur Interessenten- und Neukundengewinnung primär auf Kampagnenebene aus (43 %), während eine Bewertung auf Kundengruppen- bzw. auf Einzelkundenebene mit 23 % bzw. mit 18 % noch die große Ausnahme darstellt (vgl. Abb. 5.2). Damit wird sichtbar, warum hinsichtlich der erforderlichen **Übernahme von Verantwortung für den ROI** noch so große Unsicherheiten vorliegen. Die **Ermittlung der Leistungsbeiträge des Marketings für das Unternehmen** bleibt häufig bei **po-**

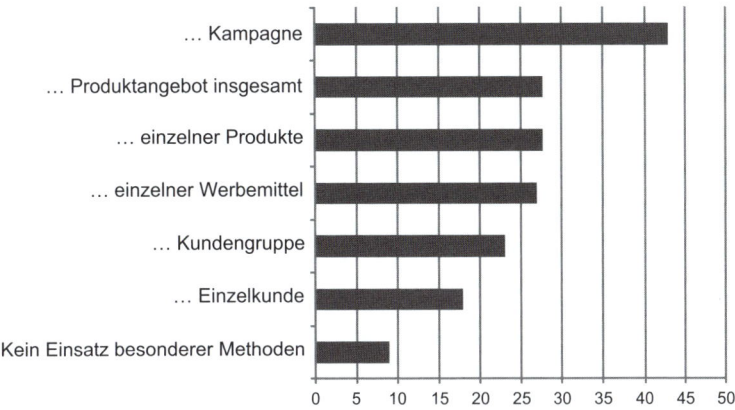

Abb. 5.2 Ebenen, auf denen Maßnahmen zur Profitabilitätsmessung bei Dialog-Marketing-affinen Unternehmen eingesetzt werden – in % (Mehrfachnennungen möglich, $n = 70$, Quelle: Kreutzer und Schober 2010, S. 21)

tenzialorientierten Zielen stehen. Dabei geht es um die Bekanntheit und das Image von Unternehmen und Marken, die Kaufbereitschaft und – schon analytisch anspruchsvoller – den Markenwert. Hierbei bleibt aber nach wie vor unberücksichtigt, zu welchen Umsätzen oder besser Gewinnen die unterschiedlichen Marketing-Aktivitäten in welchem Ausmaß beigetragen haben. Dass zu derartigen Ermittlungen die häufig in den Unternehmen noch festzustellende **kognitive Firewall zwischen Marketing und Vertrieb** eingerissen werden muss, versteht sich von selbst. Die überzeugendste Maßnahme, eine solche Firewall zu überwinden, ist die **Verpflichtung auf die Erreichung gemeinsamer, gleicher Ziele**. Ggf. müssen dazu auch die verantwortlichen Vorstände über ihren Schatten springen, wenn Marketing und Vertrieb in verschiedenen Vorstandsressorts verantwortet werden!

> **Think-Box**
>
> - An welchen Erfolgsgrößen lässt sich Marketing in meinem Unternehmen messen?
> - Liegt ein Fokus der Bewertung von Marketing-Aktivitäten auf potenzialorientierten Zielen?
> - Oder wird geprüft, in welchem Ausmaß Marketing zur Erreichung von Umsatz- und Gewinnzielen beiträgt?
> - Wie groß ist die kognitive Firewall zwischen Marketing und Vertrieb? Begegnen diese sich als „Bewohner verschiedener Planeten" oder arbeiten diese im Hinblick auf – gleiche – Ziele zusammen?
> - Wer kann in meinem Unternehmen die entscheidenden Impulse geben, um die Ergebnisorientierung im Marketing einzufordern?

Gespräche mit vielen der von uns betreuten Klienten haben immer wieder gezeigt, dass die nachfolgenden **Fragen** heute in Unternehmen nach wie noch viel zu häufig **unbeantwortet** bleiben:

- Wer sind meine „besten" Kunden und woran wird „das Beste" gemessen (Umsatz/ Deckungsbeitrag – als Vergangenheits-/Ist-Wert oder als Prognose)?
- Wie loyal sind die Kunden und woran wird „Loyalität" gemessen (Länge der Kundenbeziehung, Umsatzhöhe – absolut oder relativ i. S. Share of Wallet, Ausmaß an erfolgreichen Weiterempfehlungen)?
- Auf welche Segmente werden heute Kundenbindungsmaßnahmen fokussiert – und warum?
- Über welche Akquisitionswege und -maßnahmen werden die besten/schlechtesten Kunden gewonnen – und warum?
- Durch welche Angebote werden die besten/schlechtesten Kunden gewonnen – und warum?
- Durch welche Betreuungsmaßnahmen werden Kunden am effizientesten gebunden – und warum?

Ohne eine umfassende Beantwortung der oben genannten Fragen ist das Unternehmen im **Blindflug-Modus** unterwegs. Akquisitionskonzepte werden weitergeführt, obwohl gar nicht klar ist, ob dadurch nachhaltig wertschöpfende Kunden gewonnen werden können. Die Kundenbetreuung fokussiert auf bestimmte Kunden – ggf. die mit dem größten Umsatz oder der stärksten (Vorstands-)Präsenz – unabhängig davon, ob diese Kunden tatsächlich auch die größten Wertbeiträge für das Unternehmen generieren. Maßnahmen zur Kundenbindung werden aufgesetzt, ohne im Einzelnen zu prüfen, welche Kunden – im Hinblick auf ihr zukünftiges Ergebnispotenzial – für das Unternehmen besonders wertvoll sind. Eine solche Situation gilt es zu überwinden.

Think-Box

- Wie ist das in meinem Unternehmen – sind wir auch im Blindflug-Modus unterwegs?
- Welcher Stellenwert kommt dem Kundenwert in meinem Unternehmen zu?
- Werden Maßnahmen aufgrund des Kundenwertes in meinem Unternehmen gesteuert?
- Wo ist die Verantwortlichkeit für die Umsetzung eines wertorientierten Kundenmanagements anzusiedeln?

Wenn solche Fragen nicht oder nicht fundiert beantwortet werden können, erreicht die **Marketing-Steuerung** weder ihre **Effizienzziele** („Doing the right things") noch ihre

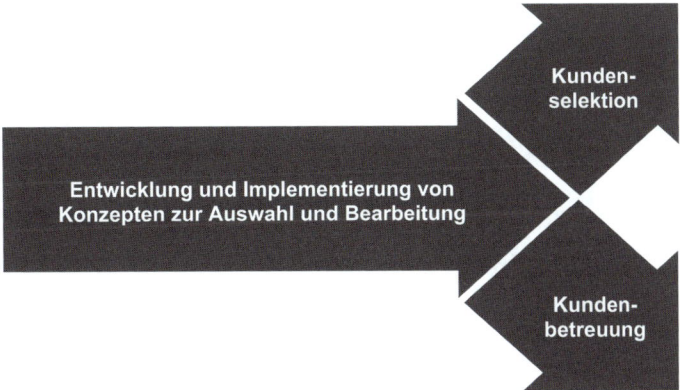

Abb. 5.3 Stoßrichtungen eines wertorientierten Kundenmanagements

Effektivitätsziele („Doing things right"), weil harte, monetäre Bewertungskriterien fehlen. Dann gilt eher: „Wir wissen zwar nicht, wohin wir wollen, sind aber gut vorangekommen!" Die Notwendigkeit, diese Situation zu überwinden, ergibt sich aus der Tatsache, dass die CMOs noch stärker als bisher gefordert sind, ihrer Verantwortung für den ROI Rechnung zu tragen. Soll sich **Marketing** nicht nur **als Strategieführer**, sondern unternehmensintern auch **als Profittreiber** positionieren, muss Marketing seine Aktivitäten noch stärker auf die **Beweisbarkeit der Profitabilität des eigenen Tuns** ausrichten.

Hieraus ergibt sich die Notwendigkeit, ein tragfähiges Bewertungskonzept einzusetzen, welches hilft, die oben genannten Fragen zu beantworten. Die qualifizierte **Ermittlung des Kundenwertes** stellt folglich die **Grundlage für ein wertorientiertes Kundenmanagement** dar. Hierunter ist die Entwicklung und Implementierung von Konzepten zu verstehen, die zur **Auswahl und Bearbeitung profitabler Kundenbeziehungen** beitragen (vgl. Abb. 5.3). Es wird deutlich, dass beim wertorientierten Kundenmanagement zwei Aufgaben zentral sind: zum einen die **Auswahl der zu gewinnenden und zu bindenden Kunden**, zum anderen die spezifische **Ausgestaltung der Kundenbetreuung**.

Zusammenfassend können die **Aufgaben eines wertorientierten Kundenmanagements** gekennzeichnet werden als Selektion, Aufbau, Gestaltung, Erhaltung und Beendigung von Geschäftsbeziehungen zu einzelnen Kunden oder Kundengruppen auf Basis derer Wertbeiträge zu definierten Unternehmenszielen (vgl. Helm und Günter 2006, S. 11).

Analysiert man heute in Unternehmen, in welcher Weise der Wertbeitrag einzelner Kunden operationalisiert wird – wenn überhaupt –, dann zeigt sich häufig das in Abb. 5.4 dargestellte Bild. Es finden sich – abgesehen von den Unternehmen, die ihre Kunden überhaupt nicht klassifizieren (können) – eher allgemeine Beschreibungen wie **gute/schlechte Kunden**, wobei unklar bleibt, was sich dahinter genau verbirgt. **Groß- und Klein-Kunden** sind weitere Klassifizierungen, wohinter sich häufig die im Einzelfall zu widerlegende Erwartung verbirgt, dass ein Großkunde automatisch auch ein profitablerer Kunde sei. Auch die Unterscheidungen zwischen **Lauf- und Stammkunden** oder zwischen **Online- und**

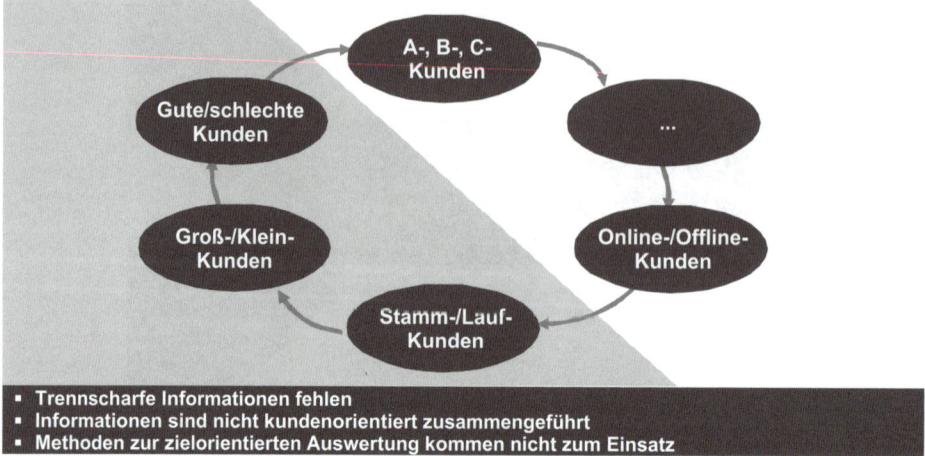

Abb. 5.4 Umsetzung des Kundenwert-Ansatzes in vielen Unternehmen – heute

Offline-Kunden kennzeichnen zwar ein Verhaltensmerkmal der Kunden, sagen jedoch nichts über Umsatzhöhen und erzielte Deckungsbeiträge für das Unternehmen aus.

Die **ABC-Analyse** hilft hier zwar etwas weiter, weil zumindest die Verteilung der Kunden in Abhängigkeit ihrer Umsatzhöhe oder der erzielten Deckungsbeiträge dargestellt wird. Die dabei sichtbar werdenden Konzentrationseffekte können bei der Fokussierung von „Management-Attention" sowie von Bindungsmaßnahmen eine wichtige Orientierung liefern. Allerdings wird bei der klassischen ABC-Analyse „Verhalten aus der Vergangenheit" im „Jetzt" belohnt, während zukünftige Potenzialträger, die heute noch im B- und C-Segment zu finden sind, auf eine wertorientierte Betreuung verzichten müssen. Denn deren Potenzial wurde bisher nicht berücksichtigt. Damit gilt: Es muss eine höhere Informationsdichte geschaffen werden, um das Erkenntnispotenzial für ein wertorientiertes Kundenmanagement auszuschöpfen.

Die **dominierenden Fehlerquellen**, die wir beim Aufbau eines wertorientierten Kundenmanagements beseitigen müssen, sind in Abb. 5.5 aufgezeigt. Zunächst einmal findet häufig eine **Kundenwertermittlung ex post** statt, ohne kritisch zu hinterfragen, ob das von Kunden in der Vergangenheit gezeigte Verhalten auch in der Zukunft zu erwarten ist. Wenn ich den Neuwagenkäufer von heute als Top-Kunden bezeichne, vernachlässige ich die Tatsache, dass dieser vielleicht erst in vier bis fünf Jahren den nächsten Kauf tätigt. Durch eine solche Vorgehensweise wird folglich systematisch verhindert, dass Kunden mit Entwicklungspotenzial (der „Neuwagenkäufer von morgen") erkannt und folglich auch angemessen bearbeitet werden können.

Ein weiterer Kritikpunkt sind **statische Modelle,** die auf eine reine Trendextrapolation nach dem Motto „mehr vom Gleichen" setzen, ohne mögliche Systembrüche zu antizipieren und bei der Kundenwertermittlung zu berücksichtigen (bspw. der Wechsel eines Kunden vom Offline- auf einen Online-Kanal). Gerade hierzu kann der informatorische

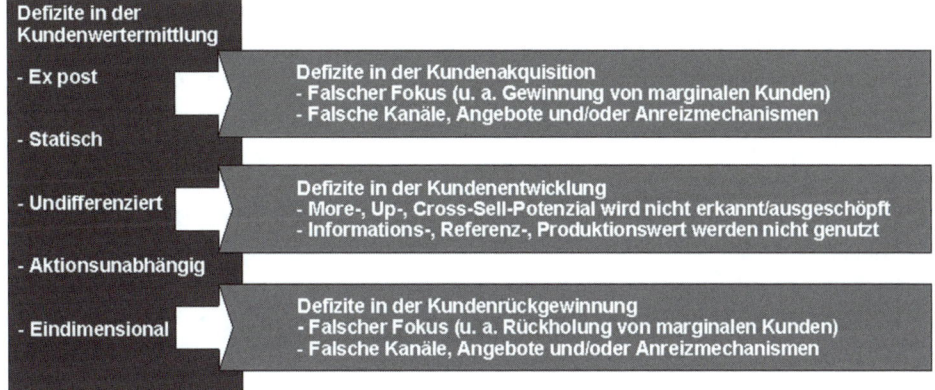

Abb. 5.5 Fehlerquellen in der Kundensteuerung (Quelle: In Anlehnung an Helm und Günter 2006, S. 24)

Zugriff auf die größte Präferenzdatenbank der Welt – *Facebook* – sehr interessante Erkenntnisse liefern (vgl. Kap. 7).

Ein **undifferenzierter Ansatz** liegt dann vor, wenn bei der Kundenwertermittlung nicht berücksichtigt wird, dass sich unterschiedliche Kundengruppen im Zeitablauf verschieden entwickeln können. Zusätzlich ist die häufig festzustellende **Aktionsunabhängigkeit der Kundenbewertung** zu kritisieren. Dabei bleibt unberücksichtigt, dass ein großer Unterschied hinsichtlich des Kundenwertes vorliegen kann, je nachdem, über welchen Weg ein Kunde angesprochen bzw. welches Angebot diesem unterbreitet werden soll. Für eine Ansprache per Telefon kann der Kunde prädestiniert sein und damit einen hohen Kundenwert für eine Verkaufsaktion darstellen. Da der gleiche Kunde auf eine E-Mail-Ansprache aber so gut wie nie reagiert, wird dessen Wert für eine E-Mail-Ansprache entsprechend niedrig ausfallen. Bei einer **Eindimensionalität der Kundenwertermittlung** wird lediglich ein Kriterium zur Wertermittlung herangezogen. Häufig ist dies der Umsatz, ohne zu berücksichtigen, dass dieser nicht bei allen Kundengruppen positiv mit Deckungsbeitrag korreliert.

Die Folgen eines solchen Vorgehens sind **Defizite in der Kundenakquisition** (vgl. Abb. 5.5). Durch eine ungenügende Kundenwertermittlung werden u. U. marginale, d. h. nur noch „am Rande" für ein Unternehmen relevante Kunden gewonnen, die keine oder negative Deckungsbeiträge erwirtschaften. Außerdem werden möglicherweise weiterhin Kommunikationskanäle, Angebote zur Neukundengewinnung und/oder spezifische Anreizmechanismen eingesetzt, die nicht zu langfristig werthaltigen Kunden führen. Zusätzlich treten **Defizite in der Kundenentwicklung** auf, weil More-, Up- und Cross-Sell-Potenzial nicht erkannt oder nicht auf geeignete Weise ausgeschöpft werden kann. Außerdem wird ein möglicher Informations-, Referenz- und Produktionswert von Kunden nicht genutzt, weil dieser bei der Bewertung schlicht ignoriert wird. So setzt ein Unternehmen u. U. immer wieder „aufs falsche Pferd", weil die relevanten Steuerungsinformationen fehlen. Schließlich stellen sich auch **Defizite in der Kundenrückgewinnung** ein, weil bei dieser ein falscher Fokus vorliegt. So können u. U. auch „marginale Kunden" zurückgewonnen werden, die für das Unternehmen nur noch am Rande interessant sind. Oder es werden wiederum falsche Kanäle, Angebote und/oder Anreizmechanismen eingesetzt (vgl. Abb. 5.5).

Think-Box

- Wie wird in meinem Unternehmen der Kundenwert berechnet – wenn überhaupt?
- Wie häufig wird das zugrunde liegende Konzept der Kundenwertermittlung auf seine Erkenntniskraft hin untersucht?
- Wer ist für die Verankerung des Kundenwertes im Zuge der Kundenakquisition, Kundenentwicklung und Kundenrückgewinnung verantwortlich?
- Werden Mitarbeiter anhand des erzielten Kundenwertes bewertet und entlohnt?

Ein Kundenmanagement, welches dagegen konsequent auf einem aussagefähigen Kundenwert basiert, kann einen **aktionsbezogenen Blindflug des Unternehmens vermeiden** und bei Akquisition und Betreuung von Kunden die geeigneten Fokusse setzen (vgl. Abb. 5.6). Dann können in der **Sphäre der Akquisition** die richtigen Schwerpunkte bei Ansprache und Kanälen, bei initialen Angeboten sowie bei den einzugehenden Kooperationen zur Kundenakquisition gesetzt werden. In der **Sphäre der Betreuung** können die Kunden mit Entwicklungspotenzial fokussiert und die geeigneten Kunden in Bindungsprogramme integriert werden. Gleichzeitig wird sichtbar, welche Kunden zurückgewonnen werden sollten und von welchen man sich gerne verabschiedet.

Welche Konzepte und Kriterien bei der Ermittlung des Kundenwertes eingesetzt werden können, zeigt Abb. 5.7. Zunächst kann beim **Zeitbezug** danach unterschieden werden, ob – wie oben beschrieben – eine reine **Ex-post-Betrachtung** stattfindet oder ob versucht wird, zukünftige Entwicklungen zu prognostizieren (**Ex-ante-Ansatz**). Viele Unternehmen präferieren immer noch die Ex-post-Betrachtung, obwohl diese nicht wirklich steuerungsrelevant ist. Zusätzlich ist zu prüfen, ob ein **Ein-Perioden-Ansatz** (bspw. durch die Beschränkung auf eine halbjährige Bestellsaison im Online-Handel oder auf ein komplettes Geschäftsjahr) stattfinden soll oder ob mehrere Perioden in die Ermittlung des Kundenwertes einfließen sollen. Die diesbezügliche Entscheidung ist abhängig davon, welche saisonalen Schwankungen ein Geschäftsfeld beinhaltet. Im Online-Handel kann es bspw. sinnvoll sein, die Frühjahr/Sommer- bzw. Herbst/Winter-Saison getrennt voneinander zu bewerten, weil es hier häufig reine Saison-Käufer gibt. Eine **periodenübergreifende Betrachtung** würde sonst aus einem „Top-Kunden Frühjahr/Sommer" und einem „Nicht-Kunden Herbst/Winter" kundenwertbezogen einen Durchschnittskunden machen – und damit den Spezifika des Kunden nicht gerecht werden.

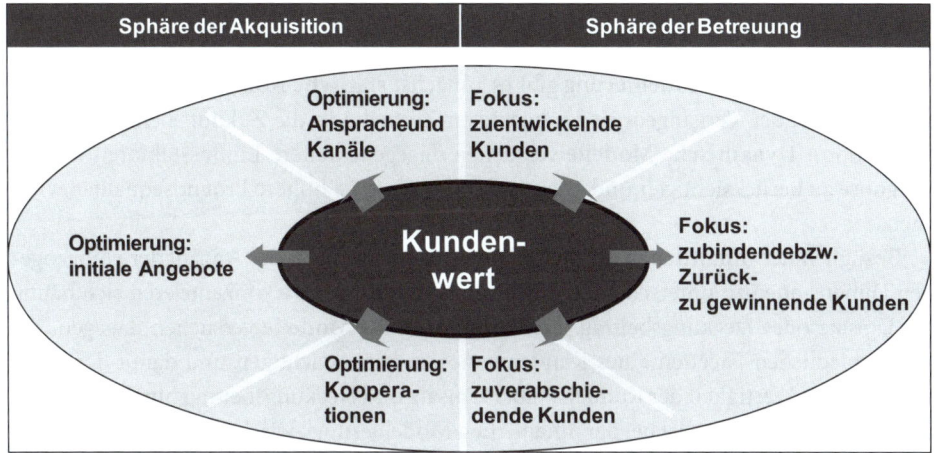

Abb. 5.6 Aussagefähige Kundenwerte zur Fokussierung der Marketing-Aktivitäten

Konzept	Ausprägung/Kriterium
Zeitbezug	• Ex post vs. ex ante • Ein- vs. Mehrperioden-Betrachtung
Betrachtungseinheit	• Einzelkunde • Kundengruppen
Zeitliche Modellierung	• Statisches Vorgehen • Dynamisches Vorgehen
Inhaltliche Modellierung	• Ein- vs. mehrdimensionale Konzepte • Monetäre vs. nicht-monetäre Kriterien
Werterealisierung	• Nominalwertbetrachtung • Abdiskontierung auf Analysezeitpunkt
Treiber des Kundenwertes	• Umsatz (More-, Cross-, Up-Sell-orientiert) • Deckungsbeitrag • Referenzwert (Imagewirkung des Kunden, Meinungsführer- bzw. Multiplikator-Rolle, Empfehlungswert des Kunden) • Informationswert (Kunde als Ideengeber, als Kreativpartner) • Produktionswert (Kunde als Co-Producer) • Transaktionskosten (kundengetriebene Betreuungskosten) • Transaktionskosten (unternehmensgetriebene Betreuungskosten)

Abb. 5.7 Konzepte und Kriterien zur Ermittlung des Kundenwertes

Bei der **Betrachtungseinheit** ist danach zu unterscheiden, ob das „Segment of one"
i. S. von Einzelpersonen oder Unternehmen bewertet wird oder ob verschiedene **Kundengruppen** betrachtet werden. Grundsätzlich gilt, dass mit leistungsstarken Analyse- und
Prognose-Methoden eine **einzelkundenorientierte Betrachtung** vorzuziehen ist, da die
Individualität jedes Kunden berücksichtigt werden kann. Nur eine Einzelkundenbewer-

tung liefert die notwendigen Steuerungsinformationen für eine kundenindividuelle Betreuung.

Bei der **zeitlichen Modellierung** gibt es zunächst **statische Konzepte**, die eine Verlängerung der in der Vergangenheit beobachteten Zeitreihe in die Zukunft beinhalten (Extrapolation). **Dynamische Modelle** versuchen dagegen, weitere Einflussfaktoren bei der Prognose zu berücksichtigen und können damit grds. eine höhere Prognosequalität erreichen.

Bezüglich der **inhaltlichen Modellierung** ist zunächst nach der Anzahl der einbezogenen Dimensionen zu unterscheiden. **Eindimensionale Ansätze** konzentrieren sich häufig auf Umsatz oder Deckungsbeitrag. **Mehrdimensionale Modelle** versuchen dagegen, die unterschiedlichen Facetten eines Kundenwertes zu berücksichtigen und damit der differenzierenden Wertigkeit der Kunden – über Umsatz und Deckungsbeitrag hinaus – gerecht zu werden. Parallel dazu ist bei der inhaltlichen Modellierung zwischen Ansätzen zu unterscheiden, die **monetäre Faktoren** (wie bspw. Umsatz) und **nicht-monetäre Faktoren** (wie bspw. den Referenzwert eines Kunden) berücksichtigen.

Die **Werterealisierung** kann vom „Ein- bzw. Auszahlungszeitpunkt" der kundenwertbestimmenden Faktoren abstrahieren und die **Werte rein nominal betrachten**. Das hat zur Folge, dass Umsätze, die mit dem Kunden in zwei Jahren getätigt werden, die gleiche Wertigkeit besitzen wie Umsätze, die schon im nächsten Monat erzielt werden. Hiervon zu unterscheiden sind die Konzepte, die zukünftige **Ein- und Auszahlungen** auf den Bewertungszeitpunkt **abdiskontieren**. Dabei erlangt der beim Diskontieren zugrunde gelegte Zinssatz eine besondere Bedeutung, da dieser maßgeblich den zu ermittelnden „Barwert" bestimmt.

Die größte Bandbreite gibt es bzgl. der **Treiber des Kundenwertes**. Hierbei ist zu unterscheiden, welche Erfolgsgrößen und welche Kostenkategorien bei der Kundenwertermittlung berücksichtigt werden. Häufigstes Kriterium ist immer noch der **Umsatz**, wobei bzgl. der zukünftigen Umsatzentwicklung vielfach nicht nachhaltig zwischen dem More-, Cross- und Up-Sell-Potenzial differenziert wird. Vielfach wird nur der bisherige Umsatz hinsichtlich des More-Sell-Potenzials zugrunde gelegt. Eine wichtige, aber nicht durchgängig eingesetzte Erfolgsvariable ist der **Deckungsbeitrag**, der hier kunden- oder zumindest kundengruppenspezifisch als Summe der Deckungsbeiträge aller von diesen erworbenen Produkten oder genutzter Dienstleistungen zu ermitteln ist. Viele Unternehmen scheitern immer noch daran, solche Deckungsbeiträge auf Kundenseite zu ermitteln. Welche Erkenntnisse mit dem Fokus Deckungsbeitrag einhergehen können, zeigt Abb. 5.8. Aufgrund einer einfachen **Kundengruppen-Analyse nach Deckungsbeitrag** werden bei einem Kundenprojekt für einen Finanzdienstleister folgende aussagekräftige Ergebnisse deutlich:

- Mit 40 % der Kunden (sogenannte D-Kunden) werden nur 5 % des Ergebnisses erwirtschaftet.
- 10 % der Kunden (A-Kunden) tragen 50 % zum Gewinn bei.

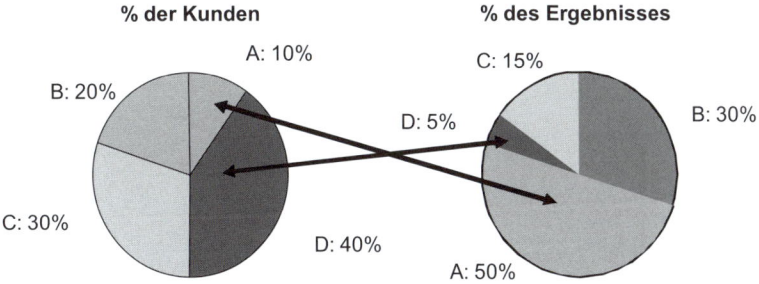

Abb. 5.8 Monetäre Ergebnisbetrachtung nach Kundengruppen

- Eine vertiefende Analyse zeigt zusätzlich, dass 66 % der Kunden einen negativen Deckungsbeitrag aufweisen und 21 % der Kunden nur einen leicht positiven Deckungsbeitrag erwirtschaften.

Die Relevanz eines solchen Vorgehens ergibt sich fast zwangsweise aus dem schon angesprochenen **Pareto-Prinzip**. Bei Auswertungen des Kundenbestandes zeigt sich nicht nur, dass häufig 20 % der Kunden 80 % der Probleme verursachen. Noch wichtiger ist, dass auch 20 % der Kunden für 80 % des Umsatzes oder besser des Deckungsbeitrags stehen können. Führt man diese Berechnung einmal weiter, dann stehen 20 % der 20 % der Kunden (also 4 %) für 80 % der 80 % des Deckungsbeitrags (also 64 %). Weitergeführt bedeutet das, dass eventuell sogar 20 % der 4 % der Kunden (also 0,8 %) für 80 % der 64 % des Deckungsbeitrags (also 51,2 %) stehen. Auf die Spitze getrieben ist die Konsequenz, dass 20 % der 0,8 % der Kunden (also 0,16 %) für 80 % der 51,2 % des Deckungsbeitrags (also 40,96 %) stehen. Übersetzt man diese Erkenntnis auf ein Fußballstadion, das mit 50.000 eigenen Kunden gefüllt ist: 80 der hier anwesenden Kunden stehen für 41 % des Deckungsbeitrags! Man muss diese 80 Kunden nur in der großen Zahl erkennen! (vgl. Peppers 2012). Spannend dabei ist, dass dieses **Wissen um die Werthaltigkeit der eigenen Kunden** den Wettbewerbern verborgen bleiben muss – allerdings idealerweise nicht dem eigenen Unternehmen und den eigenen Mitarbeitern!

Ohne diese tiefgehende **Transparenz über die Wertschöpfung mit den eigenen Kunden** kann keine Optimierung bei Kundenakquisition und -betreuung erreicht werden. Eine unveränderte Fortsetzung der bisherigen Maßnahmen würde voraussichtlich gleichartige Kundenstrukturen schaffen bzw. erhalten. Damit blieben entscheidende Potenziale zur nachhaltigen Erlössteigerung des Unternehmens unberücksichtigt. Folglich müssen „werttreibende" und „wertvernichtende" Kunden frühzeitig identifiziert werden.

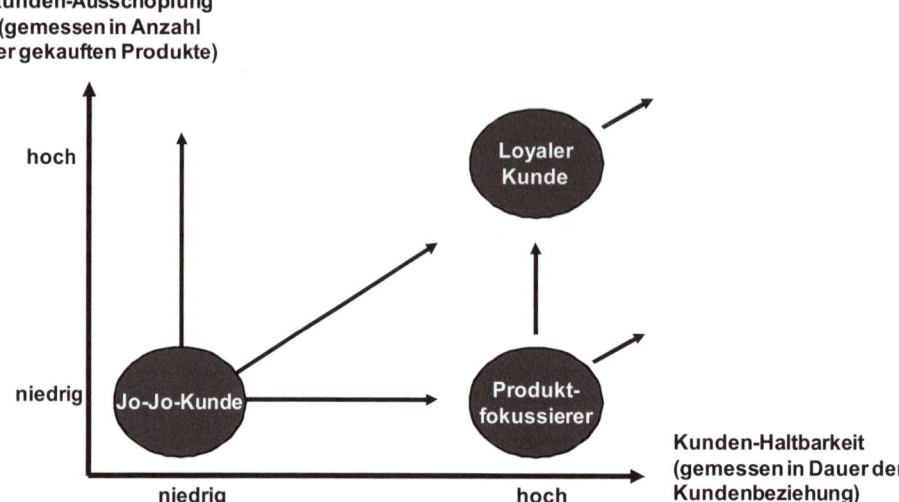

Abb. 5.9 Ansätze zur Erlössteigerung und -sicherung auf Kundenebene

Think-Box

- Wie könnte ein leistungsstarkes Kundenwertmodell für mein Unternehmen aussehen?
- Welche Faktoren müssten hier einfließen?
- Lässt sich der Kundenwert als Zielgröße mit Entlohnungsstrukturen der verantwortlichen Mitarbeiter aus Marketing und Vertrieb verknüpfen?
- Wer wäre für die Entwicklung und den laufenden Einsatz verantwortlich zu machen?

Bereits eine **Analyse der Kundenbestände** kann sehr interessante Aufschlüsse liefern, wenn dazu die Merkmale **Loyalität** (Dauer der Kundenbeziehung) und **Potenzialausschöpfung** (Anzahl der bezogenen Produkte oder Dienstleistungen) berücksichtigt werden. In Abb. 5.9 ist für einen Online-Einzelhändler eine solche Auswertung exemplarisch dargestellt. Bei einem **Jo-Jo-Kunden** handelt es sich um einen Kundentypus, der immer wieder einmal einzelne Leistungen des Händlers kauft (bspw. Schuhe), aber keine Loyalität aufbaut. Bei einem solchen Kunden ist zu versuchen, ihm weitere Produkte anzubieten, um ihn längerfristig an das Unternehmen zu binden. Der **Produktfokussierer** ist loyal zu seinem Unternehmen. Allerdings beschränkt sich die Kundenbeziehung auf ein oder wenige Produkte. Hier gilt es, konkrete Cross-Sell-Anstöße zu geben (bspw. im Hinblick auf eigene Bekleidungsangebote), um das Potenzial des Kunden auszuschöpfen. Gelingt hierbei ein

Zugriff auf die *Facebook*-Daten, können ganz gezielte und damit hoch relevante Angebote unterbreitet werden. Und natürlich ist umfassend zu überwachen, ob die eingeschlagenen Maßnahmen auch erfolgreich waren (vgl. Kap. 7). Dem **loyalen Kunden** mit breiter Produktnutzung sind dagegen immer wieder gute Argumente zu liefern, warum er seinem Anbieter treu bleiben sollte. Ohne eine **Auswertung auf Einzelkundenbasis** können keine differenzierten Anstöße entwickelt werden. Und wieder gilt es – orientiert am Kundenwert – zu ermitteln, ob eine weitere Differenzierung der Kundenbetreuung auch durch höhere Kundenwerte „belohnt" wird. Denn eine Individualsierung der Kundenbetreuung um ihrer selbst willen darf es nicht geben!

Think-Box

- Wie systematisch erfolgt bei uns die Kundenansprache – basierend auf den bisherigen Verhaltensmustern der Kunden?
- Haben wir solche „typischen" Verhaltensmuster im Kaufverhalten unserer Kunden überhaupt schon einmal analysiert?
- Haben wir verschiedene Betreuungskonzepte für unterschiedliche Kundensegmente im Einsatz?
- Wie umfassend überprüfen wir, ob sich diese Form der Individualisierung rechnet?
- Wer ist für deren Entwicklung und Implementierung verantwortlich?

Natürlich stellt auch die **Rückgewinnung verlorener bzw. inaktiver Kunden** eine kontinuierliche Herausforderung dar. Die Frage ist nur: Bekommen wir es überhaupt mit, wenn Kunden aus der Beziehung aussteigen, auch wenn sie dafür nicht kündigen müssen? Erkennen wir bspw., dass ein Kunde seit zwei Monaten nicht mehr gekauft hat, obwohl er normalerweise unseren Online-Shop monatlich aufsucht und dort auch bestellt? Oder findet eine solche regelmäßige Analyse gar nicht statt?

Welche Erlösbeiträge durch eine konsequente **Analyse und Aktivierung von (inaktiven) Kunden** zu erzielen sind, wird anhand der folgenden Kalkulation deutlich. Gelingt es bspw., von den jährlich 10.000 Kündigern, die einen durchschnittlichen Deckungsbeitrag von 150 € generieren, nur 20 % für ein Jahr länger im Unternehmen zu halten, geht damit eine **Erlössicherung** von 300.000 € pro Jahr einher. Können durch entsprechende Online-Maßnahmen 5 % der Gesamtkundenanzahl von 100.000 motiviert werden, ein zusätzliches Produkt mit einem gemittelten Deckungsbeitrag von 45 € zu erwerben, wird eine **Erlössteigerung** von 225.000 € erreicht (jeweils abzüglich der Aktionskosten). Damit wird deutlich, welcher **Hebel zum Erlösausbau** mit einer fundierten Kundenanalyse einhergeht.

Think-Box

- Wie umfassend ist unser Rückgewinnungs-Management ausgestaltet?
- Bekommen wir es überhaupt mit, wenn Kunden inaktiv werden?
- Wird bei uns regelmäßig erfasst, welche Kunden „inaktiv" geworden sind, weil sie aus ihrem individuellen Kaufmuster ausbrechen?
- Gibt es dafür entsprechende Analyseprozesse?
- Gibt es Maßnahmenkonzepte, die zur systematischen Reaktivierung eingesetzt werden – automatisiert oder nur manuell anzustoßen?
- Wo ist die entsprechende Verantwortlichkeit anzusiedeln?

Soweit Deckungsbeiträge auf Kundenseite ermittelt werden, fließen hierbei i. d. R. nur die angebotsbezogenen Kosten ein. Viel seltener werden in einer solchen Deckungsbeitragsermittlung auch die **Transaktionskosten** berücksichtigt, die mit einer Kundenbeziehung einhergehen. Hierzu zählen zunächst die **kundengetriebenen Betreuungskosten**, die der Kunde aufgrund seines spezifischen Verhaltensmusters verursacht (bspw. durch ein hohes Retournierverhalten, viele Anrufe im Customer-Service-Center, schleppende Bezahlung mit der Folge von Zins- und Handlingskosten). Zusätzlich sind die **unternehmensgetriebenen Betreuungskosten** zu kalkulieren. Hierzu zählen bspw. die Kosten in Abhängigkeit von der Anzahl und den Inhalten von Werbeanstößen (bspw. Versand eines hochwertigen Katalogs), telefonischen und E-Mail-Ansprachen sowie Außendienstbesuchen.

Ein Beispiel für ein **Kundenwertmodell im Online-Shop**, welches die kundengetriebenen Betreuungskosten in Gestalt eines Scoring-Modells beinhaltet, zeigt Abb. 5.10. Für die Mehrheit der Unternehmen stellt eine so umfassende Erfassung der Transaktionskosten noch eine Herausforderung für die Zukunft dar.

Kriterium		Punktwert				
	Gewicht	1	2	3	4	5
Durchschnittliche Service-Intensität pro Monat	0,3	Call > 0,5	Brief/Fax > 0,5 oder Call <= 0,5	E-Mail >= 0,5 oder Brief/Fax <= 0,5 und Call = 0	E-Mail < 0,5 Anderes 0	0
Umsatz pro Monat in €	0,5	x < 10	10 >= x < 25	25 >= x < 50	50 >= x < 100	x >= 100
Freundschafts-werbung (Anzahl der pro Monat geworbenen Neukunden)	0,2	0	x < 0,5	0,5 >= x < 1	1 <= x < 2	x >= 2
Summe	1,0					

Abb. 5.10 Scoring-Modell zur Ermittlung von Kundenwerten im Online-Shop

Um ein solches **Scoring-Modell** zu entwickeln, muss zunächst festgelegt werden, anhand welcher **Merkmale** ein Kunde bewertet werden soll. Anschließend müssen diese Merkmale mit einer **Gewichtung** versehen werden, um die unterschiedliche Bedeutung der verschiedenen Merkmale zum Ausdruck zu bringen. Die Gewichtungsfaktoren müssen sich dabei zu 1,0 addieren. Im Zuge dieser Festlegung finden in den Unternehmen häufig intensive Diskussionen statt, weil bei der Entwicklung eines solchen Scoring-Modells eher intuitiv geprägte Bewertungsmuster transparent und damit auch diskutierbar werden. Allein hierin liegt bereits ein großer Wert dieses Ansatzes. Es ist darauf zu achten, dass die Kriterien möglichst unabhängig voneinander sind, um eine ungewollte Mehrfacherfassung gleicher Sachverhalte zu vermeiden.

Im nächsten Schritt müssen alle **Kriterien operationalisiert**, d. h. messbar gemacht und hinsichtlich ihrer unterschiedlichen Ausprägungen **mit Punkten (Scores) versehen** werden. Aus der Multiplikation der vergebenen Punkte mit den jeweiligen Gewichten, summiert über alle Kriterien, ergibt sich für jede Alternative ein Gesamtpunktwert. Dieser ermöglicht einen Vergleich der Kunden basierend auf ihrem individuellen Wertbeitrag für das Unternehmen.

Der Vorteil von solchen Scoring-Modellen ist, dass – wie in Abb. 5.10 gezeigt – qualitative und quantitative Kriterien in die Bewertung einfließen können. Außerdem werden subjektive Einschätzungen (das berühmte „Bauchgefühl") durch die Einbindung mehrerer Personen zu einer Gesamtbewertung verdichtet. Die Dokumentation der Bewertungsmechanik erlaubt es, bspw. nach einem Jahr zu überprüfen, wie zutreffend die vorgenommenen Einschätzungen der Kundenwerte waren. Hierdurch werden wichtige Voraussetzungen für eine „lernende Organisation" geschaffen. Denn die Erfahrungen mit dem Scoring-Ansatz können zur Optimierung weiterer Prozesse genutzt werden.

Die **Werthaltigkeit eines Kunden** ist allerdings nicht auf diese monetär fassbaren Größen beschränkt. So kann ein Kunde – im BtB- wie im BtC-Markt gleichermaßen – für das Unternehmen einen wichtigen **Referenzwert** besitzen (vgl. Abb. 5.10). Wenn eine berühmte Persönlichkeit oder ein renommiertes Unternehmen (bspw. *Google* oder *BMW*) das eigene Produkt nutzt, ist damit eine bedeutsame **Imagewirkung** verbunden, die es zu bewerten gilt. Gleiches gilt für eine **Meinungsführer- bzw. Multiplikator-Rolle**, die ein Kunde einnehmen kann – und die sich bspw. in der Anzahl der durch Freundschaftswerbung gewonnenen Kunden oder durch positive Posts oder Tweets über *Twitter* niederschlägt und zum **Empfehlungswert des Kunden** führt. Zusätzlich kann ein Kunde auch hinsichtlich seines **Informationswertes** bewertet werden, wenn dieser als Ideengeber oder Kreativpartner für das Unternehmen tätig wird. Eine noch intensivere Beziehung wird durch den **Produktionswert** zum Ausdruck gebracht, wenn der Kunde zum Co-Entwickler oder Co-Producer für ein Unternehmen wird. Personen, die im Zuge von Crowdsourcing-Prozessen spannenden User-Generated-Content bereitstellen, können auf diese Weise einen hohen Produktionswert für das Unternehmen erreichen – selbst wenn diese gar keine Kunden sind. Dennoch tun wir gut daran, auch deren Wertbeitrag für das eigene Unternehmen zu ermitteln.

Abb. 5.11 Kompetenzpyramide zur Kundenwertermittlung

Das übergreifende Ziel sollte es sein, für jeden Kunden den **Customer Lifetime Value** (CLV) zu ermitteln. Dieser stellt die Summe der nach einem oder mehreren der oben beschriebenen Kriterien ermittelten Wertbeiträge eines Kunden dar. Hierbei werden die Wertbeiträge über die mögliche oder angestrebte Dauer der Beziehung zu einem Unternehmen aggregiert. Die erzielten Werte ermöglichen Entscheidungen darüber, welche Investitionen in die langfristige Bindung eines Kunden getätigt werden können. Vor diesem Hintergrund sollten wir uns und unsere Mitarbeiter motivieren, bei jeder zur Online- oder Offline-Tür hereinkommenden Person neben dem **Menschen** auch den **Werteträger** zu sehen, der – bei guter Betreuung – über die nächsten Jahre vielleicht 2000 oder 20.000 oder sogar 200.000 € Umsatz oder Deckungsbeitrag für das Unternehmen erwirtschaftet. Manche Konzepte gehen so weit, den Mitarbeitern zu empfehlen, sich gedanklich ein solches „Wertebild" auf der Stirn des (potenziellen) Kunden vorzustellen!

Wir sind gut beraten, vor dem Hintergrund unserer Branchenspezifika, unserer eigenen Ziele sowie der Verfügbarkeit der relevanten Daten in unserem Unternehmen ein spezifisches **Konzept zur Kundenwertermittlung** zu erarbeiten. Eine größere Schärfe der Kundenwertermittlung sollten wird dann anstreben, wenn wir auch die Möglichkeit besitzen, daran orientiert eine differenzierte Betreuung der Kunden vorzunehmen. Die **Differenziertheit der Kundenbewertung** muss folglich mit der **Differenzierbarkeit der Kundenansprache** Hand in Hand gehen. Die Ansatzpunkte für ein unternehmensspezifisches Vorgehen sind zusammenfassend Abb. 5.11 als **Kompetenzpyramide zur Kundenwertermittlung** zu entnehmen.

Der **Aufbau einer solchen Kompetenzpyramide** ist nach unserer Erfahrung häufig ein mehrjähriges Projekt. Orientiert an den Möglichkeiten einer differenzierten Kundenbetreuung sind die Ansatzpunkte für eine zugrunde liegende differenzierte Kundenbewertung konsequent auszuloten. Bei der **Umsetzung eines wertorientierten Kundenmanage-**

ments muss man sich u. U. – auch und gerade im Marketing – von liebgewordenen Gewohnheiten bei der Betreuung von Kunden verabschieden:

- **Keine Kundenorientierung um jeden Preis!**
  Kundenorientierung ist kein Selbstzweck, sondern Mittel zum Ziel. Die Kundenorien-
  tierung hat einen Beitrag zu leisten zur Erreichung der übergeordneten Marketing- und
  Unternehmensziele – nicht mehr und nicht weniger.
- **Kein Anstreben von maximaler Kundenzufriedenheit!**
  Jede Investition in die Steigerung der Kundenzufriedenheit muss sich für das Unterneh-
  men rechnen.
- **Kein Haltenwollen aller Kunden!**
  Über eine Kundenwertbetrachtung ist zu ermitteln, an welchen Kundenbeziehungen ein
  Unternehmen besonders interessiert ist bzw. sein sollte.
- **Keine Gleichbehandlung aller Kunden!**
  Kunden, die für ein Unternehmen eine höhere Wertschöpfung erwirtschaften, dürfen
  und müssen einem Unternehmen in der Betreuung auch mehr wert sein.

▸   **Merk-Box** Kundenakquisition und Kundenpflege sind wertorientiert auszuge-
      stalten und in Einklang mit der Vertriebsorientierung zu bringen!

  In leichter Abwandelung eines Zitats von *Peter F. Drucker* sollte es deshalb heißen: „Das
Ziel eines Unternehmens ist, einen **profitablen** Kunden zu erschaffen." Die Schaffung eines
Kunden alleine reicht nicht mehr aus!

Think-Box

- Wie hoch ist der Customer Lifetime Value in meinem Unternehmen?
- Gibt es dazu genauere Berechnungen sowie Anhaltspunkte darüber, in welchem
  Ausmaß es uns gelingt, diesen Wert zu erschließen?
- Sind in meinem Unternehmen bereits Ansätze für den Aufbau einer Kompetenz-
  pyramide zur Kundenwertermittlung zu erkennen?
- Wie relevant ist ein solches Konzept für uns?
- Welche Stufen gilt es anzustreben?
- In welchem Ausmaß werden bei uns – noch – „Kundenorientierung um jeden
  Preis", „Maximale Kundenzufriedenheit", ein „Haltenwollen aller Kunden" sowie
  eine „Gleichbehandlung aller Kunden" angestrebt?
- In wessen Verantwortungsbereich fällt es, diese falschen Ideale zu überwinden?

  Wir wissen alle, dass Kunden die einzigen Leistungspartner sind, die dauerhaft „Geld
ins Unternehmen" hineintragen – wenn wir als Anbieter einen guten Job machen. Deshalb

müssen sich alle unsere Aktivitäten – nicht nur die im Marketing – an dem Ziel ausrichten, Kundenwert zu generieren. Dass dieser Einnahmestrom auch die Voraussetzung darstellt, um als Unternehmen gesellschaftliche Aufgaben mit finanzieller Unterstützung zu übernehmen, sei an dieser Stelle erwähnt. In Summe gilt: Nur die Unternehmen, die es dauerhaft schaffen, durch „Wert für den Kunden" auch „Kundenwert" zu erwirtschaften, werden den digitalen Darwinismus überleben. Deshalb müssen sich alle **Veränderungen unseres Geschäftsmodells** wie auch das **Engagement in den sozialen Medien** an ihrem **Beitrag zur Erzielung von Kundenwert** messen lassen. Denn nach wie vor gilt:

> ▸ **„Umsatz ist der Applaus für das Unternehmen!"**
> *Götz Werner*, Gründer von *dm-drogerie markt*

Und unsere Aufgabe als Manager ist es, Umsatz in Profitabilität für das Unternehmen umzusetzen, indem wir alle Aktivitäten umfassend „controllen" und dabei den **Kundenwert als zentralen KPI** begreifen.

Quick Wins

_____
_____
_____
_____
_____
_____
_____
_____
_____
_____
_____
_____
_____
_____
_____
_____
_____
_____
_____
_____
_____
_____
_____
_____
_____
_____
_____
_____
_____
_____
_____
_____
_____
_____
_____
_____
_____

Vertrauen – die neue Währung in Marketing und Management

Im 5. Kap. haben wir uns intensiv damit beschäftigt, wie Marketing zum ROI-Treiber im Unternehmen werden kann. Dabei wurde bereits das **Do-ut-des-Prinzip** angesprochen. Es findet sich allerdings nicht nur – auf hohem Abstraktionsgrad – hinsichtlich des Ausgleichs zwischen „Wert für das Unternehmen" und „Kundenwert". Es beeinflusst auch nachhaltig viele ganz konkrete Maßnahmen des Unternehmens selbst, wenn es bspw. um die Bereitstellung von Informationen für das Unternehmen als Voraussetzung für eine individuelle Kundenbetreuung geht. Dabei gilt, dass Interessenten und Kunden ein „Mehr an Informationen" bereitstellen müssen, um ein „Mehr an individueller Betreuung" erfahren zu können. Diese wichtige Erkenntnis ist bisher weder in breiten Schichten der Politik noch bei den „Verbraucherschützern" noch bei vielen Kunden selbst angekommen. Die Substanz dieser Erkenntnis kulminiert im **Gesetz der Disproportionalität von Informationen** (Kreutzer 2009, S. 69):

> Je mehr Informationen über einen Konsumenten bzw. einen Entscheidungsträger oder ein Unternehmen vorliegen, desto trennschärfer können Angebote platziert werden. Das heißt, wir benötigen mehr Informationen über Interessenten und Kunden, um diesen weniger, dafür aber relevante Informationen zu übermitteln."

Die **Kommunikationsaufgabe**, die wir als Unternehmen noch vielfach hinsichtlich der oben genannten Zielgruppen zu erfüllen haben, findet sich in Abb. 6.1. Aufgrund des heftigen Gegenwindes, der uns bei diesem Thema aus Richtung „Verbraucherschutz" entgegen weht, tun wir gut daran, das bereits in Kap. 3 beschriebene **Kooperationspotenzial** zwischen den Unternehmen sowie den einschlägigen Verbänden auch bei der Umsetzung dieses Vorhabens zu nutzen.

Die Umsetzung der damit einhergehenden Aufgabenstellung für Unternehmen umfasst eine interne und eine externe Herausforderung. Die **interne Herausforderung** besteht darin, die **Vielzahl an Informationen**, die über Interessenten und Kunden in den unterschiedlichsten Teilen eines Unternehmens auftreten, **an einer zentralen Stelle zusammenzuführen** und **zu konsolidieren**. So liegen im Controlling-Bereich Informationen

R. T. Kreutzer und K.-H. Land, *Digitaler Darwinismus*, DOI 10.1007/978-3-658-01260-1_6,   151
© Springer Fachmedien Wiesbaden 2013

Abb. 6.1 Vertrauen als Grundlage für die Waage „Daten gegen One-to-one-Angebote"

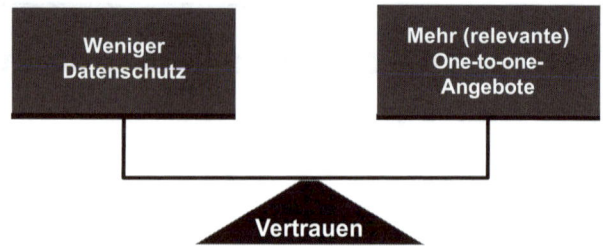

zum Zahlungsverhalten, im Customer-Service-Center sowie im Internet-Bereich zu Anfragen, Bestellung, Reklamationen sowie im Retouren-Center eines Versenders Daten zum Rücksendeverhalten vor. Diese Informationen sind für alle kundenorientiert arbeitenden Funktionen verfügbar zu machen. Dies kann ein Call-Center-Agent, der Datenanalyst oder ein Kommunikations- oder Vertriebsverantwortlicher sein. Hierbei geht es um IT-Systeme und IT-Prozesse, die weitgehend in den Händen der Unternehmen selbst liegen.

Die **externe Herausforderung** besteht darin, möglichste viele **Informationen über die Interessenten und Kunden zu gewinnen**. Und die Voraussetzung dafür, dass wir von diesen mehr Informationen erhalten, lautet: **Vertrauen**! Nur wenn wir es schaffen, für unser Tun bei den relevanten Zielgruppen Vertrauen aufzubauen, werden diese uns auch Zugang zu sensiblen Daten gewähren, die für ein leistungsstarkes (Social) CRM notwendig sind. Hierdurch wird der **Aufbau einer Learning Relationship** angestrebt (vgl. Abb. 6.2). Dies ist eine Beziehung, in der wir als Unternehmen von Stufe zu Stufe immer mehr Informationen über unsere Interessenten und Kunden und deren Präferenzen „erlernen" – um diese dann immer passgenauer betreuen zu können (vgl. Peppers und Rogers 2011, S. 1).

Vertrauen ist eine gleichermaßen **wichtige und wertvolle Währung**. Diese kann man allerdings nicht kaufen – man kann sie sich nur erarbeiten! Denn **Vertrauen ist wie ein Konto**: Man muss zunächst länger darauf einzahlen, bevor man bedeutende Beträge abheben kann! Vertrauen ist die Voraussetzung dafür, dass Interessenten und Kunden unsere Fragebögen ausfüllen, dass wir ihre Permission zur Kontaktaufnahme per E-Mail und Telefon bekommen – und dass Kunden uns den **Token** als Zugang zu den *Facebook*-Daten geben (vgl. Abb. 6.3; weiterführend Kap. 7).

Durch einen solchen Token erschließt sich der für ein **leistungsstarkes CRM** notwendige Datenstrom, der u. a. die in Abb. 6.4 gezeigten Daten abgedeckt (vgl. weiterführend Kap. 7).

Auch wenn wir schon auf die Erkenntnis „**Public is the new private**" hingewiesen haben, gilt nach wie vor: Ob wir als Unternehmen auf die „sozial gestreuten" Informationen

Learning Relationship

Abb. 6.2 Aufbau einer Learning Relationship

Abb. 6.3 *Facebook*-Token – als Voraussetzung zur Ermittlung des *PeerIndex*

zugreifen dürfen, hängt vom erarbeiteten **Vertrauenspotenzial** ab. Und Vertrauen ist auch
die Voraussetzung dafür, dass sich Interessenten und Kunden (positiv) mit unserem Unternehmen, unseren Marken und Angeboten beschäftigen und bspw. in der Kategorie „Earned
media" für uns kreativ tätig werden. Die Nutzung von Social Log-ins basiert ebenfalls auf
Vertrauen darauf, wie das „nehmende Unternehmen" mit meinen Daten umgeht. Und nur
bei einem Basisvertrauen funktioniert auch der unternehmerische *Facebook*-Post, der häufig höchste Responsewerte generiert: „Wie war Euer Wochenende?"

Aufgrund der Relevanz des Vertrauens können wir hier – in Ergänzung zum dreidimen-
sionalen CRM in Kap. 1 – das Vertrauen i. S. der „emotionalen Nähe" als vierte Dimension
integrieren. Das **Konzept des vierdimensionalen CRM** findet sich in Abb. 6.5.

In **klassischen Geschäftsmodellen**, die noch auf (körperliche) Nähe von Geschäft und
Personal ausgerichtet waren, wurde die alte Form der Währung „Vertrauen" definiert über
die **persönliche Bekanntheit** im Geschäft, die individuelle Beratung und die persönlichen

Abb. 6.4 Welche Daten wir über unsere Interessenten und Kunden benötigen

Empfehlungen – und auch durch die Möglichkeit, „anschreiben" zu lassen. In den **digitalisierten Geschäftsmodellen** bedarf es anderer Indikatoren, um den Stand des Vertrauens zu einem Unternehmen zu ermitteln. Hier fehlt häufig der persönliche Kontakt von Mensch zu Mensch, an dessen Stelle die Beziehung Mensch zu Unternehmen tritt. Damit erhält das **Unternehmen als Vertrauensanker** einen ganz zentralen Stellenwert, weil jenes – in den Augen der Kunden – zunehmend den menschlichen Bezugspartner ersetzt. Um den **Stand des Vertrauens der Interessenten und Kunden zum eigenen Unternehmen** zu ermitteln, bieten sich verschiedene Konzepte und KPIs an. Zu den wichtigsten **Vertrauen-KPIs** zählen u. a. die folgenden Messgrößen:

- Prozentsatz der Kunden, die eine E-Mail-Permission erteilt haben
- Prozentsatz der Kunden, die eine Telefon-Permission erteilt haben
- Prozentsatz der Kunden, die einen Token zum Zugriff auf die *Facebook*-Daten erteilt haben
- Prozentsatz der Kunden, von denen Bank- oder Kreditkarten-Zugangsdaten zur Direktabbuchung vorliegen
- Prozentsatz der Kunden, die uns bei *Twitter* folgen
- Prozentsatz der Kunden, die uns bei *Facebook* oder *Google+* geliked haben
- Prozentsatz der Kunden, die uns bei *Pinterest* gepinnt haben
- Prozentsatz der Kunden, die das eigene Angebot etc. (erfolgreich) weiterempfehlen
- Prozentsatz der Kunden, die ihre Erlaubnis für Geo-Fencing erteilt haben

Geo-Fencing ist eine Zusammensetzung aus Geografie und Fence (Englisch für Zaun) und beschreibt eine virtuelle Grenze. Sie ermöglicht die **Lokalisierung von Objekten**. Erteilt ein Kunde die Erlaubnis zum Geo-Fencing, dann kann das Unternehmen diese Person identifizieren, sobald sie bspw. in den Einzugsbereich des eigenen stationären Einzelhan-

Abb. 6.5 Konzept des vierdimensionalen CRM

delsgeschäftes kommt. Die Grundlage hierfür stellen GPS und RFID dar. Hierdurch wird es möglich, personalisierte und individualisierte Botschaften mobil dann zur Verfügung zu stellen, wenn sich der Kunde in unmittelbarer Nähe befindet. Die Voraussetzung für eine entsprechende Permission ist auch hier, dass Kunden Vertrauen zum Unternehmen gewonnen haben. Hier zeigt sich die **Kraft des vierdimensionalen CRM**.

Wir tun gut daran, **Vertrauens-KPIs** systematisch zu erfassen und als **Vertrauensindi-katoren** zu verstehen. Gelingt ein Blick auf die Situation der zentralen Wettbewerber, so kann ein **Vertrauens-Benchmarking** durchgeführt werden. Selbst wenn es uns zu Beginn schwer fallen sollte, die „**Währung Vertrauen**" in ihrer Wichtigkeit für unser gesamtes Ge-schäftsmodell zu erkennen – wir sollten uns auf diese Reise begeben!

Think-Box

- Welche Bedeutung haben wir „Vertrauen" in den Beziehungen zu Interessenten und Kunden beigemessen?
- Haben wir die Intensität des Vertrauens schon einmal gemessen?
- Wie ist der Stand des Vertrauens unserer Kunden hinsichtlich der genannten Vertrauen-KPIs?
- Wurden diese Kenngrößen bisher überhaupt erhoben bzw. ausgewertet?
- Wurden diese als Anhaltspunkte über die Intensität des erworbenen Vertrauens interpretiert?
- Wie steht mein Unternehmen im Vergleich zu den zentralen Wettbewerbern da?
- In wessen Verantwortungsbereich gehört das „Monitoring des Vertrauens"?

Tante Emma 3.0

Wie ein **auf Vertrauen aufbauendes stationäres Shop-Konzept** aussehen kann, wird hier am Beispiel des *PayPal-Futurestores* veranschaulicht, der Ende 2012 in Berlin als **Konzeptstudie** am Beispiel des fiktiven *Hudson+Vestry-Shops, New York*, präsentiert wurde: *Sharon* ist um 8.00 Uhr auf dem Weg zur Arbeit. Sie kommt an ihrer Lieblingsboutique vorbei und entdeckt im Schaufenster eine tolle Handtasche. Da das Geschäft noch geschlossen ist, zückt sie ihr Smartphone, aktiviert die *RedLaser*-App und scannt das „Objekt der Begierde". Da *Sharon* ihre **Geo-Fencing-Permission** erteilt hat, kann das stationäre Geschäft jetzt mit ihr kommunizieren. Sie bekommt nicht nur die Preisinformation angezeigt, sondern auch die Mitteilung, dass von dieser Handtasche nur noch eine im Laden verfügbar ist. *Sharon* aktiviert die Funktion „Bitte bis heute Abend zurücklegen" und geht entspannt ins Büro.

Um 19.00 Uhr schließt *Sharon* ihren Arbeitstag ab. In dem Moment, in dem sie den **Geo-Fencing-Radius** des Geschäftes überschreitet, geht eine Message an den Store-Manager. Dieser sieht nicht nur, dass sich *Sharon* dem Geschäft nähert. Ihm wird gleichzeitig auch angezeigt, dass *Sharon* monatlich einen signifikanten Anteil ihres Gehaltes in seinem Geschäft investiert. Ihr Profil ist mit drei Sternen versehen, was sie als Top-Kundin kennzeichnet (**Kundenwert**)! Da auch ihre letzten Käufe sowie ihre bevorzugten Marken im System hinterlegt sind – inkl. Konfektions- und Schuhgröße – konnte der Store-Manager schon aufgrund der „Bitte um Zurücklegung" einen **individualisierten „Gabentisch"** für *Sharon* mit weiteren passenden Produkten vorbereiten.

Mit *Sharon* betreten wenig später drei weitere Kunden den Laden. Alle werden sehr wertschätzend begrüßt, aber auf *Sharon* geht der heute alleine im Laden arbeitende Store-Manager persönlich zu. Die beiden anderen Kunden sind – datenbankmäßig – als „Sehleute" bekannt, die sich gerne umschauen, aber noch nie etwas gekauft haben. *Sharon* findet auf dem vorbereiteten Gabentisch nicht nur die ausgewählte Handtasche, sondern auch ein paar passende Schuhe (in der richtigen Größe) und einen farblich

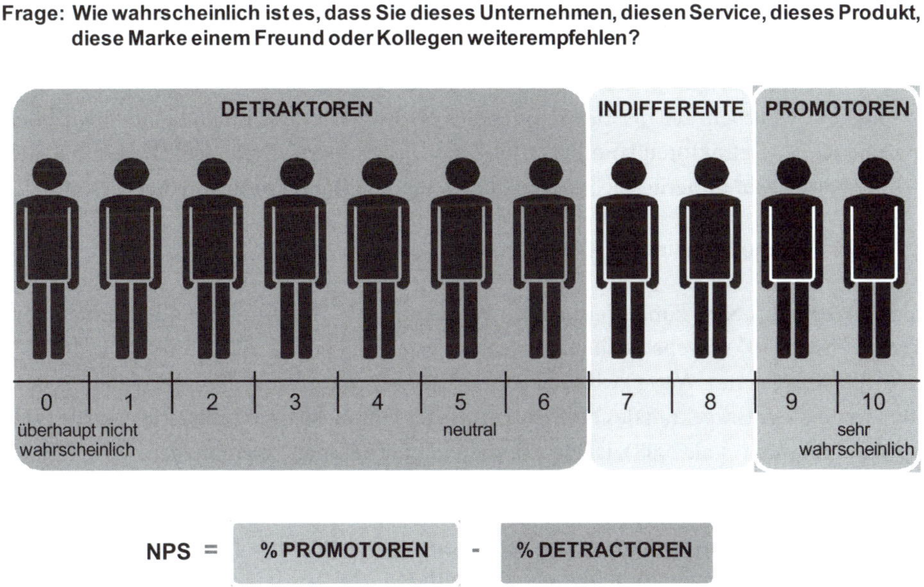

Frage: Wie wahrscheinlich ist es, dass Sie dieses Unternehmen, diesen Service, dieses Produkt, diese Marke einem Freund oder Kollegen weiterempfehlen?

Abb. 6.6 Grundkonzept des Net Promotor Scores

harmonierenden Schal. Sie kann bei beidem nicht widerstehen. Die Bezahlung erfolgt über *PayPal* – auf Wunsch auch als Ratenzahlung. Dabei wird automatisch ein Coupon über 10 € abgezogen, den *Sharon* vor zehn Tagen per Brief zugesendet bekam. *Sharon* verlässt das Geschäft mit einem sehr guten Gefühl – und kommt gerne wieder!

So kann ein **vertrauensbasiertes Geschäftsmodell der Zukunft** aussehen – und diese Zukunft wird nicht mehr lange auf sich warten lassen. Alle relevanten Technologien sind verfügbar. Und sobald die Kunden merken, dass deren Nutzung für sie mit einem hohen Maß an Bequemlichkeit verbunden ist, wird die Akzeptanz steigen – auch für die Erteilung der notwendigen Permissions. Und *PayPal* hat gute Gründe, an einem solchen **Ecosystem für stationäre Einzelhandelsgeschäfte** zu arbeiten, um sein Zahlungsmodell langfristig zu verankern.

Ein leistungsstarkes und gleichermaßen einfach einzusetzendes Konzept, um das **Ausmaß der emotionalen Bindung und des Vertrauens** zu erfassen, stellt der **Net Promotor Score (NPS)** dar. Im Kern geht es bei der Ermittlung des NPS um die Frage, wie viele der eigenen Kunden das eigene Unternehmen (netto) weiterempfehlen würden. Das Grundkonzept des NPS ist in Abb. 6.6 beschrieben.

Zur **Ermittlung des Net Promotor Scores** wird eine einzige Frage gestellt: „Wie wahrscheinlich ist es, dass Sie dieses Unternehmen, diesen Service, dieses Produkt, diese Marke einem Freund oder Kollegen weiterempfehlen?" Die Antworten können auf einer Skala von „0" („überhaupt nicht wahrscheinlich") bis „10" („sehr wahrscheinlich") gegeben wer-

den. **Promotoren** eines Unternehmens oder einer Marke sind diejenigen, die den Wert „9"
oder „10" vergeben. **Detraktoren** sind diejenigen, die hinsichtlich der Weiterempfehlung
lediglich Werte zwischen „0" und „6" vergeben. **Indifferente** sind diejenigen, die den Wert
„7" oder „8" vergeben. Bei der Berechnung des Netto-Wertes der Empfehlenden wird der
Prozentsatz der Detraktoren vom Prozentsatz der Promotoren abgezogen. Die Gruppe der
Indifferenten bleibt unberücksichtigt. Folglich lautet die **Berechnungsformel des NPS**:

▶   NPS = Promotoren (in %) – Detraktoren (in %)

Die **Werte des NPS** können im besten Fall bei „100 %" liegen, wenn alle Kunden den
Wert „9" oder „10" vergeben haben. Im schlechtesten Fall liegt das Ergebnis bei „−100 %",
wenn alle Kunden nur Werte zwischen „0" und „6" vergeben haben (vgl. Reichheld 2003).
Auch wenn die Aussagekraft des NPS immer wieder einmal kritisch hinterfragt wurde (vgl.
bspw. Keiningham et al. 2008), ist ein Einsatz in Unternehmen zu empfehlen.

▶   **Merk-Box** Der **Net Promotor Score** stellt ein einfaches und schnell zu instal-
        lierendes Instrument dar, um das Vertrauen – gemessen über den Grad der Be-
        reitschaft zur Weiterempfehlung – zu ermitteln.

Wichtig ist dabei: Der erstmalig ermittelte Wert dokumentiert die **Nullmessung des
Unternehmens**. Durch vertiefende Analysen ist herauszuarbeiten, warum gerade dieser
Wert zustande kam und durch welche Maßnahmen er ggf. zu verbessern ist. Wichtig ist,
dass zum einen geprüft wird, ob die Gleichung „Wert der Unternehmensleistung für den
Kunden" und „Wert des Kunden" verbessert werden muss, wenn hier ein Ungleichgewicht
besteht. Zum anderen ist ein Vergleich im Wettbewerberumfeld durchzuführen, um et-
waige Vor- oder Nachteile der Unternehmensposition herauszuarbeiten. Das NPS-Konzept
sollte zum **Basisinstrument für das Management von Kundenbeziehungen** werden.

> **Think-Box**
>
> • Kommt in meinem Unternehmen der NPS zu Einsatz?
> • Wenn ja, wie gehen wir mit den erzielten Werten um, d. h., wie nutzen wir diese,
>   um die oben genannte „Werte-Gleichung" zu optimieren?
> • Wenn nein, wer kann mit der initialen Umsetzung des NPS beauftragt werden
>   und wann ist mit ersten Erkenntnissen zu rechnen?
> • Wie kann dabei sichergestellt werden, dass die Werte im Wettbewerbsumfeld in-
>   terpretiert werden können?

Wurde bisher schon die Bedeutung einer Learning Relationship deutlich herausgearbeitet, müssen wir jetzt noch einen weiteren Schritt in Richtung tragfähiger Kundenbeziehungen tun. Es geht um den **Aufbau einer Trusting Relationship**! (vgl. Abb. 6.7).

Trusting Relationship

Abb. 6.7 Aufbau einer Trusting Relationship

Es reicht nicht mehr aus, lediglich Beziehungen zu Interessenten und Kunden aufzubauen, wobei jene von Stufe zu Stufe mit mehr Informationen anzureichern sind. Es gilt vielmehr, von Stufe zu Stufe mehr **Vertrauen aufzubauen**, um insbesondere über die Bereitstellung von passenden Information und überzeugenden Services immer gezielter und damit immer relevantere Angebote unterbreiten zu können (vgl. Peppers und Rogers 2012). Vor diesem Hintergrund heißt die große Herausforderung, die eigenen Customer Touch Point zu **Customer Trust Points** weiterzuentwickeln (vgl. Abb. 6.8).

Die in Kap. 2 definierten Aufgaben des Customer-Touch-Point-Managements sind folglich entsprechend anzureichern. Die zentrale Frage dabei ist, in welchem Ausmaß es innerhalb der verschiedenen Touch Points tatsächlich gelingt, ein **Vertrauensverhältnis** aufzubauen. Die persönlichen Begegnungen, als Kontakt zu Mitarbeitern am POS, aber auch in einem Customer-Service-Center, wirken erfahrungsgemäß am nachhaltigsten auf die emotionale Beziehung zwischen einem Kunden und dem Unternehmen.

▸ **Merk-Box** Die Customer Touch Points sind zu **Customer Trust Points** weiterzuentwickeln, um der Relevanz des Vertrauens in den Beziehungen zwischen unserem Unternehmen und unseren Kunden Rechnung zu tragen.

Think-Box

- Wie genau wissen wir, ob wir an unseren Customer Touch Points wirklich „Vertrauen" unserer Kunden aufbauen können?
- Wie können wir diesen Vertrauensaufbau überwachen und zu einer zentralen Aufgabe für alle Customer Touch Points machen?

Customer Touch Points

Customer *Trust* Points

Abb. 6.8 Von Customer Touch Points zu Customer Trust Points

- Was sind aus Kundensicht „Vertrauens-Indikatoren", wie bspw. Gütesiegel, Test-urteile, persönliche Ansprachen, individuelle Angebote u. Ä.?
- Wie ist sicherzustellen, dass alle Mitarbeiter die Relevanz dieser neuen Heraus-forderung für sich verstehen und entsprechend umsetzen?
- Wo ist die entsprechende Verantwortlichkeit für den „Vertrauensaufbau" anzusie-deln?

Eine andere Form, um Vertrauen der Kunden quasi zu institutionalisieren, stellt die **Bildung von Kundenbeiräten** dar. Hierzu werden in innovativen Unternehmen Kunden-beiräte (auch „Client Boards") ins Leben gerufen, in denen mit ausgewählten Kunden zwei- bis dreimal pro Jahr über strategische Projekte, konkrete Produkte und Dienstleistungen bzw. über die Erwartungshaltungen der eigenen Kunden diskutiert wird. Wenn hierbei al-lerdings Großkunden oder nur strategisch wichtige Kunden eingebunden werden, muss man sich über die unzureichende Repräsentativität der hier gewonnenen Erkenntnisse für die Gesamtheit der Kunden bewusst sein. Einen anderen Weg hat die *Postbank* beschrit-ten, die bereits 2006 einen *Kundenbeirat 60plus* gegründet hat. Bei der Weiterentwicklung des Leistungsangebotes möchte die *Postbank* diese wichtige und besonders treue Zielgrup-pe einbinden. Im Jahr 2012 wurde der Kundenbeirat generationsübergreifend konzipiert und umfasst jetzt 25 Mitglieder ab 18 Jahre, die jeweils für drei Jahr bestellt werden (vgl. Postbank 2012).

Dass ein Kundenbeirat allein keine Erfolgsgarantie für ein kundenorientiertes Han-deln und für einen gelungenen Vertrauensaufbau ist, zeigt das Beispiel *Deutsche Bahn*. Diese verfügt bereits seit 2004 über ein entsprechendes Gremium, das mit Endkunden besetzt ist und damit einen repräsentativen Querschnitt der Kunden der *Deutschen Bahn* darstellen soll (vgl. Deutsche Bahn 2012). Über das Ausmaß der bereits erreichten Kunden-orientierung kann sich jeder Bahnreisende selbst einen Eindruck verschaffen. Viele weitere Unternehmen – wie bspw. *real,-, Nestlé, Commerzbank, RWE, ERGO* – haben inzwischen einen Kundenbeirat eingerichtet, um durch eine stärkere Verbindung zu den Endkunden die **Voraussetzungen für einen Vertrauensaufbau** zu schaffen.

Gerade die genannten Beispiele der Kundenbeiräte unterstreichen, dass **Vertrauen als neue Währung in Marketing und Management** in einigen Unternehmen bereits eine grö-ßere Bedeutung eingenommen hat. Dies kann in vielen Fällen eine Reaktion auf die bereits beschriebene Social Revolution sein: Kunden nutzen immer stärker den **Druck der Öffent-lichkeit**, um bei Unternehmen Gehör zu finden. Welches Druckmittel setzen die Kunden dabei ein? Ganz einfach: die **Öffentlichkeit** ihrer Fragen, Anklagen, Bitten und Erwar-tungen, denn solche Dialoge finden jetzt immer umfassender „unter Zeugen" statt. Der öffentliche Aufstand der Kunden wird zur Normalität werden, um Unternehmen regelrecht vor sich herzutreiben. Ein wichtiger Treiber hinter diesem Trend ist die **mobile Nutzung der sozialen Netzwerke**. Diese machen es viel leichter, ein Frustpotenzial abzubauen – aus der unmittelbaren emotionalen Betroffenheit heraus! Aufgrund einer geringen oder sogar fehlenden Reflexion des eigenen Tuns wird die sprachliche und inhaltliche Qualität solcher Anschuldigungen leiden! Gleichzeitig zwingt die Öffentlichkeit die Unternehmen, zeitnah und kompetent zu Fragen und Anliegen Stellung zu beziehen – in welcher Form sie auch immer vorgetragen werden.

▸   **Merk-Box** Der soziale Druck der Öffentlichkeit zwingt Unternehmen immer häufiger und umfassender zu einer Reaktion – ob diese wollen oder nicht!

Immer noch gibt es allerdings viele Unternehmen, die **Hürden zur Kontaktaufnahme** aufbauen, damit Kunden sich möglichst nicht mit ihnen in Verbindung setzen – es sei denn, um zu kaufen (aber selbst dann sind die Hürden manches Mal ziemlich hoch!). Versuchen Sie einmal, eine Telefonnummer oder eine E-Mail-Adresse bei einer großen Fluggesellschaft oder einem Markenartikel-Unternehmen zu finden. Wenn Sie nicht gleich zum Impressum gehen, wo solche Daten rechtlich zwingend auszuweisen sind, landen Sie häufig auf FAQ-Seiten oder werden in Abfragemechanismen „gepresst", die Kunden von der Kontaktaufnahme abhalten sollen. Heute nutzen Kunden zunehmend **selbst gewählte Möglichkeiten zur Kontaktaufnahme**. Damit definieren diese in zunehmendem Maße, auf welchen Wegen sie aktiv werden wollen! Und dies sind häufig nicht die von den Unternehmen angedachten und vorbereiteten Wege. Kunden nutzen *Twitter*, *Facebook*, Communitys und Blogs, um ihren Frust zu thematisieren – und ihn gleichzeitig in eine interessierte Öffentlichkeit zu tragen.

Think-Box

- Wie leicht macht es mein Unternehmen Interessenten, Kunden und anderen Stakeholdern, Kontakt mit uns aufzunehmen?
- Wird eine solche Kontaktaufnahme eher abgewehrt – oder wird versucht, daraus wichtige Erkenntnisse für das gesamte Unternehmen zu gewinnen?
- Wie ist bei uns die Verantwortung für diese Kontaktaufnahme geregelt?
- Welches Personal, welche Budgets und welche Management-Attention sind dafür gegeben?
- Bekommen wir kritische Meldungen zeitnah mit?
- Und können wir schnell darauf reagieren?
- Wo liegt die Verantwortung für diese Grundlagen des „Vertrauensaufbaus"?

Durch die sozialen Medien wird es einfach wie nie zuvor, **öffentlichkeitswirksame Beschwerden** auf diesen Plattformen loszuwerden. Darin liegt die Keimzelle jedes Shitstorms, den nicht nur große Unternehmen zu fürchten haben. Je größer und präsenter ein Unternehmen allerdings ist, desto höher ist die Wahrscheinlichkeit, dass sich Shitstorms in die klassischen Medien verlängern und dadurch weitere Sprengkraft entfalten. Unternehmen

Abb. 6.9 Beispiele von entfremdeten Logos – teilweise als Inhalte von Shitstorm-Attacken (Quelle: Harlinghausen 2012)

wie *Henkel, Deutsche Bahn, Vodafone, WWF, McDonald's, H&M* oder *Nestlé* können ein Lied davon singen!

Welche **Dimensionen ein Shitstorm** annehmen kann, sei anhand eines Beispiels von *WWF Deutschland* aus dem Jahr 2012 verdeutlicht. Hierbei wurde insbesondere die Glaubwürdigkeit des *WWF* in Frage gestellt – für einen Fundraiser geht es dann ums Überleben! Welche Dynamik dabei aufgetreten ist, zeigen folgende Zahlen (vgl. Scheer 2012, S. C1):

- 1700 Fragen an den *WWF* innerhalb von zwei Tagen
- Innerhalb von vier Wochen ergaben sich zusätzlich:
  - 4,6 Millionen Kontakte auf der *WWF-Facebook*-Page
  - 839.000 Kontakte auf *Twitter*
  - 263.000 Besucher auf der Homepage

Zwingend ist deshalb die **Vorbereitung von Unternehmen auf Shitstorms**, denn diese können aus ganz unterschiedlichsten Gründen ausgelöst werden. Keimzellen hierfür zeigt Abb. 6.9.

Aber wie ist zu reagieren, wenn der **Shitstorm** schon tobt und bspw. ein Gerücht – „Dank Social Search" – bereits ganz oben bei den Ergänzungen der Suchmaschine steht? Hier kann es u. U. sinnvoll sein, einfach etwas abzuwarten, bis wieder Ruhe einkehrt und – auf Deutsch gesagt – „eine andere Sau durch's Dorf getrieben" wird. Wenn wir zu emotional – und unter Nutzung der gleichen Keywords – in die Diskussion eingreifen, stellen wir für unsere Angreifer wie für die Algorithmen der Suchmaschinen zusätzlichen, einzigartigen („unique") und vor allem aktuellen Content mit der Absenderangabe unseres Unternehmens bereit. Ein „Festessen für die Suchmaschinen", das wir vermeiden sollten! Vor allem gilt es, dann die Füße still zu halten, wenn die Vorwürfe wahr sind. Das Gefährlichste ist es, scheinbar gut gewappnet gegen unangenehme, aber wahre Anschuldigungen vorzugehen. Denn wenn dann die Wahrheit ans Licht kommt – und das wird sie mit großer Wahrscheinlichkeit – ist die Reputation ruiniert. Fragen Sie Herrn *zu Guttenberg*!

Die Vielzahl der Nutzer der sozialen Medien kann Segen oder Fluch gleichermaßen sein: Sie können das unternehmerische Angebot stärken und fördern, dieses aber auch in einen negativen Sog hineinziehen, wenn sie das Unternehmen an den **digitalen Pranger** stellen. Hierauf müssen Unternehmen zwingend vorbereitet sein, damit ein Statement wie „Wir wussten nicht, wie wir reagieren sollten" vom CEO *H. Schultz* von *Starbucks* auf einen entsprechenden Angriff unterbleiben kann (vgl. Karle 2010, S. 34). Und ein Shitstorm kann jedes Unternehmen – groß und klein – treffen!

▸   **Merk-Box** Be prepared to be attacked!

Doch wie gut sind Unternehmen auf einen Shitstorm vorbereitet? Eine Studie von BITKOM (2012a) zeigt, dass von 172 befragten Unternehmen in Deutschland zwar 60 % *Facebook* nutzen. Doch nur 42 % der Unternehmen haben einen Plan für den „digitalen Notfall" in der Schublade. Analysiert man die verbalen Angriffe auf Unternehmen, dann wird sichtbar, dass diese häufig am Abend stattfinden – wenn die für die Online-Präsenz des Unternehmens verantwortlichen Mitarbeiter häufig bereits im Feierabend sind (vgl. Knüwer 2012). Eine gute Vorbereitung auf die **Abwehr von Shitstorms** sieht anders aus!

Think-Box

- Wie gut ist mein Unternehmen auf einen Shitstorm vorbereitet?
- Sind entsprechende Notfallpläne entwickelt?
- Wenn nein, wer ist dafür verantwortlich, diese zu erarbeiten?
- Wenn ja, sind diese noch auf dem aktuellen Stand?
- Wurde ein Probelauf bereits realisiert, um festzustellen, ob die vorgesehenen Entscheidungs- und Handlungsprozesse auch funktionieren?

Ob ein Shitstorm das **Potenzial für ein PR-Desaster** hat oder nicht, kann anhand von zwei Fragestellungen ermittelt werden, die *Andreas Schwarz, TU Ilmenau,* formuliert hat (vgl. Scheer 2012, S. C1):

- Wie steht es um die **Legitimität der Initiatoren** eines Shitstorms?
- Welche **Legitimität des Anliegens** selbst ist gegeben?

In Abhängigkeit von den Antworten auf diese beiden Fragen kann das **Bedrohungspo-
tenzial** ermittelt werden. Deshalb tun Unternehmen gut daran, eine eigene Gefährdungsanalyse durchzuführen, um mögliche Bedrohungen frühzeitig zu erkennen und ggf. agieren zu können. Ein solcher **Before-Fact-Approach** – bekannt aus dem strategischen Management – eröffnet dem Unternehmen viel mehr Handlungsmöglichkeiten als ein **After-
Fact-Approach**, wenn das „Kind schon in den Brunnen gefallen" ist.

Think-Box

- Haben wir schon einmal exemplarisch eine Gefährdungsanalyse durchgeführt,
  um zu erkennen, aus welchen Richtungen ein möglicher Shitstorm entstehen
  kann?
- Wer sind die „legitimierten Kritiker", die ggf. im Vorfeld über das sozial verantwortliche Handeln zu informieren sind?
- Was sind „legitime Anliegen", die Grundlagen eines Shitstorms werden könnten;
  d. h., in welchen Bereichen ist mein Unternehmen angreifbar?
- Wer kann eine solche Gefährdungsanalyse in meinem Unternehmen anstoßen?

Welche Lehren bspw. die *Deutsche Telekom* aus den vielfältigen Angriffen auf die eigene
Servicequalität gezogen hat, wird am Beispiel *Telekom hilft* sichtbar. Früher war es extrem
schwer, überhaupt einen Ansprechpartner der *Telekom* bei technischen Problemen zu finden – der sich dann auch noch verantwortlich fühlte! Bei ca. 90 Millionen Hilfe-Calls pro
Jahr wird die Komplexität dieses Themas nachvollziehbar. Postet man heute eine Fehler-
meldung oder sucht nach einer Hilfestellung durch die *Telekom* über *Twitter*, wird i. d. R.
schon nach wenigen Minuten öffentlich geantwortet, um dann die weitere Kommunikation
in den nicht-öffentlichen Bereich zu verlegen. Dafür werden von der *Telekom* ca. 30 Mitarbeiter eingesetzt, die allerdings nur einen kleinen Teil des oben genannten Call-Volumens
bearbeiten können. Allerdings hat die *Telekom* eines erreicht: Mit *Telekom hilft* hat das Unternehmen in der Öffentlichkeit massiv an „wahrgenommener Servicequalität" gewonnen.
Auch die *Deutsche Bahn* hat ihren Service mit *Twitter* ausgebaut und kommuniziert jetzt:
„Das Twitter-Team der DB antwortet auf alle servicerelevanten Fragen zum Personenver-
kehr von Mo-Fr 6-22 & Sa-So von 10-22 Uhr!" Hierdurch hat sich das Image der *Deutschen
Bahn* ebenfalls verbessert.

▶   **Merk-Box** Die **öffentliche Äußerung von Kritik an Unternehmen erzwingt
    eine höhere Servicequalität**. Wenn Unternehmen dem nicht Rechnung tragen,
    werden sie in der Öffentlichkeit dafür abgestraft – bis sie das Spielfeld verlassen,
    den Servicelevel anheben – oder die Crowd sich das nächste Opfer sucht!

Diese Veränderungen haben noch eine weitere Konsequenz. Die Servicequalität, die
ein Nutzer in Zukunft von einem Unternehmen erhält, wird sich zunehmend am **Social-**

Media-Status des Nutzers orientieren. Wer als Nutzer in den sozialen Medien zu Hause ist und bspw. *Facebook* oder *Twitter* gekonnt für seine Anfragen oder Beschwerden an Unternehmen nutzt, wird einen **höheren Servicegrad** erleben als die Kunden, die sich durch klassische Hotlines kämpfen oder auf brieflichem Wege ihre Anliegen vorbringen. Und jedes Unternehmen tut gut daran, sich zu fragen, ob man dies so akzeptieren will!

Gleichzeitig erhält eine Zielgruppe zusätzliche Relevanz: die **neuen Meinungsführer im Netz**. Diese – von vielen Unternehmen noch nicht ausreichend identifizierte und deshalb auch noch vielfach unbetreute – Zielgruppe wird für Unternehmen in Zukunft an Bedeutung gewinnen. Hier stehen folgende Gruppen im Zentrum:

- Blogger
- Aktive und geschätzte Kommunikatoren in Online-Foren und -Communitys
- Nutzer von *Twitter* mit großer und insbesondere relevanter Follower-Gemeinde
- Nutzer von *Facebook*, *XING* etc., die über einen hohen sozialen Status verfügen und mit vielen (relevanten) Personen vernetzt sind

Unternehmen müssen diese Gruppen identifizieren und informatorisch versorgen, um potenziellen Kritikern möglichst zeitnah den Wind aus den Segeln zu nehmen. Allerdings ist ein solches Vorgehen auch nicht risikofrei. Unter Umständen werden erst durch die Bereitstellung bestimmter Informationen „schlafende Hunde" geweckt. Wie könnte eine proaktive Einbindung dieser **digitalen Multiplikatoren** erfolgen? Bei der Präsentation von neuen Produkten können diese vorab oder parallel zur Unterrichtung der klassischen Pressevertreter informiert und in den Produktlaunch eingebunden werden. Diese digitalen Multiplikatoren werden für die Digital Natives perspektivisch eine größere Relevanz erhalten als die klassischen Meinungsführer. Denn Letztere werden aufgrund des veränderten Mediennutzungsverhaltens immer seltener zu den Digital Natives durchdringen.

Welche Möglichkeiten bestehen, digitale Multiplikatoren zu identifizieren? Die relevante Währung heißt hier: **Ausmaß der sozialen Vernetzung**. Eine Messgröße hierfür ist der *PeerIndex* mit dem Slogan „We value social". Um diesen Wert zu ermitteln, verlangt *PeerIndex* den Zugang zu den *Facebook*-Daten, den sogenannten Token (vgl. Abb. 6.3). In welchem Umfang Nutzer bereit sind, diesen Zugang zu gewähren, hängt wieder vom Vertrauen zu diesem Partner ab. Vergleichbare Konzepte zur **Ermittlung der „Social Power"** werden von empireavenue.com und klout.com angeboten.

▸   **Merk-Box** Der **Dialog mit der Öffentlichkeit** und besonders der Dialog mit ihren neuen Meinungsführern gewinnen nicht nur an **Komplexität**, sondern insbesondere auch an **Schnelligkeit**.

Think-Box

- Welchen Stellenwert misst mein Unternehmen den digitalen Meinungsführern heute zu?
- Haben wir bereits die für uns relevanten digitalen Meinungsführer identifiziert?
- Welche Inhalte können den digitalen Meinungsführern zur Verfügung gestellt werden?
- Wie wird überwacht, wie sich das Stimmungsbild meines Unternehmens nach Einbindung von digitalen Meinungsführern verändert?
- Wer ist für die Kommunikation mit diesen zuständig?

Bei der gesamten **Diskussion um Vertrauen** müssen wir uns darüber bewusst sein, dass das **Internet nichts vergisst**. Es ist schlicht unmöglich, sich zu „**Un-Googlen**". Der damit verbundene Schwierigkeitsgrad lässt sich plastisch wie folgt beschreiben (Peppers und Rogers 2012, S. 101):

> … you can't take something off the Internet … that's like trying to take pee out of a swimming pool.

Angesichts dieser Situation sollten wir uns zu jedem Zeitpunkt über die **Auswirkungen unseres Tuns** auf das **Vertrauenspotenzial unseres Unternehmens** bewusst sein.

Quick Wins

Social CRM – die neuen Spielregeln in der Kundenführung

Bevor auf die Besonderheiten des Social CRM eingegangen wird, ist zunächst das **Konzept des klassischen CRM** zu präzisieren. In Abgrenzung zum Produktlebenszyklus liegt dem Customer-Relationship-Management das Konzept des **Kundenbeziehungslebenszyklus** zugrunde. Dabei geht es um die Entwicklung der Beziehung einer **einzelnen Person** oder **eines Unternehmens** bzw. einer entsprechenden **Gruppe von Personen oder Unternehmen** zu einem **spezifischen Unternehmen**. Durch eine solche Analyse können wir erkennen, wie sich diese Beziehung (bspw. gemessen am Kundenwert) eines Kunden zu unserem Unternehmen über die Zeit entwickelt. Wir können drei Kernphasen unterscheiden (vgl. Abb. 7.1):

- **Interessenten-Management** (Motto: „Get")
- **Kundenbindungs- und Kundenentwicklungs-Management** (Motto: „Keep and Grow")
- **Rückgewinnungs-Management** (Motto: „Win back")

In der Phase des **Interessenten-Managements** geht es darum, eine Beziehung zum Unternehmen anzubahnen. In diese Phase fallen die Maßnahmen zur Akquisition neuer Kunden unter dem Motto „Get". Die Phase des **Kundenbindungs- und Kundenentwicklungs-Managements** beschreibt, wie sich ein Kunde im Zeitablauf entwickelt und welche Subphasen er dabei durchlaufen kann. Dazu zählen idealtypisch die Sozialisierungs-, Wachstums- und Reifephase. Zusätzlich können Gefährdungsphasen auftreten, wenn die Erwartungen im Second Moment of Truth nicht erfüllt werden, negative Berichte über das entsprechende Unternehmen bzw. das Produkte auftauchen oder Wettbewerber interessantere Angebote unterbreiten. In dieser Phase der Kundenbindung und Kundenentwicklung können Unternehmen verschiedene Maßnahmen einsetzen, um den Kunden an das Unternehmen zu binden und immer höhere Umsatz-/Gewinnpotenziale auszuschöpfen. Das Motto lautet hier „**Keep and Grow**". Der Übergang vom Kundenbindungs- zum **Rückgewinnungs-Management** wird geprägt von der Degenerationsphase, bei der die Beziehungsintensität abnimmt und der Kunde für das Unternehmen verloren zu gehen droht. Das Motto hier-

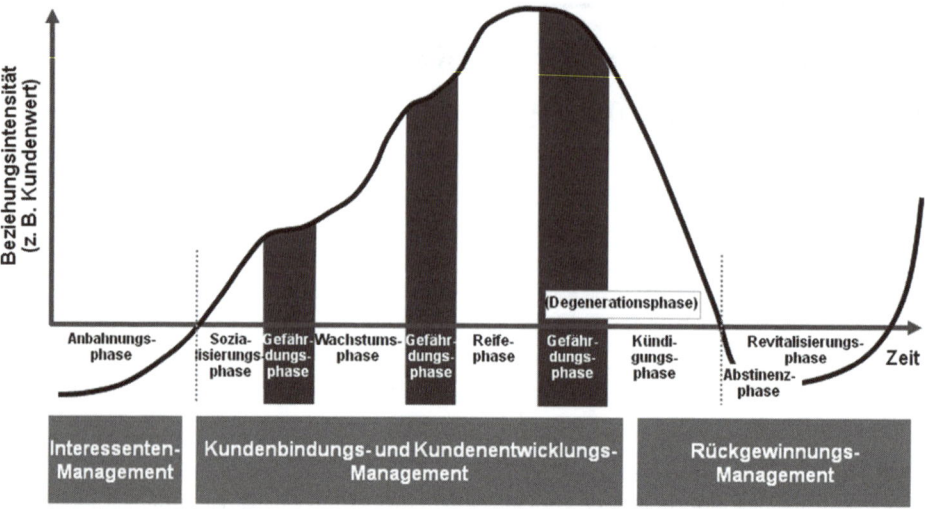

Abb. 7.1 Kundenbeziehungslebenszyklus (Quelle: Nach Stauss 2000, S. 16)

für lautet folglich „Win back"; allerdings nur dann, wenn attraktive Kundenwerte in der Zukunft zu erwarten sind.

▸   **Merk-Box** Jede der beschriebenen **Phasen des Kundenbeziehungslebens-zyklus** geht – für jede Person bzw. jedes Unternehmen – mit **spezifischen An-forderungen an uns als betreuendes Unternehmen** einher. Die Individuali-sierung der Betreuung muss dabei mit dem zu erwartenden Kundenwert im Einklang stehen. Deshalb sollten wir – zumindest für die wichtigsten Kunden – genau wissen, in welcher Phase sich diese momentan befinden und welche zu-künftigen Wertbeiträge zu erwarten sind.

Think-Box

• Welche Bedeutung misst mein Unternehmen einem Kundenmanagement – ori-entiert am Konzept des Kundenbeziehungslebenszyklus – heute zu?
• Welche Informationen fehlen ggf. noch, um dieses Konzept anzuwenden?
• Welche zusätzlichen Ergebnispotenziale lassen sich durch dessen Einsatz für mein Unternehmen erschließen?
• Welche Möglichkeiten haben wir, die Betreuungsmaßnahmen konsequent an den verschiedenen Phasen des Kundenbeziehungslebenszyklus auszurichten?
• Wo ist die Verantwortlichkeit für die entsprechenden Arbeitsschritt anzusiedeln?

Bevor ein **Interessenten-Management** nach Abb. 7.1 erfolgen kann, ist im Rahmen des CRM der Fokus zunächst auf die **akquisitionsorientierte Segmentierung** zu legen. Dabei definieren wir basierend auf den Akquisitionszielen und/oder auf den Erkenntnissen der Kundenwertermittlung (vgl. Kap. 5), welche Zielsegmente wir ansprechen möchten („**Definition des Beuterasters**"). Damit wird festgelegt, auf welche Zielgruppe oder Zielgruppen Marketing und Vertrieb ausgerichtet werden sollen. Diese Festlegung der **Akquisitionsschwerpunkte** ist nicht nur für die **Ausgestaltung des Marketing-Konzepts** relevant, sondern auch für die Auswahl der für die Akquisition einzusetzenden **Marketing-Instrumente**. Nur wenn wir genau wissen, wen wir erreichen wollen, können die passenden Kommunikationskanäle und -instrumente ausgewählt und geeignete Angebote unterbreitet werden!

Neben den primär zur initialen Zielgruppendefinition genutzten akquisitionsorientierten Segmentierungskriterien und -konzepten ist für die bereits gewonnenen Interessenten und Kunden eines Unternehmens eine **transaktionsorientierte Segmentierung** durchzuführen (vgl. vertiefend Kreutzer 2013). Diese setzt auf den Informationen auf, die im Zuge der Transaktionen zwischen Interessenten und Kunden einerseits und dem Unternehmen andererseits bereits gewonnen wurden. Die transaktionsorientierte Segmentierung ermöglicht folglich eine viel größere Tiefe und Schärfe in der Segmentbeschreibung und -bearbeitung als die akquisitionsorientierte Segmentierung – wenn das Unternehmen sich um die Gewinnung entsprechender Informationen bemüht hat. Bei der akquisitionsorientierten Segmentierung kann dagegen häufig nur auf wenigen Basisdaten aufgesetzt werden.

Bei der Betreuung von Personen und/oder Unternehmen entlang des Kundenbeziehungslebenszyklus sollten wir uns vor Augen führen, dass zum einen die **Interessenslage** sowie der **Informationsbedarf** von Personen und Unternehmen in diesen verschiedenen Phasen ganz unterschiedlich ausgeprägt sind. Zum anderen streben wir als anbietende Unternehmen in den einzelnen Phasen **verschiedene Ziele** an. Im Zuge des **Interessenten-Managements** geht es primär darum, im Rahmen einer Anbahnungsphase Ziel- und Wunsch-Kunden des Unternehmens auf unterschiedlichste Weise anzusprechen, um diese für das eigene Leistungsangebot zu begeistern. Dabei ist zu berücksichtigen, dass Interessenten einen anderen Informationsbedarf aufweisen als langjährige Kunden. Die transaktionsorientierte Segmentierung kann auf Informationen aufsetzen, die über die Interessenten bereits gewonnen wurden. Dabei werden die hier gewonnenen Erkenntnisse für die Ausgestaltung der weiteren Betreuung wie auch zur Optimierung der Akquisitionsmaßnahmen selbst herangezogen – unter konsequenter Berücksichtigung des Kundenwertes als zentraler Steuerungsgröße (vgl. Kap. 5).

▶   **Merk-Box** Es ist sicherzustellen, dass die **Zielpersonen** in Abhängigkeit ihrer erreichten Position im Kundenbeziehungslebenszyklus zu unserem Unternehmen **differenziert betreut** werden.

So sucht ein **Interessent** bspw. zunächst nach **Bezugsquellen** bei exklusiven Angeboten wie Uhren von *Lange & Söhne* oder Fahrzeugen von *Bentley*. Oder er möchte **Informatio-**

nen über die Ratenzahlungsmodalitäten bei *Otto* oder über die **Finanzierungsmöglich-keiten** für den Kauf eines Flatscreen-TV-Gerätes bei *Karstadt* erhalten. Außerdem ist in der Phase der Akquisition herauszustellen, warum eine *Lange & Söhne*-Uhr dem Produkt von *Maurice Lacroix* vorzuziehen ist – oder das Bekleidungsangebot von *Peek & Cloppenburg* dem von *Zara* überlegen sein soll. Gleichzeitig gilt es, die vorhandenen **Erstkaufwider-stände und Unsicherheiten abzubauen**. Dies gelingt bspw. durch Rabatt-Coupons oder generell durch Rabatte auf Erstkäufe. Aber auch eine kompetente Beratung und eine indi-viduelle und schnelle Bereitstellung von Informationen tragen hierzu bei. Hier wird erneut die **Relevanz eines konsequenten Customer-Touch-Point-Managements** sichtbar (vgl. Kap. 2).

Die Phase des **Kundenbindungs- und Kundenentwicklungs-Managements** umfasst mehrere Stufen, die wiederum verschiedene Anforderungen an das unternehmerische Marketing und insbesondere an die einzusetzenden Kommunikationsinstrumente stel-len (vgl. Abb. 7.1). In der **Sozialisationsphase** sind die Kunden zunächst mit ihrem neuen Leistungspartner vertraut zu machen. Im Consumer-Markt sind dies bspw. das betreuende Autohaus, das gewählte Bekleidungsunternehmen, das Angebot eines Online-Weinversenders oder eines Fundraising-Unternehmens wie *UNICEF*. Im BtB-Bereich gestaltet sich diese Phase etwa bei Investitionsgütern deutlich anspruchsvoller, wenn sich die Anwender mit einer komplexen ERP-Software von *SAP* oder einer neuen Druckma-schine von *Heidelberger Druck* sowie dem dahinterstehenden Unternehmen und seinen Mitarbeitern (Vertrieb, Service, Schulung) vertraut zu machen haben. Diesem Prozess schließt sich im Idealfall eine **Wachstumsphase** an, in der die Umsätze dann steigen wer-den, wenn die Kunden zu ihrem neuen Anbieter bzw. Leistungspartner Vertrauen gefasst haben und zusätzliche Leistungen in Anspruch nehmen. Die **Reifephase** kann sich – in Ab-hängigkeit vom Leistungsangebot – nach wenigen Tagen, Wochen, Monaten oder Jahren einstellen.

Zusätzlich sollte das Unternehmen konsequent – wenn das entsprechende Angebot vorhanden ist – den **Dreiklang der Kundenbetreuung** einleiten. Im Zuge des **More-Sell** sollte versucht werden, eine Kundenloyalität zu schaffen, damit der Kunde dem Produkt oder dem Anbieter i. S. des betreuenden Unternehmens treu bleibt und regelmäßig „mehr vom Gleichen" erwirbt. Dies ist ein Ansatz von Kundenbindungssystemen, mit denen der Wiederkauf belohnt wird (bspw. durch das *Clubsmart*-Programm von *Shell* oder das Vielflieger-Programm *Miles & More* der *Lufthansa/GermanWings*). Im BtB-Markt ha-ben sich bspw. mit dem *Profi Grohe-Club* sowie mit dem *Gira-Aktiv-Partner-Programm* spezifische Formen zur Intensivierung der Zusammenarbeit von Herstellern mit dem Fachhandel bzw. den Handwerkern etabliert, um dieses Ziel zu erreichen (vgl. vertiefend Kreutzer 2009). Durch **Cross-Sell** motivieren wir den Kunden, auch Umsätze in anderen Angebotsfeldern des eigenen Unternehmens zu tätigen. Bei *AmericanExpress* wäre dies bspw. die Inanspruchnahme weiterer Finanzdienstleistungsangebote, wie Versicherungen oder Überziehungskredite. Dabei wird folglich angestrebt, aus einer Kundenadresse einen höheren Umsatz – bzw. präziser einen höheren Deckungsbeitrag – und damit einen hö-heren Kundenwert zu erzielen. Maßnahmen des **Up-Sell** zielen schließlich darauf ab, den

Kunden zum Kauf von höherwertigen Angeboten des gleichen Unternehmens zu motivieren. Bei *AmericanExpress* bedeutet dies etwa, dass einem Kunden der grünen Kreditkarte regelmäßig die Goldkarte angeboten wird, die für das Unternehmen einen deutlich höheren Deckungsbeitrag erlöst.

Diese idealtypische Entwicklung kann immer wieder durch die bereits kurz angesprochenen **Gefährdungsphasen** unterbrochen werden. Dies können bspw. aggressive Preisangebote, neue Vertriebsformen oder innovative Leistungsangebote von Wettbewerbern, Servicepannen – oder ein Versagen in den sozialen Medien sein. Je gefestigter die Kundenbeziehung ist, desto schwerer fällt es neuen Anbietern, in die bestehenden Beziehungen einzubrechen. Hier wird eine gewisse Parallelität zu den zwischenmenschlichen Beziehungsgeflechten sichtbar!

Die letzte Phase im Rahmen des Kundenbeziehungslebenszyklus heißt **Rückgewinnungs-Management**. Hier sollten wir zunächst versuchen, möglichen Kündigern im Vorfeld einer tatsächlich ausgesprochenen Kündigung auf die Spur zu kommen, um einer Kundenabwanderung vorzubeugen. Eine besondere Herausforderung besteht für Unternehmen darin, solche Kundenverluste zu identifizieren, wenn keine Vertragsbeziehung vorliegt, die zu kündigen ist. Dies ist bspw. bei den unterschiedlichsten Ausprägungen des Handels gegeben. Hier kündigen Kunden nicht, sondern werden „inaktiv". Und nur die Unternehmen, die – bspw. basierend auf einem Kundenbindungssystem – Informationen über laufende Umsätze haben, können solche inaktiven Kunden ermitteln. Aber selbst diese tun dies – so unsere Erfahrung – häufig nicht!

Ist ein Kunde inaktiv geworden oder hat dieser gekündigt, setzt das **Churn-Management** ein. Damit werden alle Aktivitäten bezeichnet, durch die man versucht, einen Kunden wieder „umzudrehen", damit dieser Inaktivität überwindet bzw. seine Kündigung zurückzieht. Hat sich ein Kunde von uns abgewendet, so ist allerdings zunächst zu fragen, ob dieser zurückgewonnen werden sollte. Denn nicht jeder Kunde verdient es, dass um seinen Verbleib gekämpft wird! Bei besonders wichtigen oder wertigen **Inaktiven** bzw. **Kündigern** sollte gezielt versucht werden, diese von ihrer Entscheidung abzubringen und von einem weiteren Verbleib beim Unternehmen zu überzeugen. Wer seinen Mobilfunkvertrag oder ein Zeitungs-/Zeitschriften-Abonnement kündigt, kommt häufig in den „Genuss" eines intensiven Rückgewinnungs-Managements. Besonders günstige Angebote, vorteilhafte Vertragsbedingungen, Zugaben und anderes sind die Anreize, um einen Kunden zum Verbleib zu motivieren. Weitere Möglichkeiten sind Coupons mit Preisvorteilen, Einladungen zu VIP-Veranstaltungen oder kleine Präsente, um die Kunden zurückzugewinnen. Der zielorientierte Einsatz solcher Maßnahmen setzt allerdings voraus, dass bzgl. der Kunden aktuelle und aussagefähige Informationen vorliegen, um eine wertorientierte Betreuung vornehmen zu können, die beim Kunden tatsächlich auch auf Interesse stößt.

Think-Box

- Welche Möglichkeiten kann mein Unternehmen nutzen, um eine differenzierte Betreuung von Interessenten und Kunden über die verschiedenen Phasen des Kundenbeziehungslebenszyklus hinweg zu erreichen?
- Wie können wir messen, welche zusätzlichen Ergebnisbeiträge dadurch zu erwirtschaften sind, um diese den zusätzlichen Betreuungskosten entgegenzustellen?
- Wie konsequent wird der Dreiklang der Kundenbetreuung in meinem Unternehmen umgesetzt?
- Ist der für die unternehmensweite Ausschöpfung von Kundenpotenzialen erforderliche Blick über den eigenen Tellerrand gegeben – oder behindert eine Silo-Mentalität ein solches Vorgehen?
- Können wir erkennen, wenn Kunden „inaktiv" werden – und wird dies regelmäßig ermittelt?
- Haben wir ein konsequentes Rückgewinnungs-Management aufgesetzt?
- Wo ist die Verantwortlichkeit für das Management der Kundenbeziehungen am besten aufgehoben? Sollte dies im Marketing oder im Vertrieb oder besser in einer übergreifenden Einheit erfolgen?

Diese Ausführungen unterstreichen, dass CRM schon immer auf die Ausgestaltung sozialer Beziehungen zwischen Unternehmen und seinen Kunden ausgerichtet war. Dennoch gibt es heute gute Gründe, warum zunehmend von einem Social CRM gesprochen wird und gesprochen werden sollte. Wie schon in Kap. 2 angesprochen, werden beim **Social CRM** – flankierend zu den bereits etablierten Konzepten – Social-Media-Services und Social-Media-Technologien genutzt, um die Interaktion zwischen Kunden und Unternehmen weiter zu vertiefen. Die Bandbreite der zum Social CRM gehörenden Aktivitäten zeigt Abb. 7.2. Hier werden teilweise auch Aufgabenfelder zugeordnet, die schon an anderer Stelle angesprochen wurden.

Für uns Unternehmen stellt der **Aufbau intensiver Kundenbeziehungen** ein wichtiges CRM-Ziel dar. Dabei ist zu fragen, welche (sozialen) Medien dazu besonders geeignet sind. Hierzu werden in Abb. 7.3 drei **Medienkategorien** unterschieden. Zunächst ist dies die Kategorie **Broadcasting**. Hier erfolgt eine – nach wie vor oft relevante – One-to-mass- bzw. die One-to-many-Kommunikation in den Außenmedien sowie in TV, Rundfunk und Print. Die dadurch erreichbare **Beziehungsintensität** ist folglich niedrig. Außerdem wird es immer schwieriger, Zielgruppen über diese klassischen Medien zu erreichen. Denn bei TV zappen die Nutzer oft weg oder widmen sich Print-Anzeigen nur kurz. Andere Medien zielen auf ein höheres Maß von **Engagement** ab. Plattformen und Medienangebote wie *Pinterest*, Blogs, Communitys und *YouTube* erfordern und ermöglichen ein viel höheres Maß an Mitwirkung (i. S. des gezielten Aufsuchens) bzw. der Mitarbeit selbst (durch Verfassen und/oder Hochladen von eigenem Content). Die sozialen Netzwerke, wie *Facebook*, *Goo-

Einsatzfelder des Social CRM			
Marketing	**Vertrieb**	**E-Commerce**	**Customer Service**
• Social-Media-Monitoring (bzgl. Unternehmen, Marken, Angeboten) • Marktforschung im Vorfeld der Einführung von neuen Angeboten • Kommunikative Flankierung der Markteinführung • Kampagnen in den sozialen Netzen • Brandbuilding	• Identifikation von Zielgruppen und deren Erwartungen • Interne und externe Vertriebsunterstützung durch Bereitstellung der relevanten Informationen • Kommunikation mit Interessenten und Kunden • Anstoß von Freundschaftswerbung in den sozialen Medien	• Kommunikation von Produktbewertungen • Social Commerce durch Shop-Integration in die sozialen Medien • Social Networking	• Crowd Service/ Community Peer-to-Peer-Support • Serviceerbringung • Einholung von Produkt-/Dienstleistungs-Feedback • Aufforderung zur Leistungsbewertung in den sozialen Medien

Abb. 7.2 Einsatzfelder des Social CRM

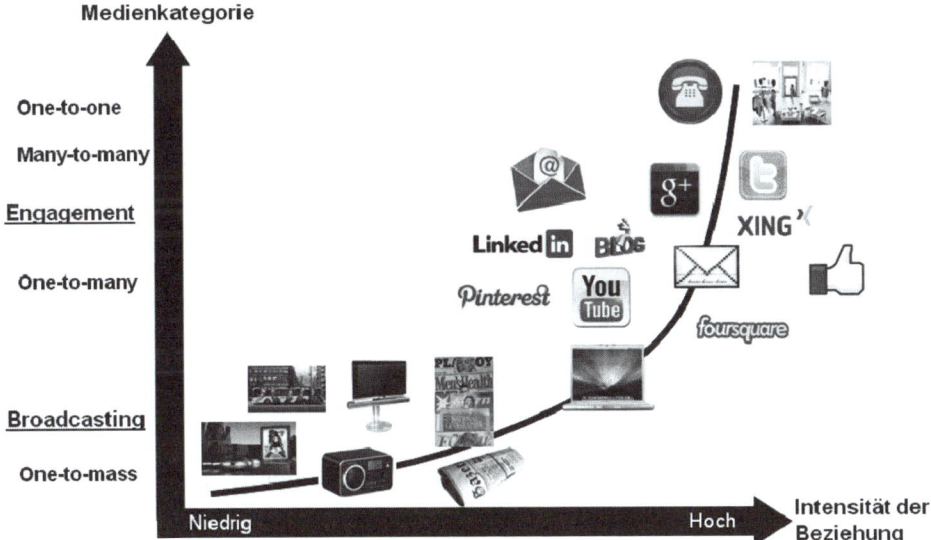

Abb. 7.3 Beziehungsintensität nach Medienkategorie

gle+, *XING*, *LinkedIn* und *Twitter* sind sowohl in der One-to-one-, der One-to-many- als auch der Many-to-many-Kommunikation präsent. Auch Mailings und E-Mails nehmen hier eine Zwitterstellung ein, da sie sowohl eine One-to-many- wie auch eine One-to-one-Ausprägung aufweisen können. Die persönlichsten Formen der Interaktion – mit der höchsten erreichbaren Beziehungsintensität – dürften nach wie vor das Telefonat und insbesondere das Gespräch am POS haben.

▶   **Merk-Box** Wer zu seinen Kunden eine hohe Beziehungsintensität aufbauen
    möchte, kommt vielfach an den sozialen Medien nicht vorbei.

Think-Box

- Haben wir uns schon einmal Gedanken darüber gemacht, welche Beziehungsintensität wir bei unseren Kunden – ggf. differenziert nach Kundenwert – anstreben
  möchten?
- Haben wir unsere bisherigen Kommunikationsinstrumente einmal nach der
  Möglichkeit bewertet, eine intensive Beziehung aufzubauen?
- In welchem Ausmaß können wir hierdurch die Werthaltigkeit unseres Tuns
  steigern, indem die Kundenloyalität steigt, bspw. durch eine Erhöhung der Wiederkaufraten oder steigende Durchschnittsbons?
- Wer ist für diese Fragestellungen verantwortlich?

Die **Voraussetzung einer hohen Beziehungsintensität** ist vielfach das **Wissen um die
Belange der Kunden**. Deshalb war und ist es eine zentrale Aufgabenstellung des klassischen CRM, Anhaltspunkte über die Präferenzen des Kunden aus verschiedensten Informationen abzuleiten – und dies möglichst nahe zum geplanten Kaufzeitpunkt. Aufwändige Systeme wurden entwickelt, um dieses Ziel zu erreichen. Allerdings hatten alle
Unternehmen unter der hierfür notwendigen, **kostenintensiven Datenpflege** zu leiden, da
die **Daten** – insbesondere hinsichtlich der Kaufpräferenzen – nur eine **kurze Halbwertszeit** aufweisen. Hierzu wird im Kontext von Social CRM eine besonders spannende Lösung
diskutiert: der **Zugang zu den in sozialen Netzwerken vorhandenen Informationen**. Die
dort gespeicherten Informationen bieten ein gigantisches Potenzial, um die eigene Datenbank informatorisch zu aktualisieren und insbesondere umfassend zu ergänzen.

So stellt *Facebook* heute mit über einer Milliarde Teilnehmern die umfangreichste
Profil- und Präferenzdatenbank der Welt dar. Sie wird Tag für Tag von Millionen Nutzern aktualisiert und mit viel „Liebe zum Detail" ausgestaltet. Deshalb ist *Facebook* auch die
am besten gepflegte Datenbank. Das bisherige Problem vieler Datenbanken – die geringe
Halbwertszeit von Daten – wird dadurch überwunden. Inhalte von Posts, Veränderungen
von Beziehungen und erklärte Likes werden in Realtime geändert und können in Realtime
ausgewertet werden. *Facebook* bietet noch eine weitere Besonderheit: Konnten Unternehmen bisher in den Fällen, in denen bspw. kein Log-in erfolgte oder keine E-Mail-Adresse
vorlàg, nur mit IP-Adressen kommunizieren, so besteht über **Open Graph** die Möglichkeit,
auf echte Nutzerprofile (inkl. Interaktionsdaten) zuzugreifen. Dieser Open Graph umfasst
bei *Facebook* den **Interest Graph** mit den Angaben zu den Präferenzen sowie den **Social
Graph** mit der sozialen Beziehungsstruktur. Durch den Social Graph werden die **Beziehungen der Kunden untereinander** auswertbar und bieten ein interessantes Potenzial für
virale Prozesse.

Abb. 7.4 Token-Format in einer Exceldatei

Der Zugang zu diesen Daten ist gegeben, wenn Kunden bereit sind, Unternehmen den Zugang zu ihrem Open Graph zu erlauben. Hierzu muss der Kunde eine Permission (auch **Token** genannt) zum Datenzugriff erteilen. Erst dann kann *Facebook* einen analytischen Zugriff auf diese Daten erlauben und den Unternehmen ermöglichen, die Nutzer mit relevanten Informationen zu versorgen, statt diese zu „spammen"! Dieser Token kann auf drei Arten gewonnen werden:

- In **eigenen Web-Applikationen**, indem bspw. ein Social Log-in zum Tragen kommt
- In Gestalt von **Apps**, die spezielle Services versprechen
- Auf der *Facebook*-**Page** selbst

Die *Facebook*-API ermöglicht das „Sesam öffne dich" – mit Zugang zum Nutzer, dessen komplettem Profil (inkl. Fotos, Events, Pages), inkl. des Zugriffs auf das Netzwerk des Nutzers. Damit bietet *Facebook* eine bisher unbekannte **Tiefe an Information**. Diese Tiefe an Informationen wird bisher von keiner noch so gut gepflegten CRM-Datenbank erreicht!

Was versteht man genau unter einem *Facebook* Access Token? Ein **Access Token** repräsentiert eine Reihe von **Benutzerrechten**, die entweder über *Facebook* ausgelesen werden können oder zurück an *Facebook* schreiben (vgl. Wohlfarth-Bottermann 2012a). Das **Auslesen eines Tokens** bedarf der ausdrücklichen Zustimmung eines Benutzers über eine Applikation („Erteilung der Permission als Opt-in"). Jeder Applikations-Nutzer verfügt über einen eigenen Access Token. Ein Token besteht aus einem langen Textstrang, der von einem Menschen nicht entziffert werden kann (vgl. Abb. 7.4).

Typischerweise erlaubt das **Auslesen eines Tokens** nur einen eigeschränkten Blick in die Daten eines *Facebook*-Nutzers. Damit eine Applikation Daten sammeln darf, muss der Nutzer den Zugriff auf seine Daten gestatten. Dies schließt einzelne Felder ein, auf die die Applikation zugreifen darf. So kann eine Applikation Profilinformationen, Bildungsgrad, Geburtstag, berufliches Profil, Beziehungsstatus, die *Facebook* Wall und/oder die Informationen der Freunde auslesen. Wie umfassend die **Permission zum Datenzugriff** ausfallen kann, zeigt Abb. 7.5). Technisch gesehen hat jede Applikation die Möglichkeit, den gesamten Token eines Nutzers abzufragen. Dies ist jedoch nicht immer zielführend, da mit der Tiefe der Token-Abfrage auch die Abbruchrate bei der Nutzung einer App steigt. Die *Facebook*-Richtlinien geben vor, dass eine Applikation nur diejenigen Daten abfragen darf, die zur Ausführung der App relevant sind (vgl. Facebook 2012b)

Die Implikationen können wir uns am Beispiel des *Otto*-Katalogs verdeutlichen. Der Hauptkatalog umfasst viele Hundert Seiten und Tausende von Artikeln. Aber wie viele davon interessieren den jeweiligen Empfänger wirklich? Der Single überspringt die Kin-

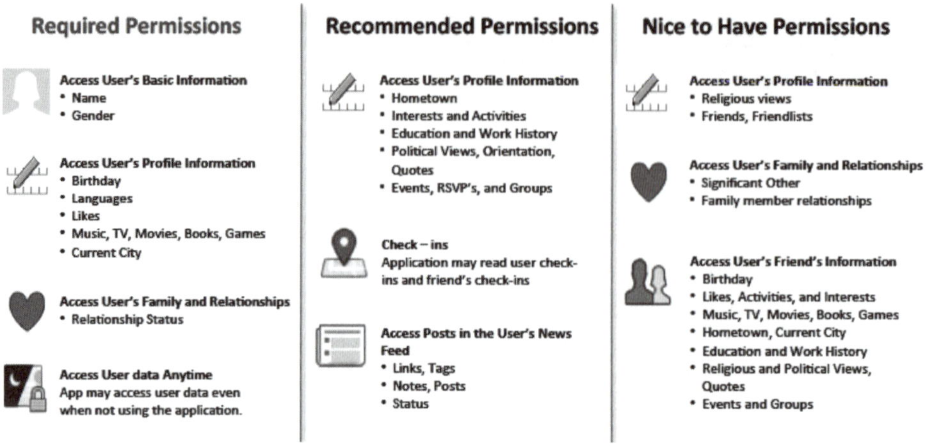

Abb. 7.5 *Facebook*-Daten, die eine Applikation abfragen kann

derangebote, der Hochhausbewohner den Gartenbereich und der „Sport-Hasser" alle entsprechenden Angebote. Folglich interessiert sich jeder einzelne Nutzer häufig nur für einen Bruchteil des Angebots. Warum also den großen Aufwand betreiben, wenn durch den Zugriff auf den *Facebook*-**Interest-Graph** die **exakten, tagesaktuellen Kundenpräferenzen** greifbar sind? Immer feinere Segmentierungen mit immer genauer auf die Zielpersonen abgestimmten Angeboten und „Kleinst-Katalogen" – ggf. one-to-one – werden möglich und müssen kostenmäßig bewertet werden.

Der **Königsweg** für die Verbindung der Unternehmen und Nutzer ist **Permission-based**. Man muss dem Kunden klarmachen, warum er den Zugang zu seinen Daten gewähren sollte und welchen Nutzen er davon hat! Welche könnten das sein? Zum einen möchte der Nutzer die „Social Experience" von *Facebook* auch bei anderen Anwendungen erleben. Hierzu bietet sich das **Social Log-in** über *Facebook* an. Bei dessen Nutzung müssen die – vielfach mit viel Liebe zum Detail – gepflegten Daten bei *Facebook* nicht erneut bei anderen Anwendungen eingegeben werden. Und ein Update bei *Facebook* führt automatisch dazu, dass auch andere Anwendungen über die Veränderung informiert werden. Zum anderen können Apps, die auf die Tiefe der *Facebook*-Daten zugreifen, eine **Treffergenauigkeit bei Informationen und Angeboten** erreichen, die bisher nicht einmal vorstellbar war. So bietet bspw. *Hallmark* über eine *Facebook*-App einen **Social Calendar** mit den Geburtstagen der Freunde als Service. Hierauf aufsetzend können gleich passende Geschenkideen präsentiert werden (vgl. Eckerson 2012).

Hier zeigt sich erneut die **Relevanz der Gleichung: weniger Privacy zugunsten von mehr One-to-one-Angeboten**. Und die erforderliche Grundlage hierfür stellt eine **Vertrauensbasis** dar. Deshalb müssen wir dem Nutzer immer das Gefühl geben, dass er die auf seinen Daten basierenden Prozesse selbst steuert. Wir befinden uns hier noch in einem frühen Stadium. Aber früher oder später wird die Reise dorthin gehen – zur Verbindung beider Welten!

	Klassisches CRM	Social CRM
Setup-Kosten	I. d. R. > 100.000 €	Kostenlos
Kosten für Maintenance	I. d. R. > 50.000 €	Datenhaltung durch Nutzer und Netzwerkbetreiber (bspw. *Facebook*)
Breite und Tiefe der Daten	Eher schmal und flach (abhängig von der Akribie des Unternehmens)	Sehr tief (abhängig von der Art des Tokens)
Halbwertszeit der Daten	Ø 24-36 Monate	Kontinuierliche Pflege durch die Nutzer selbst
Erforderliche Höhe des Vertrauens	Niedrig bis mittel	Hoch (korreliert mit der Art des Tokens)

Abb. 7.6 Vergleich zwischen klassischem CRM und Social CRM

Der *Facebook*-Token hat noch einen weiteren wichtigen **Multiplikator-Effekt**. Wenn jeder *Facebook*-Nutzer im Schnitt 130 Freunde hat, kann über den Social Graph auf 130 weitere Personendatensätze in unterschiedlicher Weise – je nach Umfang der Permission – zugegriffen werden. Durch 10.000 Tokens werden folglich Daten von durchschnittlich 130.000 Personen auswertbar. Hier wird erneut sichtbar, welchen großen Stellenwert **Vertrauen** in die Informations- und Dienstleistungspartner einnehmen wird. Analysegeschulte Unternehmen können die Vielfalt dieser Informationen mit weiteren Angaben – bspw. zum „geschätzten Einkommen" – basierend auf den Profilausprägungen ableiten.

▸ **Food for Thought** Big Brother is watching you – and you know it. And you may like it!

In welcher Form sich das traditionelle vom Social CRM hinsichtlich wesentlicher Aspekte unterscheidet, verdeutlicht Abb. 7.6. Zunächst einmal fällt auf, dass sowohl die **Setup-Kosten** als auch die **Maintenance-Kosten** beim klassischen CRM deutlich zu Buche schlagen. Bei Großunternehmen werden häufig auch Beträge in der Höhe von mehreren Millionen Euro erreicht. Auch bei der **Breite und Tiefe der Datengrundlage** gibt es beträchtliche Unterschiede. Da die Daten bei Social CRM von den Nutzern selbst gepflegt werden, entfällt dort die Frage nach der **Halbwertszeit**. Denn wenn Nutzer bei *Facebook* ihre Daten nicht ausreichend pflegen, müssen sie auf relevante Nachrichten und Angebote verzichten – oder sie werden von „Freunden" zu einem Update oder zu einer Korrektur „falscher Daten" aufgefordert. Eines wird deutlich: Während ein klassisches CRM auch weitgehend losgelöst vom **Vertrauen der Interessenten und Kunden** arbeiten kann, basiert Social CRM wieder auf der „Währung Vertrauen". Gleichzeitig gilt: Durch die zunehmende Verbreitung von *Facebook* wird ein immer **leistungsstärkerer Kommu-nikationskanal** aufgebaut, der im Vergleich zu den klassischen Medien kontinuierlich an Reichweite gewinnt.

Think-Box

- Welche Möglichkeiten bestehen für mein Unternehmen, Zugang zum Interest und Social Graph von *Facebook* durch meine Kunden zu erhalten?
- Wie kann hierdurch die Transparenz über die Struktur meiner Fans und Kunden verbessert werden?
- Welche hier vorhandenen Informationen ermöglichen es meinem Unternehmen, noch relevantere Angebote zu unterbreiten?
- Wie ist die Gewinnung des *Facebook*-Tokens auszugestalten?
- In wessen Aufgabenbereich gehört diese Fragestellung?

Eine weitere interessante Ausprägung des **Social CRM** besteht darin, eine intensive **Integration der Kunden in unternehmensinterne Prozesse** zu erreichen. Diese können sich auf grundlegende Produktinnovationen, die Entwicklung und Auswahl von Werbeslogans bis hin zur (Mit-)Gestaltung von ganzen Kommunikationskampagnen beziehen, wie dies bereits in Kap. 4 dargestellt wurde. Die Nutzung des sogenannten **Mitmach-Webs** kann dabei eine bisher kaum zu aktivierende große Menge der Nutzer umfassender in Unternehmensprozesse einbinden. Deshalb gibt es eine Vielzahl von neuen Trends und Möglichkeiten, die die Vorsilbe „Crowd" aufweisen. Dies ist bspw. beim sogenannten **Crowdsourcing** der Fall – getreu dem Motto: „Die Masse macht's!" Hierbei werden Menschen – nicht zwangsläufig Kunden eines Unternehmens – motiviert, sich mit Ideen und Vorschlägen in Unternehmensprozesse einzubringen. Findet diese Einbindung in Produktionsprozesse statt, nennt man dies auch **Peer-Production**. Während *Marc O'Polo* die Schwarmintelligenz seiner Kunden zur Weiterentwicklung des eigenen Shops genutzt hat, bindet *Manomana* diese bspw. in die Entwicklung ökologisch ausgerichteter Bekleidung ein (vgl. Rösch 2011, S. 28).

Im Folgenden soll am Beispiel des wichtigsten sozialen Netzwerkes – *Facebook* – dargestellt werden, welche spannenden **Einsatzbereiche der sozialen Netzwerke** sich hier auftun. Gleichzeitig werden auch die Grenzen des Einsatzes verdeutlicht. Zunächst einmal müssen wir uns darüber bewusst sein, dass *Facebook* das private Wohnzimmer vieler unserer Kunden darstellt, denn *Facebook* fokussiert den privaten Dialog. Können, dürfen oder sollten wir als Unternehmen hier „eindringen"? Oder gilt es nicht vielmehr, für die Nutzer zu geschätzten und „geliebten" Gesprächs- und Dialogpartner zu werden?

An dieser Stelle soll zunächst mit einem häufigen Missverständnis bzgl. eines Engagements bei *Facebook* aufgeräumt werden. Die **Fan-Page** bei *Facebook* stellt aus Sicht der Nutzer nicht den Kommunikationsanker dar, wie dies bspw. bei einer Homepage der Fall

Abb. 7.7 Wie ein *Facebook*-Engagement versanden kann

ist. Für viele Fans gilt vielmehr: Nach dem ersten Besuch der Fan-Page und dem „Zum-Fan-Werden" suchen viele *Facebook*-Nutzer diese Fan-Page nie mehr auf, obgleich sie dort zum Fan geworden sind.

> ▸ **Merk-Box A Like is not enough!** – Das Ziel eines *Facebook*-Engagements hört mit dem Sammeln von Fans nicht auf – ganz im Gegenteil. Wer viele *Facebook*-Fans gewonnen hat, ist geradezu verpflichtet, diesen auch etwas zu bieten! Denn ein Engagement in den sozialen Medien und auf *Facebook* ist wie die Einladung zu einer Party. Diese muss dann auch stattfinden!

Das häufig festzustellende Versäumnis wird in Abb. 7.7 sichtbar. Die **Fan-Werdung** stellt nur ein **minimales Commitment** der Nutzer dar, welches nicht sehr belastbar ist. Wer allein darauf vertraut, dass eine große Fan-Base zu einer **hohen Reichweite** und zur **Steigerung des ROI** führt, wird sich enttäuscht sehen. Die Ursache liegt in der Dynamik von sozialen Netzwerken. Um hier eine Kommunikation zum Laufen zu bringen und am Laufen zu halten, sind interessante Inhalte notwendig. Es sei hier nochmals herausgestellt: Die Fan-Page bei *Facebook* ist **kein Pull-Medium**. Der Beziehungsaufbau und damit der Traffic zwischen Unternehmen und Nutzer werden über **Posts** erreicht, die wir als Unternehmen bereitstellen!

Wir müssen uns deshalb den **Viersprung zum Erfolg in den sozialen Medien** vor Augen führen (vgl. Abb. 7.8). Auch dieser Viersprung zum Erfolg beginnt mit der **Gewinnung von Fans** als **1. Schritt**. Idealerweise sollte aber nicht nur versucht werden, Fans zu gewinnen. Viel wichtiger und für die weitere Betreuung entscheidend ist die Gewinnung des schon angesprochenen Tokens, um auf die Tiefe und Breite der *Facebook*-Daten zugreifen zu können. Eine nur scheinbare Selbstverständlichkeit sollte beim Werben um Fans nicht aus dem Auge gelassen werden. Dies sind die Antworten auf ganz einfache **Fragen aus Sicht der Nutzer**:

- Warum soll ich Fan oder Follower werden?
- Was habe ich davon?
- Warum soll ich meine Zeit damit verbringen?

Abb. 7.8 Viersprung zum Erfolg in den sozialen Medien

- What's in it for me?

Erstaunlich ist, wie wenige Unternehmen diese Frage bisher schlüssig beantworten.

Nachdem der Kunde ein gewisses Commitment durch seine Fanwerdung eingegangen ist, gilt es im **2. Schritt** dieses Vertrauenspotenzial durch relevante **Posts** an die Fans zu pflegen. Damit wird deutlich: Die Beziehung zwischen Unternehmen und Fan verlagert sich von der Fan-Page auf die – hoffentlich spannenden, interessanten, neuen und damit relevanten – **Unternehmensmeldungen**, die in den Newsfeeds der Fans erscheinen. Dabei ist zu berücksichtigen, dass diese Posts nicht – wie vielfach fälschlicherweise angenommen – an 100 % der eigenen Fans ausgeliefert werden. Nach eigenen Aussagen von *Facebook* sind dies ca. 16 % (vgl. Hoefflinger 2012). Insider gehen sogar davon aus, dass häufig nur 2 % der eigenen Fan-Base die **Posts** sehen können. Welche Lösung bietet *Facebook* hier an? **Paid Posts**. Hier müssen die Unternehmen dafür bezahlen, dass ihre Posts tatsächlich die Mehrheit der Fans erreichen – konsequent orientiert an der Leitidee von *Facebook*: „Free and always will be!" Warum kann es sich *Facebook* erlauben, sich für die Zustellung von Mitteilungen an die eigenen Fans bezahlen zu lassen? Weil die von jedem Unternehmen aufgebaute Fan-Gemeinde rechtlich *Facebook* gehört!

Die zentrale Leitidee bei der Ausgestaltung der Post lautet: **Relevanz**. Doch wie kann eine solche Relevanz erzeugt werden? Dazu bedarf es der **drei Cs**:

- **Contact**
- **Content**
- **Context**

CCCT –
Contact Content Context Trust

Abb. 7.9 Schaffung einer neuen Währung im Marketing

Über den Newsfeed kommt es zu dem gewünschten **Kontakt** zum Fan. Die dort präsentierten **Inhalte** sind dabei idealerweise in einen solchen **Kontext** einzubinden, dass die Mitteilungen für die Nutzer genau in diesem Moment wichtig sind. Hierdurch entsteht die gewünschte Relevanz. Dabei sollten alle Unternehmen – wie in Kap. 6 aufgezeigt – systematisch um das **Vertrauen** der Nutzer werben. Hierdurch entsteht eine neue „Währung", die mit CCCT abgekürzt werden kann:

Die angestrebte Relevanz ist auch die Voraussetzung für das gewünschte **Engagement**, damit unsere Fans im **3. Schritt** über die kommunizierten Inhalte in ihrem jeweiligen Netzwerk berichten (vgl. Abb. 7.8). Hier kann es gelingen, *Facebook* zu einer **Social Recommendation Engine** zu machen. Damit ist die Voraussetzung für eine **virale Verbreitung** unserer Inhalte im **4. Schritt** erreicht. Denn wenn die Freunde unserer Fans begeistert sind und die Inhalte wiederum teilen, erfahren wir eine **Viralität zweiter Ordnung**, da Freunde der Freunde von unseren Aktivitäten hören. Diese können auch zu Fans werden. So wird *Facebook* zu einer **Social Recommendation Engine**. Das Engagement kann auch unsere originären Fans darin bestärken, sich für die „richtigen Inhalte" (von uns!) engagiert zu haben. Erst durch diese vielen Zwischenschritte erreichen wir eine **hohe Reichweite** und können – aufgrund der Relevanz unserer Botschaften – auf einen **positiven ROI unserer Maßnahmen** hinwirken.

Um einen positiven ROI der *Facebook*-Maßnahmen zu erreichen, müssen wir uns allerdings eines vor Augen führen: Es kann keine dauerhafte Aufgabe der Unternehmen sein, die Kunden permanent zu „bespaßen", damit sich diese engagieren. Das wird kaum einem Unternehmen zu vertretbaren Kosten gelingen. Wichtig ist vielmehr, dass wir als Unternehmen **Anstöße zu Selbst-Engagements der Fans** geben. Dabei gilt: Eine Mindestanzahl von 2500 *Facebook*-Fans ist bei einer Aktivitätsquote von 10 % erforderlich, um auf *Facebook* eine gewisse Dynamik zu erzielen (vgl. Harlinghausen 2012).

Zum Ausmaß des Fan-Engagements liefert *Napkin Laps* eine interessante Untersuchung zum **US-Nutzerverhalten** auf *Facebook*. Hierzu wurde acht Wochen lang anhand von 52 Markenseiten auf *Facebook* analysiert, in welchem Ausmaß sich die Nutzer engagieren. Die in der Studie berücksichtigten Fan-Pages umfassten zwischen 200.000 und einer Millionen Fans, so dass insgesamt das Verhalten von über 30 Millionen Fans in die Studie einfloss. Das zentrale Ergebnis der Studie lautet: **Durchschnittlich engagieren sich 6 % der Fans**. Zusätzlich zeigte sich ein sehr interessantes Resultat. Da viele Marken offensichtlich nur daran interessiert sind, Likes zu gewinnen, verlieren sie die Betreuung der Fans aus den Augen, die sie schon gewonnen haben (vgl. Lafferty 2012).

Ein etwas anderes Bild zeigt eine aktuelle Studie von *Pilot und Zucker* für Deutschland (2012). Hierbei wurden die offiziellen deutschsprachigen *Facebook*-Profile der Top 150 TV-Werbetreibenden aus dem 1. Quartal 2012 herangezogen. In Summe wurden 84 *Facebook*-Profile analysiert. In einer flankierenden Konsumentenbefragung wurden 400 *Facebook*-Nutzer ab 16 Jahren zu ihren **Einstellungen** und der **Art der Interaktion** zu bzw. mit Marken auf *Facebook* befragt. Zusätzlich wurde das **Marken-Image** von *Facebook*-Fans und Nicht-Fans verglichen.

Die zentralen Ergebnisse stellen sich wie folgt dar (vgl. Pilot und Zucker 2012):

- **Marken** bauen ihre *Facebook*-**Reichweite** kontinuierlich aus.
- Die Mehrheit der Marken begegnet uns als **Friend Brand** (57 %). Diese suchen den direkten Dialog sowie einen Austausch und den Kontakt mit ihren Fans, in dem zu Gesprächen, Aktionen und Gewinnspielen – auch abseits der eigenen Produkte – eingeladen wird.
- Gleichzeitig zeigt sich ein Anstieg der sogenannten **Sender Marken**, die ihre Fans einseitig mit Informationen versorgen und dabei eine Einweg-Kommunikation (bspw. über Pressemitteilungen) betreiben (33 %, 2011: 12 %).
- Ein Rückgang ist bei den **Service Brands** festzustellen (6 %, 2011: 13 %), die ein aktives Beschwerde-Management über *Facebook* betreiben.
- Ein kleinerer Teil engagiert sich als **Host Brands**, die die Aktivitäten auf ihren *Facebook*-Fan-Pages weitgehend den Nutzern überlassen, bspw. als **Passive Brands**, bei denen sowohl die Admin- wie auch die User-Posts fehlen.
- Der **Anstieg der Sender Brands** entspricht in hohem Maße den Erwartungen der Nutzer, bei denen die folgenden **Erwartungshaltungen** dominieren:
  - Wunsch nach Informationen (84 %)
  - Angebot von Gewinnspielen (65 %)
  - Bereitstellung von Produktproben (47 %)
  - Unterhaltung (42 %)
- Die Nutzer erwarten von den Marken folglich **nicht** in erster Linie **dialogische Angebote**.
- Die **Bereitschaft der User zur Interaktion** mit einer Marke nimmt gleichzeitig ab. Mit durchschnittlich 0,6 % liegt die Interaktionsrate niedriger als in den Vorjahren (2011: 1,5 %, 2010: 4,3 %). Ein wichtiger Grund für die gesunkene Interaktionsrate ist im signifikanten Anstieg der Fanzahlen der Marken zu sehen. Diese korrelieren negativ mit der Interaktionsrate.
- Im Laufe eines Jahres haben sich die **Fanzahlen** der untersuchten *Facebook*-Seiten auf durchschnittlich über 125.000 Fans verfünffacht.
- Die **Mehrheit der Interaktionen** entfällt auf **Likes** (sogenannte **Lightweight Interactions**). Eigene **Kommentare** (**Midweight Interactions**) und **Postings** (**Heavyweight Interactions**) werden wesentlich seltener verwendet.
- Beim „**Sprechen darüber**" beteiligen sich durchschnittlich 3,5 % der Fans einer Seite.

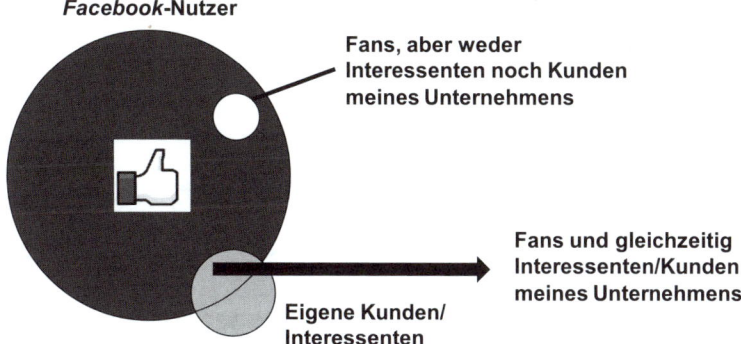

Abb. 7.10 Welche *Facebook*-Fans sind auch Interessenten/Kunden des eigenen Unternehmens?

Zusätzlich wird in der Studie ausgewiesen, dass Fans ihre Marken auf *Facebook* signifikant sympathischer (+24 %), vertrauenswürdiger (+14 %) und moderner (+8 %) als Nicht-Markenfans ihre Top-Marken bewerten. Hierin einen Beleg für die Bedeutung der *Facebook*-Kommunikation für die Bindung von Konsumenten und Marke zu sehen, ist zu hinterfragen. Ein solches Ergebnis ist u. E. nicht zwangsläufig ursächlich auf die **Fan-Betreuung** zurückzuführen. Vielfach dürfte hier ein **Selbstselektionseffekt** zugrunde liegen. Dieser bedeutet, dass Nutzer häufiger von Marken Fans werden, die diese bereits als sympathisch, vertrauenswürdig und modern befinden. Die Studienergebnisse würden dann lediglich eine Tatsache bestätigen, die bereits vor der Fan-Werbung gegeben war.

Beim *Facebook*-**Engagement** ergibt sich zusätzlich eine wichtige, wenn auch nur selten gestellte Frage: Sind die „eingesammelten" *Facebook*-Fans auch Interessenten oder Kunden des eigenen Unternehmens? Abbildung 7.10 visualisiert diese Fragestellung. Die in vielen Unternehmensberichten und Statistiken ausgewiesene **Bruttoreichweite in den sozialen Medien** nennt lediglich die Anzahl der Fans bzw. der Follower, unabhängig davon, ob diese gleichzeitig auch Interessenten oder Kunden des jeweiligen Unternehmens sind. Da nicht jeder Fan auch Interessent oder Kunde ist, sollte versucht werden, die **Nettoreichweite in den sozialen Medien** zu erfassen, die die Schnittmenge zwischen *Facebook*-Fans und eigenen Interessenten/Kunden darstellt. Folglich ist nicht jeder, der sich als Fan „outet", für das Unternehmen unter Vertriebsaspekten – kurz- bzw. mittelfristig – von gleicher Bedeutung! Und auch nicht jeder von diesen ist ein Meinungsführer oder Influencer, den es umfassend zu betreuen gilt. Gleichzeitig sollte man die Personen mit einem geringeren Kundenwert allerdings auch nicht mit Nicht-Beachtung strafen. Ein wertschätzendes Verhalten ist folglich auch hier zwingend angezeigt!

Gleichzeitig definiert Abb. 7.10 auch ganz deutlich die eigentliche Aufgabenstellung: Es gilt, möglichst viele **Interessenten** und **Kunden** sowie relevante **digitale Meinungsführer** und weitere **Influencer als Fans** zu **gewinnen**, um schwerpunktmäßig genau diese in die Kommunikation rund um das Unternehmen, seine Marken und Angebote einzubinden! Denn was bewirken Posts an Personen, die sich meine Angebote nicht leisten können oder

Gewinne mit Smirnoff

Hier kannst du als Fan von Smirnoff
Deutschland das ganze Jahr über
wertvolle Preise gewinnen, limitierte
Fanartikel abstauben
und...Mehr anzeigen

20 Personen haben das letzten Monat
verwendet.

SAROTTI - Die Kakaoschokolade

Berlin · Essen/Getränke

Jetzt mitmachen und GEWINNEN! Werde Fan!

59.032 gefällt das · 2.852 sprechen darüber

**Volksbank Bautzen
Gewinnspiel**

Werde Fan und hol dir das
MacBook Air!

1.000 Personen haben das
letzten Monat verwendet.

Abb. 7.11 Gewinnspiele zum Aufbau einer *Facebook*-Fan-Base

leisten wollen und auch sonst nicht (positiv) zum Imageaufbau beitragen? Dieser Perso-
nenkreis stellt höchstens das interessierte Publikum für die tatsächlichen Käufer meiner
Angebote dar!

Die Frage nach der **Überschneidung zwischen eigenen Interessenten/Kunden und
Fans** gilt es insbesondere zu beantworten, wenn CEOs oder CMOs vorrangig auf die Anzahl der *Facebook*-Fans schauen, ohne zu überlegen, in welchem Ausmaß eine **Beziehung
zwischen der Fangemeinde und möglichen Kaufaktivitäten** besteht. Denn eines ist sicher: Je aggressiver Gewinnspiele zum Aufbau der Fan-Base genutzt werden, je attraktiver,
generischer und damit markenferner die dabei ausgelobten Anreize sind, desto größer wird
die Menge der dadurch angesprochenen Abstauber sein, die an der dort promoteten Marke
aber nicht wirklich interessiert sind bzw. sich diese ggf. nicht leisten können! Beispiele für
derartige Aktionen finden sich in Abb. 7.11. Außerdem muss immer geprüft werden, ob
Fan-Gewinnungsaktionen mit den **Promotion-Richtlinien** von *Facebook* vereinbar sind.

Außerdem sollte – speziell in Richtung CEO und CMO – folgende Botschaft gesandt
werden:

▸   Es ist nicht wichtig, wie viele Fans ein Unternehmen hat!

Viel wichtiger ist, **wen** man als Fans gewonnen hat – und ob sich diese auch im Sinne des Unternehmens **engagieren**. Deshalb ist auch festzuhalten: Es lohnt sich nicht nur
nicht, sondern es schadet sogar dem konsistenten Auftritt eines Unternehmens, wenn man
Fans kauft (vgl. Abb. 7.12). Unternehmen wie usocial.net bieten bspw. *Facebook*-Fans und
Twitter-Follower zum Kauf an!

Gekaufte Fans verfälschen das Profil der eigenen Nutzer genauso wie Fans, die durch
Gewinnspiele angelockt wurden, die keinen Bezug zum eigenen Leistungsspektrum aufweisen. Alle diese Maßnahmen erhöhen zwar die Zahl der Fans, nicht aber den **Umfang**

Abb. 7.12 Kauf von *Facebook*-Fans (Quelle: Heinrichkeit 2011, S. 39)

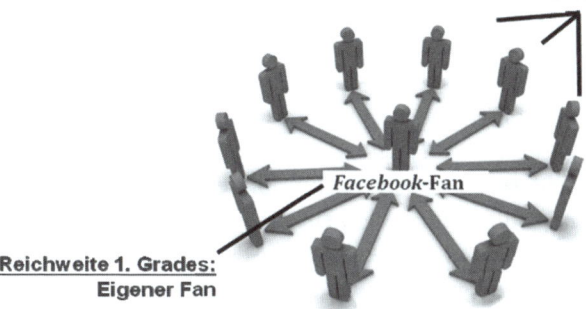

Abb. 7.13 Reichweitenbestimmung in den sozialen Medien

der relevanten Fan-Gemeinde. Welche Marke möchte reine Gewinnspiel-Junkies und Abstauber zu ihren Fans zählen? Denn auch bei den *Facebook*-Fans gilt einmal mehr: **Qualität vor Quantität!**

Nur bei einer **relevanten Fan-Gemeinde** ist es auch zielführend, zwischen zwei verschiedenen Arten von Reichweite zu unterscheiden. Bei der **Reichweite 1. Grades** handelt es sich um die eigenen Fans. Eine zusätzliche wichtige Messgröße ist allerdings auch die **Reichweite 2. Grades**, womit die Anzahl der Freunde der Fans gemeint ist (vgl. Abb. 7.13). Denn auch in diese Netze hinein kann kommuniziert werden, wenn bspw. ein Fan von *Audi* einen Post liked, da diese Information im Newsstream der Freunde auftaucht. Jedes Unternehmen tut gut daran, auf die Erfassung auch der Reichweite 2. Grades abzuzielen.

Think-Box

- Welchen Stellenwert misst mein Unternehmen dem alleinigen Sammeln von *Facebook*-Fans zu?

- Wie gut wird bei uns der Viersprung zum Erfolg in den sozialen Medien umgesetzt?
- Wie konsequent setzen wir Posts ein – oder liegt der Augenmerk primär auf unserer *Facebook*-Fan-Page?
- Haben wir einmal versucht, unsere Brutto- und Nettoreichweite in den sozialen Medien zu ermitteln?
- Wie hoch sind die Reichweiten 1. und 2. Grades unserer Fan-Gemeinde?
- Wo liegt bei uns die Verantwortung für die Bearbeitung dieser Fragestellungen?

Die **Schlüsselfrage des** *Facebook*-**Einsatzes**, die jedes Unternehmen für sich beantworten sollte, lautet: Wie können die eigenen Interessenten und Kunden als Fans gewonnen werden und zur nachhaltigen Wertschöpfung für das eigene Unternehmen beitragen? Die vier relevanten **Handlungsfelder** zeigt Abb. 7.14.

Zunächst bedarf es eines konsequenten **Community-Managements**. Dessen erste Aufgabe besteht darin, die Ziele für das *Facebook*-Engagement zu definieren (vgl. Kap. 9). Zusätzlich ist zu Beginn und dann laufend zu ermitteln, welche Interessen und Erwartungen in dieser Kernzielgruppe hinsichtlich der bereitgestellten Inhalte vorliegen. Erlauben die Nutzer durch den *Facebook*-Token eine Auswertung des Interest-Graph, dann kann eine viel umfassendere Berücksichtigung der (zukünftigen) Interessen der Nutzer erreicht werden, als das bei den klassischen CRM-Konzepten der Fall war.

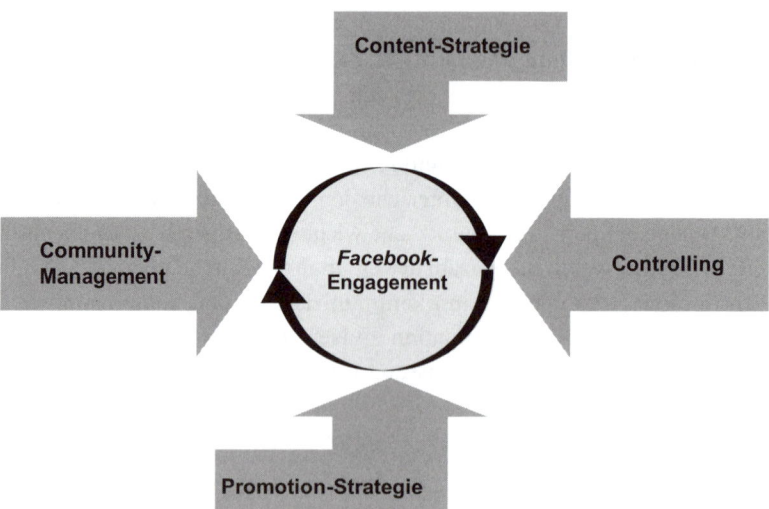

Abb. 7.14 Handlungsfelder eines *Facebook*-Engagements

Abb. 7.15 Customer Favorites
bei *Kiehl's* – die Lieblings-
Rezepturen der Kunden
(Quelle: Kiehls.com, 2.10.2012)

Basierend auf diesen Erkenntnissen ist die **Content-Strategie** zu erarbeiten, die sich konsequent um das Unternehmen, seine Marken und Angebote und idealerweise spannende Storys darüber dreht (Stichworte **Story Telling** und **Narratives Marketing**). Auch ein **beratender Ansatz** wird zunehmend wichtiger, um die Kunden bei der Lösung von Alltagsproblemen zu helfen. „Niemand sucht bei Google schließlich nach Gliss-Haarkur mit Apfelduft", sagt *Rainer Burkhardt*, Gründer und Mitinhaber der Agentur *KircherBurkhardt* (vgl. Bialek 2012, S. 23). Deshalb gilt es vielmehr, aus einer Empfängerperspektive die „Probleme" und „Wünsche" des Kunden zu erkennen, um dafür die geeigneten Inhalte bereitzustellen. Diese Content-Strategie kann in den klassischen Medien beginnen und in den Online-Bereich hinein verlängert werden oder umgekehrt. Die Content-Strategie kann aber auch aus den Inhalten der sozialen Netze selbst gespeist werden. So greift der Kosmetik-Anbieter *Kiehl's* die Lieblings- Rezepturen seiner Kunden auf und bindet diese in seine werbliche Kommunikation ein (vgl. Abb. 7.15).

Grundsätzlich hat sich gezeigt, dass die folgenden **Bereiche einer Content-Strategie** innerhalb der sozialen Netzwerke von Fans der Unternehmen und Marken als besonders attraktiv angesehen werden und zum Besuch der Social Site von Unternehmen motivieren. Die nachfolgend präsentierten Ergebnisse zeigen die **Erwartungen aus Konsumentensicht** – basierend auf einer weltweiten Studie von IBM (2011b, S. 9; vgl. Abb. 7.16):

- **Rabatte** (u. a. besondere Preisvorteile, limitierte Angebote, die sich an unterschiedlichen Zielgruppen ausrichten können)
- **Einkauf** (bspw. durch Links zu Online-Shops oder Hinweise auf stationäre Einkaufsstätten)
- **Bewertungen und Produktrankings**
- **Allgemeine und exklusive Informationen** über Produkte, Dienstleistungen, das Unternehmen und/oder die Branche (bspw. auch durch Hinweise auf Websites, Blogeinträge oder Foren)
- **Informationen über neue Produkte** (bspw. bei Neueinführungen)
- **Meinungsäußerungen zu aktuellen Produkten/Dienstleistungen** (bspw. als Dialogplattform zum Austausch mit anderen Nutzern)
- **Kundenservice**

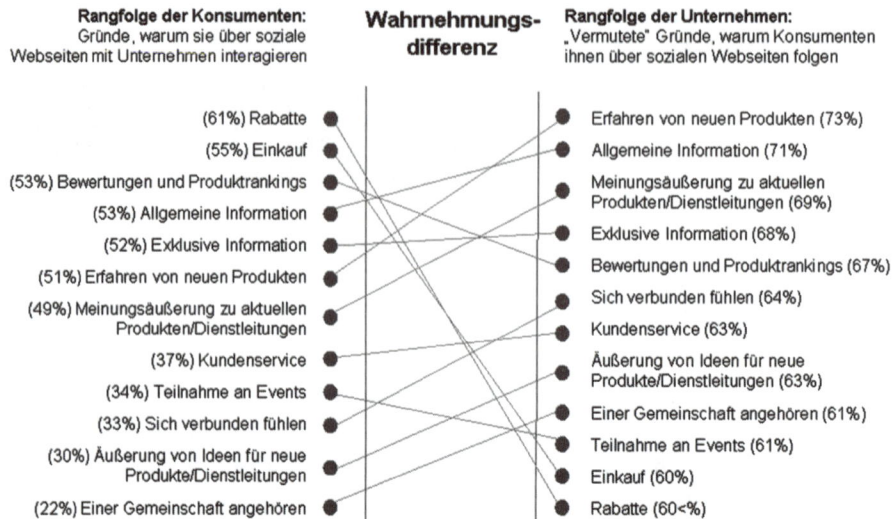

Abb. 7.16 Diskrepanzen zwischen Unternehmen und Konsumenten bzgl. der Gründe, warum Konsumenten über Social Sites mit Unternehmen kommunizieren ($n = 1056$ Konsumenten, $n = 350$ Entscheidungsträger, weltweite Untersuchung, Quelle: IBM 2011b, S. 9)

- **Teilnahme an Events** (u. a. Einladung zu Produkt- oder Unternehmenspräsentationen, bspw. Modenschauen)
- **Sich verbunden fühlen** (Teil einer größeren Fan-Gemeinde sein)
- **Äußerungen von Ideen für neue Produkte/Dienstleistungen** (etwa Ideenwettbewerbe)
- **Einer Gemeinschaft angehören**

Wie weit die **Erwartungen der Konsumenten** und die **Einschätzungen der Unternehmen** auseinander liegen, zeigt ebenfalls Abb. 7.16. Auch wenn dieser Studie nur eine kleine Stichprobe zugrunde liegt, können zumindest Tendenzen festgestellt werden. Während **Rabatte** und **Einkauf** im Ranking der Konsumenten ganz vorne liegen, nehmen diese bei den Entscheidungsträgern die letzten Plätze ein.

Wir sollten uns angesichts dieser Ergebnisse bei der Ausgestaltung dieser Aktivitäten vor Augen führen, dass *Facebook* zunächst **kein zusätzlicher Vertriebskanal**, sondern ein **Kommunikationskanal** ist. Dies wird an folgendem Zitat plastisch deutlich:

> Statt relevante Informationen im Kontext zu liefern, gezielt Fragen zu beantworten und hilfreich zu sein, wenden viele Marktiers die Spam-Schleuder auf Facebook, Twitter & Co an und wundern sich, dass sich ihre Maßnahmen nicht auszahlen (Steimel 2012).

Unternehmen sollten vermeiden, *Facebook* zu einer solchen **Spam-Schleuder** zu machen, wenn sie die Aufmerksamkeit und das Vertrauen ihrer Zielpersonen aufbauen und langfristig erhalten wollen.

Orientiert an der Leitidee „Content is King" und „Relationship is Queen" gilt es als weiteres Handlungsfeld des *Facebook*-Engagements im Zuge einer **Promotion-Strategie**, eine Nutzeraktivierung zu erreichen, damit diese die oben angesprochenen Angebote auch tatsächlich in Anspruch nehmen (vgl. Abb. 7.14). Hierzu können neben den *Facebook*-Posts selbst unterschiedlichste Online-Instrumente (wie Banner, Blogeinträge, Hinweise in Communitys) und Offline-Instrumente (etwas klassische Anzeigen, Plakate oder TV-Spots mit entsprechenden Hinweisen) eingesetzt werden. Außerdem bietet *Facebook* die Möglichkeit der **Platzierung von** *Facebook* **Ads**, wobei der Empfängerkreis anhand von *Facebook*-Daten sehr präzise definiert werden kann. Eine weitere wichtige vertriebsunterstützende Funktion von *Facebook* kann im Anstoß von **Cross Media Traffic** gesehen werden. Hierbei geht es darum, bspw. im Rahmen des *Facebook*-Auftritts zum eigenen *YouTube*-Channel, zum eigenen Online-Shop oder zur Offline-Präsenz – bspw. als stationärer Händler – zu verlinken.

Einen wichtigen Beitrag zur *Facebook*-Promotion leistet auch die große Zahl von **Social Plugins**, durch die eine eigene *Facebook*-Präsenz im Netz verlängert werden kann. Zu diesen Social Plugins gehören der Like-Button von *Facebook* sowie Empfehlungen oder auch das *Facepile-Plugin*, welches die Anzeige der *Facebook*-Profilbilder der Nutzer zeigt, die sich mit einer Website verbunden haben. Diese Anwendungen werden Social Plugins genannt, weil diese für die Nutzer eine **Social Experience** ermöglichen, ohne die besuchte Website zu verlassen.

Schließlich sind alle ergriffenen Maßnahmen durch ein umfassendes **Controlling** als weiteres Handlungsfeld des *Facebook*-Engagements (vgl. Abb. 7.14) im Hinblick auf ihre Wirksamkeit zu überprüfen, um Optimierungsmöglichkeiten möglichst früh und umfassend zu erkennen. Aber wie kann letztendlich ermittelt werden, ob sich ein *Facebook*-Engagement gelohnt hat? Hierzu bedarf es eines Abgleichs zwischen den *Facebook*-Zielen, den Investitionen in das *Facebook*-Engagement sowie den erzielten Resultanten anhand der folgenden *Facebook*-**KPIs**, die auch für andere soziale Medien relevant sind:

- **Reichweite** (Reach), gemessen durch Brutto- und Nettoreichweite sowie die Reichweite ersten und zweiten Grades
- **Interaktion** (Conversational Exchange), gemessen durch die Intensität des kommunikativen Austauschs
- **Engagement**, gemessen durch die Anzahl der Personen, die bei einer bestimmten Aktivität mitmachen (bspw. bei Gewinnspielen, Wettbewerben)
- **Sharing/Verteilung von Inhalten** (Content Amplification), gemessen durch die Anzahl der Personen, die bereitgestellte Inhalte weiterleiten
- **Likes/Bewertung von Inhalten** (Content Appreciation), gemessen durch die Anzahl der generierten Likes
- **Stimmung** (Sentiment), gemessen durch den Anteil der positiven Statements (in Relation zu neutralen oder negativen Statements)
- **Token**, gemessen als Anzahl der eigenen Fans, die eine Permission zum Datenzugriff erteilt haben

Der strukturellen „Sauberkeit" halber sei darauf hingewiesen, dass es sich bei Interaktion, Sharing und Bewertung um eine spezifische Art von „Engagement" handelt. Diese KPIs können als absolute Werte ausgewiesen werden. Eine höhere Aussagekraft und eine leichtere Vergleichbarkeit bieten allerdings Prozentwerte. Die Herausforderung besteht darin, diese KPIs in ein **Social Dash Board** zu integrieren, um die relevanten Entwicklungen kontinuierlich im Blick zu haben.

> **Think-Box**
>
> - Wie konsequent werden in meinem Unternehmen die Handlungsfelder des *Facebook*-Engagements bearbeitet?
> - Haben wir ein Community-Management aufgesetzt?
> - Wer ist für die Erarbeitung der Content-Strategie verantwortlich?
> - Wie langfristig ist diese Content-Strategie ausgerichtet?
> - Ist diese Verantwortlichkeit unternehmensweit definiert – oder arbeitet jeder Bereich für sich alleine?
> - Wie konsequent wird eine Promotion-Strategie erarbeitet und umgesetzt – online- und offline-übergreifend?
> - Ist die Controlling-Verantwortlichkeit sauber definiert und personell und budgetmäßig unterlegt?
> - Welche *Facebook*-KPIs werden bei uns eingesetzt?
> - Wie regelmäßig werden die definierten KPIs erhoben und in Relation zu Zielen und Budgets gestellt?
> - Wo liegt die Gesamtverantwortung für das *Facebook*-Engagement?

Verschiedene Inhalte einer **Content-Strategie** mit unterschiedlichen **Formen des Engagements** werden nachfolgend aufgezeigt. Durch Nachrichten im Newsfeed der Fans kann zum einen Aufmerksamkeit erzielt werden, indem interessante Themen angesprochen und ggf. ein **Seeding** (i. S. eines „Säens von Gesprächsstoff") erfolgt. So kann versucht werden, einen eher geordneten, damit gezielt wirkenden und grds. auf kleinere Zielgruppen ausgerichteten Kommunikationsanstoß zu geben. Dies ist bspw. bei TV-Programmen der Fall, die über *Facebook* eine Intensivierung der Kommunikation mit den Zuschauern anstreben. So agiert bspw. *Berlin Tag & Nacht* (RTL II). Zum anderen können eher spontane Weiterleitungen angestrebt werden, um eine größere Reichweite zu erschließen. Das unternehmerische Ziel ist hier häufig die Einbindung von **Kunden als Markenbotschafter** bzw. als **Brand Ambassadors**. So wird die unternehmerische Kommunikation durch Nutzer selbst verlängert und – idealerweise mit positiven Inhalten – eine größere Reichweite erzielt.

Posts stellen wichtige **Trigger für verschiedene Formen der Zusammenarbeit** mit den Fans dar. Fans können gemeinsam auf Entdeckungsreise geschickt werden, Produkte und

Abb. 7.17 *Schinken Spicker –* „gemeinsam mit unseren Fans entwickelt"

Dienstleistungen entwickeln und testen, Slogans oder ganze Werbekampagnen erarbeiten oder in andere Wertschöpfungsstufen des Unternehmens eingebunden werden (vgl. Abb. 4.11). Dieser **User-Generated-Content** stellt mit den gewonnenen Kommentaren, Bewertungen, Empfehlungen und Ideen ein besonders wichtiges Ergebnis eines *Facebook*-Engagements dar. In verschiedenen Branchen – wie bspw. Kosmetik, Genussmittel, Textil und Tourismus – wurden bereits **Produktentwicklungen gemeinsam mit** *Facebook*-**Fans** durchgeführt (vgl. Abb. 7.17).

Allerdings sollten sich die Unternehmen das „letzte Wort" vorbehalten, wenn sie Nutzer in den Kreativprozess einbinden, um unangenehme Überraschungen zu vermeiden. Als *Henkel* die Nutzer darüber abstimmen ließ, welches Layout eine *Pril*-Verpackung erhalten sollte, votiert die Mehrheit für „Hähnchengeschmack – Schmeckt lecker nach Hähnchen!" (vgl. Abb. 7.18).

Bei einem Modelwettbewerb des *Otto Versands* wurde ein als Frau verkleideter Mann auf Platz 1 gevotet! Und bei einem Fotowettbewerb, initiiert von hamburg.de, wurde letztlich ein Bild mit dem visuellen Slogan „Fuck U!" am meisten geliked, was nicht ganz im Sinne der Initiatoren war (vgl. Abb. 7.19). Deshalb sollten Unternehmen die **Spielregeln eines Social-Media-Engagements** im Vorfeld transparent definieren, auf die sie sich im Bedarfsfall zurückziehen können nach dem Motto: Die endgültige Entscheidung behalten wir uns vor! Die Nutzer sollten hier folglich nie alleine agieren können. Vielmehr ist darauf zu achten, dass das Unternehmen die Instanz ist, die sich finale Entscheidungen vorbehält. Diese Einschränkung ist den potenziellen Nutzern im Vorfeld mitzuteilen.

Einen besonders interessanten Anwendungsbereich für Crowdsourcing ersann *von Ahns*, der Miterfinder des **CAPTCHA-Codes**. Dieses Akronym steht für **C**ompletely **A**utomated **P**ublic **T**uring test to tell **C**omputers and **H**umans **A**part. Es ist ein Instrument, um online feststellen zu können, ob ein Computer oder ein Mensch eine Online-Schnittstelle bedient, und fungiert damit als SPAM-Schutzmechanismus. Ein Beispiel für einen solchen CAPTCHA-Code zeigt Abb. 7.20.

Bei dem **RECAPTCHA** genannten System muss der Internet-Nutzer jetzt zwei Wörter abtippen. Bei einem Wort kennt das System das Lösungswort und kann somit feststellen, ob

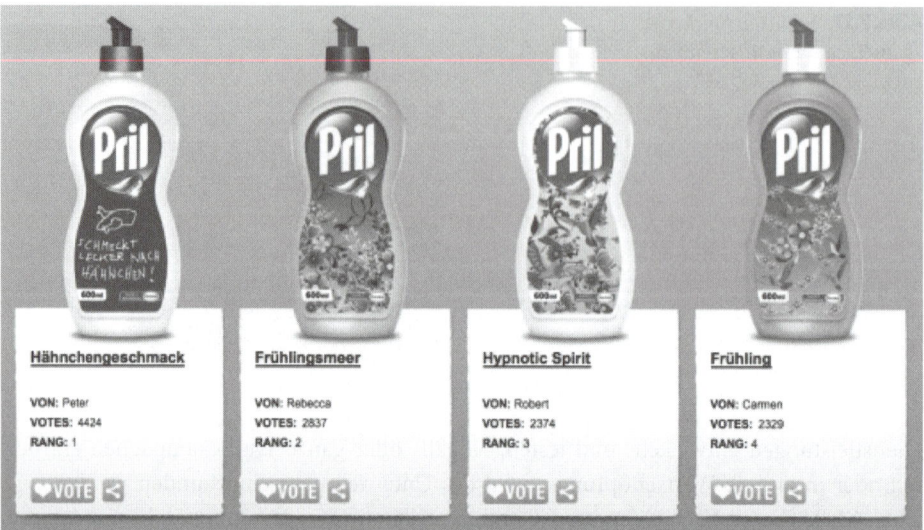

Abb. 7.18 Einbindung von Nutzern in Auswahlprozesse – das Beispiel *Pril* (Quelle: Disselhoff 2011)

Abb. 7.19 Einbindung von Nutzern in Auswahlprozesse – die Beispiele Modelwettbewerb von *Otto* und hamburg.de (Quelle: Netzwelt 2012, Trümpler und Neuburger 2012)

ein Mensch oder ein Computer am Werk ist. Das zweite Wort stammt aus einem gescannten Buch, das es zu digitalisieren gilt. Tippt der Nutzer dieses zweite Wort ein, leistet er einen **Beitrag zur Digitalisierung** des Gesamtwerkes, da ein Scan in einen digitalen Datensatz umgewandelt wird. Dabei führen mehrere Personen diesen Digitalisierungsschritt durch, um durch Cross-Validierung mehrerer Eingaben ein korrektes Resultat zu erzielen. Hierdurch können Wörter, die Computer nicht erkennen, durch einen Crowdsourcing-Ansatz sicher digitalisiert werden. Das Internet hat dabei die **Funktion eines Fließbandes**, welches zeitaufwändige Prozesse in kleine, leicht leistbare Arbeitsschritte aufteilt. Dadurch wird ein großes Ergebnis erzielbar. Bei diesen Konzept werden pro Tag ca. 100 Millionen Wörter digitalisiert (vgl. Heller 2012, S. 73). Die Bewältigung eines anderen Großprojekts, näm-

Abb. 7.20 Beispiel eines
CAPTCHA-Codes

lich der Übersetzung des 6. *Harry-Potter*-Romans ins Deutsche, wurde bereits 2005 durch Crowdsourcing bewältigt. Innerhalb von 48 Stunden nach dem Verkaufsstart der englischen Version lag die erste deutsche Übersetzung vor – wenn auch noch mit deutlichen Schwächen. Insgesamt sind der Kreativität solcher Anwendungen keine Grenzen gesetzt!

Inzwischen haben sich verschiedene **Crowdsourcing-Plattformen** entwickelt, um die Intelligenz der Masse in verschiedenen Bereichen zu nutzen. Ein Beispiel ist *Mechanical Turk*, ein Projekt von *amazon*. Dieses wendet sich an (potenzielle) Erfinder, Entwickler oder andere kreative Geister, um diese zu einer Mitarbeit – gegen Bezahlung – zu motivieren. Parallel dazu werden Unternehmen aufgefordert, hier ihre Aufgaben zu posten, um die Masse zur kreativen Mitarbeit einzuladen (vgl. Abb. 7.21).

Ein Großprojekt liegt *Galaxy Zoo* zugrunde (vgl. galaxyzoo.org). Hier geht es um nichts weniger als die Klassifizierung von Galaxien auf Fotos, die durch den Einsatz von über 100.000 Helfern viel schneller gelingen kann, als wenn wenige Forscher damit betraut wären. Es finden sich allerdings auch viele kleine, ganz pragmatisch anmutende Projekte, wie bspw. bei *Wheelmap* (vgl. wheelmap.org). Hier tragen Freiwillige Orte ein, die rollstuhlgerecht sind. Eine hierauf basierende App ist bei *iTunes* zu bestellen. Einen Überblick über das Ausmaß von Crowdsourcing-Projekten liefert der **Crowdsourcing Report** (vgl. Pelzer et al. 2012).

Gewinner des Crowdsourcings gibt es häufig auf beiden Seiten: Zum einen können Unternehmen die grenzenlose Kreativität der Internet-Gemeinde nutzen, um kosteneffizient und schnell zu Innovationen zu kommen und Input für den **Innovationswettlauf** zu erhalten. Dieser wird durch einen immer höheren Innovationsdruck und reduzierte F&E-Budgets bei gleichzeitig verkürzten Lebenszyklen von neuen Produkten verstärkt. Zum anderen finden die bisher oft in der Anonymität gefangenen Tüftler, Kreativen und Erfinder endlich aufmerksame Zuhörer, die Ideen aufgreifen und ggf. in marktgängige Produkte umsetzen. Dadurch können u. U. auch wichtige Zielgruppen noch stärker an das Unternehmen oder die Marke gebunden werden. In diesem Zusammenhang ist u. E. von **Customer Generated Innovations** zu sprechen.

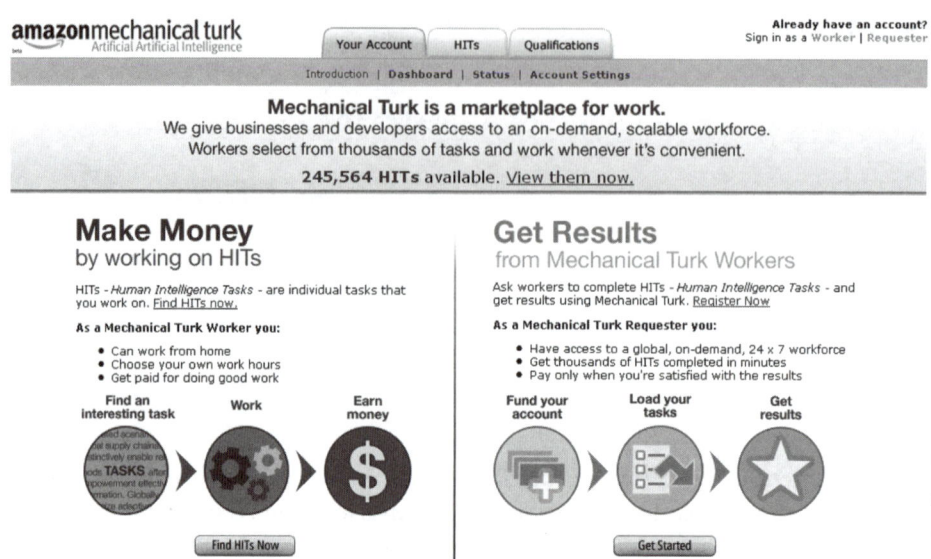

Abb. 7.21 Internet-Auftritt von *Mechanical Turk* (Quelle: mturk.com/mturk/welcome, 9.10.2012)

McDonald's ruft seine Kunden über *Facebook* dazu auf, eigene Burger zu kreieren. Ebenfalls in den Design-Prozess eingebunden werden die Kunden bei *Nike* und *adidas*. Hier können Kunden über das Design, die Farben etc. mitentscheiden, um so individualisierte Produkte zu erstellen. Eine professionelle Umsetzung des Ideenmanagements findet sich auch bei *Dell* mit *IdeaStorm* (ideastorm.com). Hier werden die Kunden aktiv zur kreativen Mitarbeit angehalten – und attraktive Belohnungen in Aussicht gestellt. Ein überzeugendes Beispiel hierfür liefert auch *Tchibo* mit seiner Internet-Plattform *TchiboIdeas*, auf der Kunden dazu eingeladen werden, neue Produkte zu entwickeln (vgl. Kurzbeitrag *TchiboIdeas*).

Gastbeitrag von Dr. Wolfgang Merkle

Die Ideenplattform *TchiboIdeas* – Hintergründe und Erfolgsfaktoren

Tchibo ist ein Unternehmen, bei dem der direkte Dialog mit seinen Kunden nicht nur in der **Unternehmens-DNA** als wesentlicher Verhaltenskodex schriftlich verankert ist, sondern über den täglichen Dialog in den Filialen tatsächlich gelebt wird. Denn nur über den regelmäßigen Austausch mit den Konsumenten kann das Angebot laufend verbessert werden; nur über ein direktes, ungefiltertes Feedback können die für die Optimierung der eigenen Leistung so wichtigen Impulse gewonnen werden. In der Folge war es für *Tchibo* wichtig und konsequent, den **Dialog mit seinen Kunden und Fans** auch in der Welt des Internets zu suchen.

Ein zusätzlicher Ansporn bei der Etablierung der **Internet-Plattform** *TchiboIdeas* war zudem der Aspekt, dass *Tchibo* – im Gegensatz zu vielen anderen Handelsunternehmen – seine Produkte selbst entwickelt und durch seine strategischen Lieferanten exklusiv produzieren lässt. Um das zu realisieren, gibt es bei *Tchibo* einen **eigenen Produktentwicklungsprozess**, in dem eigene Trendscouts und Produktmanager permanent daran arbeiten, neue und begehrliche *Tchibo* Welten zu entwickeln und zu realisieren.

TchiboIdeas wurde deshalb als **Online-Forum** konzipiert, um einerseits aus dem direkten Dialog die realen Bedürfnisse der Kunden noch besser zu verstehen. Andererseits sollte unmittelbar aus den dort diskutierten Alltags-Problemen über ein **Crowdsourcing** aber auch die interaktive Produkt- und Designentwicklung angeregt werden (vgl. Abb. 7.22). So ist eine Community entstanden, in der aus der Diskussion einzelner Ideen **clevere Produktneuheiten** entwickelt werden, die zum Teil sogar als konkrete Produkte realisiert werden – vom Schneidebrett mit integrierter Auffangschale über den Auto-Handtaschenhalter bis zum fest mit dem Fahrrad verbundenen Sattelbezug. Dies alles sind direkte Lösungen für vorab von anderen Nutzern formulierte Probleme.

Abb. 7.22 *Tchiboideas* – Internet-Auftritt (Quelle: tchibo-ideas.de)

Eine zentrale Herausforderung bei der Etablierung einer solchen **Crowdsourcing-Plattform** ist zunächst immer der Aufbau der entsprechenden **Community**. Bei *Tchibo* hat man dazu Verbraucher gesucht, die ihre Alltagsprobleme beschreiben, und gleichzeitig auch Designer, die gern an entsprechenden Lösungen arbeiten. Auf der Kundenseite wurden dazu die eigenen wöchentlich erscheinenden Medien und die Filialen genutzt. Zur Generierung der Ideenkompetenz wurden gezielte **Kooperationen mit ausgewählten Design-Hochschulen** geschlossen.

Für den nachhaltigen Erfolg einer solchen **Crowdsourcing-Plattform** lassen sich vier zentrale **Erfolgsfaktoren** beschreiben:

- **Glaubwürdigkeit**
  Nur wenn regelmäßig Produkte und Ideen der Plattform später real umgesetzt und im Verkauf erhältlich werden, sind die Mitglieder auch auf Dauer bereit, ihre Ideen auf *TchiboIdeas* zu diskutieren.
- **Transparenz**
  Die Mitglieder wollen genau wissen, wie mit einzelnen Ideen verfahren wird. Nur ein ehrliches Auftreten gegenüber den Usern in der öffentlichen Diskussion (Kommentare, Workshops etc.) und in der Realisierung konkreter Projekte (Vertragsanbahnung, Umsetzung usw.) schafft das notwendige Vertrauen, um eine solche Community dauerhaft am Leben zu erhalten.
- **Fairness**
  Wer eine Lösung in Form eines komplett durchdachten Produktkonzeptes entwickelt, das später real verkauft wird, wird über eine Lizenzzahlung für jedes verkaufte Produkt an den Erlösen beteiligt. Der Erfinder des jeweiligen Produktes wird außerdem in der gesamten Produktkommunikation konkret benannt.
- **Kundennähe**
  Crowdsourcing ist ein Tool, das sein gesamtes Potenzial vor allem dadurch entfaltet, dass die Teilnehmer an Themen arbeiten, die sie selbst interessieren. Über den offenen Dialog und die konkrete Möglichkeit, unmittelbaren Einfluss auf Unternehmensprozesse zu nehmen, wird ein Unternehmen noch anfassbarer und zeigt, dass auch einzelne Meinungen bzw. konkrete Probleme der Kunden wirklich wichtig sind. Dabei muss eine solche Plattform sehr individuell betrieben werden. Es bedarf einer persönlichen Ansprache, in der das Redaktionsteam ein sehr gutes Gespür für die Mitglieder entwickeln muss.

Dr. Wolfgang Merkle, Director Consumer & Brand, *Tchibo GmbH,* Hamburg

Allerdings ist dieser **Prozess der kundengetriebenen Innovationen** mit einem Risiko verbunden. Neue Ideen, Erkenntnisse und Lösungen können durch den Konformitätsdruck der Masse „abgeschliffen" und auf Mainstream getrimmt werden. Ein Schwimmen gegen diesen Strom ist von einzelnen Teilnehmern häufig nicht zu leisten. Deshalb sollte man – weder als Privatperson noch als Unternehmen – die eigene Intelligenz an die Masse

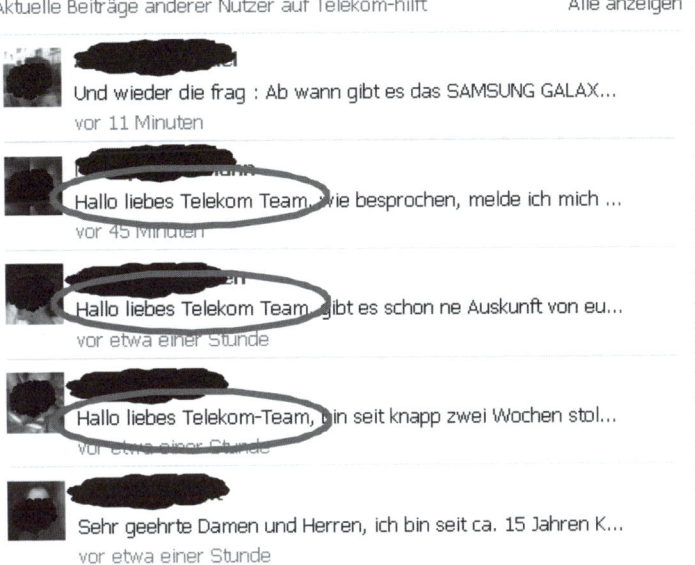

Aktuelle Beiträge anderer Nutzer auf Telekom-hilft   Alle anzeigen

Und wieder die frag : Ab wann gibt es das SAMSUNG GALAX…
vor 11 Minuten

Hallo liebes Telekom Team, wie besprochen, melde ich mich …
vor 45 Minuten

Hallo liebes Telekom Team, gibt es schon ne Auskunft von eu…
vor etwa einer Stunde

Hallo liebes Telekom-Team, bin seit knapp zwei Wochen stol…
vor etwa einer Stunde

Sehr geehrte Damen und Herren, ich bin seit ca. 15 Jahren K…
vor etwa einer Stunde

Abb. 7.23 Tonality bei *Telekom-hilft* (Quelle: facebook.com/telekomhilft?ref=ts&fref=ts, 15.10.2012)

abgeben. Gleichzeitig gilt, was *Steve Jobs* sinngemäß so schön gesagt hat: „Wir fragen die Kunden nicht, was sie sich wünschen. Schließlich wissen die Kunden gar nicht, was möglich ist" (vgl. Lashinsky 2012). Dies passt wunderbar zu einer Aussage von *Henry Ford*: „If I had asked my customers what they wanted, they would have said, a faster horse!"

Facebook kann aber auch als **Serviceplattform** genutzt werden, um Kunden bei Fragen mit Rat und Tat zur Seite zu stehen. Eine solche Anwendung liegt bspw. von der *Deutschen Telekom* vor, die mit *Telekom-hilft* eine **serviceorientierte Fan-Page** aufgebaut hat. Interessant ist dabei die Tonality, die auf dieser Site gegenüber dem früher häufig beschimpften Konzern zu beobachten ist (vgl. Abb. 7.23). Durch wertschätzende, problemlösende Dialoge werden nicht nur Kundenanliegen gelöst, sondern es wird gleichzeitig konsequent an einer positiven **Corporate Reputation** gearbeitet.

Think-Box

- Wie konsequent wird das Seeding von spannenden Inhalten auf *Facebook* von uns genutzt?
- Wird versucht, (zufriedene) Kunden konsequent zu Marken-Botschaftern zu entwickeln?

- In welchem Ausmaß wird versucht, über Crowdsourcing User-Generated-Content erarbeiten zu lassen?
- Liegen für das Crowdsourcing – nach außen kommunizierte – Guidelines vor, um uns vor Überraschungen zu schützen?
- Haben wir schon einmal geprüft, ob wir interne Aufgabenstellungen über Crowdsourcing-Plattformen bearbeiten lassen können?
- Ist es ggf. zielführend, eigene Crowdsourcing-Plattformen aufzubauen?
- Bietet *Facebook* interessante Ansätze, um unsere Servicequalität zu verbessern?
- Wer ist für die Bearbeitung dieser Fragestellungen prädestiniert?

Ein weiteres interessantes Einsatzfeld von *Facebook* wird mit dem Begriff F-Commerce (auch *Facebook*-Commerce) beschrieben. Damit ist eine Untergruppe des Social Commerce gemeint. Unter **Social Commerce** – auch **Empfehlungshandel** bzw. **Social Shopping** genannt – versteht man zunächst eine spezifische Ausprägung des E-Commerce. Die „soziale Komponente" erhält das E-Commerce durch die aktive Einbindung anderer Nutzer in den Kaufprozess. So fließen bspw. deren Kommentare und Leistungsbewertungen als Ausprägungen des **ZMOT** (Zero Moment of Truth) und/oder in Realtime durch eine **Online-Kommunikation** mit Freunden in die Kaufüberlegungen ein. Die dabei eingesetzten Werkzeuge werden als **Social Software** bezeichnet. **F-Commerce** selbst bezeichnet den direkten **Abverkauf von Produkten und Dienstleistungen über** *Facebook*.

Die Einbindung von Shop-Funktionalitäten erfolgt bei *Facebook* über sogenannte *iframes*. Deren Nutzung ermöglicht gleichzeitig, in größerem Maße Informationen über die *Facebook*-Nutzer zu gewinnen. Eine interessante Anwendung von F-Commerce liefert *Facebook Connect* am Beispiel *amazon* (vgl. Abb. 7.24). Zum einen ermöglicht es die Nutzung des *Facebook* **Interest Graph** bei der Recommendation-Engine von *amazon*, Präferenzen des Nutzers zu berücksichtigen, die dieser bei *amazon* selbst noch nicht offenbart hat. Hierdurch gelingt es, Empfehlungen noch persönlicher und – deshalb wahrscheinlich auch – relevanter zu gestalten. Zum anderen erlaubt eine Auswertung des *Facebook* **Social Graph**, das Netzwerk der Freunde und deren Informationen bei der Erarbeitung von Kaufempfehlungen zu berücksichtigen. In der Kombination können die Informationen über die Geburtstage der Freunde mit entsprechenden Geschenkvorschlägen angereichert werden.

Die Voraussetzung für diesen Zugriff stellt die **Permission** des *Facebook*-Nutzers dar. Dieser Token wird über eine entsprechende Abfrageseite gewonnen (vgl. Abb. 7.25).

Hierbei kommt wieder die schon eingeführte **Währung CCCT** zum Einsatz: Ein **Contact** weist im **Context** des Geburtstags auf ein Geschenk als **Content** hin. Baut diese Beziehung auf **Trust** auf, werden viele Nutzer eine Permission erteilen und entsprechenden Empfehlungen folgen und Käufe tätigen (vgl. Abb. 7.26). Und wenn der **Want-Button** von *Facebook* eingeführt wird, werden derartige Funktionalitäten dramatisch an Wert gewinnen!

Connect Amazon and Facebook   Close

Improve your Amazon shopping experience by tapping into your Facebook network.

- Discover Amazon recommendations for movies, music, and more based on your Facebook profile.

- See upcoming birthdays and find Amazon Wish Lists for your friends on Facebook more easily.

- Get gift suggestions for your friends based on their Facebook profiles.

- Explore your friends' profiles and see who has similar interests.

Your personal Amazon data will not be shared with Facebook.

- Amazon *will not* share Your Account information with Facebook.

- Amazon *will not* share your purchase history with Facebook.

- Amazon *will not* attempt to contact your friends on Facebook.

f Connect with Facebook

(You will be asked to approve this connection)

Abb. 7.24 Verbindung zwischen *amazon* und *Facebook*

Aber nicht nur große Anbieter wie *amazon* haben die Möglichkeit, ihren Kunden ein **individualisiertes Kauferlebnis** zu vermitteln. Es gibt unterschiedliche Anbieter, die es auch kleineren Unternehmen ermöglichen, **F-Commerce** durch eine **Integration von Shop-Lösungen** in die *Facebook* Fan-Page zu betreiben:

- **Payvment** (vgl. payvment.com)
  Payvment bietet eine E-Commerce-Lösung für *Facebook*, die eine Integration einer Online-Shop-Oberfläche zu einer *Facebook*-Seite ermöglicht. Die Anwendung erlaubt es gleichzeitig, den Shop selbst, aber auch die präsentierten Angebote und die erzielten Umsätze über ein entsprechendes Dashboard zu verwalten.
- **BigCommerce** (vgl. bigcommerce.com)
  Bei dieser E-Commerce-Anwendung ist es möglich, eine Warenkorb-Funktionalität auf der *Facebook*-Page zu integrieren. Hierdurch wird es möglich, in *Facebook* Produktkataloge zu durchsuchen und direkt auf *Facebook* zu kaufen.
- **TabJuice** (vgl. tabjuice.com)
  Auch diese Warenkorb-Anwendung ermöglicht es Händlern, Angebote auf *Facebook* zu präsentieren und unmittelbar Verkäufe durchzuführen.

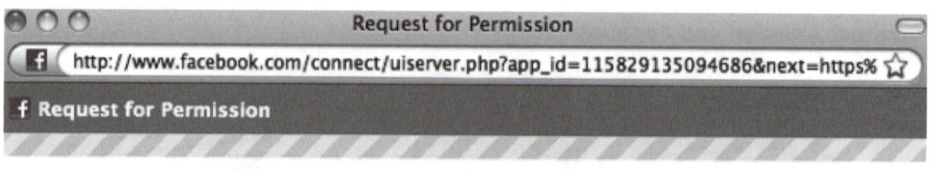

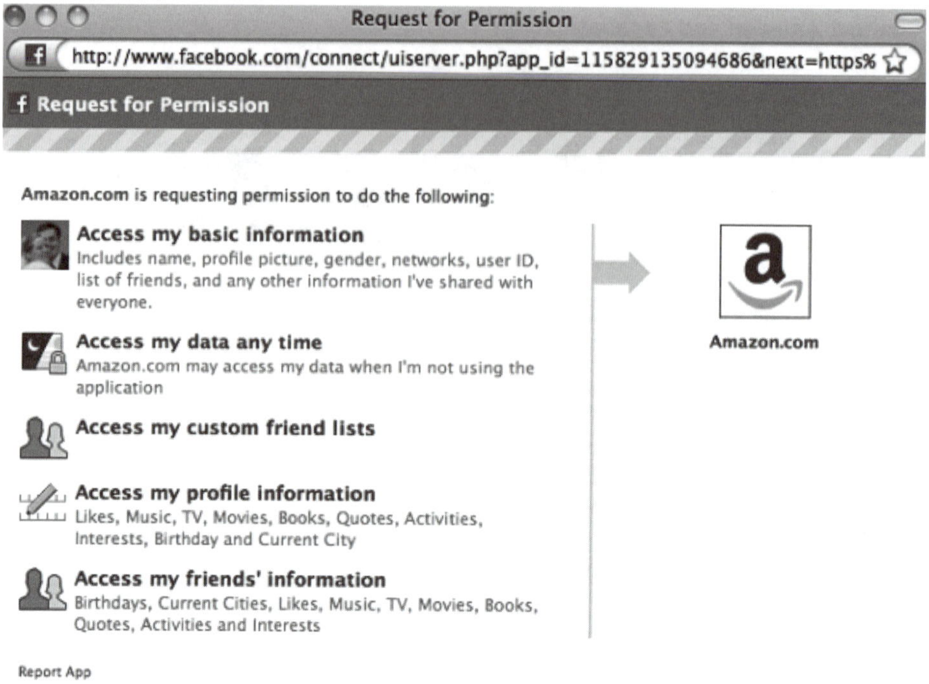

Request for Permission
http://www.facebook.com/connect/uiserver.php?app_id=115829135094686&next=https%
Request for Permission
Amazon.com is requesting permission to do the following:
Access my basic information
Includes name, profile picture, gender, networks, user ID, list of friends, and any other information I've shared with everyone.
Access my data any time
Amazon.com may access my data when I'm not using the application
Access my custom friend lists
Access my profile information
Likes, Music, TV, Movies, Books, Quotes, Activities, Interests, Birthday and Current City
Access my friends' information
Birthdays, Current Cities, Likes, Music, TV, Movies, Books, Quotes, Activities and Interests
Amazon.com
Report App

Abb. 7.25 Einholung der Kunden-Permission für *Facebook Connect*

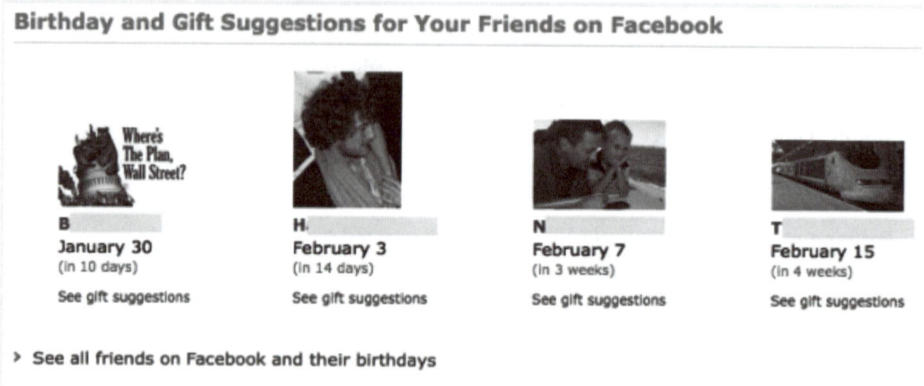

Birthday and Gift Suggestions for Your Friends on Facebook
Where's The Plan, Wall Street?
B
January 30
(in 10 days)
See gift suggestions
H.
February 3
(in 14 days)
See gift suggestions
N
February 7
(in 3 weeks)
See gift suggestions
T
February 15
(in 4 weeks)
See gift suggestions
See all friends on Facebook and their birthdays

Abb. 7.26 *Facebook*-basierte Geschenkempfehlungen

- **ShopTab** (vgl. shoptab.net)
  Diese *Facebook*-Applikation unterstützt verschiedene Shop-Funktionalitäten (so bspw. verschiedene Währungen).

Abb. 7.27 *Facebook*-Anwendung für den *FC Barcelona* (Quelle: Baudis 2012)

Abb. 7.28 *Facebook*-Auftritt des *FC Barcelona* (Quelle: Baudis 2012)

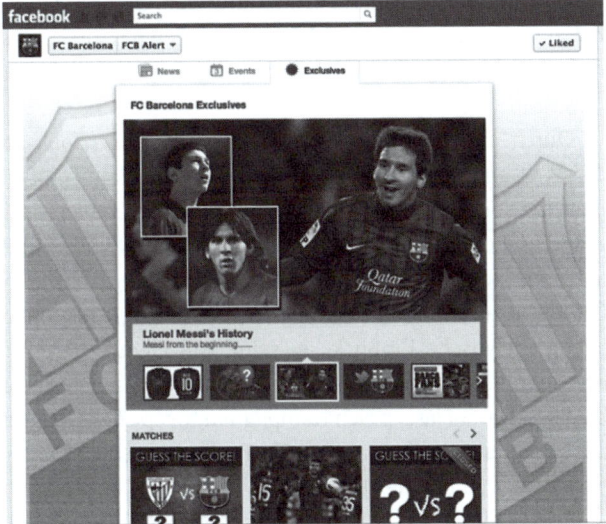

Wie der Einsatz von *Facebook* zur **Förderung des Absatzes von Fanartikeln** genutzt werden kann, wird hier am Beispiel des *FC Barcelona* mit seinen drei Millionen *Facebook*-Fans verdeutlicht (vgl. zu Nachstehendem Baudis 2012). In einer intensiven Kooperation zwischen dem *FC Barcelona* und *MicroStrategy* wurde ein personalisierter, auf *Facebook* basierender **E-Commerce-Kanal** aufgebaut (vgl. Abb. 7.27). Dieser umfasste außerdem eine native *Facebook*-Applikation und eine Mobile App. Eine wesentliche Zielsetzung war es, einen weiteren **Absatzkanal für E-Ticketing und Merchandising** aufzubauen. Dazu wurde *FCB Alert* als kostenfreie *Facebook*-App entwickelt. Diese verspricht personalisierte und interaktive Erfahrungen mit dem weltbekannten Fußballclub. Durch die Bereitstellung von **exklusivem Content**, wie Spielergebnissen, Social Games, Fotos und Contests, werden die Fans regelmäßig zum Mitmachen animiert. Hierdurch soll die Kundenloyalität gesteigert werden.

Durch diese Anwendung besitzt der *FC Barcelona* „abseits des Platzes" eine Technologieplattform, um seine weltweite *Facebook*-Fangemeinde noch enger an sich zu binden. *FCB Alert* eröffnet den Fans folgende **Nutzungsmöglichkeiten** (vgl. Abb. 7.28):

- **Interaktive Funktionen**, wie Spiele und Fan-Befragungen (bspw.: Wer war der Spieler des Tages? Wer war der Spieler des Jahres? Bis hin zu Fragen wie: Sind die goldenen oder die grünen Fußballschuhe besser für unsere Mannschaft?)
- **Zugriff auf spannende Inhalte**, wie bspw. Videos und weitere Multimedia-Inhalte, die mit anderen geteilt werden können
- **Zugang zu Nachrichten** über das Team und die angeschlossenen Organisationen, die von Websites, *Facebook*-Seiten, *Twitter* und Blogs an einem einzigen, ständig aktualisierten Ort zusammengeführt werden
- **Ansicht aller** *Facebook*-**Veranstaltungen**, die vom Club zusammengestellt werden
- **Exklusive Angebote und Werbeaktionen** des Teams und der Spieler
- **Erwerb von Waren und Ausstattung** des *FC Barcelona* über eine *Facebook*-Storefont

Durch die *Alert*-**Plattform** kann der *FC Barcelona* seine *Facebook*-Fans überall auf der Welt erreichen. Das inhaltliche Angebot kann auf unterschiedliche Gruppen oder Einzelpersonen in Anhängigkeit von deren Interessen und/oder der demografischen und geografischen Verteilung ausgestaltet werden. Dafür nutzt die App die in *Facebook* verfügbaren Nutzer-Daten – sofern die Nutzer dazu ihr Einverständnis erteilt haben. Eine **Cloud-basierte Social-Intelligence-Technologie** ermöglicht dem *FC Barcelona* umfangreiche analytische Einblicke in seine Fan-Gemeinde. Dazu gehören demografische und psychografische Profile ebenso wie häufig wechselnde Informationen über Check-ins und Updates. Darauf lassen sich Kampagnen für spezielle Segmente aufbauen. Hierdurch erhält der Nutzer auf Basis seiner zur Verfügung gestellten Daten hochpersonalisierte, exklusive Angebote (vgl. Baudis 2012).

Aber auch für den **klassischen Einzelhandel** liegen interessante Anwendungen vor. Gemeinsam mit dem Kleidungshersteller *GUESS?* und *Tilly's Surf & Skate Clothing* wurde ein innovatives Konzept erarbeitet. Diese Einzelhändler können durch die Nutzung der **Mobile Commerce App** namens *Alert* von *MicroStrategy* auf die *Facebook*-Konten ihrer Kunden zugreifen und mit dem eigenen Loyalitätsprogramm für die vier Millionen Kunden verknüpfen. Zielsetzung war es unter anderem, die Kundenbindung zu stärken, Customer Insights zu generieren und den Absatz zu erhöhen (vgl. Wohlfarth-Bottermann 2012b).

Alert stellt für *GUESS* und *Tilly's* einen personalisierten und transparenten Kanal mit Transaktionsmöglichkeiten für **Social Commerce** zur Verfügung. Wenn die Fans *Alert* heruntergeladen haben, erhalten sie persönliche Nachrichten, Ereignisse und zielgerichtete Angebote und Gutscheine von „ihrer" Marke, die auf die *Facebook*-**Social-Graph-Daten** abgestimmt sind. *Alert* schließt somit den Kreis zwischen Fan-Interessen, der Kundensegmentierung, Kommunikationskampagnen und Social Commerce. Hierdurch ergibt sich eine **tragfähige Datenbasis für Investitionen in Social Media**. Die schon beim *FCB*-Case vorgestellte, Cloud-basierte Social-Intelligence-Technologie ermöglicht *Guess* und *Tilly's* Einblicke in die eigene Fan-Struktur. Wenn ein *Guess*-Fan, der die entsprechende *Facebook*-Seite geliked hat, in Köln einkaufen geht, kann er folgenden Hinweis auf sein Smartphone erhalten: „Hier um die Ecke ist ein Laden, der *Guess*-Jeans im Angebot hat. Klicke hier

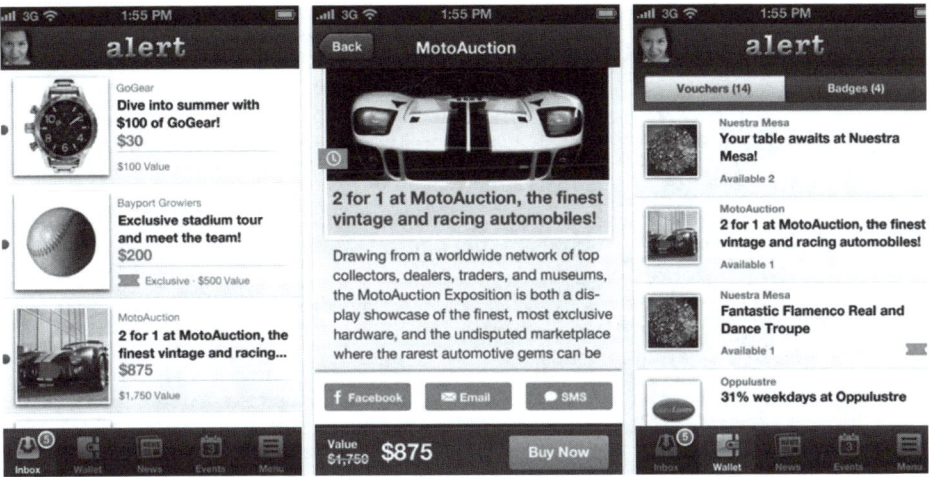

Abb. 7.29 Alert-Oberfläche für mobile Endgeräte (Quelle: Wohlfarth-Bottermann 2012b)

und Du bekommst einen Coupon, der Dir 25 Prozent Rabatt sichert." Für einen *Guess*-Fan sicherlich ein mehr als passendes Angebot (vgl. Abb. 7.29).

Die Nutzer der *Alert*-App können ihre Loyaltypunkte sowie den Prämienstatus abfragen, ihre Kaufhistorie einsehen und Barcodes einscannen, um weiterführende Produktinformationen zu erhalten. Zusätzlich können Geschäfte mobil lokalisiert werden. Und natürlich können auch Einkäufe direkt über den *Guess* Online Shop getätigt werden. Das besondere an der App ist, dass Nutzer sich über ihren *Facebook* Account einloggen müssen (Social Log-in), um die App nutzen zu können. Sobald dieses geschehen ist, muss der Nutzer sein Einverständnis geben, dass *Facebook*-Profildaten wie Geschlecht, Alter, Familienstand, Bildungsstatus, Likes, Check-ins etc. gesammelt und von Unternehmen ausgewertet werden dürfen.

So erhält *Guess* ein genaueres Bild seiner Kunden. Interne CRM-Information, wie Name, Geburtsdatum und Adresse, können dementsprechend mit Einkommens-Level, Bildungsniveau oder persönlichen Präferenzen, wie Musik, Kinofilmen, Hobbies etc., angereichert werden. Dies wiederum ermöglicht eine tiefgehende, segmentierte Ansprache des Kunden. *Guess* bietet über die App dem Kunden neben personalisierten Angeboten auch exklusiven Content, der auf sein individuelles Profil abgestimmt ist. Der hierdurch erreichbare relevante Mehrwert und Service für den Nutzer erhöht die Bereitschaft, die App herunterzuladen und die notwendigen Permissions zu erteilen (vgl. Abb. 7.30).

Tilly's, einer der am schnellsten wachsenden Einzelhändler für Surfer- und Sportbekleidung in den USA, stand 2012 vor der Herausforderung, den Lagerbestand zu optimieren, ohne den Kunden wirklich zu kennen. Zusätzlich erkannte das Unternehmen, dass eine integrierte Mobile-Strategie einen zusätzlichen Umsatzkanal bieten würde. Zusammen mit *MicroStrategy* entwickelte *Tilly's* den **Mobile Sales Kanal**. Zusätzlich wurde auf *Facebook* **als**

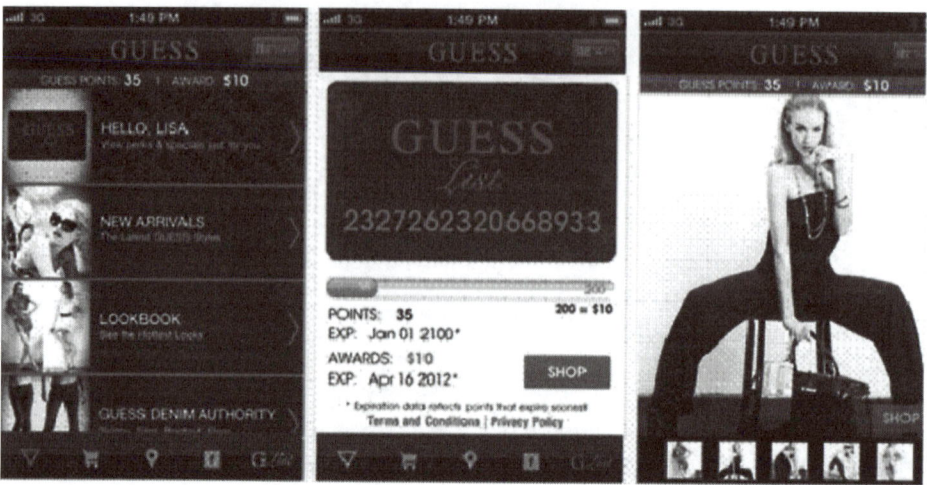

Abb. 7.30 Alert-Oberfläche für mobile Endgeräte von *Guess* (Quelle: Wohlfarth-Bottermann 2012b)

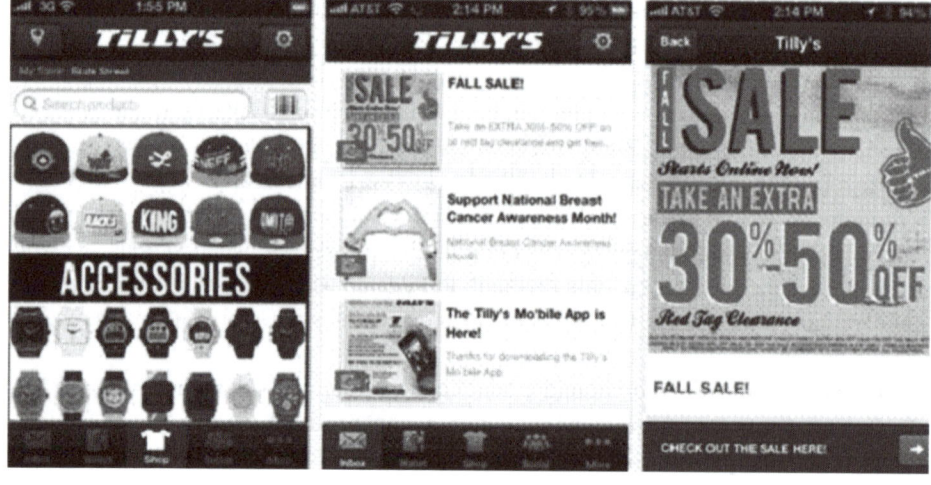

Abb. 7.31 Alert-Oberfläche für mobile Endgeräte für *Tilly's* (Quelle: Wohlfarth-Bottermann 2012b)

CRM-/Loyalty-Datenbank zugegriffen, um den Kunden mit zielgerichteten und personalisierten Angeboten zu erreichen. Die Nutzer erhalten neben personalisierten Angeboten und Nachrichten auch die Möglichkeit, Gutscheine an Freunde zu versenden, Bonuspunkte zu sammeln, Stores zu lokalisieren und als Favoriten innerhalb der App abzuspeichern. Außerdem können Kassenzettel in der Wallet abgerufen werden, der Barcodescanner kann in den Geschäften genutzt werden, um weiterführende Produktinfos zu erhalten und Direkteinkäufe über *PayPal* zu tätigen (vgl. Abb. 7.31; Wohlfarth-Bottermann 2012b).

Hiermit wird deutlich, wie weit sich Unternehmen bereits mit einer unmittelbar verkau-
fenden Zielsetzung in die *Facebook*-Umgebung integriert haben. Entscheidend für einen
Erfolg in diesem **Ecosystem** ist auch hier die **Relevanz für die Nutzer**. Die aufgezeigten
Beispiele unterstreichen, dass tatsächlich aus Nutzersicht relevante Inhalte und Funktionen
angeboten werden – und das mit einer hohen Convenience.

Think-Box

- Welche Bedeutung kann F-Commerce für mein Unternehmen erlangen?
- Haben wir schon einmal geprüft, welche Ansatzpunkte hier für uns bestehen?
- Haben wir das Potenzial – alleine oder in Kooperation –, vergleichbare Konzepte
  wie die *Alert*-Beispiele zu erarbeiten?
- Wer könnte diese Fragen bei uns beantworten?

Flankierend zu den hier aufgezeigten Anwendungen stellt *Facebook* für die Unternehmen eine Vielzahl von **Statistiken und Auswertungsmöglichkeiten** zur Verfügung,
um so die Nutzung der *Facebook*-Angebote überwachen zu können. Bei einem *Facebook*-
Engagement sollte man sich aber auch dessen **Risiken** bewusst sein. Wer ziellos oder ohne
eine Bereitstellung der erforderlichen Ressourcen bei *Facebook* einsteigt, wird fast zwingend Schiffbruch erleiden. Und eines ist auch wichtig: Es gibt keine Garantie, dass das
eigene Engagement auf *Facebook* automatisch zum Erfolg wird!

▸ **Food for Thought! Wer eine Garantie wünscht, sollte sich einen Toaster
kaufen** – und nicht in Social Media einsteigen! Dies sollte auch dem Top-
Management vermittelt werden!

In jedem Fall ist es wichtig, dass wir Unternehmen die *Facebook*-**Richtlinien** umfassend
berücksichtigen. Verstöße können durch einen Ausschluss aus der *Facebook*-Welt bestraft
werden, gegen den nur wenige „Rechtsmittel" eingelegt werden können. Schließlich ver-
hält sich *Facebook* hier gleichsam wie eine Diva, die man besser mit Glacé-Handschuhen
anfasst. Nicht zu vernachlässigen sind auch die Risiken, die mit den Themen **Datenschutz**
und **Urheberrechte** verbunden sind (vgl. Blind und Klinger 2012).

Quick Wins

Warum sich Marketing zum Service entwickelt 8

Das **klassische Verständnis von Service durch Unternehmen** stellte sich wie folgt dar. Die für Service verantwortlichen Führungskräfte entwickelten sogenannte **Service Level Agreements**. Diese können für die eigenen Mitarbeiter oder für externe Dienstleister Gültigkeit haben. In diesen war bspw. geregelt, an welchen Tagen ein Customer-Service-Center erreichbar ist (bspw. von 9.00–18.00, Montag bis Freitag; häufig explizit nicht am Wochenende und an Feiertagen) und wie die Öffnungszeiten sind. Zusätzlich wurde bspw. für die Agents in den Customer-Service-Centern definiert, wie lange ein Telefonat zu dauern hat und welche Textbausteine für die Kundenkorrespondenz einzusetzen sind. Ob diese Leistungsbereitschaft mit den Bedürfnissen der Kunden oder mit deren Kundenwert (vgl. Kap. 5) korrespondiert, wurde dabei häufig nicht bzw. nicht ausreichend thematisiert. Im Ergebnis ergab sich eine Situation, wie sie in Abb. 8.1 zu sehen ist. Das **Unternehmen** versteht sich **als Dirigent** – und die Kunden nehmen die Serviceleistungen so ab, wie sie geboten werden – oder halt nicht.

Unternehmen sehen sich heute allerdings gezwungen, eine immer **breitere Service-Palette** anzubieten, aus der ein Kunde wählen kann: wann und wo er dies gerne möchte. Diese Tendenz wird nicht zuletzt getrieben durch das publikumswirksame **Einklagen von Serviceleistungen** über die sozialen Medien (vgl. Kap. 7). Hier sehen wir, dass sich die Rollenverteilung zwischen Unternehmen und Kunden in zunehmendem Maße umdreht. Auf

Abb. 8.1 Status quo der Service-Erbringung in vielen Unternehmen

Unternehmen

Kunden

Kunden   Unternehmen

Abb. 8.2 Kunde entwickelt sich zum „Master of Service"

einmal werden die Kunden zu Dirigenten, die den Taktstock heben und Service abrufen. Hier kann von der Entwicklung eines regelrechten **Service-Cafeteria-Systems** gesprochen werden, das eines ermöglicht: **Service of Choice** – den Service nach Wahl! Hier wird der Kunde zum **Master of Service** (vgl. Abb. 8.2). Dann entscheidet der Kunde, welche Service-leistungen er wann und wo abrufen möchte. Dabei umfasst das „Wo" nicht nur stationäre und virtuelle Shops, sondern kennzeichnet auch den tatsächlichen Aufenthaltsort, an dem sich der Kunden informieren möchte, Fragen platziert und seine Kaufentscheidung trifft. Dies kann in der U-Bahn, auf den Rängen eines Fußballstadions, in der *Lufthansa*-Lounge oder im Schlafzimmer sein. **Everywhere goes**! Und die Unternehmen tun gut daran, sich auf diese neue Erwartungshaltung der Kunden auszurichten!

Die **Entwicklung zum Master of Service** führt dazu, dass neben dem klassischen Kun-denservice ein Self-Service oder ein Crowdservice tritt, um die Serviceerwartungen ab-zudecken. Interessant ist die Möglichkeit, Kunden durch **Crowdservice** in die eigene Ser-viceerbringung einzubinden. Hierzu können wir Plattformen aufbauen, auf denen Kunden anderen Kunden helfen (vgl. Peppers und Rogers 2011, S. 218). Eine solche Plattform ist die **Kunden-helfen-Kunden-Community** von *Base*. Die Internet-Seite Mobilfunkexperten.de hat sich zur Aufgabe gestellt, eine Unterstützung von Kunden durch Kunden zu ermögli-chen und dadurch Kunden zur **Erweiterung des unternehmenseigenen Help-Desks** ein-zubinden (vgl. Abb. 8.3). Experten auf dem Gebiet des Mobilfunks aus dem Kreis der eigenen Kunden stellen für andere Auskünfte zu Fragen rund um das Thema Mobilfunk bereit. Diese Hilfe soll schnell, unbürokratisch und kostenlos erfolgen. Durch den Hinweis „*powered by Base*" wird dem Nutzer sichtbar, wem er dieses Angebot zu verdanken hat. Dem Unternehmen kommt dabei die Aufgabe zu, die Experten hinsichtlich der Qualität ihrer Beiträge zu monitoren und ggf. zu unterstützen.

Abb. 8.3 Crowdservice bei *BASE* (Quelle: mobilfunkexperten.de)

Think-Box

- Gibt es auch in unserer Branche eine Entwicklung hin zum „Master of Service"?
- Haben unsere Wettbewerber schon darauf reagiert?
- Welche möglichen Konsequenzen für unser Service-Angebot deuten sich an?
- Bieten sich für mein Unternehmen Konzepte zum Crowdservice an, um die Servicekosten zu reduzieren und/oder die Kundenbindung zu erhöhen?
- Wer ist für die Beantwortung dieser Fragen verantwortlich?

Ein wichtiger Aspekt, der in diesem Kontext eine große Rolle spielt, wird **Gamification** oder auch **Gamifizierung** genannt. Hiermit bezeichnet man die Verwendung von Elementen, wie sie Spielen zu eigen sind – hier allerdings eingebunden in einem spielfremden Kontext. Dieses können bspw. erzielte Punktwerte, Ranglisten und Auszeichnungen sein, die Nutzer erreichen können. Diese spielerischen Elemente werden verwendet, um die Motivation der teilnehmenden Personen zu steigern, wenn bspw. monotone oder länger dauernde Aufgaben zu bewältigen sind. Die Anzeige der Freunde bei *Facebook* oder die dort auf bestimmte Fotos oder Posts erzielten Likes nutzen genau diese spielerischen Elemente, um die Nutzer in eine dauerhafte Beziehung einzubinden. Denn diese genannten Skalen haben keine Höchstgrenzen und fordern und fördern ein laufendes Engagement – um im sozialen Kontext „gut auszusehen"!

Ein überzeugendes Beispiel hierfür liefern die sogenannten **Social Check-in-Services**. Hierunter sind Konzepte wie *Foursquare*, *Google Latitude*, *Facebook Places* und *GetGlue* zu verstehen. Diese ermöglichen es den Nutzern, an physischen Plätzen „einzuchecken" und dadurch ihren Freunden den momentanen Aufenthaltsort mitzuteilen. Dazu greift die Applikation über das GPS des verwendeten Smartphones auf den gegenwärtigen Aufenthaltsort zu. In Ergänzung hierzu bestehen – abhängig vom jeweils genutzten Konzept – folgende Möglichkeiten:

- Ist eine bestimmte Location bisher noch nicht gelistet, kann der Nutzer diese initial eintragen.
- Die besuchte Location kann unmittelbar – bspw. über *Facebook* und *Twitter* – in das eigene Netzwerk kommuniziert werden.
- Es besteht die Möglichkeit, Tipps von eigenen Freunden und Fremden zu erhalten, die dort bereits gewesen sind und Empfehlungen oder Warnungen ausgesprochen haben.
- Gleichzeitig können selbst Bewertungen verfasst werden, die wiederum anderen Nutzern dieser Orte zur Verfügung stehen. Auch hier gilt wieder das Do-ut-des-Prinzip: Ich „oute" mich und meinen Aufenthaltsort sowie meine Präferenzen bzw. Bewertungen und kann im Gegenzug auf Empfehlungen und Bewertungen anderer zugreifen.
- Zusätzlich besteht bspw. bei *Foursquare* die Möglichkeit, sich durch häufiges Einchecken an bestimmten Orten „Lorbeeren" zu verdienen. Wer an einem Ort am häufigsten eincheckt, erwirbt bei *Foursquare* den Rang eines Mayors i. S. des „Bürgermeisters".
- Verbunden mit derartigen Rangbezeichnungen können Incentives des Orteinhabers sein, wenn dies bspw. ein Café oder ein Restaurant ist.
- Außerdem steigt durch den Rang die „soziale Wertigkeit" – u. U. abhängig von der Art der besuchten Örtlichkeit!

Solche **spielerischen Möglichkeiten** gilt es jetzt mit der **gestiegenen Serviceerwartungen** zu verbinden. Sind nicht die Kunden in vielen Fällen sogar bereit, für einen individuellen Service zu bezahlen? Besteht nicht für manche Unternehmen die Möglichkeit, einen **Concierge-Service für jene Kunden** anzubieten, die bereit sind, mehr zu investieren?

Welche sind die zentralen **Anforderungen an Service**, um die Kunden zu motivieren, dafür zu bezahlen?

- **Bequemlichkeit im Zugriff**, bspw. auch mobil und zu jeder Tages- und Nachtzeit
- **Relevanz der Inhalte**, das bedeutet eine zielgenaue Ausspielung von Serviceangeboten
- **Engaging des Angebotes**, d. h., die Nutzer sollen zur Mitwirkung aufgefordert werden

Auf dem Weg hin zu einer ganz **neuen Art von Service-Qualität** können wir uns das Bild eines **Butlers** heranziehen: Nur dadurch, dass dieser „seinem Herrn" aufgrund seiner räumlichen und inhaltlichen Ebene so nahe steht und auch über alle (geheimen) Vorlieben informiert ist, kann er uns den *Early-Grey*-Tee genau um 11.30 Uhr mit zwei Stück Kandis servieren – oder abends den Lieblings-Shiraz-Wein im passenden *Riedel*-Glas mit dem präferierten Fingerfood. Wer bereit ist, mehr von sich zu zeigen, hat zumindest die Chance auf ein außergewöhnliches Serviceerlebnis, wenn diese Bereitschaft auch durch die erforderliche Kaufkraft gestützt wird (vgl. Kap. 6). Oder noch prägnanter: **Service und Privatsphäre sind zwei Seiten derselben Medaille**. Nur, wenn der Kunde sagt, was er will, bekommt er auch genau das. Beispiel Eisdiele: Der Verkäufer fragt: „Welches Eis hätten Sie denn gern?" Und der Kunde antwortet: „Das geht Sie nichts an, das ist privat." Dann bekommt der Kunde vielleicht ein schönes gemischtes Eis, aber nicht das, was er wirklich will.

▶   **Merk-Box** No data. – No exclusive services!

2012 startete *KLM* mit dem Projekt **Social Seating**. Für Reisende, die *KLM* erlaubten, den Social und Interest Graph von *Facebook* auszulesen, wurde für Flüge der ideale Sitznachbar gefunden. Wenn jemand bspw. Mandarin lernen mochte, konnte es *KLM* arrangieren, dass während des achtstündigen Fluges nach New York ein Sitznachbar gefunden wurde, der nicht nur Mandarin spricht, sondern dieses auch gerne unterrichtet!

Oder stellen Sie sich folgende Situation vor. Sie landen am Mittwochabend mit *Lufthansa* in London. Da ihr Geschäftstermin erst am nächsten Tag ist, können Sie den Abend frei gestalten. Wie fänden Sie es, wenn Sie sich kurz nach der Landung bei einem **Social Check-in-Service** wie *Facebook Places* einchecken und ein paar Sekunden später von einer **Entertainment-Plattform** folgende Nachricht erhalten: „Herzlich Willkommen in London, Herr Land. Haben Sie heute Abend schon etwas vor? Wir wissen, dass Sie gerne in klassische Konzerte gehen, aber auch ein Faible für Pop haben. Wir können Ihnen noch einen Platz in der *Royal Albert Hall* zu einem klassischen Konzert mit *Daniel Barenboim* anbieten. Oder eine Karte zum Konzert von *Adele*. Was dürfen wir für Sie tun? Oder wollen Sie lieber wieder in Ihr Lieblingsrestaurant in Soho?" Haben wir dem Anbieter den Zugang zu unseren *Facebook*-Daten erlaubt, stellen derartige Angebote keine Zukunftsmusik dar. Und die Bereitschaft, für einen solchen Service mehr zu bezahlen als nur den Ticketpreis, dürfte sehr hoch liegen.

Ein zentraler Treiber hinter derartigen Services wird die verstärkte Entwicklung und der **zunehmende Einsatz von Apps** sein. Denn diese erleichtern den Zugriff auf ganz spezielle Leistungen, ohne aufwändige Suchprozesse im Internet vorauszusetzen. Dass sich solche Anwendungen einer zunehmenden Beliebtheit erfreuen, zeigt die zunehmende Anzahl der Nutzer mobiler Apps in Abb. 8.4. Mit gutem Recht wird deshalb schon von einer **App-Economy** gesprochen. Unseres Erachtens ist es deshalb für alle Unternehmen unverzichtbar, einmal umfassend für das eigene Unternehmen zu prüfen, ob – alleine oder in Kooperation mit Partnern – relevante Inhalte und insbesondere (bezahlte) Services über Apps angeboten werden können. Setzt sich die Entwicklung zu dem in Kap. 1 beschriebenen Smart Service Terminal fort, sehen sich immer mehr Unternehmen gezwungen, nicht nur online Inhalte bereitzustellen, sondern auch mobil über Apps.

Solche Apps halten zunehmend auch auf **Smart TVs** Einzug. Dienstleister wie *Maxdome* oder *Lovefilm* erobern mit ihren Video-on-Demand-Angeboten immer mehr Wohnzimmer. Eine Voraussetzung für diesen Siegeszug ist die Kooperation mit den TV-Herstellern. *Maxdome* kann bereits mehr als zehn Millionen Haushalte über seine TV-Apps erreichen. Und diese Entwicklung setzt sich auch auf mobilen Endgeräten, wie bspw. dem *Kindle Fire,* fort (vgl. Hofer 2012, S. 22). Langfristig wird TV zu einer App werden, die „zufällig" auf einem Screen läuft, den wir früher Fernseher nannten! In Summe werden die einzelnen Screens immer stärker miteinander verschmelzen, gespeist aus der Cloud, so dass der Anwender zwischen verschiedenen Geräten hin und her wechseln kann, ohne „sein" Ecosystem zu verlassen! Das Rennen ist eröffnet: Und auch hier werden diejenigen gewinnen, die die ganzheitliche Kundenbetreuung am überzeugendsten sicherstellen.

Anzahl der Nutzer in Millionen

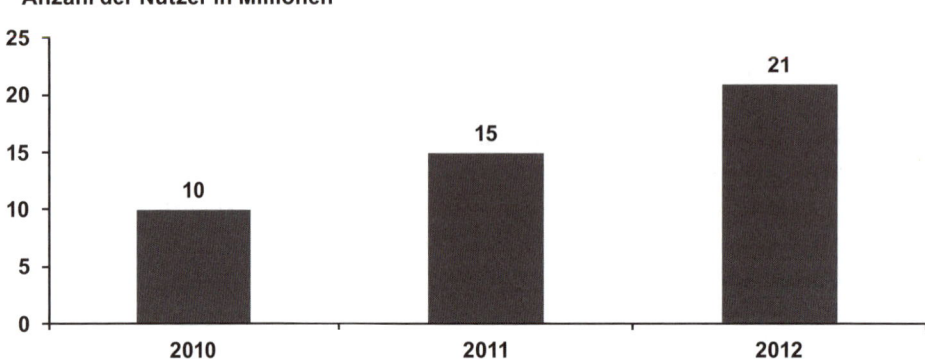

Abb. 8.4 Anzahl der Nutzer mobiler Apps in Deutschland – 2010–2012 – in Millionen (Quelle: BITKOM 2012c)

Think-Box

- Welche Auswirkungen hat die Entwicklung hin zu einer App-Economy auf mein Unternehmen?
- Besitzen wir oder können wir Inhalte und/oder Services für einen mobilen Abruf aufbauen?
- Lohnt sich für mein Unternehmen selbst die Entwicklung von Apps, oder sollten wir dies in Zusammenarbeit mit leistungsstarken Partnern tun?
- Leben wir selbst eher einen Fokus auf Content oder auf Relationship – oder haben wir eine ideale Kombination davon im Angebot?
- Wie kann mein Unternehmen den Trend zu „Gamification" nutzen?
- Welche Bedeutung haben Check-in-Services für uns?
- Wo sehen wir eine Möglichkeit, „Marketing as a Service" zu verstehen, zu entwickeln, zu bepreisen und zu vermarkten?
- Wer kann diese Fragestellungen bearbeiten?

Zusätzlich tun sich ganz neue Gestaltungsfelder auf. Studien zeigen schon länger die Konsequenzen, wenn sich Leistungsträger – sei es im privaten oder im beruflichen Umfeld – permanent durch E-Mails (am PC und gerne auch gleichzeitig per *Blackberry, iPhone* und *iPad*), SMS, Werbebanner und Anrufe von ihren „eigentlichen" Tätigkeiten ablenken lassen. Nach einer Studie der *University of California* können sich Mitarbeiter in großen Unternehmen gerade einmal elf Minuten auf eine Aufgabe konzentrieren, bevor eine Unterbrechung erfolgt. Erst nach 25 Minuten kehren die Mitarbeiter wieder zu ihrer ursprünglichen Aufgabe zurück. Die **Zeitverluste** und **Ineffizienzen**, die mit einem solchen Arbeitsstil verbunden sind, wurden vom Unternehmen *Basex* für die USA auf knapp 600 Milliarden US-$ pro Jahr veranschlagt. Verbunden mit diesen Entwicklungen ist die Entstehung der Krankheit **ADT** (Attention Deficit Trait bzw. Aufmerksamkeitsdefizit-eigenschaft), die umgangssprachlich auch als **CMS** (Constant Multitasking Craziness bzw. Konstante Multifunktionsverrücktheit) bezeichnet wird (vgl. Wallis und Stept 2006).

Eine Studie der *Stanford University* zeigte zudem, dass **Multitasker** keine Aufgabe besser bewältigen können als Personen, die Arbeiten sequentiell erledigen. Im Gegenteil: Multitasker neigen zur Zerstreuung, sind empfänglicher für Ablenkungen und Störungen und arbeiten fehlerhafter (vgl. Wiedlich 2010, S. 1). Folglich stellt **Multitasking** keine überzeugende Lösung dar, um mit der zunehmenden Anzahl von Aufgaben fertig zu werden. Dies gilt für den beruflichen und privaten Alltag gleichermaßen.

Für diese Herausforderungen bieten sich den Betroffenen primär zwei Lösungsansätze an. Zum einen ist die **Selbstorganisation** jedes Einzelnen gefragt, um sich gegen den **Information-Overkill** zu schützen. Das Synonym für den Information-Overkill ist der Information-Ping, der bspw. den Eingang einer E-Mail oder einer SMS anzeigt. Dieser Information-Overkill ist häufig verbunden mit einem **Activity-Overkill** nach dem Motto: Jede Aktion i. S. einer Mail, einer Message etc. bedarf einer unmittelbaren Reaktion – „gnadenlos" orientiert an der Jetzigkeit- und Realtime-Anforderung des Internets. Es wäre jedoch ein mehr als lohnender Ansatz, sich – orientiert an den Leitsätzen des **Zeitmanagements** – kommunikationslose Zeitfenster zu gönnen, die der konzentrierten Arbeit dienen. Teilweise werden solche Ansätze unter dem Schlagwort **Slow-E-Mail-Movement** diskutiert. Die damit verbundenen Aufgaben haben wir zunächst als Einzelperson, aber auch organisatorisch für unsere Unternehmen in Angriff zu nehmen.

Zum anderen – und hier ergeben sich für uns als Unternehmen spannende Handlungsfelder sowohl als Kunde wie auch als Service-Anbieter – wird es in Zukunft **Meta-Master** geben. Deren Aufgabe besteht ganz allein darin, aus der Vielzahl der auf jeden einzelnen einströmenden Nachrichten intelligent, dynamisch und in Echtzeit diejenigen Botschaften herauszufiltern, welche die größte Relevanz besitzen. So wie viele von uns heute einen Pop-up-Filter und Virenscanner einsetzen, werden Meta-Master in Zukunft die auf uns einströmenden Informationen nach **Prioritäten** und **Relevanz** in folgende Kategorien sortieren (vgl. Abb. 8.5):

- **Kategorie „dringend und wichtig"**
  Sofort zustellen! Hierzu zählen bspw. Informationen zu Besprechungen, Aufträge vom Chef oder Einladungen der Schwiegermutter.
- **Kategorie „wichtig, aber nicht dringend"**
  Solche Nachrichten können in den individuell definierten Kreativphasen zugestellt werden, um eine profunde Bearbeitung zu erfahren (bspw. eine Anregung für eine Produktinnovation oder ein Bericht über die Kundenreklamationen der letzten Woche).

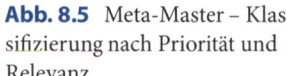

Abb. 8.5 Meta-Master – Klassifizierung nach Priorität und Relevanz

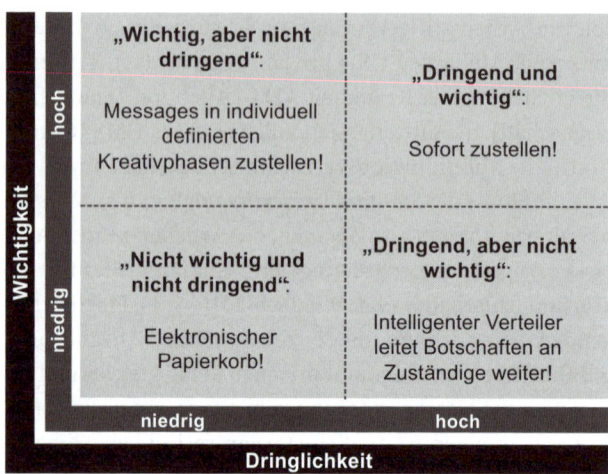

- **Kategorie „dringend, aber nicht wichtig"**
  Ein intelligenter Verteiler kann diese Botschaften an die zuständigen Kollegen oder Mitarbeiter delegieren (z. B. eine Standard-Reklamation, die kompetent vom Customer-Service-Center bearbeitet werden kann).
- **Kategorie „nicht wichtig und nicht dringend"**
  Elektronischer Papierkorb (u. a. Informationen über Nachrichtenweiterleitungen, inhaltsleere „Danke!-E-Mails" u. Ä.).

Bei Bedarf senden diese **Meta-Master** auch automatische **Rückmeldungen** aus, um mitzuteilen, dass eine Botschaft im Papierkorb gelandet ist oder erst mit einem Zeitversatz am nächsten Tag zugestellt wird, um die Erwartungen auf eine Rückmeldung zu steuern. Diese Art der **M2M-Kommunikation** (**Maschine-zu-Maschine**) würde für den ursprünglichen Empfänger eine große Entlastung bringen, dem Sender aber weitere eingehende Nachrichten bescheren. Damit bräuchte auch dieser einen Meta-Master, um die eingehenden Botschaften zu sortieren. Die Notwendigkeit, solche Lösungen tatsächlich zu finden, resultiert aus der Tatsache, dass die Datenmenge – wie schon berichtet – auch in Zukunft weiter dramatisch steigen wird, aber trotzdem ein produktives Arbeiten sichergestellt werden soll (vgl. Abb. 3.2).

Eine **M2M-Kommunikation** zur Entlastung der Nutzer wird aber auch stattfinden, wenn Autos sich automatisch zur Inspektion anmelden, Kühlschränke Fehlbestände oder abgelaufene Haltbarkeitsdaten auswerten und automatisch für Nachschub beim Online-Shop des Vertrauens sorgen. Handys laden sich automatisch im Internet auf, Gesundheitsmonitore buchen den jährlichen Gesundheitscheck und empfehlen ggf., diesen selbst zu bezahlen, um von einem Schadensfreiheitsrabatt zu profitieren. Schätzungen sprechen von 50 Milliarden Geräten, die 2025 mit dem Internet vernetzt sein sollen (vgl. Wiedlich 2010, S. 6). Ein weites Anwendungsfeld für „Marketing as a Service"! Die Kunden werden bereit sein, für solche Meta-Master, aber auch für **Decision-Support-Systeme**, d. h. Entscheidungsunterstützungssysteme, zu bezahlen. Schließlich sparen die Kunden dadurch Zeit und Geld (jeweils abhängig von den persönlichen Opportunitätskosten).

Ergänzend zu der oben genannten Klassifikation von eingehenden Nachrichten – auf welchen Kanälen auch immer – können zusätzlich auch persönliche Wünsche kompetent bearbeitet werden. Auf Fragen nach einem Restaurant werden – als Beispiel der **Location-Based-Services** – automatisch nur Restaurants in der Nähe ausgewiesen – orientiert an den persönlichen Präferenzen, wie weit man fahren möchte. Zusätzlich wird geprüft, ob die entsprechenden Restaurants für den gewünschten Tag noch freie Plätze ausweisen, eine gute Kundenbewertung erfahren haben und den Präferenzen des Nutzers nach „preiswert", „romantisch" oder „modern" Rechnung tragen. Zusätzlich werden natürlich die persönlichen Geschmackspräferenzen (Italian, French, Chinese, Indian, German Style) bei der Auswahl berücksichtigt. Zusätzlich kann berücksichtigt werden, dass man es – trotz hoher Affinität zur französischen Küche – nicht schätzt, innerhalb von sieben Tagen zweimal zum „Franzosen" zu gehen. Über eine Schnittstelle zu einem **Reservierungssystem** kann das ausgewählte Restaurant unmittelbar gebucht werden. Dabei gilt auch hier, dass nur solche Angebote gefunden werden können, die auch online verfügbar sind. Nach dem Besuch im Restaurant wird eine Bewertung abgefragt, um den „Fit" zwischen Nutzer und Angebot zu überprüfen. Hierdurch ergeben sich weitere unternehmerische Handlungsfelder für **Marketing as a Service**.

▶ **Food for Thought** Die Herausforderung für Unternehmen und Anbieter von Service-Plattformen liegt jetzt nicht darin, für alle Alltagsaufgaben eine App zu generieren. Die Aufgabe ist vielmehr die **Entwicklung einer Master-App**, die die Qualität eines Alleskönners aufweist und Nutzer immer umfassender im **eigenen Ecosystem** betreut!

Es wird sichtbar: Marketing wird zum Service, wenn eine ganzheitliche Perspektive des **Customer Experience Managements** eingenommen wird. Der Kunde wird umfassend gesehen, betreut und über die Pre-Sales-, Sales- und Post-Sales-Phase informatorisch eingebunden. Und mit jedem Kaufakt werden weitere, die Präferenzen noch besser abbildende Informationen gewonnen. So dass der „nächste Service" noch persönlicher erbracht werden kann!

Auch hier gilt das schon beschriebene **Gesetz der Disproportionalität der Information** (vgl. Kap. 6): Nur wenn die Kunden bereit sind, uns bspw. den Zugang zu ihren *Facebook*-Daten zu gewähren, können wir solche individuellen Leistungen erbringen. Dabei wird sichtbar, dass die „**Währung Vertrauen**" weiter an Bedeutung gewinnt.

Wohin geht die Reise? *Bernd Stahl* vom Netzwerkspezialisten *Nash Technologies* formuliert es wie folgt:

Künftig wird man von der Kommunikation überhaupt nichts mehr sehen. Die Netzintelligenz kann man überall abrufen. Man muss sich überhaupt keine Gedanken mehr machen über spezielle Endgeräte, die Auswahl von Diensten, das Netzwerk oder Serviceprovider. Ich muss kein Ziel mehr eingeben über Telefonnummern, IP-Adressen oder Links. Alles das wird von intelligenten semantischen Netzen übernommen. Die Bedeutung der Anfrage wird automatisch erkannt, die Anfrage wird in Einzelteile zerlegt, an unterschiedliche Ziele geschickt und zurück kommt der gewünschte Service oder das fertige Produkt (Sohn 2012).

Und diese Vision ist schon partiell Realität geworden.

▶   The brave new world is waiting for us!

Und wir sollten versuchen, von diesem Trend zu bezahlten Serviceleistungen – eben „Marketing as a Service" – zu profitieren.

Think-Box

- Welche Handlungsnotwendigkeiten bestehen in meinem Unternehmen, damit die eigenen Mitarbeiter nicht in der Informationsflut ertrinken?
- Welche Lösungsansätze können wir zur Bewältigung der Datenflut nutzen?
- Hat mein Unternehmen das Potenzial, „zu verkaufende" Serviceleistungen rund um die Informationsversorgung von Personen aufzubauen?
- Sehen wir ein Potenzial, um uns an der Entwicklung von Meta-Mastern zu beteiligen?
- Wem im Unternehmen könnten die entsprechenden Rechercheaufträge übertragen werden?

Um eine solchermaßen außergewöhnliche Servicequalität zu erzielen, rückt ein neues Konzept zur Erreichung einer **Uniqueness im Markt** in den Mittelpunkt: die **Unique Passion Proposition** (UPP; vgl. Abb. 8.6). Doch was unterscheidet diese UPP von USP und UAP? Einer **Unique Selling Proposition** (USP) liegen grds. „objektive" und damit beweisbare Sachverhalte zugrunde, die Unternehmen teilweise geheim halten. Dies ist etwa bei der Rezeptur von *Coca-Cola* und *Underberg* oder beim Originalrezept einer Soße bei *Kentucky Fried Chicken* der Fall. Andere beantragen einen Patentschutz (etwa in der Pharma-Branche, im Maschinenbau oder in der Elektrotechnik), um sich längerfristig einen Wettbewerbsvorteil zu sichern, der werbewirksam eingesetzt werden kann. Von diesem USP ist die **Unique Advertising Proposition** (UAP) abzugrenzen, die eine Alleinstellung der Marke durch die werbliche Inszenierung anstrebt und im Gegensatz zu einem „originären" Nutzenelement häufig schwerer zu kopieren ist. Die Werbeaussage von *Axe*, „*Der Duft, der Frauen provoziert*" bzw. „*You'll never walk alone*", dient deshalb „nur" zum Aufbau einer UAP zur Differenzierung im Wettbewerberumfeld, ohne dieses Leistungsversprechen in der Realität wohl je einzulösen … Dies gilt auch für das werbliche Versprechen: „*Red Bull* verleiht Flügel" – das auch nach dem Stratosphärensprung von *Felix Baumgartner* nicht wirklich erfüllt wird!

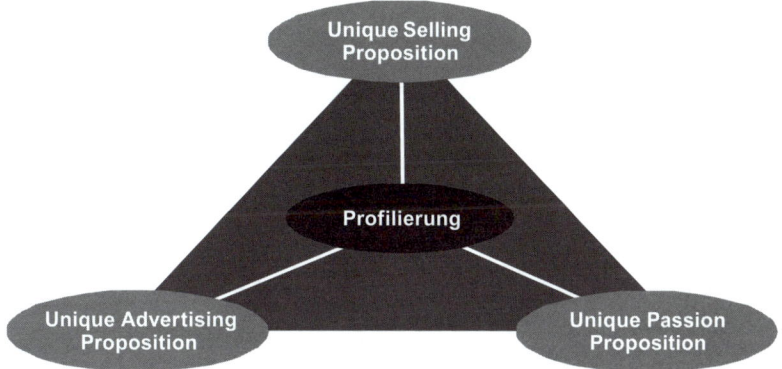

Abb. 8.6 Ansatzpunkte zur Erreichung von Uniqueness

Bei der **Unique Passion Proposition** geht es um die Zielsetzung, das Leistungsangebot, sei es eine Marke, ein konkretes Produkt oder eine Dienstleistung, in den Augen der Kunden dadurch aufzuwerten, dass die **Leidenschaft** der dahinter agierenden Menschen sicht- und erlebbar wird. Vielleicht gelingt es sogar, ein ganzes Unternehmen als „passion-driven" auszurichten. Die Abgrenzung zum USP wird erreicht, obwohl bei der UPP keine „Facts and Figures" zur Dokumentation der Überlegenheit ins Feld geführt werden können. Es geht vielmehr um den „Spirit", der hinter einem Leistungsangebot steht. Insoweit ist eine UPP auch wesentlich mehr als eine UAP, die alleine durch Kommunikation geschaffen wird, ohne auf objektiv nachweisbare Sachverhalte zuzugreifen.

Wird dieser **Spirit** für den Interessenten oder Kunden insbesondere im Servicebereich sichtbar, so kann seine Kaufentscheidung dadurch positiv beeinflusst werden – gemäß dem Motto: „Wenn sich die Mitarbeiter für ihr Unternehmen, ihre Marke, ihr Produkt so ins Zeug legen, dann muss es ja etwas sein!" Hierdurch kann Unsicherheit im Kaufentscheidungsprozess reduziert und Vertrauen aufgebaut werden. Eine UPP ist allerdings erst dann erreicht, wenn **in den Augen der Zielgruppe** deutlich wird, dass hinter einem Unternehmen, einer Marke oder einer Dienstleistung ein **leidenschaftliches Agieren** steht, welches sich in verschiedenen Dimensionen konkretisieren lässt:

- Leidenschaft, für den Kunden eine exzellente Dienstleistung zu erbringen (wenn es sein muss, „rund um die Uhr")
- Leidenschaft, das beste Produkt auf dem Markt zu haben und dieses kontinuierlich weiterzuentwickeln
- Leidenschaft, für den Kunden „die Extrameile zu gehen"
- Leidenschaft, sich nie auf seinen Lorbeeren auszuruhen, sondern sich durch Erfolge zu neuen Erfolgen anspornen zu lassen

Wichtig ist hierbei, dass diese Leidenschaft „echt" und nicht nur aufgesetzt ist, weil der Arbeitgeber dies so wünscht. Es geht folglich um die Leidenschaft, eine **Service-Excellence**

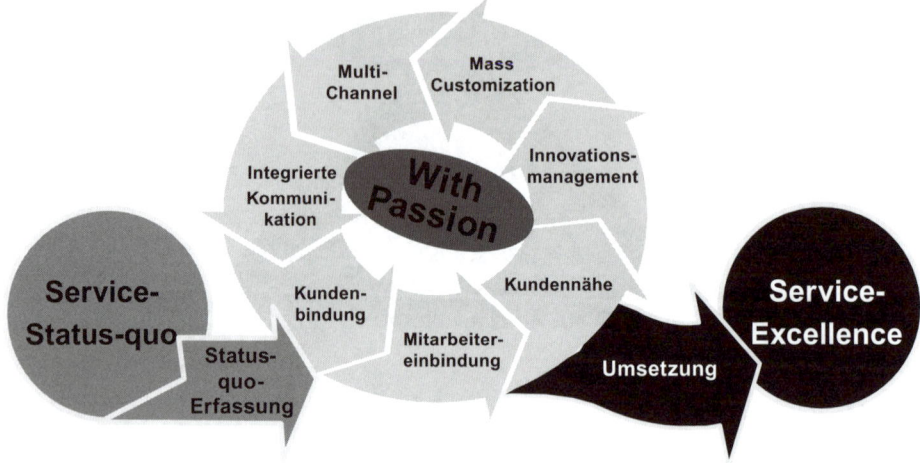

Abb. 8.7 Passion-getriebene Service-Excellence-Turbine

für das gesamte Unternehmen zu erreichen (vgl. Abb. 8.7). Viele Unternehmen werden in den nächsten Jahren nur erfolgreich sein, wenn sie ihre **Organisation auf Passion trimmen** und dabei alle in der dargestellten Service-Excellence-Turbine aufgezeigten Leistungsfelder gleichermaßen mit Leidenschaft ausfüllen.

Dabei wird sich zeigen, dass selbst Unternehmen, deren Marketing-Strategien oder Angebote weniger innovativ sind als die der Wettbewerber, erfolgreicher sein können. Voraussetzung hierfür ist, dass die strategischen Konzepte über alle Unternehmenshierarchien und die eingebundenen Partner hinweg überzeugend umgesetzt werden und als **Passion-Driven Organization** bei den Kunden ankommen.

▸   **Merk-Box** Das einzige, was auch langfristig nicht kopiert werden kann, sind die Beziehungen, die ein Unternehmen und insbesondere dessen Führungskräfte und Mitarbeiter zu Kunden aufbauen. Eine **Service-Excellence** kann hierzu einen wichtigen Beitrag leisten.

▸   **Food for Thought** „Begeisterung ist ein guter Treibstoff, doch leider verbrennt er zu schnell."
     Albert Schweitzer

Wird es angesichts dieser Herausforderungen jetzt nicht höchste Zeit – nicht nur hinsichtlich des Namens, sondern auch des konkreten Tuns – den „Leiter Kundenbindung" zum **„Leiter Kundenbegeisterung"** oder **„Leiter Kundenvertrauen"** zu befördern? Wäre das nicht eine viel kraftvollere Ansage – gleichermaßen nach außen wie nach innen gerichtet? Denn von „seinem" Unternehmen gebunden zu werden, streben wohl nur die wenigsten Kunden an!

Wenn der Name zum Programm werden soll, bieten sich weitere **Funktionsbezeich-nungen** an, die einen deutlichen Schwenk in der Ausrichtung der Unternehmen zeigen. So wurde bspw. beim vielfach ausgezeichneten Seminarhotel *Schindlerhof* in Nürnberg auf Geschäftsleitungsebene eine Leitungsfunktion definiert, die sich schlicht und doch ergreifend **„Herzlichkeitsbeauftragte"** nennt. Deren Aufgabe besteht im Kern darin, über alle Hierarchie- und Prozessstufen hinweg dem Kunden ein „von Herzlichkeit geprägtes Serviceerlebnis" zu vermitteln. Eine mit einer solchen Aufgabe vertraute Führungskraft könnte auch den glanzvollen Titel **Chief Experience Manager** oder **Chief Customer Officer** tragen. Damit käme zum Ausdruck, dass es um die Schaffung eines in sich geschlossenen, wertigen Kundenerlebnisses geht – und dies wieder über die Gesamtheit der bereits diskutierten Customer Trust Points hinweg.

Eine Voraussetzung für diese Art von Serviceerlebnis stellt das „aktive Zuhören" dar. Deshalb ist es auch nur konsequent, dass – in diesem Falle bei *Dell* – der erste **Chief Listening Officer** (CLO) auf dem C-Level installiert wurde. Entscheidend ist, dass dessen Funktion nicht auf das „reine Zuhören" beschränkt ist. Der CLO ist vielmehr mit umfassender Gestaltungsmacht ausgestattet, um auch quer durch die Hierarchien und über Vorstandsbereiche hinweg Veränderungsprozesse anzustoßen, so sie nach dessen „Zuhören" erforderlich sind. Und natürlich benötigt ein CLO auch viele aktive „Mithörer" im Unternehmen. Deshalb wurden bei *Dell* bereits 17.000 Mitarbeiter entsprechend geschult: 2500 davon wurden sogar als **Social-Media-Professionals** qualifiziert, die das Unternehmen in der Funktion eines Pressesprechers nach außen vertreten dürfen. Außerdem hat *Dell* weltweit drei **Social Media Listening Command Center** aufgebaut, die 24/7 jeden Tag ca. 27.000 Statements in 14 Sprachen auswerten (vgl. Buck 2012). Ein Titel wie Chief Listening Officer wäre – in dem gebotenen Sinne – viel umfassender als Vorstandsressorts, die mit **Chief Social Media Officer** oder **Chief Digital Officer** beschrieben wären, die ggf. wieder nur Teilaspekte beleuchten und den holistischen Blick vermissen lassen (vgl. Kurzbeitrag *Dell*).

Gastbeitrag von Michael Buck

Effektiver Kundenservice und authentische Dialoge mit dem Kunden im Web-2.0-Zeitalter. Das Beispiel von *Dell*

Der Schock saß tief, als *Jeff Jarvis*, seines Zeichens US-amerikanischer Journalist, Professor und Blogger, im Jahr 2006 sein **vernichtendes Urteil** über *Dell* fällte: „Dell sucks. Dell lies. Put that in your Google and smoke it." Doch *Dell* handelte. Und heute klingen *Jarvis'* Worte schon ganz anders: „In the age of customers empowered by blogs and social media, Dell has leapt from worst to first." Was also ist in der Zwischenzeit passiert?

Auch wenn die Bloggerszene im Jahr 2006 noch überschaubar war und der Einfluss auf die repräsentative Meinung im Web noch geringe Reichweiten hatte, wurde *Dell* relativ schnell klar, dass sich das Unternehmen auf einen **angemessenen Dialog** in diesen neuen Kanälen vorbereiten musste. Das unfreiwillig erhaltene Feedback des Bloggers *Jarvis* eröffnete dem Unternehmen die Chance, frühzeitig potenzielle **Schwachstellen**

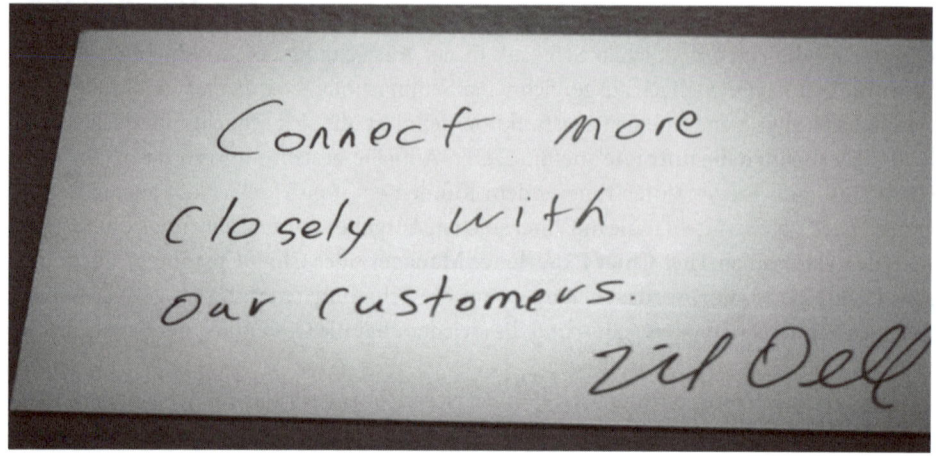

Abb. 8.8 „Auftrag" von *Michael Dell* an die gesamte Organisation

in der Kommunikation zu erkennen und sie in den nächsten Jahren Schritt für Schritt abzubauen. Es entstanden neue innovative Ansätze für eine nachhaltige Verbesserung im Unternehmen.

Dell hatte diese **Chance als Herausforderung** angenommen und das revolutionäre Innovationspotenzial darin zu nutzen gewusst. Die Ergebnisse sprechen für sich: **Produkte** und **Services** werden **messbar besser**, die **Loyalität der Kunden steigt** und die **Marke gewinnt an Vertrauen**. *Dell* hat durch den innovativen Einsatz von **Social-Media-Applikationen** und die **intelligente Nutzung bestehender sozialer Netze** wie *Facebook*, *Twitter* etc. eine Vorreiterposition in Sachen Social Marketing eingenommen. Durch den **Dialog** mit den eigenen Kunden und Interessenten der Marke sowie durch **strukturiertes Zuhören** erhält das Unternehmen wertvolles Feedback – in Echtzeit und zu den verschiedensten Themen und Produkten. So entsteht ein Verständnis für die Kunden und deren Kaufentscheidungen – „the why behind the buy".

Zwei Schwerpunkte lagen von Anfang an im Fokus der Nutzung von Social Media im Unternehmen. Diese bilden auch heute noch unbestritten die zentralen Komponenten: **Kundenkontakt** und **Empfehlungs-Marketing**. Weitere Schwerpunkte kristallisieren sich in jüngerer Zeit heraus: die **erweiterte Kundeneinbindung** und ein umfassendes Verständnis darüber, warum Kunden kaufen, was sie kaufen. Mit dem **Zuhören** darf der Prozess aber nicht aufhören.

Dell ist sehr früh auf die Vorteile von sozialen Medien aufmerksam geworden (vgl. Abb. 8.8). Die **Unterstützung und Förderung durch die Führungskräfte** (erste Führungsebene) hat hier eine entscheidende Rolle gespielt. Die verbreitete Nutzung der digitalen Medien bei *Dell* führt heute schon zu einer radikalen Veränderung in Marketing, PR, Personal, Vertrieb, Service und in der Kommunikation mit Mitarbeitern im Unternehmen. *Dell* hat heute schon weltweit mehr als 17.000 Mitarbeiter im Bereich

Social Media geschult und vollzieht damit eine weitreichende Transformation hin zu einer noch kundenorientierteren globalen Marke.

Soziale Medien transformieren Unternehmen und haben starken **Einfluss auf Unternehmenskultur und -organisation**. Dies ist am Beispiel von *Dell* sehr gut zu erkennen. Die Marke wird durch Kunden weiterentwickelt, die Kunden haben einen starken Einfluss auf Produkte und darauf, wie die Marke von anderen Kunden wahrgenommen wird.

Unternehmensintern und -extern gilt: Soziale Medien müssen nicht kontrolliert werden, sie müssen vom Unternehmen nur sinnvoll genutzt werden. Kunden erwarten eine **neue Qualität der Kommunikation** von den Anbietern am Markt. Sie werden diesen direkten Draht zum Unternehmen mehr und mehr einfordern. Das **Empfehlungs-Marketing** hat eine neue Dimension erreicht, in der der Kunde nicht nur Feedbackgeber, sondern regelrecht eingeladen ist, über den **sozialen Austausch** als Berater, Diplomat und Markenbotschafter für das Unternehmen zu fungieren. In dem Moment, wenn das Unternehmen dem Kunden nicht nur die Möglichkeit gibt, sich zu artikulieren, sondern ihm auch zuhört und das Gehörte umsetzt, um sich im Sinne der Kunden zu verbessern, ist der richtige Weg beschritten.

Michael Buck, vormals Leiter des weltweiten Online-Marketings bei *Dell* und heute strategischer Unternehmensberater für die digitale Unternehmenstransformation

Bis hierher wurde aufgezeigt, welche interessanten Ansatzpunkte die zunehmende Berücksichtigung von Kundenpräferenzen für das Marketing hat. Allerdings geht mit der in Kap. 2 beschriebenen **Social Revolution** sowie mit einem **Social CRM** noch ein ganz anderer Effekt einher, dem sich erst nach und nach immer größere Kreise bewusst werden. Aufgrund der Tatsache, dass – insbesondere online – immer mehr Informationen über uns und unsere Präferenzen vorliegen, werden wir immer stärker zum **Gefangenen unserer eigenen Präferenzen**. Dieses Phänomen wird mit dem von *Eli Pariser* (2011) geprägten Begriff der **Filter Bubble** beschrieben (vgl. Abb. 8.9). Die Online-Anbieter im Internet versuchen immer stärker, Zugang zu unseren Präferenzen zu erhalten, um die vermeintlich am besten geeigneten – weil relevanten – Informationen und Angebote zu unterbreiten. Wenn wir uns mit den bereitgestellten Informationen länger beschäftigen – und dies wird wiederum erfasst – werden unsere schon erfassten Präferenzen bestätigt. Dieses Prozedere wiederholt sich, wenn wir das bspw. von *amazon* präsentierte Angebot annehmen. Die Konsequenz: Wir erhalten immer „Mehr vom Gleichen".

Mit diesem Prozess geht – für die Nutzer zunächst unbemerkt – eine kontinuierliche **Einschränkung des Zugangs zu Informationen und Angeboten** einher. Denn es werden uns von *Google*, *Facebook*, *YouTube* und Co. mehr und mehr nur die Angebote unterbreitet, bei denen bei uns die höchste „Abschlusswahrscheinlichkeit" vorliegt. Die Wirkung der Filter Bubble beschränkt somit in zunehmendem Maße, wie wir die Welt sehen! Und die uns präsentierte Sicht auf die Welt unterscheidet sich – bei divergierenden Präferenzen – von der anderer Nutzer. So manifestieren sich kontinuierlich unsere einmal gefassten Mei-

Abb. 8.9 Filter Bubble – Gefangen im Netz der eigenen Präferenzen

nungen und unsere gezeigten Präferenzen, weil wir weniger alternative Sichtweisen und Angebote unterbreitet bekommen.

Die Auswirkungen der **relevanzbasierten Angebote** sind uns von *amazon* bekannt. Wer sich einmal für die Monographie von *Kardinal Ratzinger* interessiert hat, wird laufend über neue Publikationen von *Papst Benedikt* informiert. Während diese Form der **Individualisierung der Angebote** und die zugrunde liegenden Mechanismen einer **Warenkorb-Analyse** noch erkennbar bleiben, können wir die gleichen Effekte bei *Google* nicht erkennen. Hier verändern sich die seitens *Google* präsentierten Ergebnisse aufgrund unseres **Klick- und Surfverhaltens auf den Trefferseiten** der Suchmaschine. Und auch bei *Facebook* beeinflussen wir durch unser Nutzungsverhalten, von welchen Nutzern wir Statusmeldungen angezeigt bekommen. Die dahinterstehende Mechanik heißt ganz einfach: **Targeting** – oder präziser – **Behavioral Targeting** bzw. **Predictive Behavioral Targeting** (vgl. weiterführend Kreutzer 2012). Die Gesamtheit dieser Verfahren wertet unseren **Digitalen Fingerabdruck** (inkl. unseres Digitalen Schattens) umfassend aus. Wenn bei *Facebook* der **Want-Button** eingeführt wird, werden die Angebote noch stärker maßgeschneidert werden, weil dann auf konkreten Wünschen der Nutzer aufgesetzt werden kann.

Diese Auswertungen führen zu einem Phänomen, das die **Endlos-Inhaltsschleife** genannt werden kann. Denn es werden – basierend auf den bisherigen Erkenntnissen – immer nur ähnliche Angebote präsentiert, weil diese die **höchsten Abschlusserwartungen** aufweisen! Wenn man schwarz-weiß malt, kann folgende Konsequenz eintreten: „Wir sterben den virtuellen Tod der Berechenbarkeit" (Meckel 2011, S. 94).

Ein besonderes Risiko stellt diese Filter Bubble dann dar, wenn – wie bereits vielfach geschehen – Regierungen auf die Suchmaschinen-Betreiber einwirken, damit diese bestimmte Inhalte nicht verfügbar machen (vgl. o. V., 14.11.2012, S. 3). Hier erfolgt eine politische Informationsfilterung, die die „objektive" Sicht auf die Welt weiter reduziert.

▸   **Food for Thought**   Die **Filter Bubble** blockiert zunehmend, dass wir uns unge-
    hindert die Informationen beschaffen, die – nur scheinbar – für alle gleich leicht
    oder gleich schwer zugänglich im Internet bereitstehen. Welche Informationen
    wir online sehen, hören und lesen bestimmen damit nicht mehr wir selbst, son-
    dern die Algorithmen der großen Informationsanbieter. Damit bestimmen diese
    Anbieter – noch weitgehend unbeachtet von der Öffentlichkeit – unsere Sicht
    auf die Welt, die Unternehmen und deren Angebote. Die Konsequenz: **Wir se-
    hen die Welt durch einen Filter, den wir selbst aufgebaut haben.** Und dieser
    Filter wird dadurch bestimmt, was uns bisher von der Welt interessiert hat.

Und welche **Konsequenzen der Filter Bubble** und darin insbesondere des darin enthal-
tenen Social Filters müssen wir bei unserer Kommunikation berücksichtigen? Der Social
Filter führt dazu, dass die Weiterleitung der von uns gesendeten Informationen dann gelingt, wenn diese auch für die Freunde relevant sind. Das bedeutet nichts anderes, als dass
wir eine **Kommunikation über Bande** – analog zum Billard – vornehmen müssen, um die
Zielpersonen zu erreichen!

Quick Wins

Die Notwendigkeit eines Change-Managements – oder warum unsere tradierten Kommunikations- und Organisationsstrukturen obsolet werden

9

Ohne ein umfassendes **Change-Management** wird die Ausschöpfung der Potenziale der sozialen Medien nicht gelingen. Wo wir in diesem Prozess stehen, können wir selbst anhand der Abb. 9.1 sehen. Sind wir noch die „**Zuschauer**", die das „Neue" interessiert betrachten, ohne schon echte „**Zuhörer**" zu sein, die bspw. ein Web-Monitoring aufgesetzt haben? Oder fallen wir schon in die Kategorie „**Analyst der Veränderungen**", womit eine tiefergehende Durchleuchtung der durch die sozialen Medien definierten Herausforderungen im Hinblick auf das eigene Geschäftsmodell einhergeht? Oder ist bereits eine „**Pilotierung erster Testprojekte**" erfolgt – die notwendige Zwischenstufe zur „**strategischen und organisatorischen Verankerung**" der Antworten auf die soziale Revolution? Oder haben wir bereits eine „**aktive Mitarbeit als Tagesgeschäft**" erreicht und unsere Strukturen, Prozesse und Leistungsangebote ganzheitlich auf die Integration der Potenziale der sozialen Medien abgestimmt?

Basierend auf dieser Grobanalyse gilt es, in die verschiedenen **Phasen zur Erschließung des sozialen und digitalen Potenzials** einzusteigen. In welchen Stufen sich dieser Prozess bzw. die Integration der sozialen Medien entwickeln kann, zeigt Abb. 9.2. Die in Kap. 1 genannten **Social Media Newcomer** sind schwerpunktmäßig in der **Stufe 1: Experimentelle Phase** verhaftet (vgl. hierzu auch Forster 2012). Hier geht es darum – oft ohne dezidierte Zuweisung von personellen und finanziellen Ressourcen – erste Gehversuche ohne wirkliches Unternehmens-Commitment einzuleiten. Die gesamte Veranstaltung läuft eher unter dem Titel „Jugend forscht" – was teilweise auch altersmäßig zutrifft! Guidelines für die Social-Media-Aktivitäten sowie eine entsprechendes Monitoring fehlen. Die **Social Media Pioneers**, die sich schon etwas länger mit verschiedenen Social-Media-Anwendungen beschäftigen, finden sich in der **Stufe 2: Aufbau von Social-Media-Inseln**. Hier werden unternehmensintern erste Social-Media-Anwendungen gestartet und es wird mit beschränktem Personal- und Finanzeinsatz operiert. Eine Social-Media-Gesamtstrategie lässt sich auch in Ansätzen nicht erkennen; gleichwohl werden erste Guidelines erstellt und Monitoring-Aufgaben bearbeitet. Die Mehrheit der Mitarbeiter betrachtet das unternehmenseigene Engagement als „Exot ohne wirkliches Potenzial".

R. T. Kreutzer und K.-H. Land, *Digitaler Darwinismus*, DOI 10.1007/978-3-658-01260-1_9,
© Springer Fachmedien Wiesbaden 2013

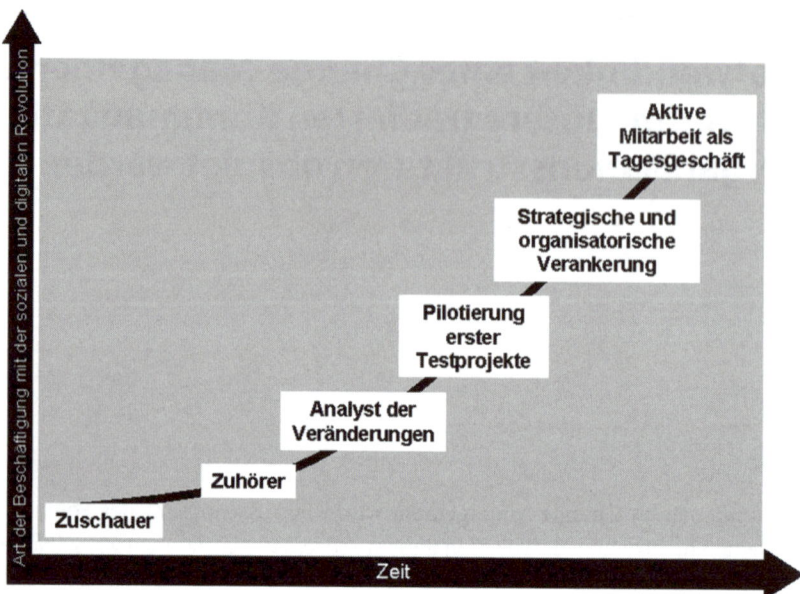

Abb. 9.1 Wo steht das eigene Unternehmen bei der Bewältigung der sozialen und digitalen Revolution?

Einige der **Social Media Pioneers** sind bereits im Übergang zur **Stufe 3: Etablierung von Social Media als singulärer Unternehmensprozess** (vgl. Abb. 9.2). In diesen Unternehmen wurde das große Potenzial der sozialen Medien zur Absicherung und Erweiterung des eigenen Geschäftsfeldes erkannt und organisatorisch in funktionaler Form verankert. Personal und Budget wurden – orientiert an den zu erreichenden Zielen – bereitgestellt. Häufig hat Marketing als Funktion die übergreifende Verantwortung übernommen, wobei häufig ein Schwerpunkt bei Social CRM gesehen wird. Zur Steuerung von Führungskräften und Mitarbeitern sind entsprechende Social-Media-KPIs im Einsatz, wodurch das Commitment des Top-Managements sichtbar wird.

Die **Stufe 4: Social Media durchdringt die gesamte Organisation** stellt die umfassendste Form der organisatorischen Verankerung des Social-Media-Marketings dar. Hier durchdringt das unternehmensweite Engagement in den sozialen Medien die gesamte Organisation – so wie das bei einer „marktorientierten Unternehmensführung" heute schon durch den Marketing-Gedanken der Fall ist. Die Aktivitäten in den sozialen Medien haben dabei ihre enge Bindung an einen Funktionsbereich (oft Marketing) aufgeben und durchdringen die gesamte Organisation. Dabei gilt als Leitidee: „Jeder ist für den überzeugenden Auftritt des Unternehmens in den sozialen Medien verantwortlich." Ein Unternehmen, das dieser Phase sehr nahe kommt, ist *Dell* (vgl. Kurzbeitrag *Dell* in Kap. 8).

Es ist nachvollziehbar, dass der **Bedarf eines Change-Managements** in den ersten drei Stufen dieses Prozesses besonders stark ausgeprägt ist. Schließlich gilt es, die bestehen-

Abb. 9.2 Entwicklungsstufen zur Ausschöpfung der Potenziale der sozialen Medien

de Aufbau- und Ablauforganisation umfassend weiterzuentwickeln. Dabei müssen nicht nur bestehende Informations- und Prozess-Silos aufgebrochen, sondern auch Verantwortungsbereiche verändert werden, die den neuen Anforderungen des **sozialen und digitalen Zeitalters** nicht mehr gerecht werden.

▶   **Merk-Box** Die Nutzbarmachung der Chancen der sozialen und digitalen Revolution erfordert ein **systematisches Change-Management**. Daraus folgt, dass ein Social-Media-Engagement immer intern beginnen muss – erst in den Köpfen, dann in den Strukturen und Abläufen. Erst dann sollte das Social-Media-Engagement nach außen sichtbar werden!

Think-Box

- Wo steht mein Unternehmen bei der Bewältigung der sozialen und digitalen Revolution?
- In welcher Phase des Entwicklungsprozesses zur Ausschöpfung der Potenziale der sozialen Medien befindet sich mein Unternehmen?

- Haben wir das Potenzial des Social-Media-Marketings für das Gesamtunternehmen schon einmal ermittelt?
- Welche Treiber und welche Bremser lassen sich auf personeller Seite in der Gesamtorganisation feststellen?
- Welche Hindernisse sind aus aufbau- und ablauforganisatorischer Seite festzustellen?
- Haben wir unsere „Hausaufgaben" wirklich gemacht, bevor wir als Unternehmen in den sozialen Medien aktiv werden?
- Wie steht das Top-Management zu Social Media?
- Sind wir schon bereit, mehr in Netzwerkstrukturen und in Projekten zu denken und zu handeln, statt in festgefügten und starren Hierarchien?
- Kann bei uns eine Dynamisierung von Ablauf- und Aufbauorganisation gelingen, um eine stärkere Task-Orientierung in die Unternehmen hineinzutragen?
- Wer kann „Treiber" für den notwendigen Change-Management-Prozess werden?

In diesem Werk wurde bereits eine Vielzahl von Maßnahmen aufgezeigt, die zum **Überleben im Zeitalter des digitalen Darwinismus** notwendig sind. Die Erkenntnis, dass sich Unternehmen, ihre Geschäftsmodelle und Marken den neuen Anforderungen anpassen müssen, setzt sich allerdings erst nach und nach auf den verschiedenen Ebenen des Unternehmens durch. Doch ein **strategischer Engpass** bleibt bestehen: die **Implementierung**. Wie gelingt es, „Strategy into Action" umzusetzen?

Viele brillante Konzepte und Strategien haben den Sprung vom Papier (oder dem digitalen Äquivalent) ins Tun nicht geschafft und endeten als **Schrank-Ware** – „Ideen, gleichsam im Giftschrank eingeschlossen", die nie das Licht der Welt erblickten. Welche **Hindernisse** sehen die Manager selbst, die an der **Umsetzung von digitalen Strategien** arbeiten? Einen ersten Eindruck vermittelt Abb. 9.3. An erster Stelle – von 81 % der in Deutschland befragten Manager genannt – stehen die noch **fehlenden Kompetenzen**, um den veränderten Rahmenbedingungen Rechnung zu tragen. Wie schon bei vielen anderen Innovationsschüben stellt die **historisch gewachsene IT-Landschaft** in 43 % der befragten Unternehmen einen wichtigen Hemmschuh dar. Dieses technologische Gap zeigt sich mit ebenfalls 43 % bei der **fehlenden Kompetenz zur Verknüpfung mobiler Plattformen mit der ERP-Software** des eigenen Unternehmens.

Interessant ist auch der von 28 % der Manager erwähnte Punkt, dass der **Generationenunterschied**, der sich gerade bei der Offenheit gegenüber den sozialen Medien dokumentiert, eher eine Evolution als eine Revolution ermöglicht. Die zentrale Frage lautet dabei: Wird der Markt und damit die Kunden wie auch die Wettbewerber den Unternehmen die dafür erforderliche Zeit zur Neuausrichtung geben? Der Generationenunterschied scheint sich in manchen Unternehmen auch negativ auf die **Entwicklung einer digitalen Konzeption** generell ausgewirkt zu haben: Das digitale Konzept ist teilweise zu **sequentiell** erarbeitet und **nicht holistisch** genug ausgerichtet. Bemerkenswert ist auch, dass die

Frage: „Welche Herausforderungen würden Sie als Ihre digitale Strategie behindernd beschreiben?"

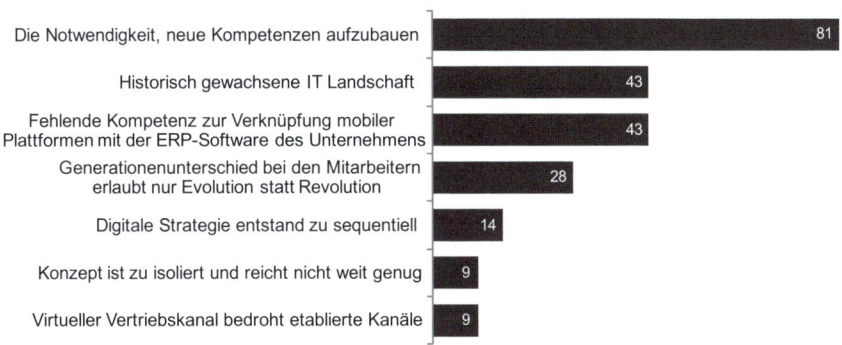

Abb. 9.3 Welche Aspekte behindern die Umsetzung einer digitalen Strategie – in % (Deutschland, n = 100 Manager, Mehrfachantworten möglich, Quelle: Camelot Management Consultants 2012, S. 21)

Bedrohung etablierter durch virtuelle Kanäle immerhin noch von 9 % als „Hindernis" gesehen wird. Diese „Bedrohung" ist in vielen Branchen inzwischen schlicht eine Tatsache. Und nur, wer die Herausforderung beherzt annimmt, wird überleben! Welche Konsequenzen ein zögerliches Vorgehen haben kann, ist täglich der Tagespresse zu entnehmen!

▸   **Merk-Box** Um den digitalen Darwinismus zu überleben, bedarf es eines umfassenden **Change-Management-Prozesses**. Und dieser muss top-down beginnen, um erfolgreich zu sein. Dabei ist sicher: Im Zuge dieses Prozesses müssen wichtige Komfortzonen aufgegeben werden!

Aber was sind die Konsequenzen der in den vorliegenden Kapiteln sichtbar gewordenen Veränderungsnotwendigkeiten? Arbeiten die Unternehmen schon intensiv daran, diese zu meistern und ihre **Führungskräfte und Mitarbeiter als strategische Ressource im Kampf um Wettbewerbsvorteile** einzusetzen? Weit gefehlt. Die Realität ist nach wie vor eine eher „lausige Stimmung" in viel zu vielen Unternehmen. Das glauben Sie nicht? Lassen Sie sich mit einem Blick auf die jährlich publizierten Daten des *Gallup-Instituts* überzeugen.

Das *Gallup-Institut* hat 2011 erneut eine Studie zum Ausmaß der **Bindung zwischen Mitarbeitern und Unternehmen in Deutschland** durchgeführt. Dazu wurden 1323 Arbeitnehmer in Deutschland im Alter von 18 Jahren und mehr befragt. Nach dieser repräsentativen Studie verspüren **86 %** der 34 Millionen Arbeitnehmer in Deutschland **keine echte Verpflichtung** gegenüber ihrer Arbeit: **63 %** machen lediglich **Dienst nach Vorschrift** und **23 %** haben ihre **innere Kündigung** bereits vollzogen (vgl. hierzu und im folgenden Gallup 2012). Damit erreicht der Anteil der Beschäftigten mit einer geringen oder keiner emotionalen Bindung an ihren Beruf ein erschreckend hohes Niveau (vgl. Abb. 9.4). Der Anteil der Arbeitnehmer in Deutschland, der eine **hohe emotionale Bindung** an ihre berufliche Aufgabe bzw. zum Arbeitsumfeld aufweist, liegt bei lediglich **14 %**.

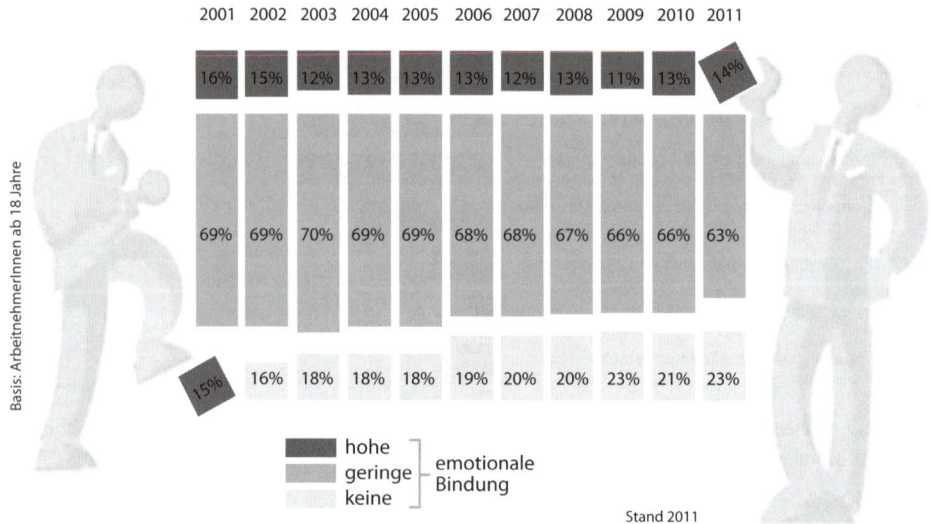

Abb. 9.4 Entwicklung des Engagement Index von *Gallup* (Quelle: Gallup 2012, S. 10)

Vergleich man die Werte des **Engagement Index** in Deutschland mit anderen Ländern, dann zeigt sich, dass mit 14 % bei der hohen emotionalen Bindung nur ein Mittelplatz erreicht wurde (vgl. Abb. 9.5). Weit überdurchschnittliche Werte erreichen die USA mit 28 % „hoher emotionaler Bindung" sowie die Schweiz und Österreich mit je 23 %. In Ländern wie Tschechien (3 %) sowie China und Singapur mit nur 2 % fehlt eine hohe emotionale Bindung fast ganz (vgl. Gallup 2011b, S. 1).

Analysiert man die Ergebnisse von *Gallup* aus den Jahren 2001 bis 2011 gemäß Abb. 9.4, dann wird deutlich, dass es sich hierbei nicht um ein temporäres Problem, sondern um einen länger laufenden Prozess handelt. Die Zahlen über den **Abschied in die innere Emigration** halten sich seit Jahren auf hohem Niveau – und das trotz teilweise schwieriger wirtschaftlicher Lage. Die Erkenntnis über das Ausmaß der inneren Kündigung bzw. der emotionalen Unverbundenheit der Mitarbeiter mit dem eigenen Unternehmen hat allerdings kaum konzeptionelle Prozesse angestoßen, wie dies bspw. bei der Kundenbindung der Fall war. Nach wie vor werden in den Unternehmen andere Schwerpunkte gesetzt, als die Mitarbeiter und Führungskräfte stärker für das eigene Unternehmen zu begeistern. Wie bereits in Kap. 8 gezeigt, ist dies eine zwingende Voraussetzung für die **Erreichung einer UPP**. Das in den präsentierten Daten sichtbar gewordene Ergebnis zeigt eine **Verweigerungshaltung der Mitarbeiter**. Hierdurch bleibt deren Leistungsniveau deutlich und nachhaltig unter dem vorhandenen Potenzial. Die durch diese geringe Bindung an den Arbeitgeber verursachten volkswirtschaftlichen Kosten in Deutschland werden von *Gallup* auf eine Summe zwischen 122,3 und 124 Milliarden € jährlich geschätzt (vgl. Gallup 2012, S. 11).

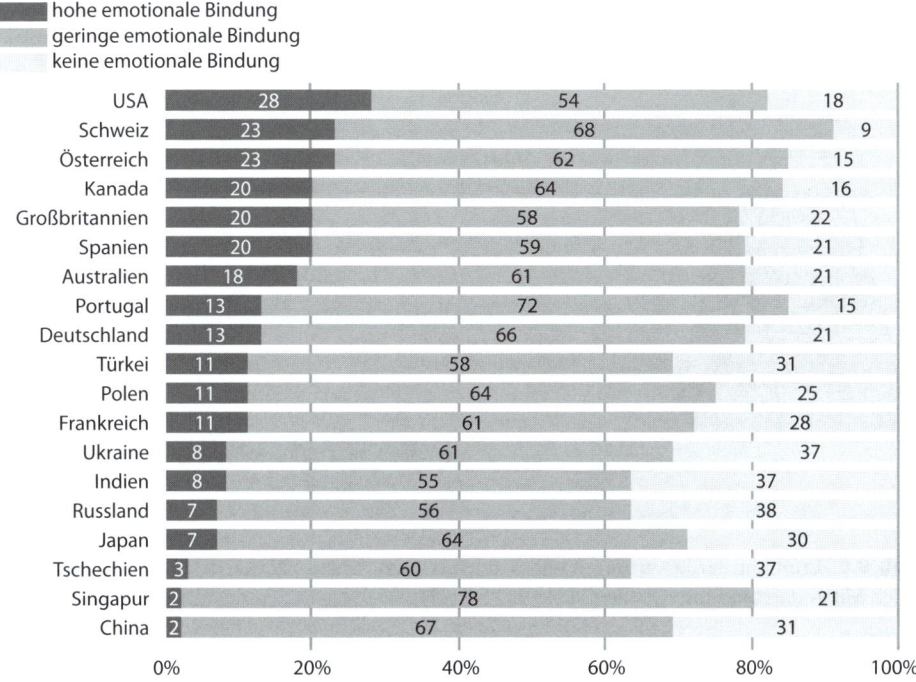

Abb. 9.5 Entwicklung des Engagement Index 2010 im internationalen Vergleich (Quelle: Gallup 2011b, S. 1)

Welche Ursachen hinter dem unterschiedlichen Bindungsgrad liegen, zeigt Abb. 9.6. Durch die hier ausgewiesenen Werte wird deutlich, welche Ansätze Unternehmen zur **Überwindung der Bindungslücke** einschlagen können. Dabei wird sichtbar, dass die Erfüllung der **Grundbedürfnisse** im Unternehmen keine extremen Unterschiede bei den drei Mitarbeitergruppen ohne, mit geringer bzw. mit hoher emotionaler Bindung aufweist. Anders sieht das Bild im Hinblick auf die erlebte **Unterstützung** aus. Die Mitarbeiter mit hoher emotionaler Bindung sehen sich durch ihr Unternehmen deutlich stärker unterstützt als die anderen beiden Gruppen. Auch die **Teamarbeit** wird bei der emotional stark gebundenen Gruppe signifikant besser bewertet. Schließlich sehen die emotional gebundenen Mitarbeiter viel bessere Möglichkeit zum persönlichen **Wachstum**. Aus Sicht der Mitarbeiter ohne emotionale Bindung findet dies praktisch nicht statt. Jedes Unternehmen ist aufgefordert, den Status der emotionalen Bindung zu analysieren, um entsprechende Maßnahmen zur Verbesserung abzuleiten.

Die Auswirkungen dieser **Verweigerungshaltung** sind vielfältig. Zum einen fehlen Mitarbeiter ohne emotionale Bindung im Vergleich zu denen mit hoher Bindung deutlich häufiger (8,5 zu 5 **Fehltage** pro Jahr). Zum anderen präsentieren sie deutlich weniger **Verbesserungsvorschläge** (4,5 zu 13,4 Vorschläge innerhalb der letzten sechs Monate). Bei der **Mund-zu-Mund-Propaganda** sind die Mitarbeiter mit geringer emotionaler Bindung

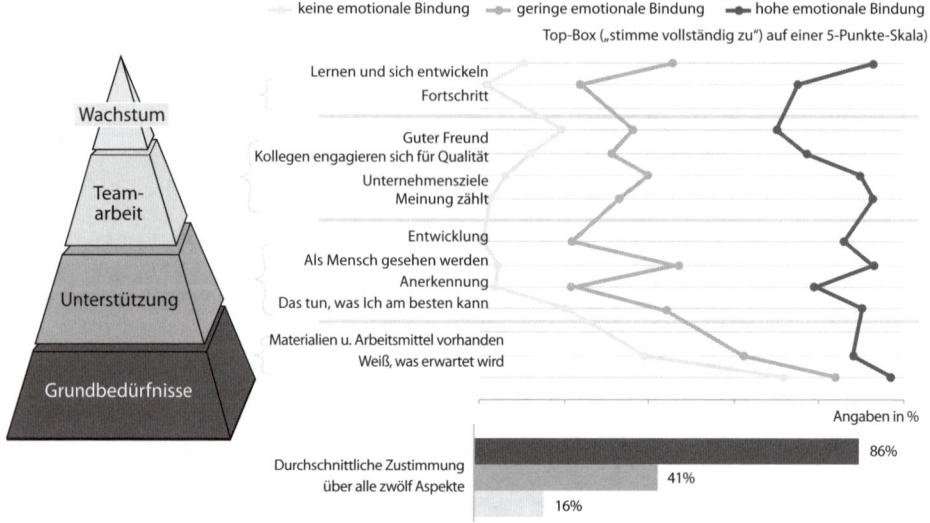

Abb. 9.6 Erfüllung der Erwartungen und Bedürfnisse am Arbeitsplatz nach dem Grad der emotionalen Mitarbeiterbindung (Quelle: Gallup 2012, S. 28)

ebenfalls deutlich zurückhaltender und kommunizieren eher negativ über ihren Arbeitgeber. Bzgl. der **Weiterempfehlungsabsicht bei eigenen Produkten/Dienstleistungen** werden 21 bzw. 94 % erreicht. Die **Weiterempfehlung des eigenen Unternehmens** zeigt Werte von 7 bzw. 81 % (vgl. Gallup 2012, S. 15, 18, 24).

In welchem Ausmaß der Grad der **Kundenorientierung** durch die Höhe der emotionalen Bindung beeinflusst wird, zeigt Abb. 9.7. Durch die hier ausgewiesenen Werte wird deutlich, dass eine **Bindung der Mitarbeiter an ihr Unternehmen** die unverzichtbare **Voraussetzung** für eine **gelebte Kundenorientierung** darstellt.

Wenn Unternehmen im Zeitalter des digitalen Darwinismus eine strategische Weiterentwicklung und Differenzierung im Wettbewerb anstreben, mit der nachhaltiges und profitables Wachstum erreicht werden soll, dürfen u. E. **Mitarbeiter und Führungskräfte** nicht länger als wichtig(st)er **Erfolgsfaktor** vernachlässigt werden. Diese müssen die strategische Ausrichtung und die dieser zugrunde liegenden Werte mit Leben füllen. Gleichzeitig werden Mitarbeiter aufgrund der zunehmenden Bedeutung von Dienstleistungen einen immer größeren Anteil an der Unternehmenswertschöpfung erbringen, da sich die etablierten Industrienationen immer stärker zu **Dienstleistungsgesellschaften** entwickeln. Das bedeutet nichts anderes, als dass Mitarbeiter und Führungskräfte als zentrale Ressource im Unternehmen eine immer größere Bedeutung erlangen, weil diese in den **Wertschöpfungsprozess am und für den Kunden** viel intensiver eingebunden sind (Stichwort „Marketing as a Service" in Kap. 8).

Hieraus resultiert zunächst die Notwendigkeit, dass das Personal sowohl eine Kundenals auch eine Vertriebsorientierung aufweisen muss (vgl. Abb. 9.8). Eine **Kundenorien-**

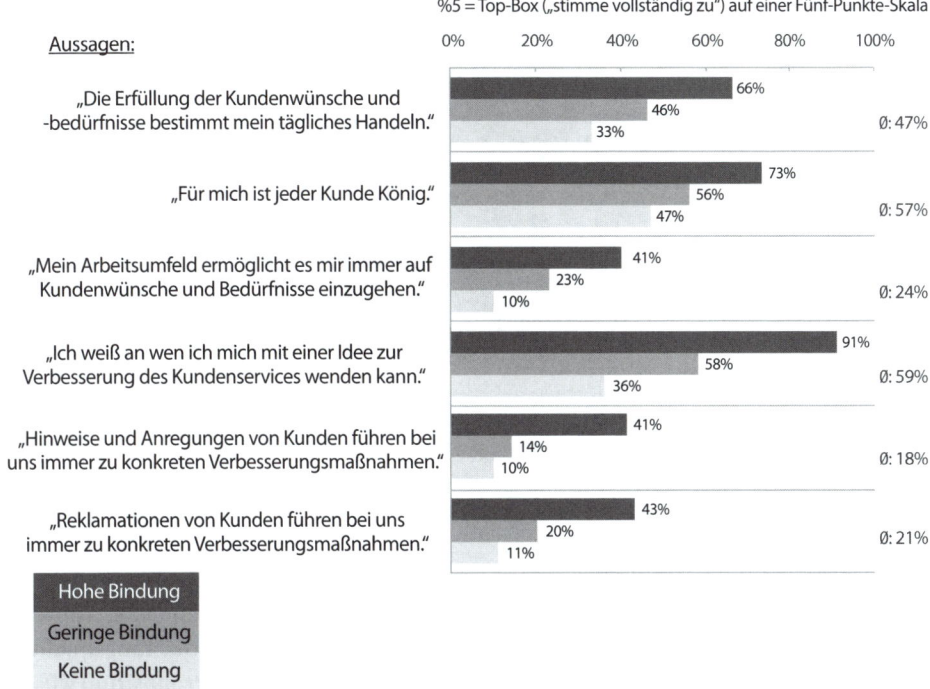

Abb. 9.7 Kundenorientierung 2010 in Deutschland nach dem Grad der emotionalen Bindung – in % (Basis: Arbeitnehmer mit regelmäßigem, direktem Kundenkontakt, d. h. mindestens einmal wöchentlich; 69 % aller Arbeitnehmer arbeiten an einem Arbeitsplatz mit direktem Kundenkontakt, wobei 93 % diesen mindestens mehrmals in der Woche haben, Quelle: Gallup 2011a, S. 27)

Abb. 9.8 Sicherstellung einer Balance zwischen Vertriebs- und Kundenorientierung bei Mitarbeitern und Führungskräften

tierung mit dem alleinigen Ziel, „die Kunden glücklich zu machen", greift für gewinnorientierte Unternehmen alleine zu kurz. Diese Kundenorientierung ist in eine Balance mit der **Vertriebsorientierung** zu bringen. Deshalb sind alle Maßnahmen, die im Kontext der Personalpolitik erbracht werden, daraufhin zu analysieren, ob sie einen Beitrag zu den ergebnisorientierten Zielen des Unternehmens leisten (vgl. Kap. 5).

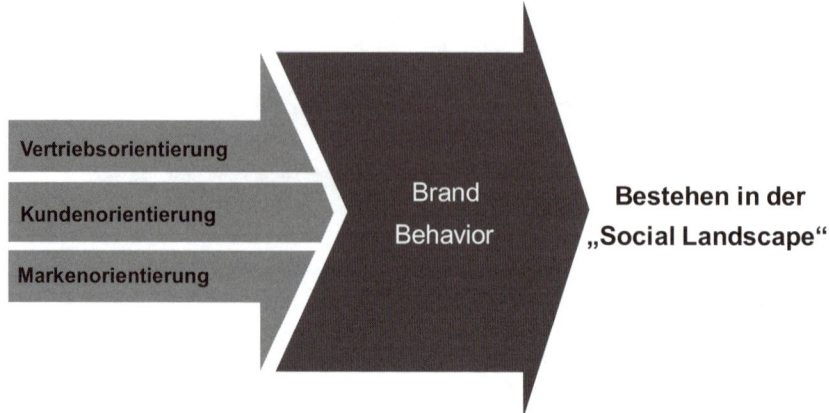

Abb. 9.9 Aufbau eines Brand Behavior durch die Sicherstellung einer Ausgewogenheit zwischen Vertriebs-, Kunden- und Markenorientierung

Ein weiterer Faktor, der die Relevanz einer umfassenden Berücksichtigung der Potenziale der eigenen Führungskräfte und Mitarbeiter verstärkt, ist die zunehmende Notwendigkeit, sich bei immer ähnlicher werdenden Angeboten über die **Dienstleistungsqualität** im Wettbewerb zu differenzieren. Die Relevanz einer **Unique Passion Proposition** wurde bereits in Kap. 8 aufgezeigt. Hier geht es jetzt darum, die Organisation auf deren Bereitstellung auszurichten. Denn für bestimmte Unternehmen ist durch die **Fokussierung auf den Faktor „Passion"** eine solide Grundlage, um eine langfristige Wettbewerbsüberlegenheit über eine Unique Passion Proposition zu erreichen. Dabei ist es allerdings unverzichtbar, die zu weckende Passion auf das Markenversprechen des Unternehmens bzw. die jeweiligen Angebote auszurichten und damit zu kanalisieren. Deshalb sind die Kunden- und Vertriebsorientierung um die **Markenorientierung** zu ergänzen (vgl. Abb. 9.9). Erst dieser Dreiklang führt zu dem angestrebten **Brand Behavior**, einem Verhalten von Führungskräften und Mitarbeitern, das gesamthaft zur Positionierung des Unternehmens im Online- und Offline-Umfeld beiträgt.

Die Relevanz eines solchen Vorgehens wird durch das Konzept **Social Currency** von *Vivaldi Partners Group* unterstrichen (vgl. Kurzbeitrag *Vivaldi Partners*). Es wird deutlich, dass dem **sozialen Markenwert** im Vergleich zum **monetären Markenwert** eine zunehmende Bedeutung zukommt. Ein hoher sozialer Markenwert strahlt wiederum auf den monetären Wert der Marke ab.

Gastbeitrag von Erich Joachimsthaler
Social Currency: Creating New Business Models

Ever since the industrial revolution and before, companies have created value by producing and selling things consumers needed or wanted. For many decades now, through cycles of economic prosperity and decline, serving generations of consumers, companies grew large, powerful, and rich, others disappeared.

Since those early days, **management wisdom** has it that companies can sustain growth and prosperity only by developing a **competitive advantage**. This helps to charge a premium price for products or services and it helps fend off competitors. There are basically two sources of competitive advantage: cost leadership or differentiation advantage. **Cost leadership** can be typically achieved through major efforts and investments in efficiency improvements, better plants, better control of overheads, and efficient deployment of R&D. Companies can develop specific skills to exploit any cost advantages. For example, fashion apparel retailer *Zara's* ability to turn over product on the shelf in the now famous 15-days cycle gives it important time-to-market advantages that made it one of the largest brands in its category in the world today. **Differentiation** advantages can be achieved by focusing on quality, design, service and a better emphasis on branding, brand advertising and reputation.

The larger, the bigger and more powerful a company, the more it can exploit cost leadership and differentiation advantages; the greater the volume of production, the greater will be the productivity in terms of working methods, labor efficiencies, and plant utilization; in other words, **size matters**. Companies with leading market shares in a category or sector benefit more than others. The more dominant the market share, the more they are in the position to create and extract value. This has been the logic of the industrial age forever.

Today, this logic is merely a half-truth and in many industries and categories it is flat out false. *Nokia* had a dominant share in the global mobile phone market and just missed one turn toward smart phones. Today, *Nokia* struggles. *Best Buy* was the dominant electronic retailer in the US that won with customers and put *Circuit City* out of business based on store location advantage that *Best Buy* had. Three years later, its retail store advantage feels like a millstone. It now fights survival against *amazon* and other online retailers. *Sony* had the strongest brand in the music and electronics business with tens of millions if not hundreds of millions of *Walkman* listening devices in consumers' possession by the year 2000. *Sony* clearly was the market leader but this enormous size advantage did not help *Sony* a bit when *Apple*, a computer company, launched the *iPod*. As *Gary Hamel* said: "incumbency never has been as worthless."

The Social Age

We believe that today, the industrial age, or era if you will, has been supplement by the *social age* where value is no longer just created by companies producing products and services or things. In this new age, value is created through the connections that individuals have with others. As *Nilofer Merchant* says: "if the industrial age is about *building* things, the social age is about *connecting* things, people and ideas." This is a **new source of competitive advantage**. Some examples:

GE – *GE* has been a **front runner in the social revolution** among large industrials. It has an enormous presence on all major social networks. It runs *MarkNet*, a social network that operates inside *GE*. Just recently, its chairman and CEO launched an entire new range of products and services that signify an entire **new source of value creation** which is about: "the convergence of the global industrial system with the power of advanced computing, analytics, low-cost sensing and new levels of connectivity permitted by the Internet." *GE* is talking about the *Industrial Internet*, its most ambitious effort to date to leverage the **connectivity of things** – jet engines, trains and power plants, and exploit the information and data resulting from connectivity.

Wikipedia – *Wikipedia* is a free online encyclopedia that was started by *Jimmy Wales* in 1999. Today, it contains more than 21 million articles and has over 470 million unique visitors. It is edited by more than 88,000 volunteer "editors". The site is a good example of the **power of the so-called "wisdom of the crowd".** It has 18 million registered users who have made an average of about 20 edits per page. The advantage of this large community of editors co-creating *Wikipedia* was one of the reasons why the venerable, over 240 years old *Encyclopedia Britannica* had discontinued its print edition in 2012.

Microsoft – *Microsoft* bought *Skype* for US-$ 8.5 billion, even though *eBay* sold *Skype* a year earlier at a value of about US-$ 2.75 billion to a group of investors. During the year, there wasn't a lot that had changed at *Skype*. Subscriber numbers stood at 663 million. The advantage of people texting, video chatting, sharing files, and talking to each other on this technology platform when combined with other services such as *Microsoft Dynamics CRM*, *Bing*, *Yammer*, and *Office*, were so valuable for *Microsoft*, it paid nearly three times what *Skype* was deemed worth just a year earlier. *Microsoft* did not overpay, even though an outside observer that looks at the financials would rush to conclude. To *Microsoft*, it is a chance to reinvent how businesses around the world perform their daily workflow processes and how people connect.

These three examples illustrate that **value is created not in the thing itself but in the connections it fosters**. For *GE*, the data from these connections create enormous competitive advantage in delivering efficiencies and cost savings to clients. For *Wikipedia*, the information that people voluntarily share with others creates its product, a new business model and a disruptive insurgent for *Encyclopedia Britannia*. And for *Microsoft*, *Skype* represents a platform where millions of people share information daily with others to manage their lives and their businesses.

Put another way, the **value of a company** by these three examples relates to the **relationships or connections** it can foster. Of course, this **new competitive advantage** does not replace typical advantages of cost or differentiation but it certainly amplifies those advantages. The overall impact on industries could be seen in Fig. 9.10.

Social Currency

Not all connection and information are of equal value. Some are more valuable than others. Information that is created by people such as consumers or customers are of particular interest to businesses and marketers. Over the last few years, these types of information have grown disproportionally fast. A recent study by the IDC technology researcher showed that more than **75 % of the information in the digital universe is generated by individuals** today. And the total amount of information doubles every two

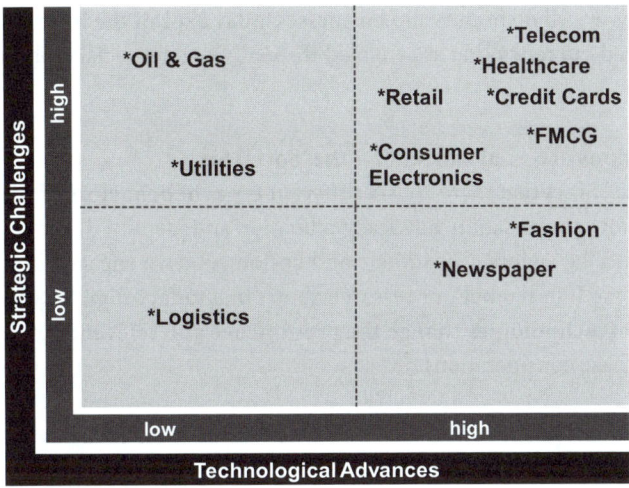

Abb. 9.10 Social Impact Evaluation Matrix

years. On top of that, more information is generated about consumers through mobile devices, sensors and other technologies.

This represents an enormously valuable amount of information generated by consumers or about them – not by companies, but by regular people who might be customers, friends or even foes – around brands and businesses, liking them, following them, talking about them, and making connections with friends, family and others. These information grow exponential because customers and consumers are ever more empowered, enabled, and informed about technologies than before when it comes to engaging and connecting with brands and businesses. Because of the value of this information, we have developed the **social currency concept**. The concept measures the degree to which customers share a brand or information about a brand with others as social currency. With social currency, we attempt to understand how this information can be leveraged and exploited by companies to build strong brands and businesses. Today, in our opinion, companies do not excel in adapting to this changing market paradigm.

At *Vivaldi*, we recently studied the **social behaviors of customers** and **how they connect with brands** online and create social currency through a survey of more than 5000 customers in the U.S., the U.K. and Germany. We focused on more than 100 brands and businesses across 19 categories. We also studied several hundred social and digital initiatives by major brands in the U.S. and Europe.

We attempted to answer two key questions:

- First, what are these **social behaviors of consumers** that underlie social currency, and does social currency create competitive advantage?

- Second, how well do brands and businesses today **exploit the information resulting from social currency** that are enabled through the new social and digital technologies?

Six Dimensions of Social Currency – the 'Social Six'
Our research shows that there are **six different types of behaviors of consumers**: utility, information, conversation, advocacy, affiliation and identity. These behaviors are not new consumer behaviors. Consumers and customers have engaged in these behaviors even before the Internet but our research shows that today's digital technologies, particularly **social technologies change the prominence and relevance of these behaviors** during purchase considerations.

- **Utility** – exists when consumers derive new value from engaging with brands and other people. This value can range from giving simple discount such as when *The Gap* ran a deal with *Groupon* and sold over 441,000 coupons of US-$ 25 for US-$ 50, to providing consumers with a way to measure physical activity throughout the day using the *Nike Fuelband*. The *Fuelband* creates utility value because it motivates users by awarding points that helps them live by the numbers.
- **Information** – exists when consumers receive from and share with other people valuable information about brands. Fab.com for example provides its 7 million members with information from their social network to help in making online purchases.
- **Conversation** – exists when consumers talk about a brand or business to others. Think *Old Spice*. The brand has played on humor with its *Isaiah Mustafa* videos on *YouTube* and positioned itself against the enormously success *Axe Body Spray*. Just one vid: „The man your man could smell like" was viewed more than 43 million times. These views have been multiplied in countless conversations among consumers anywhere.
- **Advocacy** – exists when consumers or customers actively promote or defend a brand or business to others. *Audi* targeted design, luxury, technology and automotive influencers for its *A8* top of range model. It invited these influencers to a test drive who then spread the word about the new *A8* to their followers and fans. The *Audi* effort wasn't just a word-of-mouth program, it was a carefully orchestrated program to maximize advocacy.
- **Affiliation** – exists when consumers connect and become a member of a community of people that is linked to a brand or business. *Philips*, the global technology firm has built a large community on *LinkedIn*, called *Innovation in Light*. It is one of the largest B2B networks that delivers powerful community benefits such as informed discussions, chats, information and connection.
- **Identity** – exists when consumers express themselves to others in relationship to the brand. *Levi's Jeans* created an identity building effort called *Levi's Girl* by asking female consumers to create a video about themselves and explain why they are the best

spokesperson for the brand, representing the *Levi's* values. Contestants could ask their friends and fans to vote which translated in self-expressive benefits.

Our research shows that across all brands and businesses, these **six dimensions drive consideration**, **purchase** and **loyalty** when companies actively enable consumers along these behaviors. **Social currency** has a **significant impact on brand equity** (53 %) and **drives important brand equity dimensions** such as **quality** (26 %), **loyalty** (28 %) and **key brand perceptions** such as **liking** (34 %), **trustworthiness** (35 %) and **authenticity** (33 %). There are huge differences across brand, category and industry (see for report of the research results Vivaldi 2012a).

Best Practices

The second question our research intended to answer was how well do brands and businesses today exploit the new social and digital technologies? We analyzed over 100 case studies from around the world (see Vivaldi 2012b). Through this research, we learned that **most companies do not exploit well these new technologies to build competitive advantages and strong brands**. While a large percentage of firms monitor social conversations, set up communities and launch social media initiatives to amplify communication campaigns, such efforts are often executed as if social or digital is merely another channel or customer touch point.

We found that decisions concerning social and digital are often disconnected from the decision-making processes of the marketing organization, and even worse, are misaligned with company strategy. Digital initiatives abound, of course. Every function from market research to customer service and communications and advertising to R&D includes a digital project or social initiative. But more often than not, these are siloed efforts that **lack the proper coordination and integration with the overall strategy**. The leading best practice is to set up a digital or social center of excellence that is managed separately, or merely located within the communications function.

It is time for executives who wish to build strong brands and realize competitive advantages to begin to **rethink their business strategy** and how they are organized in order to execute in today's connected world. Such an effort must also encourage a closer look at the processes, systems and policies of companies' systems. It must accelerate the way information is delivered to key decision makers across organizational functions and geographies, so that consumer insights, trends, and key challenges for the brand are identified, analyzed, and acted upon in real time. It must enable and support strategic new processes and not merely pile more data on top of existing data.

A Case Study

As it is with any new technology, its impact across categories, sectors or industries is not uniform. Of our 19 sectors studied, we believe the new digital and social technologies have a **significant impact** in the **fashion**, **apparel** and **retail sectors**. Hence, it is instructive to analyze how social currency impacts company's and brands' activities and lead to entire new ways of doing business. From our research we chose two fashion retailers *Zara* and *Burberry* to describe some key emerging principles.

Zara has become one of the most successful fashion retailers with 2011 revenues of € 13.8 billion. One dimension of its success is the company's capability to relentlessly optimizing the traditional fashion and apparel retail value chain. *Zara* takes just four weeks to turn an idea into merchandise, and items spent two weeks on store shelves. Technically, this makes *Zara* one of the **fastest retailers**.

The company relies on business information and analytics, so-called Big Data, to manage inventory, logistics and distribution. **Consumer preferences drive the value chain activities**. Through its success in optimizing the supply chain, and the entire value-generating activities, *Zara* has also become a popular subject of study by students in MBA programs and executives across all kinds of industries.

If we were to position the *Zara* success merely as a function of optimizing the supply chain, it would not properly reflect the competitive advantage this fashion retailer has developed. *Zara* has developed an **entire system of a set of activities** that are sequentially executed, and logically aligned **to capture value** and **deliver a superior customer value** – from how *Zara* identifies consumer preferences to how *Zara* fashion apparel reaches the market. The modern term of such a system is called the **business model**. In our experience, it is extremely difficult to compete against such a well-developed business model. There is enormous competitive advantage.

Yet, there are developments in the fashion and retail sector that suggests that even *Zara's* successful business model can be upended. The key is **social currency**. Our research showed that several fashion retailers are working with the new digital and social technologies to integrate even more deeply consumers into the various activities of the value chain. Some even uproot the traditional logic of the linear value chain. A good example is the iconic British luxury brand *Burberry* that might well be on its way to build the next business model in fashion retailing.

Burberry is a much smaller fashion house with 2011 revenues of GBP 3.5 billion. It operates still most of its business operations following the traditional value chain serving 700 stores worldwide with its products. In addition, *Burberry* also experiments with an entirely new business model by innovating in the front-end of the value chain. We call this model, the **demand-first value chain** because it creates value in unique ways with an innovative demand-driven front-end phase first that reconfigures the traditional value chain in new ways, followed by a back-end phase of scaling the success model (cf. Fig. 9.11).

Re-Imaging the Traditional Value Chain

Imagine it would be possible to design only a small number of apparel items, manufacture the small batch, and test them on millions of shoppers. Imagine you could get the orders from millions of consumers and their credit card payments before you make any commitments to suppliers of the fabric, yarn or other materials or logistics. If that were possible, you would produce only what you know you can sell, you would need no

Figure 9.11 The New Demand-first Value Chain

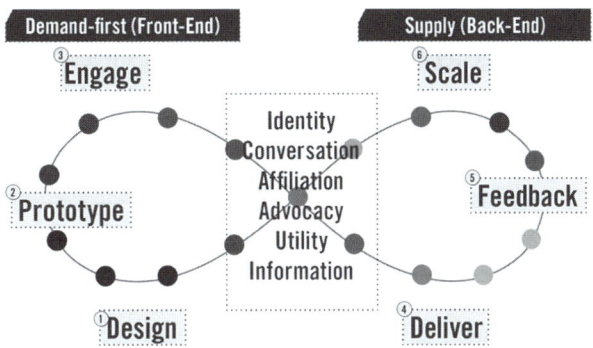

financing since you have already charged the consumer, you would never miss another product forecast, or miss a logistics plan. You would not need marketing or promotional efforts to move product off the shelf, no more clearance sales, no need for outlet stores to sell off excess inventory.

While such as business model is hard to imagine, *Burberry* has initiated some efforts that make some of these thoughts a reality. In order to build its fan base on *Facebook* (13.5 million versus *Zara's* 14.6 million) and create a massive *Twitter* following (*Burberry* has 1.25 million followers versus *Zara* which has 90,000 followers), it launched *Tweet-Walk* during its Spring/Summer 2012 collection. Fans who liked the brand on *Facebook* were invited to watch its fashion shows in the major cities like Paris or Milan from the comfort of their desks or whether the computer or tablet was. The initiative was hugely successful because fans could watch the rehearsal tapes of the shows one hour before models actually hit the runway. This **created massive conversations** on *Twitter* as fans used the opportunity to express their opinion and shared their liking or disliking for the collection even before or while the actual fashion show unfolded.

Burberry has intensified its presence on social networks. On *Instagram* it counts 525,000 followers while *Zara* has 4500. On *YouTube*, it has 41,000 subscribers and 16 million views versus *Zara* with 6000 subscribers and 1.5 million views.

With its **Runway to Reality effort**, it made its videos shoppable for the Fall/Winter collection. While shoppable videos is now already relatively common, it created for customers of *Burberry* a chance to click on the video of a model featuring the new collection, pick a size, add to the cart, and have it pay for with a deduction from the previously stored credit card. Shoppers have a choice to get the merchandise delivered to their home via express mail within two weeks or to pick it up at one of *Burberry's* many store locations, that then creates another shopping opportunity.

Using Social Currency to Create a New Business Model

It is our opinion that *Burberry* is at the forefront of building the next new business model for the fashion and the apparel industry. From a **value-chain perspective**, its front-end and customer-facing end has three major steps: design, prototype, and engage with fans and consumers. This demand-first cycle changes how consumers are involved in **three value-generating activities**. There is instant feedback from customers about actual demand for particular products at every stage – design, prototyping and communications or engagement. The possibilities of cycling through this process are infinite. It is the possibility to run as many front-end cycles. While *Zara's* optimized value chain reaches a shelf turnover of a month or in the extreme even 15 days, *Zara's* upper limit for turnover can be even shorter. In the extreme, the front-end cycle could be run daily receiving valuable information about demand for particular designs instantly. Once the shopper has made the payment, the second-cycle or back cycle starts with delivering the product to the store or home, receiving feedback about preferences, which provides additional business information about scaling the business.

In order to fully understand the **value of this potentially new business model**, it is helpful to learn **how it creates social currency**:

- **Utility** – for those who are fans of *Burberry*, this model provides a new channel and ever more convenient way to shop for the latest fashion anytime and anywhere. Fans can influence the collection through voting, in a way, they are participating in the business of *Burberry* and have a say about it.
- **Information** – fans of *Burberry* have information about the latest collection before the fashion magazines have reviewed it. The time lapse from engaging with the *Burberry* brand reduces since a consumer can review fashions anytime, not only when during regular store visits at the beginning or end of a season.
- **Conversation** – consumers feedback information to *Burberry* and engage in conversations about anything that really matters to them. It is not about customer service but about brand engagement and brand building, creating a natural conversation with consumers about the brand.
- **Advocacy** – consumers can conveniently communicate their liking of a new apparel or an entire collection to their friends and fans. Advocacy goes beyond merely preference about a purchase, it includes advocacy for the experience and brand overall and not just to close friends but a consumers' entire follower base.
- **Affiliation** – the membership benefits are enormous powerful and create loyalty to *Burberry*.
- **Identity** – luxury fashion is about self-expression and identity-building. The *Burberry* efforts deliver opportunities for self-expression because consumers can easily invite others in a viewing of a show. Consumers can select from the latest collection items and make recommendations to friend to express their own values, beliefs and tastes.

The case study shows that by enabling the **six dimensions or social behaviors** that drive **social currency**, companies can build new business models and strengthen their value proposition to customers. What's more important is that we are just at the beginning of the enormous possibilities that become available through this new social age. To

quote *Mary Meeker*, a Partner of a leading VC company: "The magnitude of the upcoming change will be stunning – we are still in Spring training."
   Erich Joachimsthaler, Vivaldi Partners Group

Eine **Leitidee für den Aufbau des sozialen Markenwerts** stellt die Aussage dar, dass
man Kunden an ein Unternehmen oder eine Marke am besten dadurch bindet, indem man
die Kunden untereinander verbindet. Solche **Branded Communitys** können die Loyalität
zur Marke verstärken und das Image im Idealfall positiv prägen. Im besten Fall definieren
sich diese Gemeinschaften über die Eigenschaften der Marke und verinnerlichen deren
Werte. Dazu können Unternehmen durch die Bereitstellung entsprechender Inhalte beitragen. Interessant ist, dass schon heute immer größere Teile der *Google*-Suchergebnisse
bei den bekanntesten Marken auf Inhalte verweisen, die von Nutzern erstellt worden sind.

Den **Prozess zum Aufbau eines Brand Behavior** zum Bestehen in der „Social Landscape" kann sinnvollerweise nach dem **SIIR-Modell** erfolgen, um so einen **entsprechenden
Veränderungsprozess** einzuleiten (vgl. zum Grundkonzept Esch et al. 2005, S. 995 f.). Anhand der vier Phasen Sensibilisieren, Involvieren, Integrieren und Realisieren kann Schritt
für Schritt der angestrebte Veränderungsprozess im Unternehmen vollzogen werden (vgl.
Abb. 9.12).

Hier stellt sich die Frage – wie bei vielen anderen, die Unternehmung in ihrer strategischen Ausrichtung maßgeblich beeinflussenden Entscheidungen auch –, wie sich das

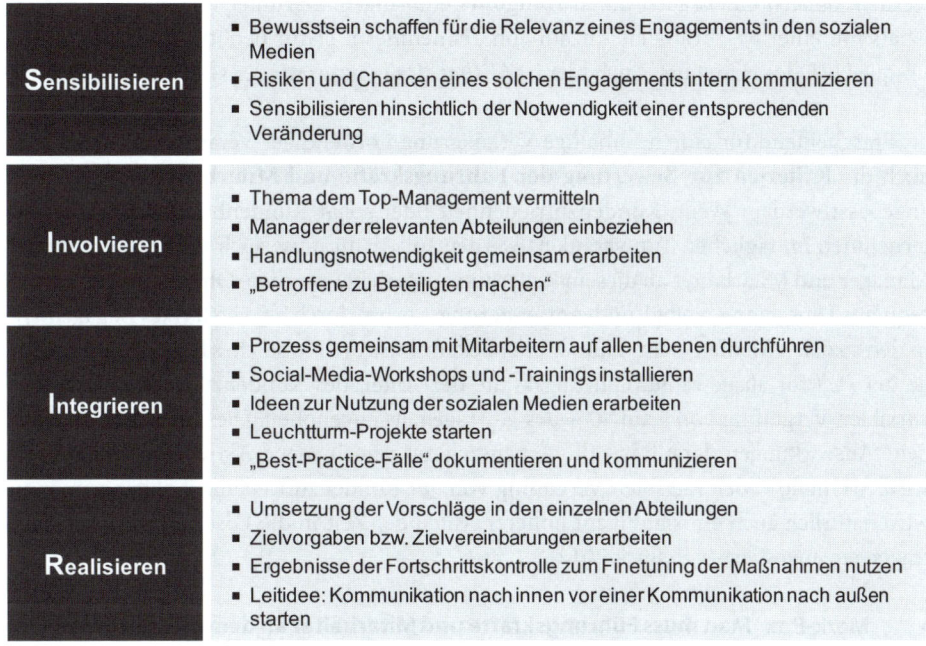

Abb. 9.12 SIIR-Modell eines Change-Management-Prozesses

	Michael Dell	Steve Ballmer	Richard Branson	Steve Jobs
Facebook-Fans	20.000	8.000	300.000	4.400.000
Facebook „People Talking About"	?	100	30.000	80.000
Twitter-Follower	60.000	2.000	2.600.000	-

Abb. 9.13 Anzahl von Fans und Followern bei ausgewählten CEOs – ca.-Angaben (Quelle: Facebook und Twitter 10.10.2012)

Top-Management zu einem **Engagement in den sozialen Medien** stellt. Die Frage kann ganz einfach beantwortet werden. Sind die Top-Protagonisten des Unternehmens dort präsent – aktiv und mit Herzblut? Beispielhaft seien hier die CEOs von *Dell* (*Michael Dell*), *Microsoft* (*Steve Ballmer*) und *Virgin (Richard Branson)* präsentiert. Wie gut diese nach außen – und ggf. auch nach innen – wirken, kann man an der Anzahl ihrer Fans bzw. Follower ablesen. Wie das Bild bei den drei genannten CEOs aussieht, zeigt Abb. 9.13. Noch wichtiger allerdings ist die Frage, in welchem Umfang über sie gesprochen wird. *Steve Jobs* ist hier als Benchmark berücksichtigt. Solche Benchmarks sind wichtig, um einen Abgleich des eigenen Tuns im Wettbewerbsumfeld vornehmen zu können. Und es kann auch geprüft werden, ob sich CEOs auch durch **Hangouts** einbringen. Darunter versteht man Video-Chats mit einer beschränkten Anzahl von Teilnehmern. Dafür benötigen die Nutzer die unique URL des Hangouts. Auch hier ist *Michael Dell* immer wieder selbst aktiv (vgl. Buck 2012).

Entscheidend für eine nachhaltige Verankerung notwendiger Veränderungen ist, dass auch die **Kriterien zur Bewertung der Führungskräfte und Mitarbeiter** entsprechend angepasst werden. Wenn Kundenzufriedenheit oder sogar Kundenbegeisterung im Unternehmen im täglichen Tun verankert werden soll, dann muss auch die Entlohnung der Manager und Mitarbeiter an diesem Kriterium ausgerichtet werden. Ohne eine solche konsequente Umsetzung bleibt Kundenorientierung – bspw. durch ein verstärktes Engagement in den sozialen Medien – ein reines Lippenbekenntnis. Um ein solches zu vermeiden, wurde bei *Dell* für ausgewählte Führungskräfte der Anteil der Kundenzufriedenheit an der variablen Vergütung von 5 auf 40 % des Jahresgehalts angehoben. Dies hat natürlich deutliche Auswirkungen darauf, wie die Arbeitszeit auf verschiedene Aktivitäten ausgerichtet wird. Wenn 40 % der variablen Vergütung von der Kundenzufriedenheit abhängen, dann wird natürlich auch ein signifikant höherer Anteil der Zeit in die Lösung von Kundenanfragen etc. investiert (vgl. Buck 2012).

▸ **Merk-Box Man muss Führungskräfte und Mitarbeiter an dem messen, was man als Unternehmen von ihnen erwartet**: sei dies Kundenorientierung, Kundenbegeisterung, Servicefreundlichkeit etc.! Sonst wird das nichts!

Think-Box

- Wie ernst meint es mein Unternehmen mit den sozialen Medien?
- Wie umfassend sind Führungskräfte über die Chancen und Risiken der sozialen Medien informiert – auch im Vergleich zu unseren Mitarbeitern?
- Wer aus unserer Führungsmannschaft ist bei *Facebook* oder *Twitter* aktiv?
- Und wie wohl fühlen sich diese dabei? Wird das Engagement in den sozialen Medien aus einem Pflichtgefühl heraus gestaltet – oder mit Herzblut?
- Sind der CEO und/oder der CMO oder andere, für Marketing, Vertrieb und Kommunikation verantwortliche Manager in den sozialen Medien aktiv – über eine mögliche Alibi-Präsenz hinaus?

▶ **Food for Thought** Bisher galt – insbesondere für Kommunikationsaufgaben – der Slogan:
  „Der Köder muss dem Fisch schmecken, nicht dem Angler.“
  Im Hinblick auf Social Media muss jetzt allerdings zwingend ergänzt werden:
  „Allerdings sollte dem Angler das Angeln zumindest Spaß bereiten.“ Sonst merkt dies der Fisch bzw. der Kunde – und schwimmt irritiert davon!

Wie könnte eine **organisatorische Umsetzung des Social-Media-Marketings** aussehen? Vor einem Engagement eines Unternehmens in den sozialen Medien muss geklärt werden, wo die damit einhergehende Verantwortlichkeit organisatorisch zu verankern ist. Zusätzlich werden für das Social-Media-Marketing langfristig personelle Ressourcen benötigt. Bei der Auswahl sollte bedacht werden, dass die Verantwortlichkeit für die sozialen Medien und für den „klassischen" Dialog mit den Kunden idealerweise in einer Hand liegen sollte. Eine Voraussetzung für die erfolgreiche Übernahme der entsprechenden Verantwortung ist, dass die Verantwortungsträger die **Bedeutung der Community** und ihre spezifischen Gesetze erkannt haben und bereit sind, dieser wertschätzend gegenüberzutreten. Hierbei ist ganz mit dem Kopf dieser Zielgruppe zu denken und mit dem Herz dieser Zielgruppe zu fühlen, um den richtigen „Zungenschlag" für die Interaktion zu finden. Aufgrund ihrer Affinität zu den sozialen Medien sind die zu definierenden Verantwortungsträger häufig Vertreter der **Digital Natives**. Sie haben aufgrund ihrer eigenen Beteiligung häufig Folgendes erkannt: „Marketing ist besonders effektiv, wenn die Unternehmen den sozialen Kontext begreifen. Digital Natives denken als Marketer nicht in Zielgruppen oder Mediaplänen, sondern schauen, in welchen sozialen Netzwerken sich ein Mensch bewegt" (Hermes 2010, S. 22). Diese Begegnung auf Augenhöhe ist eine wichtige Akzeptanzvoraussetzung für das Engagement eines Unternehmens in den sozialen Medien. Allerdings ist zu fragen, ob diese Digital Natives schon die notwendigen Kompetenzen aufgebaut haben, um für das Unternehmen in den sozialen Medien nach außen zu sprechen.

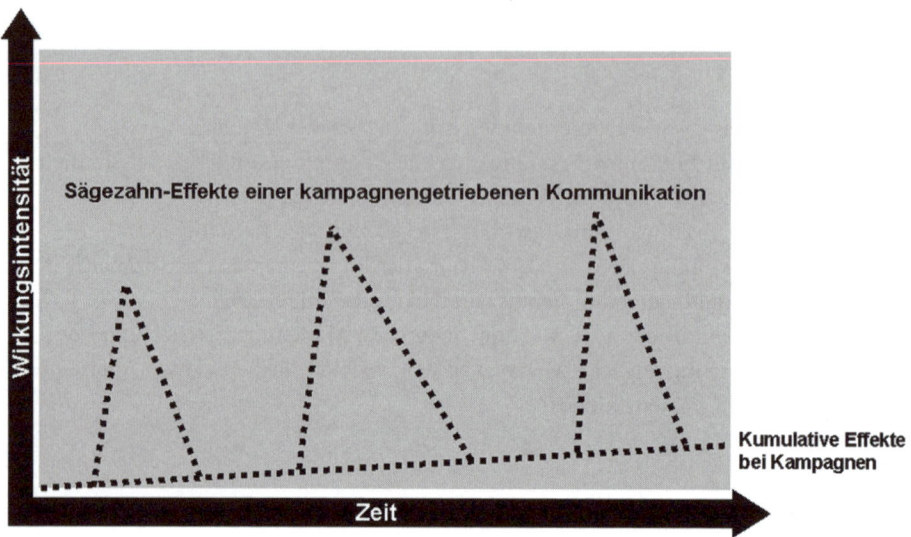

Abb. 9.14 Idealtypischer Wirkungsverlauf einer kampagnengetriebenen Kommunikation

Die in den Unternehmen vorherrschenden **Organisationsstrukturen** – hinsichtlich der Ablauf- wie der Aufbauorganisation – müssen sich auch deshalb deutlich verändern, weil diese bisher sehr kampagnengetrieben definiert waren. Eine Kampagne folgte der nächsten – und hatte mit der vorangegangenen häufig wenig zu tun. Das **Sägezahnmuster der kampagnengetriebenen Kommunikation** zeigt Abb. 9.14.

An ihre Stelle tritt zunehmend die Notwendigkeit einer **kampagnenübergreifenden Kommunikation**, die zwar immer wieder durch Kampagnen aufgeladen wird, aber ein zunehmendes **kommunikatives Grundrauschen** – auch in den Zeiten ohne Kampagnen – aufweist. Abb. 9.15 zeigt die dadurch erreichbaren Gesamteffekte. Die Auswirkungen auf die Organisation einer solchen Kommunikation sind dramatisch, denn diese Art von Engagement in den sozialen Medien passt in die heutigen Strukturen vieler Unternehmen nicht hinein. Um die verschiedenen sozialen Kanäle zu bespielen, bedarf es nicht nur einer langfristig angelegten, kanalübergreifend ausformulierten **Content-Strategie** i. S. eines **Redaktionsplans**, sondern auch der zu ihrer Umsetzung erforderlichen **personalen und finanziellen Ressourcen**. Für den Dialog in den sozialen Medien kann ein **Conversation-Calendar** entwickelt werden, wie dies bspw. bei *Procter & Gamble* der Fall ist (vgl. Einicke 2012).

Nimmt man eine solche Dialogmöglichkeit ernst, darf ein Call-Center-Management keine **Kontaktvermeidungsstrategie** fahren, der zufolge Mitarbeiter und Führungskräfte danach bewertet und bezahlt werden, in welcher kurzen Zeit sie Telefonate oder sonstige Kundenkontakte „abschließen" – um nicht zu sagen „abschießen" – müssen. Außerdem stellt sich hier die Frage, in welchem Ausmaß das **Management von Kundenkontakten** outgesourct werden sollte. Diese Überlegung erhält auch vor dem Hintergrund Relevanz,

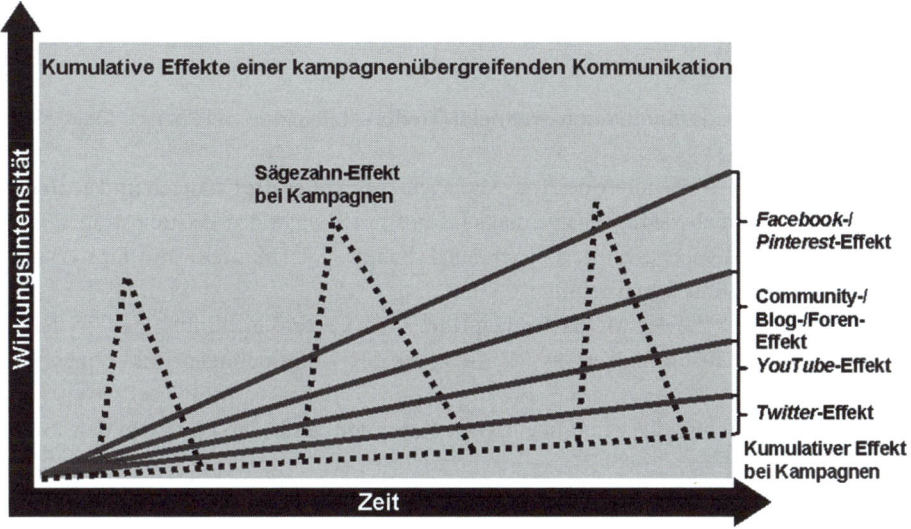

Abb. 9.15 Idealtypischer Wirkungsverlauf einer kampagnenübergreifenden Kommunikation durch unterschiedliche Engagements in den sozialen Medien – im Vergleich zu einer kampagnengetriebenen Kommunikation

dass bspw. von *Facebook*-Nutzern erwartet wird, dass ein Post innerhalb von zwei bis vier Stunden beantwortet wird, bei *Twitter*-Anfragen sind es ca. zwei Stunden – wobei diese Antwortzeiten primär zu den regulären Geschäftszeiten erwartet werden (vgl. Harlinghausen 2012). Die „erwartete" Responsezeit auf E-Mails liegt dagegen bei ca. 24 Stunden.

Think-Box

- Welche Konsequenzen sind mit einem Abschied von starren Kampagnen in meinem Unternehmen verbunden?
- Welche Widerstände sind von welchen Bereichen zu erwarten?
- Welche Lösungsmöglichkeiten bieten sich an – auf prozessualer Ebene sowie bei der Aufbauorganisation?
- Welche Effekte können durch eine kampagnenübergreifende Kommunikation erzielt werden?
- Wie ist die entsprechende Verzahnung zu erreichen?
- Wer kann hierfür der „Treiber" sein?

Die mit den Aufgaben des Social-Media-Marketings betrauten Leistungsträger fungieren als Schnittstelle zwischen dem Unternehmen und den Nutzern der sozialen Medien.

Das **Aufgabenspektrum der Social-Media-Verantwortlichen** umfasst die folgenden Bereiche (vgl. Abb. 4.8):

- Erarbeitung und Kommunikation der **Social-Media-Ziele** sowie von Social-Media-KPIs zu deren Messung
- **Informierung** – insbesondere des Top-Managements – **über die Chancen und auch die Risiken** eines Social-Media-Engagements („Impfen der wichtigen Leistungsträger")
- Ermittlung des Ressourcenbedarfs (personell, finanziell, strukturell) und Einwerbung dieser **Ressourcen** im Unternehmen
- Erarbeitung einer **Social-Media-Konzeption** – in enger Verzahnung mit weiteren Marketing- und Kommunikations-Maßnahmen des Unternehmens (inkl. eines Redaktionsplans)
- Entwicklung eigenständiger und integrierter **Kampagnen** für den Einsatz in den sozialen Medien
- Entwicklung, Kommunikation und Durchsetzung der **internen und externen Social-Media-Guidelines**
- **Unternehmensinterne Kommunikation** der Social-Media-Konzeption (inkl. Schulungen und Workshops)
- **Externe Bekanntmachung der Social-Media-Aktivitäten** und Gewinnung von Fans, Followern sowie Nutzern und/oder Mitgliedern für eigene Communitys, Foren, Blogs etc.
- Einstieg in die **Kommunikation mit den Nutzern** in Blogs, Foren, Communitys und den sozialen Netzen – parallel zur **Umsetzung des Redaktionsplans**
- **Auswertung und ggf. Aufgreifen von Anregungen der Nutzer**, um diese ins Unternehmen zu tragen
- Sicherstellung eines **Web-Monitorings** (Analyse der auf das eigene Unternehmen, die eigenen Angebote und Marken bzw. auf die eigene Branche ausgerichteten Aktivitäten sowie eine entsprechende Wettbewerbsbeobachtung)
- **Überprüfung der Wirkungen des Social-Media-Engagements** anhand aussagekräftiger KPIs
- **Steuerung des gesamten Social-Media-Marketings** durch entsprechende Budgets
- Laufende Sicherstellung, dass die Aktivitäten in den sozialen Medien mit den **Unternehmens- und Markenwerten** vereinbar sind

Eine entscheidende Voraussetzung, damit die Social-Media-Verantwortlichen diesem umfassenden Aufgabenspektrum Rechnung tragen können, ist ein **„heißer Draht" zu den Fachabteilungen**. Dort ist die Fachkompetenz zu den Leistungen des Unternehmens verankert, die für eine kompetente Kommunikation in den sozialen Medien unverzichtbar ist.

Da das Social-Media-Marketing noch ein relativ neuer Ansatz ist, werden bzgl. der **Festlegung der Verantwortlichkeiten** und der **Integration in die Unternehmensstruktur** unterschiedliche Konzepte diskutiert. In Abhängigkeit von den Zielen eines Einsatzes in den sozialen Medien können die entsprechenden Aktivitäten bspw. als Teil der Kundenkommunikation oder der Öffentlichkeitsarbeit gesehen werden. Bei der **Integration in die Unternehmensorganisation** gibt es verschiedene Konzepte.

- **Dezentrale Verankerung des Social-Media-Marketings**
  In vielen Unternehmen ist die Verantwortlichkeit für das Social-Media-Marketing zunächst das **Ergebnis eines organischen Wachstums**. Verschiedene organisatorische Einheiten übernehmen Teilaufgaben hinsichtlich der Betreuung der sozialen Medien. Dies können neben der PR-Abteilung ein klassischer Marketing-Bereich, der Vertrieb und das Customer-Service-Center sein. Um eine konsistente Stimme gegenüber den Stakeholdern – insbesondere den Interessenten und Kunden – zu finden, bedarf es einer hohen, abteilungsübergreifenden Koordination. Der Verankerung von unmittelbarem Kundenkontakt – quer durch die Organisation – steht das Risiko entgegen, bei einem zunehmenden Betreuungsbedarf oder beim Auftreten eines Shitstorms nicht ausreichend schlagfertig zu sein, weil die organisatorischen Voraussetzungen dafür nicht geschaffen wurden.

- **Community Manager**
  Ein Community Manager überwacht das **Engagement auf allen Social-Media-Plattformen** und gestaltet dieses inhaltlich. Dieser Manager sollte Teil der Marketing- oder Vertriebs-Abteilung und damit in die kundennahen Bereiche eingebunden sein, damit er eine Nähe zu der gesamten ein- und ausgehenden Kundenkommunikation hat. Seine Aufgabe besteht darin, nach innen und außen zu kommunizieren und damit eine **Verbindung zwischen der Innenwelt des Unternehmens und der Präsenz auf der sozialen Landkarte** herzustellen.

  Hierbei ist der Community Manager in einem **Spannungsfeld** eingebunden: Einerseits soll er als Mitarbeiter des Unternehmens dessen Interessen auch nach außen vertreten. Andererseits darf er dort nicht zu marketing- oder vertriebslastig agieren, um in der Community auf Akzeptanz zu stoßen. Dort gilt es vielmehr, dem Unternehmen ein „menschliches Gesicht" zu geben und im virtuellen Sinne „anfassbar" zu sein, ohne jedoch die eigene Herkunft zu verleugnen. Denn der Community Manager beobachtet nicht nur die unterschiedlichen sozialen Medien, sondern er beteiligt sich auch aktiv an diesen. Dazu unterhält er eigene Social-Media-Präsenzen und engagiert sich in einschlägigen Blogs und auf den relevanten Seiten der sozialen Netzwerke.

  Die Bandbreite der vom Community Manager zu koordinierenden Reaktionen des Unternehmens reichen über die **aktive Informationsbereitstellung** bis hin zur **Gegendarstellung bei Falschmeldungen**, die bspw. in Communitys oder Blogs erstmalig diskutiert werden. Zusätzlich sind die für das Unternehmen relevanten Fürsprecher und Gegner i. S. der digitalen Meinungsführer und Influencer zu identifizieren, um diese besonders sorgfältig zu betreuen. Das Aufgabenfeld umfasst auch das **Aufgreifen von Verbesserungsvorschlägen für Produkte und Dienstleistungen**, die an die entsprechenden Abteilungen im Unternehmen weiterzuleiten sind.

  Wird die Aufgabe des Community Managers aufgewertet und ggf. auch personalmäßig auf mehrere Schultern verteilt, kann ein **Hub-and-Spoke-Konzept** entstehen. „Hub" steht dabei für „Knotenpunkt" oder „Zentrum" und „Spoke" für „Speiche". Dieses Zentrum kann vom Community Manager gebildet werden, der die anderen Unternehmenseinheiten bei der Bewältigung von Social-Media-Aufgaben unterstützt und berät. Hierdurch kann eine einheitliche Social-Media-Handschrift auch bei dezentraler Verantwortung sichergestellt werden.

- **Task-Force für Social-Media-Marketing**
Die Verankerung des Social-Media-Marketings kann auch in Gestalt einer speziellen Task-Force erfolgen, in die Verantwortliche aus den mit kundennahen Prozessen betrauten Abteilungen eingebunden werden. Deren Vertreter haben neben ihrer regulären Arbeit die Aufgabe, die Präsenz des Unternehmens, seine Marken und/oder seine Angebote innerhalb der sozialen Medien auszugestalten und relevante Erkenntnisse aus diesen für den originären Aufgabenbereich zu gewinnen. Dazu können die beschriebenen Aufgaben des Community Managers auf mehrere Personen aufgeteilt werden. Hierbei ist darauf zu achten, dass die **Konsistenz des Außenauftritts** nicht verloren geht, auch wenn eine gewisse **Meinungspluralität in den sozialen Medien** die Glaubwürdigkeit von Unternehmen erhöhen kann.
- **Social-Media-Team**
Alternativ kann ein festes Social-Media-Team installiert werden, das sich schwerpunktmäßig mit den Herausforderungen der sozialen Medien beschäftigt und bspw. innerhalb der PR-, Marketing- oder Vertriebs-Abteilung angesiedelt ist oder in enger Abstimmung mit den Marketing- und Vertriebs-Verantwortlichen agiert. Hier sind die beschriebenen Funktionen des Community Managers auf mehrere Personen aufzuteilen.
- **Social-Media-Abteilung**
Eine weitergehende Variante zur Verankerung des Social-Media-Engagements stellt der Aufbau einer entsprechenden Abteilung dar, in der die **Social-Media-Entscheidungskompetenzen** zentralisiert sind. Das bedeutet, dass alle mit den sozialen Medien verbundenen Aktivitäten über diese Einheit koordiniert werden. So kann sichergestellt werden, dass der Auftritt des Unternehmens – über alle sozialen Medien hinweg – einheitlich ausgestaltet wird. Damit diese umfassende Vernetzung auch gelebt werden kann, ist diese Abteilung auf hoher hierarchischer Ebene und marketing- bzw. vertriebsnah anzusiedeln. Nur dann kann eine Durchgängigkeit der Betreuung, insbesondere der Interessenten und Kunden, aber auch der anderen Stakeholder, sichergestellt werden, unabhängig davon, ob PR-, Vertriebs-, Investor-Relations- oder Customer-Service-Mitarbeiter tätig sind.
- **Holistische Verankerung des Social-Media-Marketings**
Eine bewusst herbeigeführte **dezentrale Verankerung des Social-Media-Marketings** kann die **Endstufe der organisatorischen Umsetzung** darstellen. Die Verantwortung für den Dialog – insbesondere mit den Interessenten und Kunden – ist hier nicht mehr auf einen oder wenige Bereich(e) beschränkt, sondern durchdringt die gesamte Organisation. Voraussetzung hierfür ist jedoch, dass alle an der **Social-Media-Front** agierenden Personen hinsichtlich der Geschäftspolitik des Unternehmens sowie der Nutzung der sozialen Medien umfassend geschult wurden. Außerdem müssen aussagekräftige inter-

ne Social-Media-Guidelines vorliegen und befolgt werden, um trotz dieser dezentralen Verantwortung ein konsistentes Gesamtbild des Unternehmens sicherzustellen.

Flankierend zur organisatorischen Verankerung kann eine **externe Initialberatung** bzw. bei größeren Unternehmen der **Aufbau eines internen Social-Media-Consultings** zielführend sein, um die ganze Organisation und insbesondere die an den Kundenschnittstellen arbeitenden Mitarbeiter über die Gestaltungsfaktoren und Einsatzfelder der sozialen Medien umfassend zu informieren und laufend zu schulen. Zusätzlich sind interne Schulungen und Workshops durchzuführen, um die gesamte Organisation für das Thema zu sensibilisieren und zu gewinnen.

Unabhängig davon, welche der genannten **Organisationsformen** gewählt werden, muss jedes Unternehmen – parallel zu den genannten internen Schulungen – vor einem Engagement in den sozialen Medien **Social-Media-Richtlinien** erarbeiten und intern kommunizieren. In diesen ist zu regeln, wie sich die Mitarbeiter des Unternehmens bezüglich ihres Engagements in den sozialen Medien verhalten sollen. Die Richtlinien sollen verdeutlichen, was jeder Mitarbeiter tun und sagen darf und welche Beschränkungen im Rahmen der nach außen gerichteten Kommunikation gelten. Das Unternehmen sollte sich außerdem überlegen, wie für die Mitarbeiter **privates Engagement** und **Engagement für das Unternehmen** verbunden werden können. Das Unternehmen kann mit Hilfe von internen Social-Media-Richtlinien zwar beeinflussen, was die Mitarbeiter bspw. auf Blogs oder *Twitter* im Unternehmensnamen nach außen tragen, aber nicht, welche Themen sie in welcher Form als Privatperson kommunizieren. Hierbei zeigt sich zunehmend, dass sich in den sozialen Medien die beruflichen und die privaten Belange immer mehr vermischen. Deshalb ergibt sich für Unternehmen die Notwendigkeit, die eigenen Mitarbeiter hinsichtlich des Engagements in den sozialen Medien insgesamt zu „lenken", um so das Unternehmen, seine Marken, Produkte und Dienstleistungen zu schützen. Social-Media-Guidelines leisten einen wichtigen Beitrag, um ein Bewusstsein für den Umgang mit den sozialen Medien zu schaffen.

In den *internen* Social-Media-Guidelines für die eigenen Mitarbeiter sind Verhaltensrichtlinien für folgende Bereiche zielführend (vgl. auch Blank et al. 2010, S. 2–4):

- **Definition und Kommunikation der Social-Media-Ziele**
  Die Ziele des unternehmerischen Engagements in den sozialen Medien sind zu erarbeiten und allen Mitarbeitern transparent zu machen. Die Bandbreite dieser Ziele reicht von der Verbreitung allgemeiner Unternehmensnachrichten über die Promotion ausgewählter Produkte/Dienstleistungen (bspw. in den sozialen Netzen oder durch ein *Twitter*-Engagement) bis zum Aufbau von Corporate Blogs sowie Online-Foren und -Communitys. Es ist auch zu klären, welche Zielgruppen im Mittelpunkt stehen. Dies können Endkunden, Lieferanten, Kooperationspartner und/oder die Meinungsbildner sowie die eigenen Mitarbeiter sein.

- **Sicherstellung der notwendigen Geheimhaltung von Interna**
  Die Verbreitung von Geschäfts- und Betriebsgeheimnissen, von Informationen über laufende Projekte (bspw. zu technologischen Entwicklungen), über den Stand von laufenden Akquisitionen, von Finanzdaten sowie Informationen über Geschäftspartner, Kunden und Mitarbeiter darf grds. nicht erfolgen. Das bedeutet nichts anderes, als dass die Aufgaben und Pflichten der Mitarbeiter weiterhin unverändert Bestand haben. Abweichungen hiervon bedürfen der vorherigen ausdrücklichen Zustimmung der Geschäftsleitung. Damit werden die möglicherweise bereits im Unternehmen verankerten Richtlinien zur Offline-Kommunikation in die Online-Medien verlängert. Dazu gehört bspw. auch, dass offizielle Anfragen von Medienvertretern oder Anliegen mit rechtlich relevanten Belangen durch die zuständige PR- oder Rechtsabteilung zu beantworten sind. Die PR-Abteilung ist i. d. R. nach wie vor auch für die offiziellen Mitteilungen des Unternehmens verantwortlich.
  Das Unternehmen *Hewlett-Packard* bspw. verbietet in seinem Verhaltenskodex seinen Mitarbeitern ausdrücklich, Kommentare über die folgenden Themen abzugeben: Geschäftsergebnisse, geistiges Eigentum, Gerichtsverfahren, Wechsel im Management, Entlassungen, Angelegenheiten von Aktionären sowie Verträgen mit Geschäftspartnern, Kunden und Lieferanten. *Hewlett-Packard* setzt nicht allein auf Verbote, sondern appelliert auch an das Verantwortungsbewusstsein seiner Mitarbeiter (vgl. Budras 2010, S. C 1).

- **Authentizität der im Unternehmensnamen agierenden Personen**
  Für eine Akzeptanz in den sozialen Medien ist es wichtig, als Kommunikator eine hohe **Glaubwürdigkeit** zu erreichen. Deshalb sollten Mitarbeiter, die im Unternehmensnamen agieren, durch die Angabe ihres eigenen Namens, ihrer Funktion und ihres Unternehmens die Herkunft deutlich machen. Hierdurch werden sie als **Repräsentant eines Unternehmens** erkennbar und ansprechbar. Die Kommunikation dieser Daten kann über ein Impressum oder durch die Profilbeschreibung erfolgen. Zur Glaubwürdigkeit trägt auch bei, wenn Mitarbeiter bei eigenen Beiträgen darauf hinweisen, ob diese die eigene Meinung oder die des Unternehmens darstellen. So können Konfliktsituationen reduziert werden. Deshalb sollte auf den Einsatz sogenannter Fake-Accounts verzichtet werden. Darunter sind Nutzer-Konten bspw. bei *Facebook* oder *Twitter* zu verstehen, bei denen der Nutzer seine wahre Identität verschleiert, um aus der Anonymität heraus zu agieren und bestimmte Meinungen zu vertreten.

- **Wer kommuniziert, ist verantwortlich**
  Wie im Offline-Bereich gilt auch bei der Online-Kommunikation, dass jeder Kommunikator für die Auswirkungen seines Tuns selbst verantwortlich ist. Die Mitarbeiter sind deshalb umfassend darüber zu informieren, welche Auswirkungen online abgegebene Meinungsäußerungen – im Vergleich zu Offline-Statements – haben können. Online geäußerte Meinungen verbreiten sich nicht nur viel schneller, sondern sind quasi für alle sichtbar und kaum mehr aus dem Netz zu entfernen. Deshalb sind die möglichen Konsequenzen von falschen und/oder rufschädigenden Äußerungen (bspw. über Wettbewerber, Kunden, Lieferanten, Kollegen) unabsehbar.

Diese Regel gilt nicht nur für die Beiträge, die Mitarbeiter im Unternehmensnamen abgeben, sondern auch für Posts, die als Privatperson erstellt werden. Sie trifft insbesondere auf solche Inhalte zu, bei denen eine Privatperson den Eindruck erweckt, für das Unternehmen zu sprechen. Deshalb gilt – soweit nichts anderes vorgegeben ist – dass Botschaften in der Ich-Form zu kommunizieren sind. Gleichzeitig ist zu berücksichtigen, dass es im Internet eine geschützte Privatsphäre nicht mehr gibt. Mitarbeiter müssen sich immer bewusst sein, dass sie im Internet quasi nie **allein** eine Privatperson sind, sondern immer auch Verbindungen zu beruflichen Engagements festgestellt werden können. Die **arbeitsrechtliche Loyalitätspflicht** wirkt auch im Privatbereich fort. Deshalb ist deutlich zu machen, dass die sozialen Netzwerke und das Engagement von Mitarbeitern in diesen **nicht** automatisch zur Privatsphäre zählen können. Folglich sollten in allen sozialen Medien nur solche Inhalte veröffentlicht werden, die mit gutem Gewissen mit dem eigenen Namen unterschrieben werden können.

- **Professionalität im Auftritt**

Zu einem professionellen Auftritt gehört, dass in Beiträgen deutlich zwischen der Präsentation von Fakten und von Meinungen („ich bin bzw. das Unternehmen XY ist der Meinung, dass …“) differenziert wird. Auf diese Weise wird die **Glaubwürdigkeit** von Aussagen deutlich erhöht. Teil der Professionalität ist auch ein **Fairplay**, das auf Kritik an Wettbewerbern verzichtet. Dazu kann es – etwa bei Blog-Einträgen – gehören, dass vor der Veröffentlichung ein **internes 4-Augen-Prinzip** steht, um durch einen zweiten kritischen Blick zu vermeiden, dass aus einer hohen Emotionalität heraus später zu bereuende Beiträge publiziert werden.

- **Interne Kritik bleibt intern**

In jedem Falle ist zu verhindern, dass Mitarbeiter ihren „Frust“ über das eigene Unternehmen, über Kunden, Lieferanten oder Kollegen über die sozialen Medien nach außen tragen. Nach außen gilt, dass jeder Mitarbeiter hinter dem Unternehmen, seinen Marken und Angeboten stehen sollte. Wenn dies nicht der Fall ist, kann „Schweigen“ der betroffenen Mitarbeiter die angemessene **Solidaritätsform** mit dem Unternehmen darstellen. So verführerisch es für Mitarbeiter auch erscheinen mag: Interne Kritik sollte nicht unter Pseudonym nach außen getragen werden, da solche Verschleierungstaktiken von Internet-Nutzern häufig aufdeckt werden – und für die Betroffenen zu negativen Konsequenzen führen können.

- **Offener Umgang mit Fehlern in Online-Beiträgen**

Werden fehlerhafte oder ungeeignete Online-Beiträge der eigenen Mitarbeiter identifiziert, so sollte deren Korrektur aktiv angestoßen werden. Entsprechende Einträge in Blogs, Foren oder Communitys sollten allerdings nicht unkommentiert geändert oder entfernt werden. Hier gilt es vielmehr, in einen **offenen Dialog** zwischen dem Mitarbeiter und dem Vorgesetzen einzutreten, um die Risiken der Einträge sowie die Notwendigkeit zur Korrektur deutlich zu machen. Dazu sind entsprechende **Eskalationsmechanismen** zu entwickeln. Es kann sogar erforderlich sein, notwendige Korrekturen gegenüber der Online-Öffentlichkeit zu begründen. Dies kann zur erforderlichen Authentizität im Handeln beitragen.

- **Festlegung von Verantwortlichkeiten für die sozialen Medien**

Um einen kommunikativen „Wildwuchs" im Unternehmen durch eine unkoordinierte Kommunikation vieler interner Sender zu vermeiden, sind im Unternehmen die Verantwortlichkeiten für das Social-Media-Engagement zu klären. Hierzu ist zum einen festzulegen, welcher bzw. welche Mitarbeiter für Beiträge über *Twitter*, in *Facebook*, in externen Blogs oder im Corporate Blog etc. verantwortlich sind. Diese Verantwortlichkeit kann auch nach Fachgebieten abgegrenzt werden. Zum anderen ist zu definieren, wer bspw. ein eigenes Blog zu Unternehmensthemen betreiben darf. Diese Entscheidung sollte nicht den Mitarbeitern selbst überlassen werden. Deshalb ist auch zu regeln, bei wem eine **„Erlaubnis" zum Engagement in den sozialen Medien** im Namen des eigenen Unternehmens oder der eigenen Marken eingeholt werden kann. Zusätzlich ist festzulegen, unter welchen Bedingungen eine solche Erlaubnis unterbleiben kann. Ebenfalls ist zu regeln, wer bspw. für ein **Seeding** bei der Besetzung bestimmter Themenfelder verantwortlich ist. Auch wenn es schwierig ist, hier generelle Vorgaben zu definieren, sollten **Leitlinien über die Art der Mitarbeiter-Integration und -Partizipation** bei unterschiedlichen Themen erstellt werden.

- **Nutzung der sozialen Medien während der Arbeitszeit**

Intensiv diskutiert wird die Frage, ob Unternehmen Vorgaben darüber machen sollten, in welchem Umfang ein Engagement in den sozialen Medien während der Arbeitszeit zulässig ist. Möchte sich das Unternehmen allerdings selbst „gekonnt" auf der sozialen Landkarte bewegen, dann kann es befremdlich wirken, Mitarbeitern einen verantwortungsvollen Umgang damit während der Arbeitszeit zu verbieten. Aber auch hier gilt: Das Vertrauen in die Mitarbeiter muss auch gerechtfertigt sein!

- **Beachtung der geltenden Rechtslage**

Jedem Mitarbeiter, der in den sozialen Medien agiert, sind die rechtlichen Rahmenbedingungen seines Tuns zu verdeutlichen. Hierzu ist besonders darauf hinzuweisen, dass die geltenden Gesetze zum Datenschutz, zu Urheber-, Marken- und Persönlichkeitsrechten auch im Online-Umfeld nicht ihre Gültigkeit verlieren – ganz im Gegenteil (vgl. Blind und Klinger 2012, S. 491–511). Diesen Aspekten kommt deshalb eine besondere Bedeutung zu, weil gilt:

▸   Das Internet vergisst nichts!

Im Zuge der organisatorischen Verankerung des Social-Media-Marketings erfolgt auch die **Definition der Verantwortlichkeit für derartige Social-Media-Richtlinien**. Diese umfasst die erstmalige Entwicklung dieser Richtlinien, deren kontinuierliche Anpassung sowie die interne Veröffentlichung. Hierzu zählt auch die Aufgabe, die Mitarbeiter auf die Social-Media-Richtlinien zu verpflichten. Die Verantwortlichkeit hierfür kann in der Social-Media-Organisation und/oder im Personalbereich angesiedelt werden. Zusätzlich sind Sanktionsmechanismen zu definieren, die dann greifen, wenn sich Mitarbeiter nicht an diese Social-Media-Richtlinien halten. Hierfür ist fallweise der Betriebsrat einzubinden. Im Kern ist es das Ziel von Social-Media-Richtlinien, eine **gesteuerte Eigeninitiative**

der Mitarbeiter zu erreichen. Wie deutlich wurde, ist dies nur scheinbar ein Widerspruch.

Ist ein Unternehmen selbst der **Initiator von Social-Media-Plattformen** (bspw. eines Blogs, eines Online-Forums oder einer Online-Community), ist es sinnvoll, im Vorfeld eines entsprechenden Engagements *externe* **Social-Media-Guidelines** für die externen Nutzer dieser Unternehmensangebote zu erstellen und zu kommunizieren. Darin sollten folgende Fragestellungen beantwortet werden:

- Wird die Community durch einen Unternehmensrepräsentanten moderiert?
- Dürfen die Internet-Nutzer auf Blogs, in Communitys, Foren und anderen Plattformen des Unternehmens alles sagen, was sie wollen?
- Können unhöfliche oder vom Thema wegführende Beiträge entfernt werden?
- Wie soll mit unhaltbaren Kommentaren von Nutzern umgegangen werden?
- In welcher Form können Falschmeldungen berichtigt werden?
- Werden Beiträge von Nutzern vor einer Veröffentlichung von eigenen Mitarbeitern überprüft – und nicht geeignete Beiträge von einer Veröffentlichung ausgeschlossen (bspw. wegen Schmähkritik, Herabsetzung von Wettbewerbern etc.)?
- Dürfen anonym Kommentare abgegeben werden, oder ist ein Log-in erforderlich?

Diese **Guidelines** dienen als **Etikette der sozialen Medien**, um im Krisenfall darauf Bezug nehmen zu können. Hierdurch können Spannungen zwischen den Nutzern in der Interaktion zumindest reduziert werden. Gleichzeitig ist es ein Gebot der Fairness, diese vorab zu kommunizieren.

Think-Box

- Wo steht mein Unternehmen bei der Umsetzung einer Social-Media-Strategie?
- Wurden die Aufgaben für die Social-Media-Verantwortlichen sauber definiert?
- Ist eine intensive Abstimmung mit den Fachabteilungen gesichert?
- Welche Form der Integration von Social Media in die Organisation ist gegeben (dezentrale Verankerung, Community Manager, Task Force, Social-Media-Team, Social-Media-Abteilung, holistische Verankerung)?
- Wurden interne Social-Media-Guidelines erarbeitet und umfassend kommuniziert?
- Existieren zu unseren externen Social-Media-Aktivitäten auch entsprechende Social-Media-Guidelines?
- Wer trägt hierfür die Gesamtverantwortung?

Doch wie gut sind **Unternehmen auf Social-Media-Marketing vorbereitet**? Eine Studie von BITKOM (2012a) zeigt, dass von 172 befragten Unternehmen der IT-Branche zwar

60 % *Facebook* nutzen, aber ein Viertel der Unternehmen keinen festen Mitarbeiter für das Engagement in den sozialen Medien beschäftigen. 29 % der Unternehmen beschäftigen damit einen einzigen Mitarbeiter und nur 41 % der Unternehmen haben zwei und mehr eingebunden. Dabei gibt die Hälfte der Befragten den Social-Media-Mitarbeitern nicht vor, wie schnell auf Nutzeranfragen zu reagieren ist. Von den Unternehmen, die solche Zeitfenster festlegen, veranschlagt die Hälfte eine Reaktionszeit von 24 Stunden und mehr. Nach unserer Erfahrung reicht diese Reaktionszeit bei der „Sofort-Erwartung" vielen Nutzer schon lange nicht mehr aus.

Und dies gilt auch außerhalb der „normalen Geschäftszeiten". Orientiert an der Aussage **„Social media never sleep"** kann die Verantwortung für die Beobachtung der sozialen Medien nicht über das Wochenende ausgesetzt werden – weil gerade dann eine Shitstorm-Welle anlaufen kann. Nach einer 64-stündigen Untätigkeit in den sozialen Medien wurde bspw. das Unternehmen *Vodafone* am Montagmorgen überrascht – und stand schon mitten im Shitstorm, der sich über das Wochenende unbemerkt, ungebremst und unkommentiert von *Vodafone* entwickeln konnte. Auch *Vodafone* hat hier gelernt und „Schweigen" als Fehler ausgemacht. Deshalb werden die Social-Media-Präsenzen jetzt rund um die Uhr überwacht. Verdächtige Bewegungen auf der Website werden durch ein **Frühwarnsystem** identifiziert, Zuständigkeiten und Entscheidungswege für den Krisenfall sind geklärt. Schließlich sollen Kommunikationsschulungen für den „richtigen Ton" in den sozialen Medien sorgen (vgl. Scheer 2012, S. C1).

Eine entscheidende Voraussetzung, um sich gegen Angriffe in den sozialen Medien zu schützen bzw. auf diese angemessen zu reagieren, ist, dass das Unternehmen frühzeitig erfährt, wenn negative Propagandawellen starten. Deshalb sind durch das bereits angesprochene **Web-Monitoring** oder auch **Online-Trendmonitoring** die relevanten Foren, Blogs, Communitys etc. auf Stichworte wie Abzocke, Boykott, PR-Lüge etc. in Verbindung mit den eigenen Unternehmens- und/oder Markennamen zu untersuchen. Wenn negative Gerüchte im Netz auftauchen oder Produkte und Dienstleistungen auf Bewertungsplattformen extrem schlecht dargestellt werden, sollten Unternehmen früh über diese informiert sein, um angemessen reagieren zu können (vgl. Kap. 3).

▸   **Merk-Box** Die sozialen Medien sind ein mächtiger Verstärker für Mundpropaganda. Und geradezu ein Turbo für negative PR.

Wie hat sich bspw. der *WWF* nach dem durchstandenen Shitstorm (vgl. Kap. 6) aufgestellt? Eine neue Kommunikationsabteilung mit einer speziellen Social-Media-Redakteurin wurde etabliert. Außerdem wurden Dienst- und Einsatzpläne für den Notfall entwickelt (vgl. Scheer 2012, S. C1).

▸   **Food for Thought** Wichtig ist die Erkenntnis: **Ein Shitstorm kann nicht dadurch vermieden werden, dass man in den sozialen Medien nicht präsent ist.** Durch eine Präsenz dort erleichtert man ggf. den Start eines Shitstorms. Allerdings hat man als Unternehmen dann auch gleich einen (eingeübten) Kanal,

9   Die Notwendigkeit eines Change-Managements   259

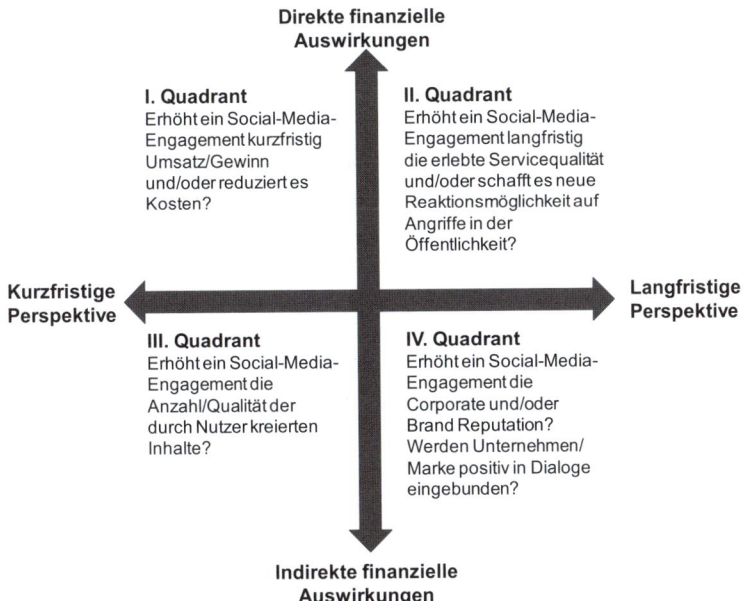

Abb. 9.16 Fragenbereiche einer Social-Media-Balanced-Scorecard (Quelle: In Anlehnung an Ray 2010)

um sich den Angriffen zu stellen. Hier bewahrheitet sich einmal mehr der – hier leicht abgewandelte – Spruch:
Wer den Kopf in den Social-Media-Sand steckt, braucht sich nicht zu wundern, dass er mit den (digitalen) Zähnen knirscht.

Um die Wirkungen der sozialen Medien angemessen zu erfassen, bedarf es einer **Social-Media-Balanced-Scorecard**, wie sie in Abb. 9.16 zu finden ist (vgl. auch Fiege 2012). Hierbei sind zunächst zwei Achsen zu unterscheiden. Die eine Achse zeigt die direkten bzw. indirekten **finanziellen Implikationen eines Social-Media-Engagements**. Die zweite Achse bildet die **Zeitperspektive** ab und verdeutlicht, ob die entsprechenden Wirkungen eher kurz- oder langfristig auftreten werden. Nur durch eine so differenzierte Analyse können die unterschiedlichen Effekte sauber erfasst werden. Schließlich führt eine Aktivität in den sozialen Medien oft nicht unmittelbar zu finanziellen Ergebnissen – wie bspw. Mehrumsätzen, einem höheren Gewinn oder gesenkten Marketing-Kosten (**I. Quadrant**). Viele Auswirkungen zahlen erst längerfristig auf monetäre Größen ein. Dies ist bspw. bei einer verbesserten Serviceleistung und/oder einer positiveren Wahrnehmung von Unternehmen und Marken in der Öffentlichkeit zu erwarten (**II. Quadrant**). Die von Nutzern generierten Inhalte unterschiedlicher Art finden sich im **III. Quadranten**. Diese haben häufig nur einen indirekten Einfluss auf finanzielle Steuerungsgrößen eines Unternehmens, wenn bspw. Impulse für die Produktentwicklung gegeben werden. Diese Wirkungen können sich kurzfristig, teilweise aber auch zeitverzögert einstellen. Schließlich finden sich im **IV. Quadranten** die Effekte, die sich erst langfristig positiv auf die Reputation von Unternehmen und/oder Marke auswirken.

Anhand einer **Balanced Scorecard** ist bspw. unternehmensspezifisch zu prüfen, welche Bedeutung die Zahl der *Facebook*-Fans, die Anzahl von (positiven) Retweets, die Zahl der Besucher einer eigenen Social-Media-Repräsentanz, die Anzahl der Video-Views, (positive) Bewertungen, (positive) Beiträge in Blogs und Communitys haben. Die Tatsache, dass manche Effekte erst längerfristig wirken, dürfen nicht zu einer Vernachlässigung dieser potenzialorientierten Wirkungen führen, nur weil sie nicht unmittelbar in der Gewinn- und Verlustrechnung bzw. in der Bilanz sichtbar werden.

Die zusätzlichen Kommunikationskanäle und -instrumente erfordern unternehmensweit zuallererst zweierlei: **Abstimmung und Integration**. Gefährlich wird es für Unternehmen, wenn zu den bereits agierenden Abteilungen und Agenturen für klassische Werbung, Dialog-Marketing, Sponsoring, interne Kommunikation, Investor-Relations, Event-Marketing, Corporate Identity, Messe-Engagements, Corporate Publishing jetzt weitere Abteilungen und Agenturen hinzutreten, die für App-Marketing, Social-Media-Marketing, SEO, SEA und Online-Werbung verantwortlich zeichnen. Das Risiko steigt, wenn sowohl die eigenen Abteilungen als auch die Agenturen weitgehend losgelöst voneinander agieren – und jede versucht, die aus ihrer Sicht „optimale" Kampagnen-Idee zu entwickeln und zu verkaufen.

Das anzustrebende Ziel heißt **Konsistenz** über alle Kanäle, Instrumente und Agenturen hinweg, um einen in sich schlüssigen Gesamtauftritt des Unternehmens zu erzielen. Alle nach innen wie nach außen gerichteten Maßnahmen – seien sie online oder offline ausgerichtet – müssen sich an den Kernzielen des Unternehmens orientieren, um eine in sich **schlüssige Unternehmens-, Marken- und/oder Angebotsidentität** zu erzeugen. Um diese Konsistenz bei cross-medialen Kampagnen über alle On- und Offline-Medien hinweg zu erreichen, empfiehlt es sich, dass die Ergebnisse der eingebundenen Agenturen nicht erst nach Abschluss zusammengeführt werden. Viel zielführender kann dagegen ein Vorgehen sein, bei dem alle für die Kommunikation verantwortlichen Agenturen an einem Ort und zu einem Zeitpunkt ein **Briefing** erhalten, auf dessen Grundlage anschließend gemeinsam gearbeitet wird. Dieses Briefing ist in einem **holistischen Ansatz** abteilungsübergreifend zu erarbeiten. Die **Sicherstellung einer Konsistenz** findet hier folglich schon im Prozess der Briefingerstellung und der darauf basierenden Kampagnenentwicklung statt. Anschließend werden die Ergebnisse innerhalb eines Präsentationsdokuments vorgestellt. Hierbei gilt es, die Eifersüchteleien hinsichtlich der eigenen Zuständigkeiten zu überwinden – intern und extern gleichermaßen. „Und der Agenturszene wünscht man, dass nicht jeder Spezialist glaubt, mit seiner individuellen Lösung sämtliche Kommunikationsprobleme des Unternehmens oder der Marke gelöst zu haben" (Mayer-Johanssen 2012, S. 24).

Flankiert werden kann diese Form der „Konsistenz-Erzwingung" durch ein unternehmensinternes **Kampagnen-Management**, welches – bei integrierten Konzepten – wiederum dazu zwingt, über einzelne Kommunikationskanäle und -mittel hinweg eine Integration zu erreichen, bei der wirklich der Kunde und nicht einzelne Elemente oder Kanäle einer

Kampagne im Mittelpunkt stehen. Nur auf diese Weise wird eine überzeugende Customer Journey möglich, auch wenn diese über viele Customer Touch Points führt.

▸ **Food for Thought** Die Herausforderung besteht darin, ein **holistisches, KPI-getriebenes Realtime-Marketing und -Management** aufzubauen, welches eine hohe Flexibilität innerhalb des definierten strategischen Entwicklungskorridors für das Unternehmen aufzeigt. Dabei stellt es eine unverzichtbare Aufgabe des Marketings dar, die gebotene Führungsrolle aufzugreifen und durch Beiträge zur nachhaltigen Werteschaffung im Unternehmen langfristig zu untermauern.

Welche Herausforderungen auch hinsichtlich des **Überdenkens bestehender Management-Instrumente** bestehen, wird im Kurzbeitrag *Value Constellation* sichtbar.

Gastbeitrag von C.N. Banach

Value Constellation: Making models work for you!

We have reached a point where we have been able to develop a **parallel marketplace beyond the limitations of the physical world**. This marketplace has evolved to have its own supply chain and commercial environment. Although the digital and physical landscapes have developed into independent economies, they are far from mutually exclusive. The challenge occurs when the **digital landscape** evolves at a rate that dramatically exceeds the rate of the evolution in the physical world. This instability, has led to majestic and often unprecedented interaction. In order to react to the rapidly evolving landscape, organizations must adapt traditional models to new uncharted scenarios. The models must be adjusted to meet the complexities of the landscape. It is essential for businesses to develop adaptations of traditional models in order to stay competitive. It is also required to navigate the complex and evolving environment created by the interaction of the digital and physical landscapes. Managers must take it upon themselves to create process models that can take advantage of rapidly emerging opportunities.

For example, one could apply *Ansoff's* **Product and Market Development Matrix** (cf. Ansoff 1959, p. 113–124) to the context of digital products and marketplaces of the artificial. The model, which traditionally produced four strategic orientations, now can produce sixteen (cf. Fig. 9.17). The modification provides a more specific **scenario analysis** that can act as a clearer lens, to evaluate pre-existing portfolios and future growth opportunities.

The **different strategic orientations** require comprehensive analysis and benefit from unique and detailed approaches to the marketing mix. For instance, a **new digital product** being developed for a **new digital market** would have different challenges than a **new tangible product** being brought to a **new digital marketplace** (cf. Fig. 9.18). The most dramatic differences exist in **supply chain management** decisions; however approaches to promotion decisions could be compromised if not made in the clearest possible context. The *Creative Suite* and *Master Collection* Software produced by *Adobe*

Abb. 9.17 Digital Product
Matrix

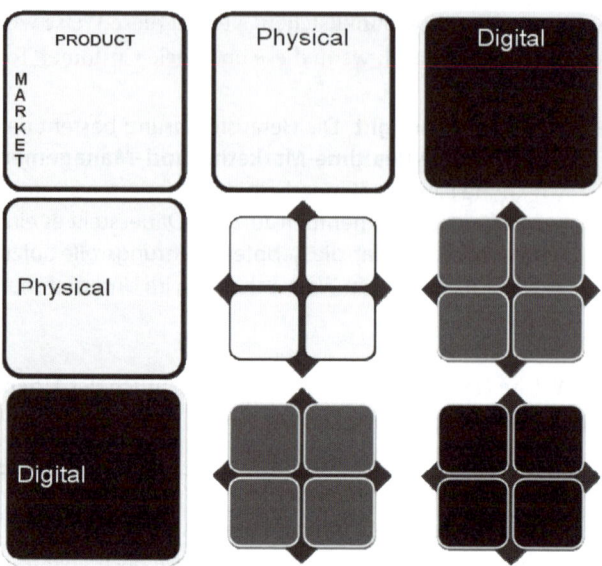

Systems is an example of how an existing digital product sold in an existing tangible marketplace was successfully migrated to a new digital market owned and operated by *Adobe Systems*.

In contrast *Apple* developed a strategy to place *iTunes* downloads, an existing digital product, in new tangible markets by placing *iTunes* gift cards in checkout lines of dominant global retailers. Strategic planners and project managers will reduce the risk of uncertainty by striving to become **champions of innovation**. Planners cannot wait for the emergence of industry accepted models to reach their desks before they begin to adjust to the rapidly evolving context in which they are making decisions. When an organization can modify traditional models or create new agile models, it develops **competitive intelligence** that can be leveraged to generate **sustainable competitive advantages**. The collective intelligence of the organization can then be systematically organized, prioritized and distributed to those involved in **value creation** in more effective ways.

Making value constellations
The **value constellation** is a modification to the **value chain** of *Porter*. It shapes an approach to project management, operations management and supply chain management for the rapidly shifting and innovative service industry. The model offers insight to analysis and practical approaches for a wide range of project types. This includes standardized projects (as is the case with web development and design), and projects with unique and uncommon structures (as is the case for incubating a trust to save a local park). The **value chain** allows us to identify points of parity and core competencies in our organization and supply chain (cf. Fig. 9.19; Porter 1996, p. 61–78).

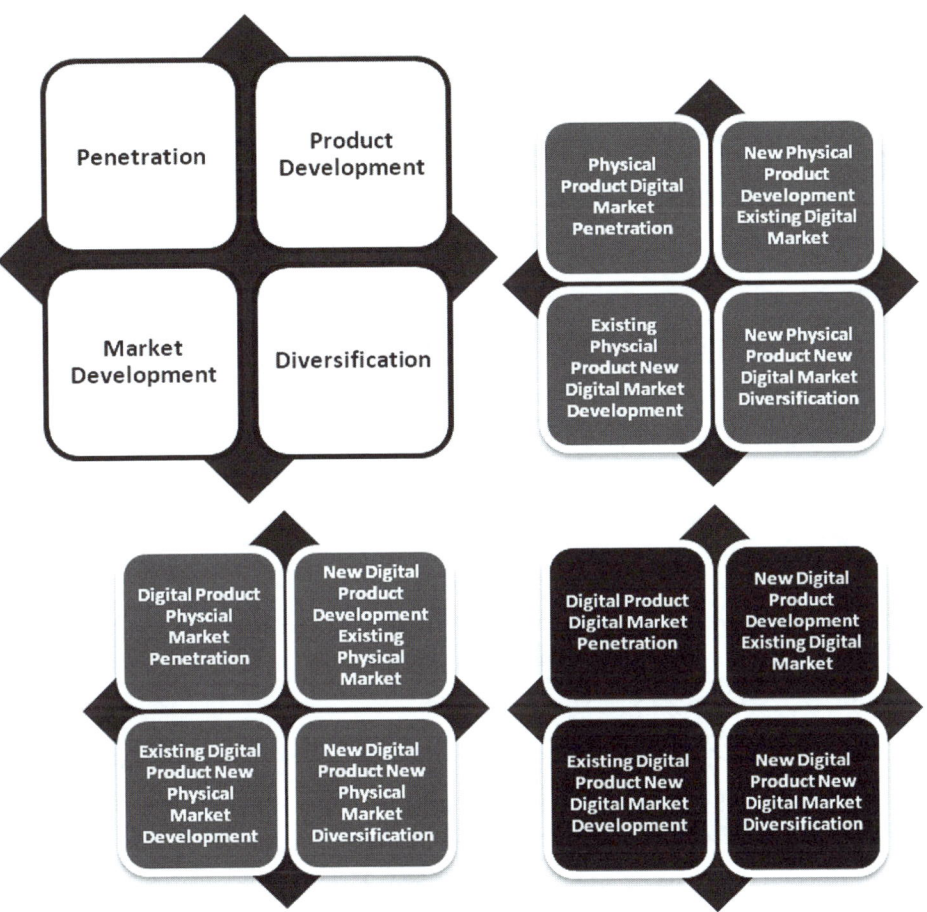

Abb. 9.18 Digital/Tangible Market/Product Development Matrix

The **value constellation** aims to do the same for businesses that do not follow linear paths to value creation in knowledge based economies (cf. Fig. 9.20). The value constellation creates a foundation for projects of all types whether they are simple with short timelines, or complex with ongoing development. Whether it was dental services, legal consulting, software development or promotion engagements, the value constellation was capable of handling work packages and providing insight in each new environment. The value constellation can be complemented by appropriate management practices. When a communication strategy is in place, supported by appropriate infrastructure, the framework becomes capable of **handling the complexity of a non-linear value chain** in a knowledge based economy.

The **original value chain model** requires an underlying assumption that industries are homogeneous in nature and that organizations operate along broadly similar lines

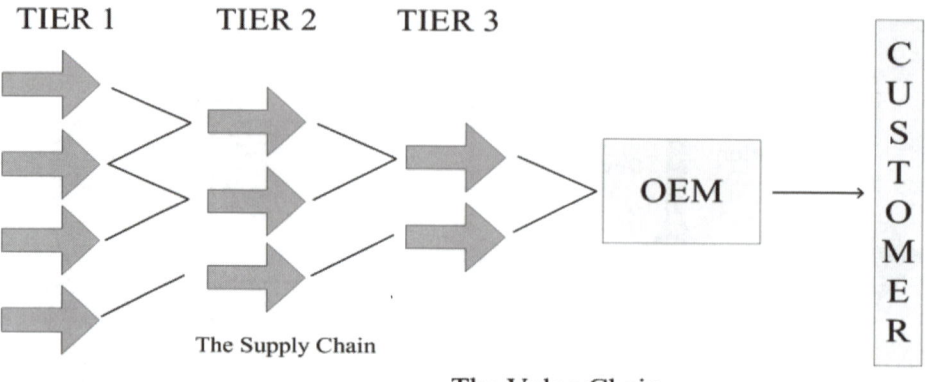

Abb. 9.19 Supply Chain Consisting of Value Chains (Source: Waissi 2011)

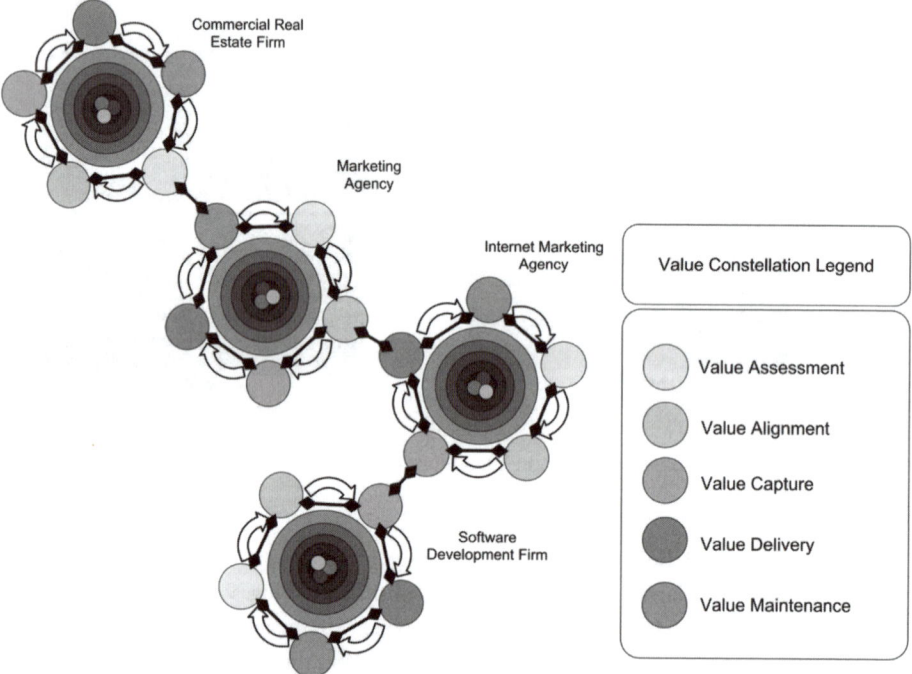

Abb. 9.20 Value Constellation

in a context where industries are relatively stable in nature (cf. Fig. 9.21; cf. Helm und Jones 2010 p. 579–589). The value chain model works well for organizations that convert raw materials into finished products, in order to produce goods through standardized activities, but many successful modern businesses do not manufacture or sell goods.

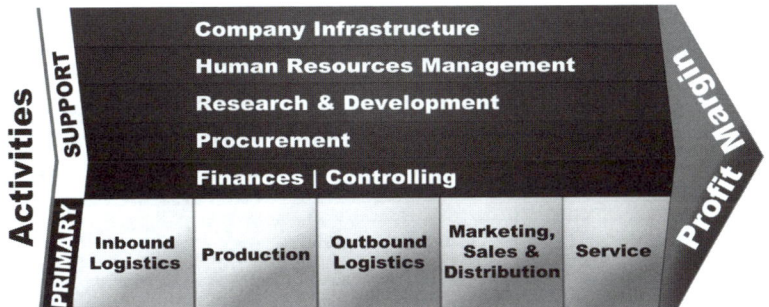

Abb. 9.21   Recent Adaptation of Value Chain (Source: Based on Homburg et al. 2009, p. 59)

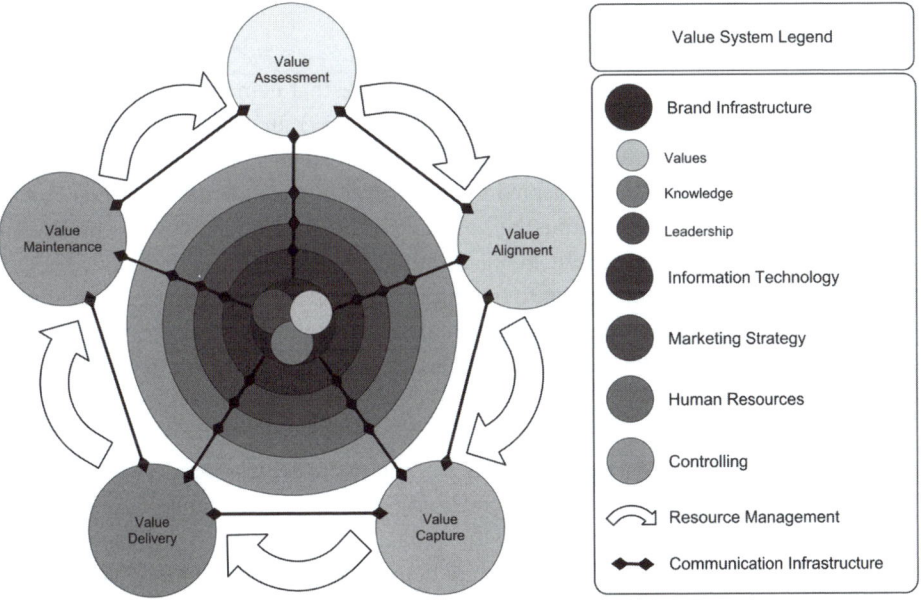

Abb. 9.22   Value System

Despite current variations developed for service-based and network organizations, the value chain is still insufficient in offering guidance to **knowledge-based organizations**. In these cases where knowledge is a primary resource and inquiry is the raw material, new solutions need to be explored in order to align the resources of an organization to solve complex problems (cf. Helm und Jones 2010, p. 579–589; Woiceshyn und Falkenberg 2008, p. 85–99). The solution is the creation of a **value system** (cf. 9.22).

The **value constellation** is meant to serve the same purpose as the value chain. Secondary functions are used to create the value required for demand generation. Primary

SCOR	Value Chain	Value System
Plan	Sales & Distribution	Assessment
Source	Inbound Logistics	Alignment
Make	Production	Capture
Deliver	Outbound Logistics	Delivery
Return	Service	Maintenance

Abb. 9.23 SCOR, Value Chain and Information Supply Chain Comparison (Source: Baltacioglu et al. 2007; Homburg et al. 2009, p. 59)

functions are used to control resources that manage that demand, capture value and ultimately fulfil demand (cf. Homburg et al. 2009, p. 59). In order to provide a cross-functional model the elements of the Supply Chain Council's SCOR (plan, source, make, deliver and return) were implemented to increase odds of standardization and scalability. Figure 9.23 is a table illuminating how the pre-existing models have been blended together to create a new approach. In organizations that participate in the delivery of services, a sale is often required prior to the execution of the service that will eventually be delivered. By moving the needs assessment to the beginning of the process, it accounts for the complex interactions prior to the sale in **knowledge-based service industries**.

Making models relevant

At the end of the day, if an organization is going to create, communicate and deliver value in a rapidly evolving landscape, consisting of a new digital dimension, it must be prepared to develop new lenses to see the world. The **competitive landscape** is changing so dramatically that businesses cannot depend on the strategic models of the past or wait for new models to be accepted by the industry. The models provided in this example are meant to illustrate the opportunities that exist in the **modification of traditional ideas** to meet the **needs of modern paradigms**. If a business is going to remain agile and responsive to the challenges of these paradigms, innovative strategic planning is compulsory for survival. This article is meant to illustrate that it is not the answers you have, it is the questions you ask that will keep you in the game. It is the manager's obligation to develop models of his own and strive for excellence on behalf of those that trust his guidance.

  C.N. Banach, MBA, MA, Interactive Marketing Professional

Quick Wins

_____

_____

_____

_____

_____

_____

_____

_____

_____

_____

_____

_____

_____

_____

_____

_____

_____

_____

_____

_____

_____

_____

_____

_____

_____

_____

_____

_____

_____

_____

_____

_____

_____

_____

_____

_____

_____

_____

_____

_____

_____

_____

_____

Das Durchschnittliche gibt der Welt ihren Bestand,
das Außergewöhnliche ihren Wert.
Oscar Wilde

Literatur

Accenture (2012). Mobile Web Watch. accenture.com/SiteCollectionDocuments/PDF/Accenture-Study-Mobile-Web-Watch-Germany-Austria-Switzerland-EN.pdf.

Allyve (2012). *Social Media Impact 2012, Social Sharing und Social Login im Web*. Hamburg

Andersen, C. (2007). *The Long Tail, Der lange Schwanz*. München.

Ansoff, I. (1957). Strategies for Diversification. *Harvard Business Review, 35*(5), 113–124.

ARD, & ZDF (2012). *ARD/ZDF-Onlinestudie 2012*. Mainz/Frankfurt.

Ashton, K. (2009). The „Internet of Things" Thing. *RFID Journal*, 22.7.2009. rfidjournal.com/article/print/4986. Zugegriffen: 2.10.2012

Baltacioglu, T., Ada, E., Kaplan, M., Yurt, O., & Kaplan, Y. (2007). A New Framework for Service Supply Chains. *The Services Industries Journal, 27*(2), 105–124.

Baudis, M. (2012). Best Practice: FCB Alert – Fan-Artikel nach Maß. smartservice-blog.com/2012/05/24/best-practice-fcb-alert-fan-artikel-nach-mas. Zugegriffen: 24.5.2012

Bauer, W. (2012). Zitiert in Brauck, M. (2012), Fürchtet euch nicht! *Der Spiegel, 2012*(45), 146–148.

Baumann, A. (2012). Mathias Döpfner: Qualität setzt sich durch. *Bonner Generalanzeiger, 26.10.2012*, S. 5.

Berger, C., Blauth, R., Boger, D., Bolster, C., Burchill, G., DuMouchel, W., Pouliot, F., Richter, R., Rubinoff, A., Shen, D., Timko, M., & Walden, D. (1993). Kano's Methods of Understanding Customer-defined Quality. *Center for Quality of Management Journal, 2*(4), 3–36.

Bialek, C. (2012). Erzähl mir eine Geschichte. *Handelsblatt, 19.11.2012*, 22 f.

BITKOM (2012a). *Unternehmen auf Shitstorms schlecht vorbereitet*. Berlin.

BITKOM (2012b). *Social Media in deutschen Unternehmen*. Berlin.

BITKOM (2012c). Nutzung mobiler Apps. de.statista.com/statistik/daten/studie/200428/umfrage/Anzahl-der-Nutzer-mobiler-Apps-in-Deutschland.

Blank, I., Panknin, S., & Schnoor, M. (2010). *Social Media Richtlinien, 10 Tipps für Unternehmen und ihre Mitarbeiter*. Düsseldorf: BVDM.

Blind, J., & Klinger, M. (2012). Rechtliche Rahmenbedingungen des Online-Marketing. In R. Kreutzer (Hrsg.), Praxisorientiertes Online-Marketing (S. 491–511).

Buck, M. (2012). Verstehen, was Kunden bewegt: Der Kunde wird zum Co-Designer, Meinungsbilder und Markenbotschafter – Die Umsetzung des Empfehlungsmarketings bei Dell, Vortrag auf dem Dialogmarketing Gipfel 2012, Frankfurt, 21.8.2012

Budras, C. (2010). Um den Job gebloggt. *Frankfurter Allgemeine Zeitung, 295/2010*, 18./19.12.2010, C 1.

Byron, E. (2011). In-Store Sales Begin at Home. *The Wall Street Journal, 25.4.2011.*

Camelot Management Consultants (2012). *Die Veränderungsdynamik des digitalen Marketings, Die vertagte Revolution, Studienergebnisse.* Mannheim.

Caputo, A. C. (2011). Visual Story Telling. visualstorytelling.com/chapter1.html. Zugegriffen: 14.11.2012

Chui, M., Löffler, M., & Roberts, R. (2010). The Internet of Things. *McKinsey Quarterly.* mckinseyquarterly.com/article_print.aspx?L2=4&L3=116&ar=2538.

Cisco (2011). Cisco Visual Networking Index: Global Mobile Data. de.statista.com/statistik/daten/studie/172511/umfrage/prognose---entwicklung-mobiler-datenverkehr.

Cluetrain (1999). Cluetrain Manifesto. cluetrain.com/cluetrain.pdf. Zugegriffen: 2.10.2012

D'Inka, W. (2012). Die Rundschau. *Frankfurter Allgemeine Zeitung, 14.11.2012,* 1.

Deutsche Bahn (2012). Unsere Kunden reden mit. bahn.de/p/view/home/kontakt/db_kundenbeirat.shtml. Zugegriffen: 9.10.2012

DGUV (2010). *Beim Multitasking sind alle gleich – schlecht.* Studie des Instituts für Arbeit und Gesundheit der Deutschen Gesetzlichen Unfallversicherung (IAG). Berlin.

Disselhoff, F. (2011). Die peinlichsten Facebook-Pannen. meedia.de/internet/die-peinlichsten-facebook-pannen/2011/06/06.html. Zugegriffen: 6.6.2011

Drucker, P. (1957). *Landmarks of Tomorrow: A Report on the New Post-Modern World.* New York.

Eckerson, W. (2012). The Two Sides of Facebook Intelligence. b-eye-network.com/blogs/eckerson/archives/2012/03/the_two_sides_o.php. Zugegriffen: 16.11.12

Einicke, B. (2012). Dialog im Social Web – Das Kundenbindungsprogramm „for me" von P & G, Vortrag auf dem Dialogmarketing-Gipfel, Frankfurt, 21.8.2012

Esch, F.-R. (Hrsg.). (2005). *Moderne Markenführung, Grundlagen – Innovative Ansätze – Praktische Umsetzungen* (4. Aufl.). Wiesbaden.

Esch, F.-R. (2012). *Customer Touchpoint Management, In Berührung mit dem Kunden.* Saarlouis.

Esch, F.-R., Rutenberg, J., Strödter, K., & Vallaster, C. (2005). Verankerung der Markenidentität durch Behavioral Branding. In F.-R. Esch (Hrsg.), Moderne Markenführung (S. 985–1008).

Etsy (2012). Etsy ist der weltweite Marktplatz für Handgefertigtes. etsy.com/press?ref=ft_press. Zugegriffen: 30.10.2012

Facebook (2012a). Info. facebook.com/facebook?v=info. Zugegriffen: 15.10.2012

Facebook (2012b). Facebook Platform Policies. developers.facebook.com/policy/. Zugegriffen: 27.11.2012

Fiege, R. (2012). *Social Media Balanced Sorecard, Erfolgreiche Social Media-Strategien in der Praxis.* Wiesbaden.

Forster, F. (2012). Social Media – vom Hype zum festen Bestandteil im Kundendialog, Vortrag auf dem Dialogmarketing-Gipfel, Frankfurt, 22.8.2012.

Gallagher, L., & Zoratti, S. (2012). *Precision Marketing: Maximizing Revenue Through Relevance* (S. 167–174). London.

Gallup (2011a). Engagement Index Deutschland 2010. eu.gallup.com/berlin/118645/gallup-engagement-index.aspx. Zugegriffen: Berlin, 9.2.2011

Gallup (2011b). Engagement Index 2010 im internationalen Vergleich. eu.gallup.com/berlin/118645/gallup-engagement-index.aspx. Zugegriffen: Berlin

Gallup (2012). *Engagement Index Deutschland 2011.* Berlin.

Gantz, J., & Reinsel, D. (2011). IDC IVIEW, Extracting Value from Chaos. emc.com/collateral/ analyst-reports/idc-extracting-value-from-chaos-ar.pdf.

Gartner (2012a). Gartner's 2012 Hype Cycle for Emerging Technologies Identifies "Tipping Point" Technologies That Will Unlock Long-Awaited Technology Scenarios. gartner.com/it/page.jsp? id=2124315. Zugegriffen: 12.9.2012

Gartner (2012b). Hype Cycles. gartner.com/technology/research/methodologies/hype-cycle.jsp,. Zugegriffen: 12.9.2012

Geisler, B. (2012). Adidas Neo in Hamburg: Alle mal hergucken. abendblatt.de/wirtschaft/ article2174532/Adidas-Neo-in-Hamburg-Alle-mal-hergucken.html. Zugegriffen: 31.1.2012

GetGlue (2012). Your app for TV, movies & sports. getglue.com/about. Zugegriffen: 11.10.2012

Gillin, P. (2009). *The New Influencers: A Marketer's Guide to the New Social Media.* Fresno.

Go-Globe (2012). Homepage. go-globe.com. Zugegriffen: 4.10.2012

Gogoi, P. (2006). Wal-Mart vs. the Blogosphere (17.10.2006). businessweek.com/bwdaily/ dnflash/content/oct2006/db20061018_445917.htm?chan=top+news_top+news+index_ businessweek+exclusives. Zugegriffen: 20.4.2010

Grossman, L. (2006). Time's Person of the Year: You (13.12.2006). http://www.time.com/time/ magazine/article/0,9171,1569514,00.html. Zugegriffen: 15.4.2010

Hansell, S. (2008). Zuckerberg's Law of Information Sharing. *The New York Times, 6.11.2008.*

Harlinghausen, C. S. (2012). Facebook für Professionals, 3. Social Media Kongress, Düsseldorf, 27.8.2012

Heeg, T. (2012). Vernetzte Geschäfte. *Frankfurter Allgemeine Zeitung, 1.9.2012,* 16.

Heinrichkeit, L. (2011). Die Fallen des Gefallens. *Frankfurter Allgemeine Sonntagszeitung, 25/2011,* 39, 26.6.2011.

Heller, P. (2012). Die Masse macht's. *Frankfurter Allgemeine Sonntagszeitung, 7.10.2012,* 73.

Helm, J., & Jones, R. (2010). Extending the Value Chain – A Conceptual Framework for Managing the Governance of Co-Created Brand Equity. *Brand Management, 17*(8), 579–589.

Helm, S., & Günter, B. (2006). Kundenwert – eine Einführung in die theoretischen und praktischen Herausforderungen der Bewertung von Kundenbeziehungen. In B. Günter, & S. Helm (Hrsg.), *Kundenwert – Grundlagen – Innovative Konzepte – Praktische Umsetzungen* (3. Aufl., S. 3–38). Wiesbaden.

Homburg, C., Kuester, S., & Krohmer, H. (2009). Analysis of the Initial Strategic Situation. *Marketing Management: A Contemporary Perspective.* New York.

Hermes, V. (2010). Generation Kundenfischer. *absatzwirtschaft, 2010,* 20–25.

Hoefflinger, M. (2012), Keynote, facebook Marketing Conference (fMC), New York, 29.2.2012. facebook.com/business/fmc. Zugegriffen: 27.10.2012

Hofer, J. (2012). Videos aus dem Netz. *Handelsblatt, 28.11.2012,* 22.

Hofmann, S., Fasse, M., & Postinett, A. (2012). Es geht nur miteinander. *Handelsblatt, 28./29./30.9.2012,* 54.

IBM (2011a). *Von Herausforderungen zu Chancen, Ergebnisse der Global Chief Marketing Officer (CMO) Study.* Ehningen.

IBM (2011b). *From social media to Social CRM.* New York.

IICO (2011). Top-Trends im Web, 2011, Berlin, 17.10.2011

Kapalschinski, C. (2012). Einkaufsparadies Internet. *Handelsblatt, 29.11.2012,* 17.

Karle, R. (2010). Die Macht der vielen. *absatzwirtschaft*, *2010*, 32–38. Sonderheft.

Keiningham, T. L., Aksoy, L., Cooil, B., & Andreassen, T. W. (2008). Linking Customer Loyalty to Growth. *MIT Sloan Management Review*, *49*(4), 50–57.

Kersch, M. (2012). Weiblich, ledig, jung sucht …, Die neue Zielgruppenansprache in der Multi-Channel-Welt, Vortrag auf dem Dialog-Marketing-Gipfel, Frankfurt, 21.8.2012

Knüwer, T. (2012). Das Web – unendliche Weiten! Die nächsten digitalen Trends, Vortrag auf dem 3. Social Media Kongress, Düsseldorf, 28.8.2012

Kreutzer, R. (2009). *Praxisorientiertes Dialog-Marketing, Konzepte – Instrumente – Fallstudien*. Wiesbaden.

Kreutzer, R. (2012). *Praxisorientiertes Online-Marketing, Konzepte – Instrumente – Checklisten*. Wiesbaden.

Kreutzer, R. (2013). *Praxisorientiertes Marketing, Konzepte – Instrumente – Fallbeispiele* (4. Aufl.). Wiesbaden.

Kreutzer, R., & Schober (2010). *Studie zur Interessenten- und Neukundengewinnung 2010, Ergebnisse, Interpretationen und Thesen*. Berlin – Ditzingen.

Lafferty, J. (2012). Facebook Fans: Quality Matters More Than Quantity. allfacebook.com/napkin-labs-superfans-study_b102500. Zugegriffen: 18.10.2012

Lashinsky, A. (2012). *Inside Apple, Das Erfolgsgeheimnis des wertvollsten und verschwiegensten Unternehmens der Welt*. Weinheim.

Lecinski, J. (2011). *ZMOT – Winning the zero moment of truth*. Chicago.

Li, C., & Bernoff, J. (2008). *Groundswell: Winning in a World Transformed by Social Technologies*. Harvard.

Ludowig, K., & Schlautmann, C. (2012). Trügerische Jubelarien. *Handelsblatt*, *16./17.18.11.2012*, 7.

Maier, T. (2012). Buchhandel vor ungewisser Zukunft. *Bonner Generalanzeiger*, *10.10.2012*, 9.

Marsden, P. (2011). Interview mit Social Commerce-Experten Paul Marsden, Part 1: When Social media comes to eCommerce. smartservice-blog.com/2011/12/13/interview-mit-social-commerce-experten-paul-marsden-part1-when-social-media-comes-to-ecommerce. Zugegriffen: 13.12.2011

Mathew (2008). „If the news is important, it will find me". mathewingram.com/work/2008/03/27/if-the-news-is-important-it-will-find-me/. Zugegriffen: 27.3.2008

Mayer-Johanssen, U. (2012). Es geht ums Ganze. *Handelsblatt*, *30.8.2012*, 24.

Mayer-Uellner, R. (2010). Der Weg ins soziale Netz. *Markenartikel*, *7/2010*, 16–18.

McKinsey (2011). *Big data: The next frontier for innovation, competition, and productivity*. Washington.

McKinsey (2012). Turning buzz into gold, How pioneers create value from social media. mckinsey.de/downloads/publikation/social_media/Social_Media_Brochure_Turning_buzz_into_gold.pdf. Zugegriffen: München

Meckel, M. (2011). Weltkurzsichtigkeit. *Der Spiegel*, *2011*(38), 94.

Netzwelt (2012). Jedem Otto seine Brigitte: Werbe-Aktion auf Facebook endet überraschend. netzwelt.de/news/84862-otto-brigitte-werbe-aktion-facebook-endet-ueberraschend.html. Zugegriffen: 16.10.2012

Nielsen (2012). Vertrauen in Werbung: Bestnoten für Persönliche Empfehlung und Online-Bewertungen. nielsen.com/de/de/insights/presseseite/2012/vertrauen-in-werbung-bestnoten-fuer-persoenliche-empfehlung-und-online-bewertungen.html. Zugegriffen: 10.4.2012

o. V. (8.5.2012). C&A hängt Facebook-Kleiderbügel auf. *SpiegelOnline, 8.5.2012.*

o. V. (9.10.2012). Youtube bringt Spartenfernsehen nach Deutschland. *Bonner Generalanzeiger, 9.10.2012,* 6.

o. V. (13./14.10.2012). Amazon startet digitale Leihbücherei. *Bonner Generalanzeiger, 13./14.10.2012,* 9.

o. V. (19.10.2012). „Newsweek" erscheint nur noch online. *Financial Times Deutschland, 19.10.2012,* 8.

o. V. (14.11.2012). Regierungen mischen sich in Google Suche ein. *Financial Times Deutschland, 14.11.2012,* 3.

Oberhuber, N. (2012). Trau bloß keiner Hotelbewertung. *Frankfurter Allgemeine Sonntagszeitung, 21.10.2012,* 45.

Oetting, M. (2010). Ein Überblick: Paid, Curated, Owned and Earned Media. connectedmarketing.de/cm/2010/02/ein-ueberblick-paid-curated-owned-and-earned-media.html. Zugegriffen: 1.3.2011

Paperlein, J., & Pimpl, R. (2012). TV mischt Print auf. *HORIZONT, 2012*(18), 1.

Pariser, E. (2011). *The Filter Bubble: How the New Personalized Web Is Changing What We Read and How We Think.* New York.

PayPal (2012). *Willkommen im eBay Kaufraum mit PayPal.* Berlin.

Pelzer, C., Wenzlaff, K., & Eisfeld-Reschke, J. (Hrsg.). (2012). *Crowdsourcing Report 2012: Neue Digitale Arbeitswelten.* Berlin.

Peppers, D. (2012). The Real Implications of the 80-20 Rule. linkedin.com/today/post/article/20121002115903-17102372-the-real-implications-of-the-80-20-rule?trk=mp-edit-rr-posts. Zugegriffen: 27.11.2012

Peppers, D., & Rogers, M. (2011). *Managing Customer Relationships, A Strategic Framework* (2. Aufl.). Hoboken.

Peppers, D., & Rogers, M. (2012). *Extreme Trust, Honesty as a Competitive Advantage.* New York.

Peters, T. (1997). *The Circle of Innovation.* New York.

Petouhoff, N. I. (2011). Crowd Service: Customers Helping Other Customers. In D. Peppers, & M. Rogers (Hrsg.), Extreme Trust (S. 227–234).

Pilot, & Zucker (2012). *Trendreport 2012: Facebook, Marken und TV in Deutschland.* Hamburg.

Pohlmann, S. (2012). „Trigger statt Tatort". *Tagespiegel,* 9.10.2012. tagesspiegel.de/medien/neues-fernsehen-trigger-statt-tatort/7229584.html. Zugegriffen: 10.10.2012

Porter, M. (1996). What is Strategy. *Harvard Business Review,* 61–78

Postbank (2012). Postbank Kundenbeirat. postbank.de/postbank/wu_kundenbeirat.html;jsessionid=332731197747EB57AFED326070CABB69A5F3.B121DE. Zugegriffen: 9.10.2012

Prange, S. (2012). Kooperation statt Konflikt. *Handelsblatt, 28./29./30.9.2012,* 52 f.

von Rauchhaupt, U. (2012). Dicke Daten. *Frankfurter Allgemeine Sonntagszeitung, 7.10.2012,* 71.

Ray, A. (2010). The ROI Of Social Media Marketing: More Than Dollars And Cents. blogs.forrester.com/augie_ray/10-07-19-roi_social_media_marketing_more_dollars_and_cents. Zugegriffen: 29.10.2012

Rechtien, W. (1999). *Angewandte Gruppendynamik* (3. Aufl.). Weinheim.

Reichheld, F. F. (2003). The number one you need to grow. *Harvard Business Review, 2003*(12), 47–54.

Rösch, B. (2011). „Auf Facebook spielt sich das Leben ab". *TextilWirtschaft, 51*(8), 26–28.

Rungg, A. (2012). Kleine Showeinlage. *Handelsblatt, 8.11.2012,* 2.

Scheer, U. (2012). Suche Krisenmanager für Shitstorm. *Frankfurter Allgemeine Zeitung, 29./30.9.2012,* C1.

Schmidt, G. (2012). Zukunft ist, wo der Kunde ist – Der effektivste Weg zum Verbraucher, Vortrag auf dem Dialogmarketing-Gipfel, Frankfurt, 22.8.2012

Schmidt, J., Göbbel, T., & Bchara, J. (2012). Marktorientierte Unternehmensführung in globalisierten Märkten, BBDO. batten-company.com/uploads/media/BBDO9_Insights9_4_Marktbearbeitung_in_globalisierten_Märkten.pdf. Zugegriffen: 28.2.2012

Sohn, G. (2012). Game over für Facebook und Google? Reboot-Mentalität macht das Netz unberechenbar. absatzwirtschaft.de. Zugegriffen: 18.2.2012

Solis, B. (2010). *Engage: The Complete Guide for Brands and Businesses to Build, Cultivate, and Measure Success in the New Web.* Hoboken.

Solis, B. (2012a). *The End of Business as Usual – Rewire the Way You Work to Succeed in the Consumer Revolution.* Hoboken.

Solis, B. (2012b). Your Brand is More Important Than You Think: BrandSTOKE's 9 Criteria for Brand Essence. briansolis.com. Zugegriffen: 26.11.2012

Statista (2012a). Anzahl der Nutzer (in Mio.) sozialer Netzwerke in ausgewählten Ländern im Jahr 2011 und Prognose für 2014. statista.com/statistik/daten/studie/219669/umfrage/prognose-nutzer-sozialer-netzwerke-ausgewaehlte-laender/. Zugegriffen: 2.11.2012

Statista (2012b). Fernsehdauer pro Tag. de.statista.com/statistik/daten/studie/1525/umfrage/durchschnittliche-fernsehdauer-pro-tag. Zugegriffen: 14.5.2012

Stauss, B. (2000). Perspektivenwandel: Vom Produkt-Lebenszyklus zum Kundenbeziehungs-Lebenszyklus. *Thexis, 17*(2), 15–18.

Steimel, B. (2012). Abschied von AIDA – wie die kreisende Erregung im Netz das Marketing revolutioniert. smartservice-blog.com/2012/10/04/abschied_von_aida/. Zugegriffen: 4.10.2012

Stüber, J. (2010). Die Lawine donnert bereits. welt.de/die-welt/vermischtes/article7297786/Die-Lawine-donnert-bereits.html. Zugegriffen: 3.6.2010

Thiel, T. (2012). Was ist denn noch privat? *Frankfurter Allgemeine Zeitung, 22.10.2012,* 27.

Trümpler, E., & Neuburger, M. (2012). „Fuck U!" Schönheits-Preis für Pöbel-Protest. mopo.de/nachrichten/fotowettbewerb-gewonnen--fuck-u---schoenheits-preis-fuer-poebel-protest,5067140,16941510.html. Zugegriffen: 22.8.2012

YouTube (2012). Statistik. youtube.com/t/press_statistics. Zugegriffen: 12.11.2012

Vivaldi (2012a). Social Currency 2012 Report. vivaldipartners.com/vpsocialcurrency/sc2012. Zugegriffen: 17.12.2012

Vivaldi (2012b). Social Currency 100+. vivaldipartners.com/vpsocialcurrency. Zugegriffen: 17.12.2012

Waissi, G. (2011). Arizona A&D Supply Chain, 129.219.40.44/adsr/Supplychain/SCDefault.aspx, 7.12.2012

Wallis, C., & Stept, S. (2006). Help! I've Lost My Focus. ics.uci.edu/community/news/articles/view_article?id=50. Zugegriffen: 10.1.2006

Wiedlich, W. (2010). Datenflut und Datenebbe. *GA-Journal, 6.-7.3.2010*, 1 und 6.

Wiewer, V., & Anweiler, R. (2010). *Der Europäische Social Media und E-Mail Monitor – 6 Länder Studie zum digitalen Dialog mit Facebook, Twitter, E-Mail & Co., Ergebnisse Deutschland Teil 1.* München.

Wohlfarth-Bottermann, M. (2012a). *Facebook-Token, internes Paper*. Köln.

Wohlfarth-Bottermann, M. (2012b). *GUESS und Tilly's Mobile Commerce Use Cases, internes Paper.* Köln.

Woiceshyn, J., & Falkenberg, L. (2008). Value Creation in Knowledge-Based Firms: Aligning Problems and Resources. In *Academy of Management Perspectives* (S. 85–99).

Wüst, C. (2013). „Wenn die Reputation kommt – und geht", Wie Journalisten und Analysten die Glaubwürdigkeit und Authentizität der CEO-Kommunikation bewerten. In C. Wüst, & R. Kreutzer (Hrsg.), Wiesbaden.

Zschunke, P. (2012). Die neue Macht des zweiten Bildschirms. *Bonner Generalanzeiger, 5.10.2012*, 3.

Empfohlene Vertiefungsliteratur

Andersen, C. (2007). *The Long Tail, Der lange Schwanz*. München.

Cluetrain (1999). Cluetrain Manifesto. cluetrain.com/cluetrain.pdf. Zugegriffen: 2.10.2012

Gladwell, M. (2002). *The Tipping Point: How Little Things Can Make a Big Difference.* New York.

Kreutzer, R. (2009). *Praxisorientiertes Dialog-Marketing, Konzepte – Instrumente – Fallstudien.* Wiesbaden.

Kreutzer, R. (2012). *Praxisorientiertes Online-Marketing, Konzepte – Instrumente – Checklisten.* Wiesbaden.

Li, C., & Bernoff, J. (2008). *Groundswell: Winning in a World Transformed by Social Technologies.* Harvard.

Moore, G. A. (2002). *Crossing the Chasm: Marketing and Selling Disruptive Products to Mainstream Customers.* New Work.

Peppers, D., & Rogers, M. (2011). *Managing Customer Relationships, A Strategic Framework* (2. Aufl.). Hoboken.

Peppers, D., & Rogers, M. (2012). *Extreme Trust, Honesty as a Competitive Advantage.* New York.

Qualman, E. (2010). *Socialnomics: How Social Media Transforms the Way We Live and Do Business.* New York.

Solis, B. (2010). *Engage: The Complete Guide for Brands and Businesses to Build, Cultivate, and Measure Success in the New Web.* Hoboken.

Solis, B. (2012). *The End of Business as Usual – Rewire the Way You Work to Succeed in the Consumer Revolution.* Hoboken.